J. William Vesentini

Livre-docente em Geografia pela Universidade de São Paulo (USP)

Doutor em Geografia pela USP

Professor e pesquisador do Departamento de Geografia da USP

Especialista em Geografia Política/Geopolítica e Ensino de Geografia

Professor de educação básica na rede pública e em escolas particulares do estado de São Paulo por 15 anos

Vânia Vlach

Doutora em Geopolítica pela Université Paris 8

Mestra em Geografia Humana pela USP

Bolsista de Produtividade em Pesquisa do Conselho Nacional de Desenvolvimento Científico e Tecnológico (CNPq) por 4 anos

Professora do Curso de Graduação e pesquisadora do Programa de Pós-Graduação em Geografia da Universidade Federal de Uberlândia (UFU) por 22 anos

Professora de educação básica na rede pública e em escolas particulares do estado de São Paulo por 12 anos

O nome ***Teláris*** se inspira na forma latina *telarium*, que significa "tecelão", para evocar o entrelaçamento dos saberes na construção do conhecimento.

TELÁRIS

GEOGRAFIA

CB025914

editora ática

Direção Presidência: Mario Ghio Júnior
Direção de Conteúdo e Operações: Wilson Troque
Direção editorial: Luiz Tonolli e Lidiane Vivaldini Olo
Gestão de projeto editorial: Mirian Senra
Gestão de área: Wagner Nicaretta
Coordenação: Jaqueline Paiva Cesar
Edição: Mariana Albertini, Caren Midori Inoue, Bruno Rocha Nogueira e Tami Buzaite (assist. editorial)
Planejamento e controle de produção: Patrícia Eiras e Adjane Queiroz
Revisão: Hélia de Jesus Gonsaga (ger.), Kátia Scaff Marques (coord.), Rosângela Muricy (coord.), Ana Curci, Ana Paula C. Malfa, Arali Gomes, Brenda T. M. Morais, Carlos Eduardo Sigrist, Cesar G. Sacramento, Claudia Virgilio, Diego Carbone, Flavia S. Vênezio, Gabriela M. Andrade, Heloísa Schiavo, Lilian M. Kumai, Maura Loria, Patrícia Travanca, Raquel A. Taveira, Sandra Fernandez, Sueli Bossi; Amanda T. Silva e Bárbara de M. Genereze (estagiárias)
Arte: Daniela Amaral (ger.), Claudio Faustino e Erika Tiemi Yamauchi (coord.), Felipe Consales, Katia Kimie Kunimura e Simone Zupardo Dias (edição de arte)
Diagramação: Daniel Aoki, Fernando Afonso do Carmo, Nathalia Laia, Renato Akira dos Santos e Arte ação
Iconografia e tratamento de imagem: Sílvio Kligin (ger.), Denise Durand Kremer (coord.), Daniel Cymbalista, Iron Mantovanello, Paula Dias e Mariana Sampaio (pesquisa iconográfica), Cesar Wolf e Fernanda Crevin (tratamento)
Licenciamento de conteúdos de terceiros: Thiago Fontana (coord.), Luciana Sposito (licenciamento de textos), Erika Ramires, Luciana Pedrosa Bierbauer, Luciana Cardoso e Claudia Rodrigues (analistas adm.)
Ilustrações: Alex Argozino, André Araújo, Gustavo Ramos e Luiz Fernando Rubio
Cartografia: Eric Fuzii (coord.), Robson Rosendo da Rocha (edit. arte) e Portal de Mapas
Design: Gláucia Correa Koller (ger.), Adilson Casarotti (proj. gráfico e capa), Erik Taketa (pós-produção), Gustavo Vanini e Tatiane Porusselli (assist. arte)
Foto de capa: Mongkol Chuewong/Getty Images

Todos os direitos reservados por Editora Ática S.A.
Avenida das Nações Unidas, 7221, 3º andar, Setor A
Pinheiros – São Paulo – SP – CEP 05425-902
Tel.: 4003-3061
www.atica.com.br / editora@atica.com.br

Dados Internacionais de Catalogação na Publicação (CIP)

Vesentini, J.W.
Teláris geografia 9º ano / J.W. Vesentini, Vânia Vlach. - 3. ed. - São Paulo : Ática, 2019.

Suplementado pelo manual do professor.
Bibliografia.
ISBN: 978-85-08-19312-7 (aluno)
ISBN: 978-85-08-19313-4 (professor)

1. Geografia (Ensino fundamental). I. Vlach, Vânia. II. Título.

2019-0093 CDD: 372.891

Julia do Nascimento - Bibliotecária - CRB-8/010142

2020
Código da obra CL 742196
CAE 648338 (AL) / 648342 (PR)
3ª edição
3ª impressão
De acordo com a BNCC.

Impressão e acabamento Ricargraf

Uma publicação

DESENVOLVIMENTO SOCIOEMOCIONAL NA COLEÇÃO TELÁRIS

Atualmente, vivemos cada vez mais conectados, experimentamos transformações rápidas, acessamos informações em diferentes lugares e vemos o conhecimento crescer de forma exponencial. Nesse contexto, a educação oferecida na escola e pelas famílias se depara com o desafio de formar crianças, adolescentes e jovens que atuem de maneira ética, empática, responsável e crítica, aprendendo a lidar com suas emoções, relações e decisões.

Estudos já indicam que, ao promovermos o desenvolvimento socioemocional, teremos estudantes que:

- sabem gerir melhor suas emoções;
- trabalham de maneira colaborativa com seus pares;
- demonstram perseverança para atingir seus objetivos;
- estão abertos a novos conhecimentos;
- respeitam e valorizam a diversidade;
- têm mais subsídios para lidar com conflitos;
- estarão mais preparados para tomar decisões responsáveis;
- poderão estar mais aptos a lidar com demandas profissionais do século XXI.

Com o compromisso de formar estudantes preparados para viver, conviver, aprender e trabalhar no mundo contemporâneo, a coleção **Teláris** apresenta uma proposta para o desenvolvimento de competências socioemocionais, incorporada aos componentes curriculares e presente no dia a dia da sala de aula.

COMPETÊNCIAS SOCIOEMOCIONAIS

Competência, segundo a Base Nacional Comum Curricular (BNCC), é a "mobilização de conhecimentos (conceitos e procedimentos), habilidades (práticas, cognitivas e socioemocionais), atitudes e valores para resolver demandas complexas da vida cotidiana, do pleno exercício da cidadania e do mundo do trabalho" (p. 8)[1].

Para promover o desenvolvimento integral dos estudantes, tanto habilidades socioemocionais como cognitivas devem ser consideradas.

As competências cognitivas são aquelas historicamente priorizadas e trabalhadas na escola, compostas de habilidades relacionadas a memória, argumentação, pensamento crítico, resolução de problemas, reflexão, entendimento das relações, pensamento abstrato e generalização de aprendizados.

1 BRASIL. Ministério da Educação. Secretaria de Educação Básica. **Base Nacional Comum Curricular**. Disponível em: <http://basenacionalcomum.mec.gov.br/wp-content/uploads/2018/12/BNCC_19dez2018_site.pdf>. Acesso em: 23 jan. 2019.

Já as competências socioemocionais estão ligadas ao nosso autoconhecimento e à forma como nos relacionamos com as outras pessoas e com o mundo.

A proposta de desenvolvimento socioemocional desta coleção foi elaborada com base nas competências identificadas pela *Collaborative for Academic, Social and Emotional Learning* (Casel)[2], organização estadunidense sem fins lucrativos. Um estudo realizado por pesquisadores ligados a essa organização indicou que estudantes que participaram de programas estruturados de aprendizagem socioemocional demonstraram melhorar significativamente suas habilidades sociais e emocionais, atitudes e comportamentos, tendo reflexos em seu desempenho acadêmico: alcançaram resultados, em média, 11 pontos percentuais superiores aos dos estudantes que não participaram desse tipo de programa.

A Casel elencou cinco domínios essenciais que, quando trabalhados de maneira integrada, promovem competências socioemocionais e cognitivas de forma associada.

São domínios socioemocionais:

AUTOCONHECIMENTO

Implica reconhecer emoções, pensamentos e valores e saber como isso influencia no comportamento. Medir as forças e as limitações, tendo confiança, otimismo e mentalidade de crescimento, é uma característica do domínio do autoconhecimento.

AUTORREGULAÇÃO

Regular as próprias emoções, pensamentos e comportamentos em diferentes situações – gerindo estresse, controlando impulsos e motivando a si mesmo – caracteriza o domínio da autorregulação. Estão ainda nessa perspectiva a definição de metas pessoais e escolares e o trabalho para atingi-las.

PERCEPÇÃO SOCIAL

Reconhecer a perspectiva dos outros com empatia, respeitando as diferenças entre as pessoas e os grupos sociais, é o que está implicado no domínio de percepção social. Entender normas sociais e éticas que orientam o comportamento e reconhecer os recursos e o apoio que podem vir da família, da escola e da comunidade também fazem parte desse domínio.

COMPETÊNCIA DE RELACIONAMENTO

A competência de relacionamento é caracterizada pelo estabelecimento e manutenção de relacionamentos saudáveis, com indivíduos ou grupos. Além disso, compõem o domínio habilidades de comunicar-se claramente, ouvir com empatia, cooperar, resistir a pressões, resolver conflitos de maneira positiva e construtiva e procurar e oferecer ajuda quando necessário.

TOMADA DE DECISÃO RESPONSÁVEL

Fazer escolhas construtivas e tecer interações sociais baseadas em padrões éticos, de segurança e normas sociais são preocupações do domínio de tomada de decisão responsável. Avaliar de maneira realista as consequências em várias situações, considerando o bem-estar de si e dos outros, caracteriza essa competência.

2 A instituição é formada por uma equipe de pesquisadores que se dedicam à avaliação do impacto do trabalho socioemocional no decorrer da Educação Básica e à produção e à disseminação de programas de desenvolvimento de habilidades socioemocionais que apresentem comprovada eficácia. Disponível em: <https://casel.org>. Acesso em: 18 jan. 2019.

Os cinco domínios estão alinhados com as competências gerais da BNCC[3], das quais as três últimas (8, 9 e 10) são as que mais explicitamente procuram promover o desenvolvimento socioemocional. O quadro abaixo explicita essa relação:

COMPETÊNCIA SOCIOEMOCIONAL	COMPETÊNCIA GERAL DA BNCC
AUTOCONHECIMENTO AUTORREGULAÇÃO	8. Conhecer-se, apreciar-se e cuidar de sua saúde física e emocional, compreendendo-se na diversidade humana e reconhecendo suas emoções e as dos outros, com autocrítica e capacidade para lidar com elas.
PERCEPÇÃO SOCIAL COMPETÊNCIA DE RELACIONAMENTO	9. Exercitar a empatia, o diálogo, a resolução de conflitos e a cooperação, fazendo-se respeitar e promovendo o respeito ao outro e aos direitos humanos, com acolhimento e valorização da diversidade de indivíduos e de grupos sociais, seus saberes, identidades, culturas e potencialidades, sem preconceitos de qualquer natureza.
TOMADA DE DECISÃO RESPONSÁVEL	10. Agir pessoal e coletivamente com autonomia, responsabilidade, flexibilidade, resiliência e determinação, tomando decisões com base em princípios éticos, democráticos, inclusivos, sustentáveis e solidários.

NA PRÁTICA

Escola e família devem ser parceiras na promoção do desenvolvimento socioemocional das crianças, adolescentes e jovens. Para isso, é importante que existam políticas públicas e práticas que levem em consideração o desenvolvimento integral dos estudantes em todos os espaços e tempos escolares, apoiadas e intensificadas por outros espaços de convivência.

Professoras e professores já incorporam em suas práticas pedagógicas aspectos que promovem competências socioemocionais, ou de forma intuitiva ou intencional. Ao trazermos luz para o tema nesta coleção, buscamos garantir espaço nos processos de ensino e de aprendizagem para que esse desenvolvimento aconteça de modo proposital, por meio de interações planejadas, e de forma integrada ao currículo, tornando-se ainda mais significativo para os estudantes.

Ao longo do material, professoras e professores dos diferentes componentes curriculares poderão promover experiências de desenvolvimento socioemocional em sala de aula com base em uma mediação que:

- instigue o estudante a aprender e pensar criticamente, por intermédio de problematizações;
- valorize a participação dos estudantes, seus conhecimentos prévios e suas potencialidades;
- esteja atenta às diferenças e ao novo;
- demonstre confiança e compromisso com a aprendizagem dos estudantes;
- incentive a convivência, o trabalho colaborativo e a aprendizagem entre pares.

Nossa proposta é trabalhar pelo desenvolvimento integral das crianças, adolescentes e jovens, desenvolvendo-os em sua totalidade, nas dimensões cognitiva, sensório-motora e socioemocional de forma estruturada e reflexiva!

3 Para ler na íntegra as competências gerais da Educação Básica, consulte o documento nas páginas 9 e 10.

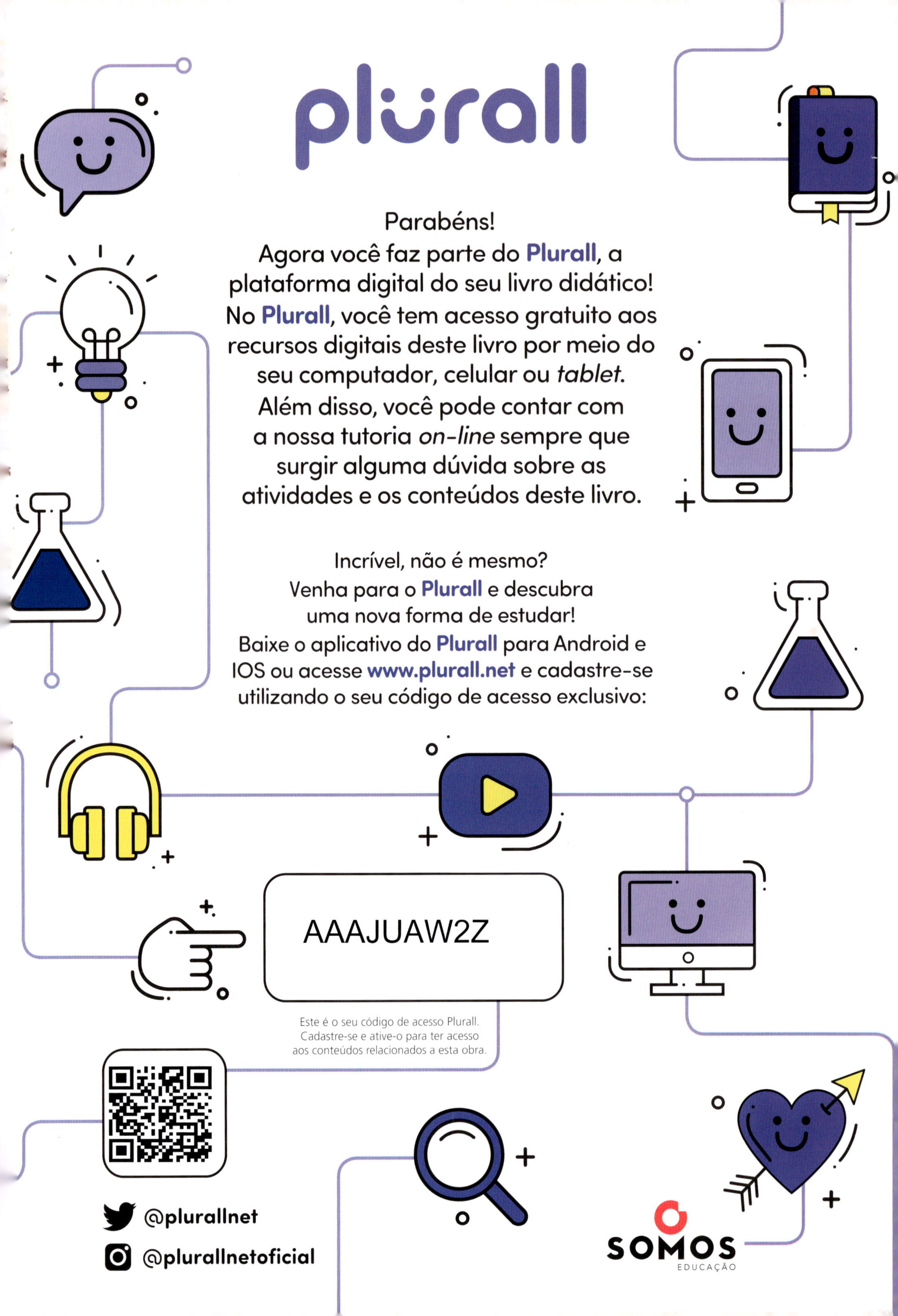
plurall
Parabéns!
Agora você faz parte do Plurall, a plataforma digital do seu livro didático!
No Plurall, você tem acesso gratuito aos recursos digitais deste livro por meio do seu computador, celular ou tablet.
Além disso, você pode contar com a nossa tutoria on-line sempre que surgir alguma dúvida sobre as atividades e os conteúdos deste livro.
Incrível, não é mesmo?
Venha para o Plurall e descubra uma nova forma de estudar!
Baixe o aplicativo do Plurall para Android e IOS ou acesse www.plurall.net e cadastre-se utilizando o seu código de acesso exclusivo:
AAAJUAW2Z
Este é o seu código de acesso Plurall. Cadastre-se e ative-o para ter acesso aos conteúdos relacionados a esta obra.
@plurallnet
@plurallnetoficial
SOMOS
EDUCAÇÃO

Apresentação

Há livros-estrela e livros-cometa.

Os cometas passam. São lembrados apenas pelas datas de sua aparição. As estrelas, porém, permanecem.

Há muitos livros-cometa, que duram o período de um ano letivo. Mas o livro-estrela quer ser uma luz permanente em nossa vida.

O livro-estrela é como uma estrela guia, que nos ajuda a construir o saber, nos estimula a perceber, refletir, discutir, estabelecer relações, fazer críticas e comparações.

Ele nos ajuda a ler e transformar o mundo em que vivemos e a nos tornar cada vez mais capazes de exercer nossos direitos e deveres de cidadãos.

Estudaremos vários tópicos neste livro, entre os quais:

- A nova ordem mundial;
- A Europa: unificação e desigualdades regionais;
- A CEI - Comunidade dos Estados Independentes;
- Japão, Austrália e Nova Zelândia;
- O Oriente Médio;
- Sul, Sudeste e Leste da Ásia, com destaque para a China, a Índia e os Tigres Asiáticos;
- Globalização e Divisão Internacional do Trabalho;
- A Nova Questão Ambiental.

Esperamos que ele seja uma estrela para você.

Os autores

CONHEÇA SEU LIVRO

Introdução

Aparece no início de cada volume e trata de assuntos que serão aprofundados no decorrer dos estudos de Geografia.

Abertura da unidade

Em página dupla, apresenta uma imagem e um breve texto de introdução que relacionam algumas competências que você vai desenvolver na unidade. As questões ajudam você a refletir sobre os conceitos que serão trabalhados e a discuti-los previamente.

Abertura do capítulo

O capítulo inicia-se com um pequeno texto introdutório acompanhado de uma ou duas imagens.

CAPÍTULO 7

Oriente Médio

Para começar

Para começar

O boxe traz questões sobre as ideias fundamentais do capítulo. Elas possibilitam a você ter um contato inicial com os assuntos que serão estudados e também expressar suas opiniões, experiências e conhecimentos prévios sobre o tema.

Saiba mais

A seção traz curiosidades e informações que complementam o tema estudado na unidade.

Texto e ação

Ao fim dos tópicos principais há algumas atividades para você verificar o que aprendeu, resolver dúvidas e comentar os assuntos em questão, antes de continuar o estudo do tema do capítulo.

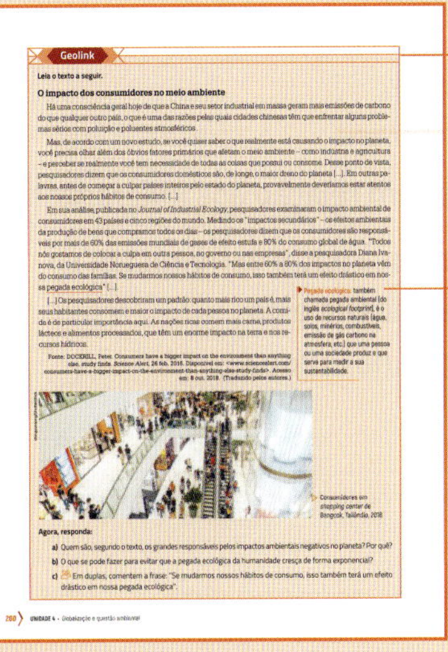

Geolink

Para ampliar seu conhecimento, apresenta textos com informações complementares aos temas tratados no capítulo. No fim da seção, há sempre questões para você avaliar o que leu, discutir e expressar sua opinião.

Glossário

Os termos e as expressões destacados remetem ao glossário na lateral da página, que apresenta o seu significado.

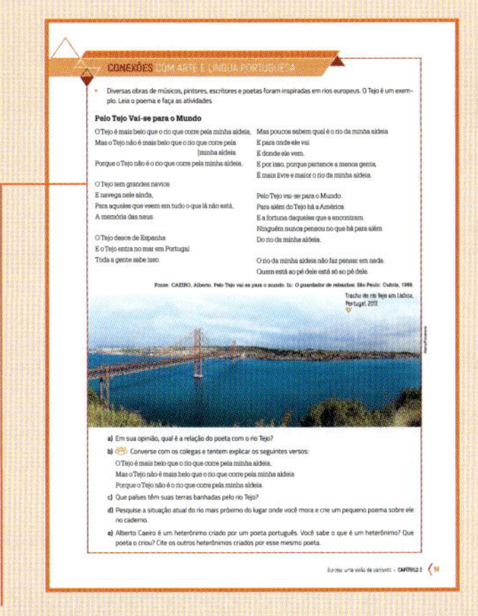

Conexões

Contém atividades que possibilitam conexões com outras áreas do conhecimento.

Infográficos, mapas, gráficos e imagens

No decorrer dos capítulos você encontra infográficos, mapas, gráficos e imagens variadas especialmente selecionadas para ajudá-lo em seu estudo.

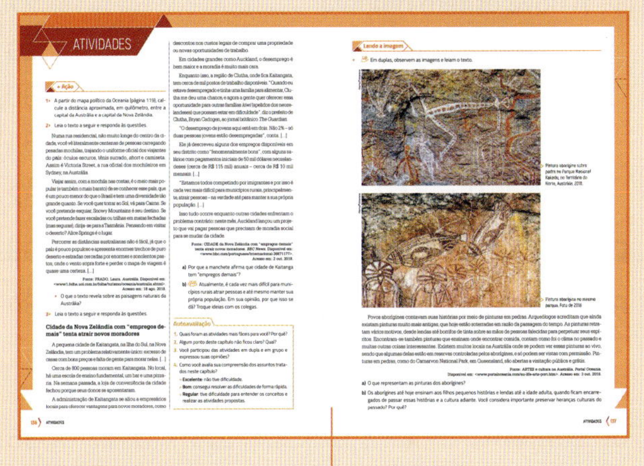

Atividades

No fim de cada capítulo, esta seção está dividida em três subseções:

+Ação - Trata-se de atividades relacionadas à compreensão de texto.

Lendo a imagem - Apresenta atividades relacionadas à observação e à análise de fotos, mapas, infográficos, obras de arte, etc.

Autoavaliação - Convida os alunos a refletir sobre o próprio aprendizado.

Minha biblioteca

Apresenta indicações de leitura que podem enriquecer os temas estudados.

De olho na tela

Contém sugestões de filmes e vídeos que se relacionam com o conteúdo estudado.

Mundo virtual

Apresenta indicações de *sites* que ampliam o que foi estudado.

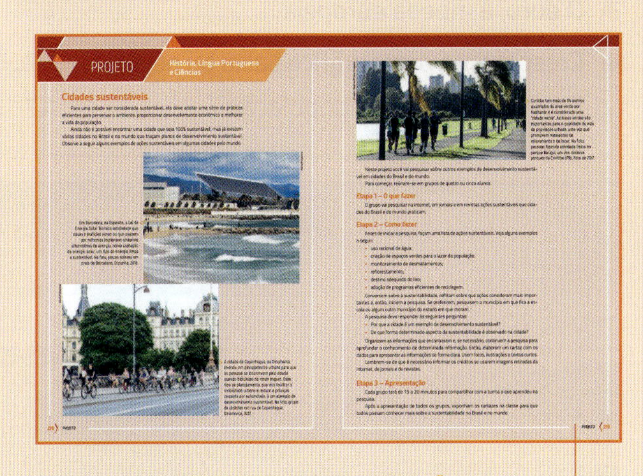

Projeto

No final de cada unidade, há uma proposta de atividade interdisciplinar, que levará você a trabalhar com variados temas e a refletir sobre eles.

SUMÁRIO

Alamy/Fotoarena

Alamy/Fotoarena

Unidade 2

Comunidade dos Estados Independentes (CEI) e Oceania

Unidade 3

Ásia

Unidade 4

Globalização e questão ambiental

Andre Dib/Pulsar Imagens

INTRODUÇÃO

Globalização

Atualmente, é muito fácil saber, praticamente em tempo real, o que está acontecendo na maioria dos países do mundo. Com os meios de comunicação, principalmente a internet, você pode ouvir as músicas que fazem sucesso no Japão, informar-se sobre novas tecnologias e conhecer o dia a dia de qualquer país do mundo.

Além disso, os meios de comunicação e os de transporte garantem que mercadorias produzidas na China, por exemplo, sejam consumidas por você, no Brasil. É possível, ainda, por meio de aplicativos em celulares, conversar com uma pessoa na Austrália, no Canadá, na Índia...

Ricardo Rocha/Shutterstock

Gustavo Ramos/Arquivo da editora

Zig Koch/Tyba

No século XVI, um navio que saísse de Lisboa, em Portugal, podia levar mais de um mês para chegar ao Brasil. Hoje uma viagem de Lisboa a Fortaleza, no Ceará, pode ser feita de avião em aproximadamente 9 horas. Acima, bairro de Alfama, em Lisboa, foto de 2017. À direita, praia de Iracema, em Fortaleza (CE), foto de 2018.

A aproximação entre os diversos países e sociedades do planeta, bem como a internacionalização e a interdependência dos países nos âmbitos políticos, culturais e econômicos, é conhecida como **globalização**.

- Converse com os colegas e o professor sobre as questões a seguir.

  a) O que é globalização? Por que ela ocorre?

  b) De que maneira a globalização afeta o seu dia a dia?

  c) Todas as pessoas, localidades e países participam da mesma maneira da globalização?

As bases da globalização

O processo de globalização apresenta distintos aspectos que se articulam e se influenciam reciprocamente. Todos eles promovem aumento da integração e interdependência de pessoas e lugares no planeta. Observe o esquema.

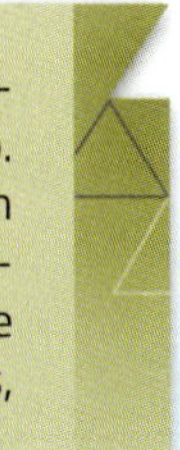

Há aumento da circulação de capital (dinheiro, por exemplo) no mundo. As bolsas de valores dos países, bem como a internet, possibilitam a compra e a venda ininterruptas de ações de grandes empresas, títulos de governos, moedas e mercadorias.

As inovações tecnológicas afetam os setores de transporte mais tradicionais como a navegação. O uso de GPS e de contêineres, o aumento da velocidade de embarcações e a modernização de portos são alguns dos aspectos da logística no atual mundo globalizado.

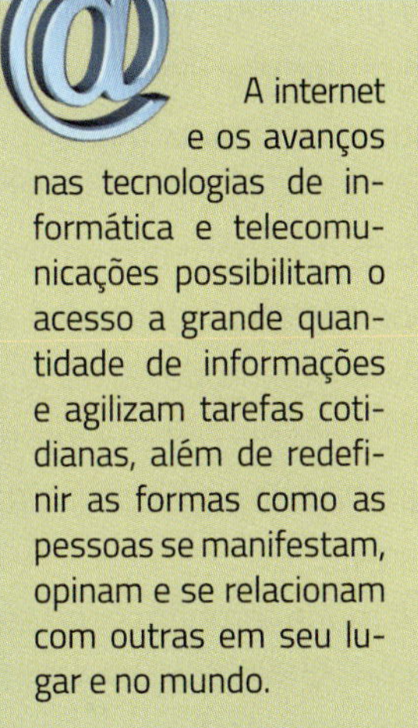

A internet e os avanços nas tecnologias de informática e telecomunicações possibilitam o acesso a grande quantidade de informações e agilizam tarefas cotidianas, além de redefinir as formas como as pessoas se manifestam, opinam e se relacionam com outras em seu lugar e no mundo.

Os avanços tecnológicos acompanham a história humana e são fundamentais para as transformações espaciais. Hoje os aparelhos eletroeletrônicos de uso pessoal e ligados à comunicação, como *smartphones*, *tablets*, *notebooks*, computadores, televisores de LED, etc. são símbolos da transformação digital que acelera o processo de globalização.

As indústrias impulsionaram a globalização e vice-versa. Depois da Segunda Guerra Mundial e principalmente entre os anos 1980 e 1990, houve maior difusão da indústria pelo mundo. Desde então, as grandes empresas fragmentam sua produção em distintas partes do planeta, procurando legislações vantajosas para reduzir custos e aumentar o lucro, tornando seus produtos mais competitivos perante a concorrência.

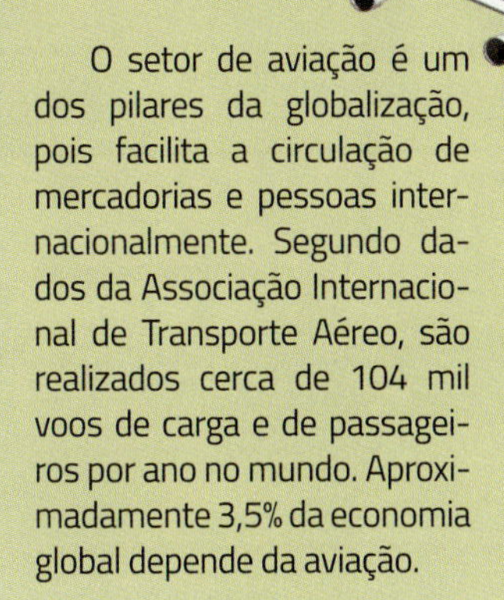

O setor de aviação é um dos pilares da globalização, pois facilita a circulação de mercadorias e pessoas internacionalmente. Segundo dados da Associação Internacional de Transporte Aéreo, são realizados cerca de 104 mil voos de carga e de passageiros por ano no mundo. Aproximadamente 3,5% da economia global depende da aviação.

Paulo Manzi/Arquivo da editora

Mercado global e consumo

O processo de globalização é intimamente ligado a um mercado global de bens. O advento de novos produtos e serviços, além da modernização e expansão dos já existentes, somados ao aumento do poder de consumo de uma parcela da população, ampliaram a produção e, em consequência, o consumo de bens e serviços. Ao mesmo tempo, a publicidade estimula a oferta e a aquisição desses bens, em um processo que influencia gostos, hábitos e até mesmo valores de pessoas em diferentes partes do planeta.

Shen chunchen/Imaginechina/Agência France-Presse

Bicicletas elétricas recém-fabricadas alinhadas em depósito de fábrica chinesa em Xangai, na China, foto de 2017. A Ásia concentra a maior produção de bicicletas do mundo; grande parte dela é exportada para países de todos os continentes.

Por meio de ações de propaganda e *marketing*, os produtos oferecidos atingem um número grande de pessoas, aumentando a produção em larga escala, isto é, em grande quantidade, que é comercializada dispersamente, em âmbito planetário.

A indústria automobilística, por exemplo, se modernizou e expandiu, e hoje está presente também em países africanos e principalmente nos asiáticos. Os produtos eletrônicos são atualizados dia após dia, provocando o descarte dos aparelhos anteriores: novos modelos de *smartphones*, computadores, televisores, geladeiras "inteligentes" (conectadas à internet), etc. são produzidos aos milhões a cada ano e vendidos em todo o mundo, ainda que com mais intensidade nos países com maior poder aquisitivo.

A moda também é um segmento de mercado que sofre influência da globalização. Não somente os padrões estéticos, os tecidos e tamanhos de roupas são impactados, mas também a cadeia produtiva. Muitas empresas do setor com sede na América ou na Europa, por exemplo, produzem suas peças na Ásia, sobretudo na China, mas também na Índia, Vietnã e outros países.

Shawn.ccf/Shutterstock

Pessoas caminham pelo bairro de Shibuya, em Tóquio, no Japão, em 2018. Com a globalização, os mesmos padrões de moda são seguidos em todo o mundo.

1› Escolha três produtos que você usa ou consome em seu cotidiano: uma peça de vestuário, um item alimentício e um eletrodoméstico. Sobre eles, converse com os colegas, com o professor e com os seus familiares. Quando necessário, realize uma pesquisa para responder.

a) Qual é a origem dos produtos que você escolheu? Onde foram fabricados?

b) A marca do produto é brasileira ou estrangeira?

c) As propagandas desses objetos influenciaram o consumo desses itens por você ou sua família?

2› Junte-se a um colega e, em dupla, escolha um objeto de interesse dos dois.

a) Pesquisem na internet uma propaganda sobre ele e analisem o apelo ao consumo dessa propaganda. Procurem responder:

- Quais características positivas (utilidade, vantagens, etc.) do produto são anunciadas?
- Qual é o *slogan* e as frases de efeito utilizados?
- Quais as cores e panos de fundo presentes na propaganda?

b) Em data combinada com o professor, compartilhem com os colegas suas observações e conclusões.

Nos últimos séculos, Europa e América anglo-saxônica se destacaram como grandes regiões hegemônicas do ponto de vista político, geopolítico e econômico. Isso significa que essas áreas tiveram, ao longo do desenvolvimento do capitalismo, maior preponderância e domínio nas decisões comerciais, nas negociações e acordos políticos, fazendo prevalecer seus interesses no âmbito mundial.

Países da Europa, Ásia e América do Norte se destacam como exportadores de bens. Na foto de 2018, o porto de Roterdã, nos Países Baixos, importante ponto de trânsito de mercadorias entre o continente europeu e o mundo.

Piroschka van de Wouw/Reuters/Fotoarena

Entretanto, como é possível observar no mapa desta página, a produção e o consumo de mercadorias no mundo, apesar de globalizados, ainda não ocorrem de maneira homogênea. Além disso, observe que, atualmente, o mundo assiste à ascensão da Ásia como poder hegemônico, o que é evidenciado pela sua significativa participação nas trocas internacionais de mercadorias. A China já é hoje o país mais industrializado do mundo.

Hegemônico: que exerce poder ou supremacia cultural, política e militar sobre os demais.

Comércio de mercadorias (2016)

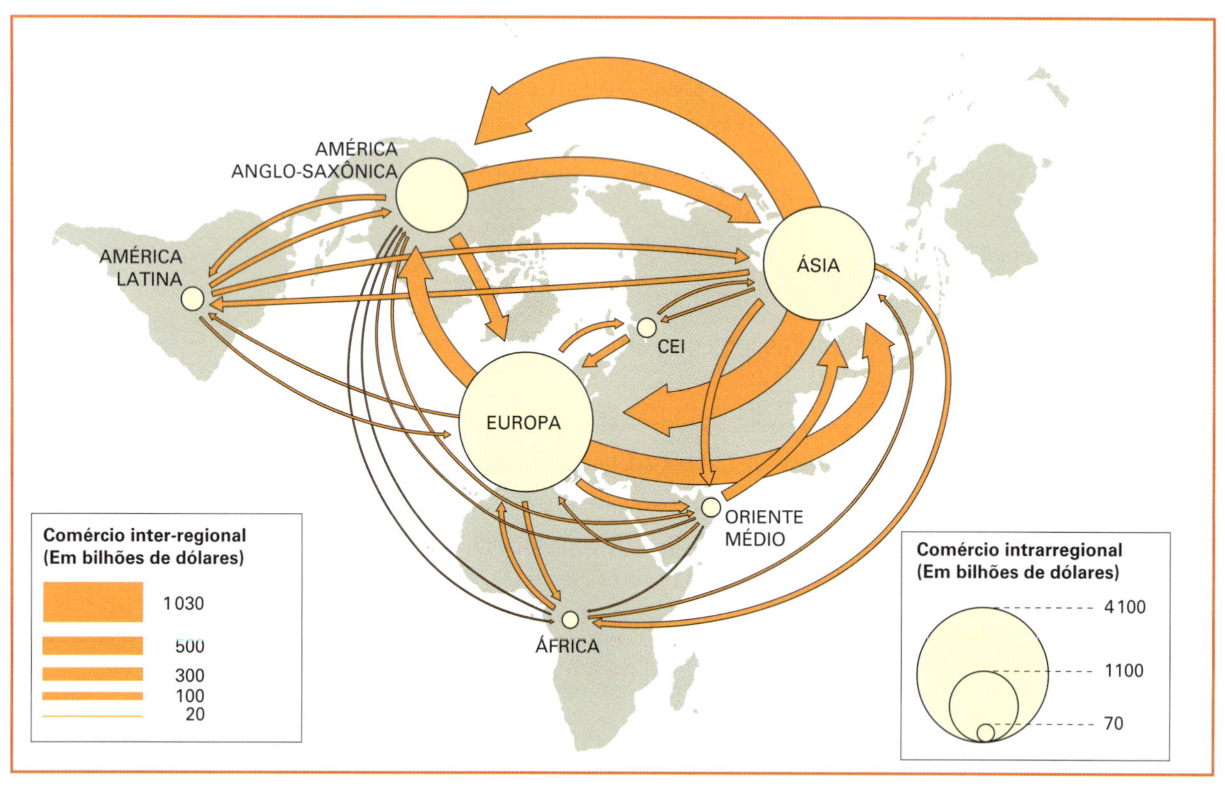

Fonte: elaborado com base em dados da Organização Mundial do Comércio (OMC), 2017. Disponível em: <http://stat.wto.org/Home/WSDBHome.aspx?Language=>. Acesso em: 14 fev. 2019.

Lin Jianbing/Photoshot/NurPhoto/Agência France-Presse

Trabalhadores em fábrica de calçados para exportação em Fujian, na China. Foto de 2016.

1› Leia o poema a seguir e reflita sobre o estímulo ao consumo, característico do processo de globalização.

Eu, etiqueta

Em minha calça está grudado um nome
Que não é meu nome de batismo ou de cartório.
[...]

Minhas meias falam de produtos
que nunca experimentei
mas são comunicados a meus pés.
Meu tênis é proclama colorido
de alguma coisa não provada
por este provador de longa idade.
Meu lenço, meu relógio, meu chaveiro,
minha gravata e cinto e escova e pente,
meu copo, minha xícara,
minha toalha de banho e sabonete,
meu isso, meu aquilo,
desde a cabeça ao bico dos sapatos,
são mensagens,
letras falantes,
gritos visuais,
[...]

e fazem de mim homem–anúncio itinerante,
escravo da matéria anunciada.

Estou, estou na moda.
É duro andar na moda, ainda que a moda
seja negar minha identidade,
trocá-la por mil, açambarcando
todas as marcas registradas,
todos os logotipos do mercado.
[...]

Agora sou anúncio
ora vulgar ora bizarro.
Em língua nacional ou em qualquer língua
(qualquer, principalmente)
e nisto me comprazo, tiro glória
de minha anulação.
Não sou — vê lá — anúncio contratado.
[...]
Já não me convém o título de homem.
Meu nome novo é Coisa.
Eu sou a Coisa, coisamente.

ANDRADE, Carlos. Drummond de. *Obra poética*. Lisboa: Publicações Europa-América, 1989.

▸ **Açambarcar:** tomar posse de; monopolizar.

Gustavo Ramos/Arquivo da editora

a) O que você entende com a afirmação "(eu sou um) homem-anúncio itinerante"?

b) Você acha que a expressão "homem-anúncio itinerante" revela o panorama de consumo atual? Justifique.

c) Em duplas, troquem ideias sobre o que vocês entendem dos versos "Estou, estou na moda./ É duro andar na moda,/ ainda que a moda/ seja negar minha identidade".

d) O poema apresenta características positivas ou negativas do papel da publicidade e do *marketing* para a formação da identidade do indivíduo? Explique.

2› Junte-se a três ou quatro colegas e criem um poema sobre os seus hábitos de consumo. Em data combinada com o professor, apresentem o poema para a turma.

Consumismo e globalização

Os termos "consumo" e "consumismo" não são sinônimos. O **consumo** está ligado à ingestão ou utilização de bens e serviços para a satisfação de necessidades. O **consumismo**, por sua vez, se refere ao consumo exagerado, ou seja, além do necessário para satisfazer as necessidades, envolvendo, geralmente, gastos exacerbados em produtos supérfluos. Isso é nocivo para o meio ambiente, pois provoca o esgotamento e a poluição dos recursos naturais.

Uma das consequências da globalização é que não somente o consumo é estimulado, mas principalmente o consumismo. Há inúmeras consequências negativas do consumismo. Entre elas, pode-se citar o aumento do uso de combustíveis altamente poluidores, como o carvão ou o petróleo, para a produção de mercadorias; o descarte de produtos ainda em boas condições de uso; o uso de plástico nas embalagens; os desmatamentos em áreas florestais; etc.

Como resultado desse processo, há uma intensa multiplicação na geração de resíduos oriundos tanto do consumo (lixo) quanto da produção, o que contribui para a poluição do ar, das águas e do solo. São impactos ambientais negativos que atingem o planeta como um todo, degradando o meio ambiente.

- Leia o texto a seguir.

Ilha de lixo no Oceano Pacífico é 16 vezes maior do que se imaginava

Localizada no oceano Pacífico, uma mancha de lixo resultado do acúmulo de detritos — principalmente de plástico — era considerada uma das catástrofes ambientais produzidas pela humanidade. Acontece que a extensão dos danos é pior do que se imaginava: a região que fica entre a costa do estado norte-americano da Califórnia e o Havaí tem um tamanho 16 vezes maior do que o estimado, com 80 mil toneladas de lixo plástico que compõem uma área de 1,6 milhão de quilômetros quadrados. [...] A extensão do lixo — que ficou conhecido como Grande Mancha de Lixo do Pacífico — tem uma área de cerca de mais de duas vezes o território da França.

Ethan Daniels/Shutterstock

Acúmulo de lixo plástico no oceano Pacífico, próximo à Indonésia. Os detritos plásticos descartados no oceano ameaçam cada vez mais o equilíbrio e a biodiversidade marinha. Foto de 2016.

Um estudo divulgado em 2016 pelo Fórum Econômico Mundial de Davos afirmou que até 2050 os oceanos terão mais pedaços de plástico do que de peixes.

Ilha de lixo no Oceano Pacífico é 16 vezes maior do que se imaginava. *Revista Galileu*, 2018. Disponível em: <https://revistagalileu.globo.com/Ciencia/Meio-Ambiente/noticia/2018/03/ilha-de-lixo-no-oceano-pacifico-e-16-vezes-maior-do-que-se-imaginava.html>. Acesso em: 15 fev. 2019.

a) Localize em um mapa-múndi a área aproximada da Grande Mancha de Lixo do Pacífico.

b) Quais são as correntes marítimas do oceano Pacífico? De que maneira elas contribuem para formar a Grande Mancha de Lixo nesse oceano?

c) Em sua opinião, a Grande Mancha de Lixo do Pacífico pode ser considerada um problema ambiental de caráter global? Justifique.

Consequências da globalização: benefícios e malefícios

O processo de globalização traz consequências positivas e negativas para os países. Entre os aspectos positivos, destacam-se os avanços no meio tecnológico e a multiplicação do conhecimento: um novo medicamento para determinada doença produzido em um país da Ásia, por exemplo, pode favorecer pessoas em outras regiões do planeta; a tecnologia estrangeira pode impulsionar o crescimento da produtividade de trabalho em outra região do mundo, etc.

Por outro lado, entre os aspectos negativos é possível citar o aumento da concentração da riqueza, ou seja, uma parcela significativa da população mundial é excluída do acesso aos benefícios econômicos, políticos e culturais advindos da globalização.

Gustavo Ramos/Arquivo da editora

- Leia o texto a seguir.

Por uma globalização mais humana

[...] Todos os lugares tendem a tornar-se globais, e o que acontece em qualquer ponto do ecúmeno (parte habitada da Terra) tem relação com o acontece em todos os demais.

Daí a ilusão de vivermos num mundo sem fronteiras, uma aldeia global. Na realidade, as relações chamadas globais são reservadas a um pequeno número de agentes, os grandes bancos e empresas transnacionais, alguns Estados, as grandes organizações internacionais.

Infelizmente, o estágio atual da globalização está produzindo ainda mais desigualdades. E, ao contrário do que se esperava, crescem o desemprego, a pobreza, a fome, a insegurança do cotidiano, num mundo que se fragmenta e onde se ampliam as fraturas sociais.

[...]

Não cabe, todavia, perder a esperança, porque os progressos técnicos obtidos neste fim de século 20, se usados de uma outra maneira, bastariam para produzir muito mais alimentos do que a população atual necessita e, aplicados à medicina, reduziriam drasticamente as doenças e a mortalidade.

Um mundo solidário produzirá muitos empregos, ampliando um intercâmbio pacífico entre os povos e eliminando a belicosidade do processo competitivo, que todos os dias reduz a mão de obra. É possível pensar na realização de um mundo de bem-estar, onde os homens serão mais felizes, um outro tipo de globalização.

SANTOS, Milton. Por uma globalização mais humana. *Folha de S.Paulo*, 2009. Disponível em: <www1.folha.uol.com.br/folha/publifolha/351805-leia-por-uma-globalizacao-mais-humana-texto-do-geografo-milton-santos.shtml> Acesso em: 15 fev. 2019.

a) O que você entendeu por "relações globais"? Troque ideias com os colegas e com o professor.

b) Que outro tipo de globalização o autor propõe no texto?

Ao longo deste ano, você observará as dinâmicas do mundo globalizado. Com base nesses conhecimentos, avaliará aspectos positivos e negativos dessa integração entre as diversas regiões do mundo e de que forma o ambiente planetário é afetado por esses processos.

Hamish Appleby/Acervo do fotógrafo

Pessoas ao redor do Muro de Berlim na comemoração de 25 anos de sua queda. Alemanha, 2014.

UNIDADE 1

Nova Ordem e Europa

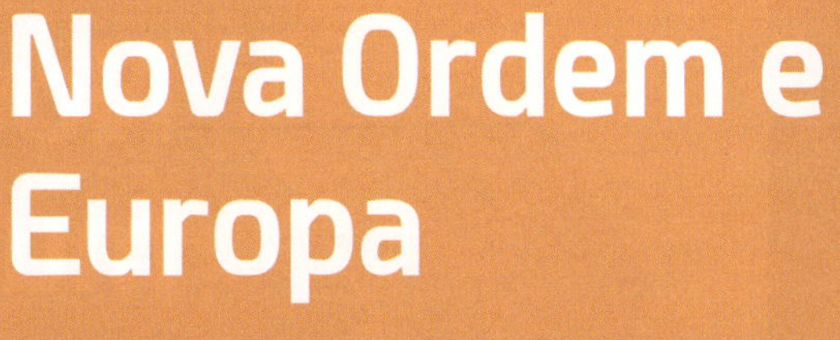

A Europa e seu projeto de unificação – a União Europeia – apontou um novo caminho de integração pacífica para o mundo. O processo se iniciou após a Segunda Guerra Mundial, em plena ordem bipolar, época da Guerra Fria, e prossegue na nova ordem mundial. Nesta unidade, vamos estudar o contexto do mundo pós-guerra, as mudanças na ordenação geopolítica mundial e o processo de unificação europeia. Vamos conhecer as diferenças regionais no continente, com destaque para os principais países da parte ocidental e da parte oriental da Europa.

Observe a imagem e responda às questões:

1. O que você sabe sobre o Muro de Berlim? Converse com os colegas.

2. Você acha que os países europeus se posicionam positiva ou negativamente em relação às manifestações culturais das minorias étnicas encontradas em seus territórios? Justifique sua resposta.

CAPÍTULO 1

Nova ordem mundial

Peter Timm/ullstein bild/Getty Images

Queda do Muro de Berlim, Alemanha, em novembro de 1989. O Muro simbolizava a divisão do mundo em países socialistas e capitalistas.

Dima Tanin/Agência France-Presse

Manifestantes protestam e impedem o golpe militar na União Soviética, em agosto de 1991, em Moscou. Esse acontecimento resultou no fim da União Soviética, na época uma das duas grandes potências mundiais, ao lado dos Estados Unidos.

Para começar

Observe as fotos e responda:

1. Você sabe o que significa "potência mundial"? Explique.
2. Para muitos estudiosos, a queda do Muro de Berlim marcou o início da nova ordem mundial; para outros, o fim da União Soviética. O que você sabe sobre esses fatos?

Para entender a Europa atual e seu projeto de unificação – a União Europeia –, é necessário compreender o conceito de nova ordem mundial.

Neste capítulo, você vai compreender que a nova ordem mundial é um processo dinâmico ainda em construção. Também vai entender o que foi a ordem bipolar que regeu o mundo entre 1945 e 1991 e conhecer os traços mais marcantes do sistema internacional que prevalece desde o início da década de 1990 até os dias de hoje.

1 O que é uma ordem mundial?

Uma ordem geopolítica mundial é a correlação de forças no plano internacional, ou seja, o equilíbrio de poder entre os Estados nacionais. Entre 1945 e 1991, o mundo estava dividido entre o bloco socialista – liderado pela então União Soviética – e o bloco capitalista – sob a liderança dos Estados Unidos. Com o fim da União Soviética, em 1991, estudiosos, governantes e a imprensa em geral passaram a se referir a uma nova ordem mundial, o sistema mundial pós-Guerra Fria.

Para entender esse arranjo, é preciso saber que, atualmente, existem no mundo cerca de 200 países, além de uma série de territórios que são colônias ou protetorados, remanescentes dos processos de neocolonialismo e do imperialismo ocorridos entre o fim do século XIX e o início do século XX. Cada Estado nacional tem a sua soberania, isto é, o poder supremo sobre seu território. Na prática, porém, nenhum país é autossuficiente: todos precisam importar e exportar produtos e serviços; as ações de cada Estado podem gerar consequências nos demais. Muitos atos praticados por um Estado – por exemplo, explosões de bombas nucleares, grandes queimadas florestais ou instalação de muitas indústrias poluidoras afetam não apenas o próprio território, mas os países vizinhos também.

Além disso, os Estados são bastante diferentes uns dos outros. Alguns bastante populosos, outros menos; alguns são extensos e contam com abundância de recursos naturais, outros têm territórios pequenos, onde há carência desses recursos; alguns apresentam grande poderio militar e outros são militarmente frágeis. Há uma **hierarquia** de Estados, com alguns muito poderosos, chamados de **grandes potências mundiais**. É essa hierarquia, que alinha os Estados mais frágeis com os mais fortes, que constitui a **ordem mundial**.

Uma ordem mundial é sempre dinâmica. Exemplos dessas mudanças que vão modificando a ordem mundial são economias que crescem mais do que as outras, maior modernização militar de um país ou de uma região; mudanças tecnológicas que afetam o equilíbrio de poder, etc.

Uma ordem geopolítica mundial, portanto, é uma situação, sempre provisória, de configuração do poder em termos internacionais, no nível das relações econômicas, diplomáticas e militares entre os países.

Normalmente, define-se uma ordem mundial pela presença de uma ou mais grandes potências mundiais, daí se falar em ordem **uni** ou **monopolar** quando há uma única grande potência mundial; em ordem **bipolar** quando há duas; e em ordem **multipolar** quando são várias.

linlypu/Shutterstock

Paisagem de Beijing, China, 2018. O país é uma superpotência econômica dentro da ordem mundial atual e caminha para ser também uma superpotência militar.

Texto e ação

1› Como se dá a interdependência entre os países? Cite exemplos.

2› Em duplas, comentem a afirmação: "Uma ordem mundial é sempre provisória".

2 Do mundo multipolar ao bipolar

No início do século XX, antes das duas guerras mundiais, havia uma ordem mundial multipolar. Isso significa que havia no mundo várias grandes potências: Reino Unido, Alemanha, Japão, Estados Unidos e Rússia, que disputavam a hegemonia internacional. Pode-se dizer que existia um equilíbrio entre elas, pois nenhuma era forte o bastante para impor-se às demais.

Alguns países europeus possuíam muitas colônias na África e na Ásia e continuavam disputando terras nesses continentes. O Reino Unido, que tinha sido a principal potência militar e econômica dos séculos XVIII e XIX, começou a se enfraquecer, em termos relativos – isto é, em comparação com o crescimento das demais potências – desde a segunda metade deste último século. Com isso, Estados Unidos, Rússia e Alemanha cresceram econômica e militarmente e ocuparam papéis importantes nessa ordem mundial. O Japão continuava sua investida, iniciada no fim do século XIX, pela supremacia na Ásia.

A partir de 1945, após o fim da Segunda Guerra Mundial, essa ordem mundial multipolar desmoronou por completo. Os impérios coloniais das potências europeias pouco a pouco ruíram, com a consequente descolonização das nações africanas e asiáticas. Os países europeus, principalmente Alemanha, França e Reino Unido, sofreram perdas enormes com a guerra. O Japão também ficou arrasado em 1945, pois foi o único país a sentir os efeitos da recém-inventada bomba atômica, lançada pelos Estados Unidos.

Área devastada pela guerra em Kharkiv, Ucrânia, 1943.

Berliner Verlag/Archive/picture alliance/ZB/Alamy/Fotoarena

Com o fim da guerra, os **Estados Unidos** e a antiga **União Soviética** despontaram como os grandes vencedores, e assim surgiu a ordem mundial bipolar.

A atividade industrial dos Estados Unidos desenvolveu-se muito e o dólar estadunidense passou a ser a moeda mais usada no comércio internacional, em substituição à libra esterlina, moeda inglesa.

A União Soviética, por sua vez, saiu fortalecida, apesar de ter sofrido violentas perdas com a guerra: o exército soviético, o mais poderoso do mundo naquela época, ocupava quase a metade do continente europeu, na parte leste. A União Soviética foi o país que mais perdeu soldados na guerra, mas, em contrapartida, foi o que mais ganhou território.

A bipolaridade ou ordem bipolar, portanto, significou um mundo dominado por duas grandes potências mundiais com enorme poderio militar, representado, principalmente, pelo desenvolvimento de armamentos nucleares. Foi exatamente por esse motivo – o grande arsenal de armas atômicas – que esses dois países passaram a ser chamados de superpotências.

Nesse contexto, expandiu-se, então, o chamado **bloco socialista**. A Rússia (União Soviética de 1922 a 1991) foi o primeiro país a adotar o socialismo, em 1917. A Mongólia adotou esse regime político em 1924. Até 1945, esses eram os dois únicos países socialistas no mundo. Com a guerra, e depois dela, vários outros países seguiram o exemplo soviético, muitas vezes por força da ocupação militar: a ex-Iugoslávia, Albânia, a ex-Alemanha Oriental e a Bulgária, em 1945; Polônia e Romênia, em 1947; a ex-Tchecoslováquia e a Coreia do Norte, em 1948; China e Hungria, em 1949; mais tarde, Cuba, Vietnã, Laos, Camboja e outros.

Com isso, o mundo passou a ser dividido em dois blocos político-militares: o **bloco ocidental** ou **capitalista**, liderado pelos Estados Unidos, e o **bloco comunista** ou **socialista**, liderado pela União Soviética.

Os Estados Unidos e a União Soviética, cada qual com seus aliados, passaram a exercer grande influência em todo o mundo. Isso originou uma constante tensão entre as duas nações, período que ficou conhecido como **Guerra Fria**.

A Guerra Fria pode ser definida como uma grande rivalidade entre as duas superpotências, uma disputa pela hegemonia mundial. Não foi um conflito militar direto, mas uma disputa econômica, política e até psicológica, na qual cada potência procurava mostrar a sua superioridade, na tentativa de conseguir mais aliados e ampliar a sua área de influência. Nunca foi uma situação rígida, com todos os países bem definidos de um lado ou do outro. Ao contrário, havia espaço para mudanças, e alguns países – como o Egito ou a Índia – durante esse período foram aliados ora dos Estados Unidos, ora da União Soviética. Também houve casos de mudança radical de posição, como aconteceu com Cuba, antes aliada dos Estados Unidos e, a partir dos anos 1960, aliada da União Soviética.

Navios das forças da ONU durante evacuação no porto de Hungnam, na Coreia do Norte, em 1950.

Max Desfor/AP Photo/Glow Images

Observe, no mapa a seguir, a divisão do mundo nesse período.

Mundo: ordem bipolar (1945-1991)

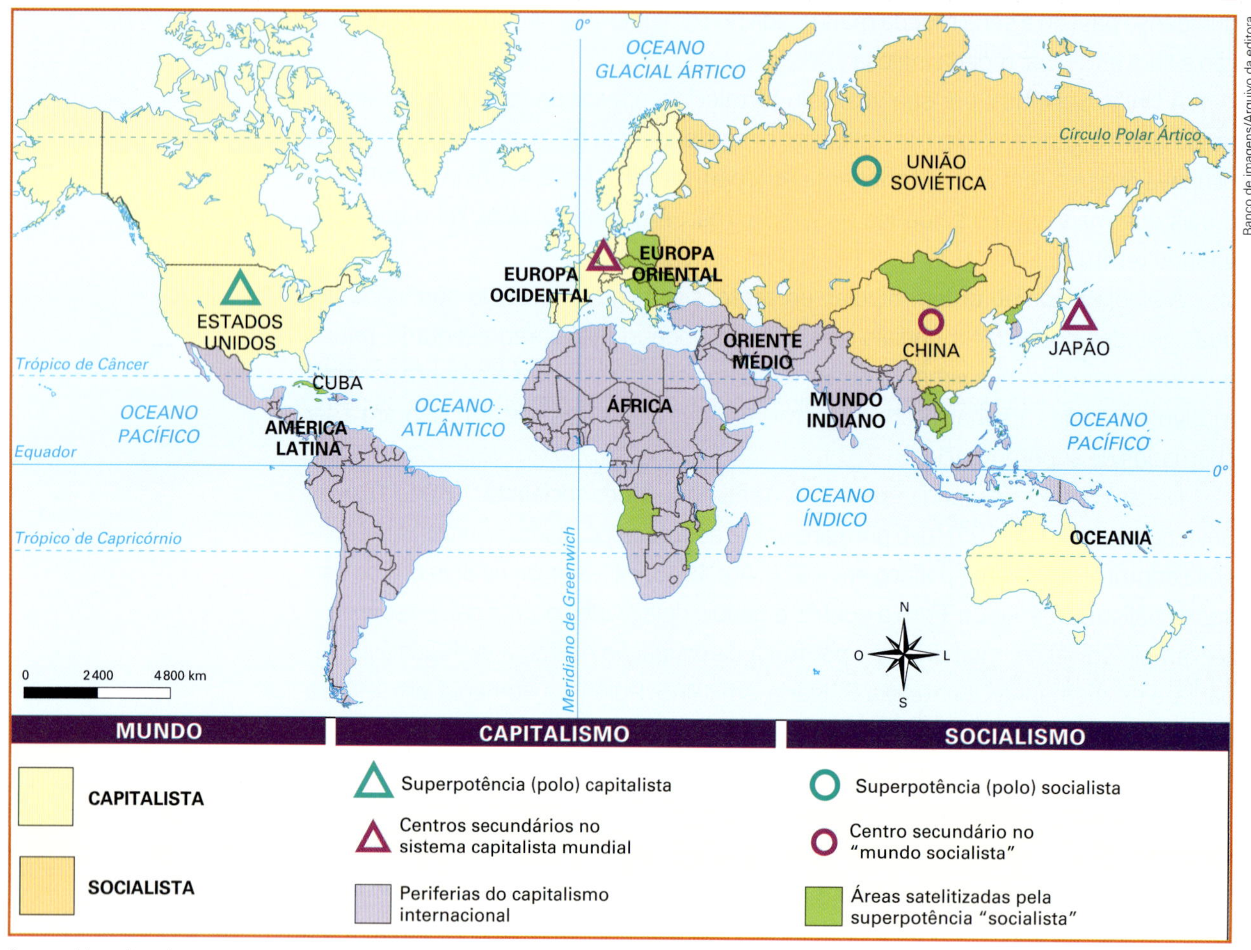

Fonte: elaborado pelos autores.

De 1945 até o fim dos anos 1980, a ex-União Soviética procurou enfraquecer os governos aliados aos Estados Unidos. Para isso, sustentava movimentos guerrilheiros ou grupos contrários a esse governo, que passavam a apoiar a política soviética. Da mesma forma, os Estados Unidos mantinham uma política semelhante em relação aos governos aliados à ex-União Soviética. Cada uma das superpotências usava argumentos mais ou menos parecidos para justificar suas atitudes: a União Soviética dizia representar o socialismo e defender o mundo contra a exploração capitalista e a agressividade estadunidense, enquanto os Estados Unidos afirmavam defender a democracia e a liberdade contra o comunismo soviético.

Na realidade, porém, nenhuma das duas superpotências estava preocupada com a população dos demais países, seus valores, suas necessidades e seu bem-estar. O que ambas buscavam, de fato, era conquistar a hegemonia, a supremacia internacional. Tanto os Estados Unidos como a ex-União Soviética usavam o "perigo" representado pelo opositor como pretexto para interferir na política dos países que estavam sob sua influência.

Assim, podemos afirmar que a Guerra Fria também foi uma conivência, uma cooperação tácita entre as duas superpotências, uma forma de ambas tentarem controlar o restante do mundo.

Crise do mundo bipolar

O mundo bipolar entrou em colapso entre 1989 e 1991. Esse colapso foi resultado, principalmente, da conjugação de dois fatores: a crise do mundo socialista e o surgimento de novos polos mundiais de poder (a União Europeia, o Japão e, mais recentemente, a China).

As economias planificadas constituíam o principal alicerce do socialismo. No entanto, por serem muito centralizadas e burocratizadas, não conseguiram acompanhar a Terceira Revolução Industrial, ou Revolução Técnico-científica, que se iniciou em meados da década de 1970.

A Revolução Técnico-científica exigia empresas flexíveis, com rapidez e descentralização nas tomadas de decisão e nas estratégias. Além disso, a planificação centralizada nunca foi muito eficiente, pois determinava de cima para baixo tudo o que cada empresa deveria fazer durante a vigência dos planos quinquenais (válidos para cinco anos).

Muitas vezes, fatos inesperados ocorriam ao longo desse período e atrapalhavam a realização de inúmeros aspectos dos planos. Por exemplo, se ocorresse numa região X alguma circunstância inesperada – como a descoberta de abundantes reservas de minérios –, isso atrapalhava o plano em vigência, pois ele determinava que as fábricas da região deveriam adquirir os minérios na região Y, mesmo que distante e de pior qualidade. Ou seja, não havia flexibilidade para mudar de rumo, o que ajuda a explicar as enormes filas para compra de produtos – pão, leite, escovas ou pasta de dente, roupas, etc. – que sempre existiram nos países que adotavam economias planificadas.

Shepard Sherbell/CORBIS SABA/Corbis/Getty Images

Fila de consumidores em açougue de Moscou, ainda na antiga União Soviética, em 1991. As longas filas formadas por pessoas atrás de alimentos e bens de consumo foram um dos fatores que precipitaram o fim da União Soviética. Em dezembro de 1991, o Soviete Supremo teve de reconhecer a independência das antigas repúblicas socialistas, concretizando a dissolução da URSS.

As empresas não eram motivadas a inovar as tecnologias que utilizavam, pois, como eram estatais, não existia concorrência entre elas. Por esse motivo, havia pouca variedade – muitas vezes, uma única opção – de produtos: roupas, veículos (acessíveis apenas a uma minoria), liquidificadores, televisores, refrigeradores, etc.

Economia planificada: o mesmo que economia socialista, ou centralizada, na qual o Estado é proprietário dos principais meios de produção (indústrias, bancos, terras rurais, etc.) e elabora os planos que oficialmente devem nortear todas as decisões econômicas: onde e como investir, salários e preços de produtos, etc.

De olho na tela

Adeus, Lênin
Direção de Wolfgang Becker, Alemanha, 2003.
Duração: 121 min.
O longa-metragem retrata alguns impactos do término da Guerra Fria na antiga Alemanha Oriental, ao contar a história de um rapaz cuja mãe se encontrava em coma na ocasião da queda do Muro de Berlim e acorda anos mais tarde. O filho tenta de todas as formas evitar que a senhora se dê conta da nova realidade do país, completamente modificado pela introdução do capitalismo e do consumismo.

Nas sociedades socialistas, a única forma de se diferenciar, de dispor de maiores rendimentos e uma moradia melhor, de uma casa de campo ou de praia, de poder comprar em lojas sem filas nem falta de produtos, ou de obter um passaporte, entre outros privilégios, era ter um alto cargo de direção no partido único e oficial, o Partido Comunista. Essa situação pouco a pouco foi se tornando intolerável e acabou resultando na crise do mundo socialista nos anos 1980, ocasião em que inúmeras economias planificadas ou socialistas pouco a pouco voltaram a adotar o capitalismo ou a economia de mercado.

A dissolução da União Soviética em dezembro de 1991, quando as antigas quinze repúblicas dessa superpotência se tornaram países independentes, foi o golpe final. A partir daí, praticamente todo o mundo passou a viver sob o sistema capitalista, embora existam enormes diferenças em relação ao tipo de capitalismo adotado em cada país (alguns com amplo predomínio de empresas privadas e pouca intervenção estatal, como nos Estados Unidos ou no Reino Unido; outros com algumas empresas estatais em determinados setores e maior intervenção estatal, como no Japão ou na Suécia, etc.), e quanto ao desenvolvimento econômico e social deles.

No auge da ordem bipolar, nos anos 1950 e 1960, o PIB dos Estados Unidos era maior do que a soma de todas as economias da Europa ocidental mais a do Japão. E o PIB da ex-União Soviética era maior do que a soma de todas as demais economias planificadas. Esse cenário foi mudando nos anos 1970 e 1980, com o crescimento de Japão, Alemanha e outros países europeus, e nos anos 1990 e início do século XXI, com a ascensão da China. Como o poderio militar geralmente está associado ao econômico, mais cedo ou mais tarde essa bipolaridade teria de ceder lugar a uma multipolaridade, isto é, à existência de múltiplos polos mundiais de poder.

O quadro a seguir ilustra essa mudança econômica que ajudou na reestruturação da ordem geopolítica mundial.

Maiores economias do mundo: *ranking* do PIB em bilhões de dólares (1950-2016)

País	1950	1980	1990	2016
Estados Unidos	381 (1º)	2 863 (1º)	5 980 (1º)	18 569 (1º)
Rússia*	126 (2º)	1 205 (2º)	517 (9º)	1 283 (10º)
Japão	32 (6º)	1 087 (3º)	3 104 (2º)	4 939 (3º)
Alemanha**	48 (5º)	920 (4º)	1 714 (3º)	3 466 (4º)
Reino Unido	71 (3º)	542 (6º)	1 019 (6º)	2 618 (5º)
França	50 (4º)	690 (5º)	1 244 (4º)	2 465 (6º)
China	25 (8º)	189 (13º)	357 (11º)	11 199 (2º)

* União Soviética até 1991; apenas Rússia em 2016.
** Alemanha Ocidental até 1989; Alemanha reunificada a partir de 1990.
Fonte: elaborado com base em THE WORLD Bank. Disponível em: <http://data.worldbank.org/indicator>. Acesso em: 6 ago. 2018.

Texto e ação

1› Explique o que foi a Guerra Fria.

2› O que o mapa da página 24 revela sobre as áreas de influências estadunidense e soviética na Europa e no resto do mundo, até 1991?

3 A nova ordem mundial

Com a crise do mundo socialista e a formação de novos centros econômicos, o mundo voltou a se organizar em uma ordem multipolar, distinta, porém, daquela do início do século XX, mais complexa e com maior interdependência entre todos os países.

No âmbito econômico, os Estados Unidos não têm mais o poder que tinham nos anos 1950 e 1960; os países da União Europeia, somados, possuem hoje uma economia pelo menos equivalente à estadunidense. A China, que pulou do 11º lugar, em 1990, para o atual 2º, em 2018, provavelmente terá a maior economia do mundo nos próximos anos.

Esse contexto talvez permitisse denominar a nova ordem como multipolar, mas alguns analistas apontam uma ordem mono ou unipolar, em razão da força militar sem concorrentes dos Estados Unidos. Outros preferem definir a nova ordem de **unimultipolar**. Essa definição se justifica pelo fato de que, militarmente, existe uma única superpotência mundial, porém, nos aspectos econômico e tecnológico – os mais relevantes no mundo atual –, há vários centros mundiais de poder: Estados Unidos, União Europeia, China, Japão e até mesmo a Rússia.

Ted Aljibe/Agência France-Presse

Soldados estadunidenses fazem treinamento militar em praia ao norte de Manila, nas Filipinas, em 2018.

Apesar de sua frágil economia, neste século a Rússia se reergueu e iniciou uma significativa recuperação econômica graças ao aumento dos preços do petróleo e do gás natural (apesar de algumas oscilações ou quedas em anos de crise). Além de passar a exportar petróleo e derivados, também é exportadora de madeira e metais. Além disso, o país voltou a investir pesado no poder militar. A economia russa, porém, ainda é pouco desenvolvida, com baixa tecnologia de ponta; a base ainda é a exportação de recursos naturais não renováveis.

Do ponto de vista militar, a Rússia poderia ser considerada uma superpotência. Entretanto, a crise econômica e social russa foi tão intensa nos anos 1990 que milhares de cientistas, que garantiam a tecnologia nuclear, emigraram para outros países em busca de melhores salários.

À primeira vista, a China não deveria constar entre esses centros mundiais de poder. O país mais populoso do globo ainda conta uma enorme massa populacional que vive na pobreza. No entanto, a economia chinesa é a que mais cresce no mundo desde os anos 1980, e o país vem se modernizando rapidamente. Além disso, a China é uma potência militar, talvez a segunda do mundo após a modernização de suas forças armadas e a crise russa.

Mundo: ordem unimultipolar (início do século XXI)

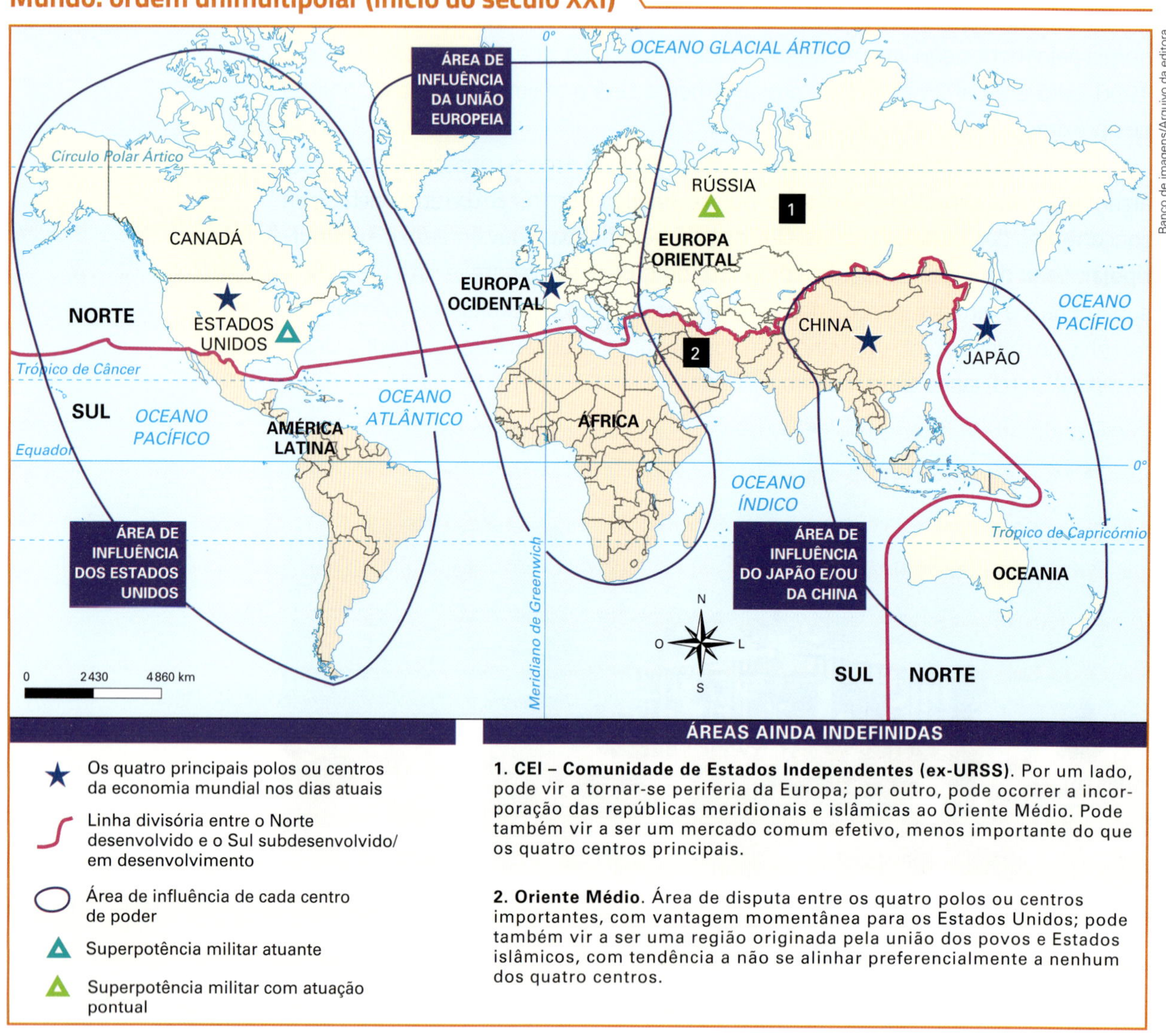

Fonte: elaborado pelos autores.

Texto e ação

1› Que argumentos justificam chamar a atual ordem mundial de monopolar? E de multipolar?

2› Converse com os colegas: A atual ordem mundial é unipolar, multipolar ou unimultipolar? Justifiquem.

3› Em sua opinião, a Rússia é, do ponto de vista econômico, uma grande potência mundial? Por quê?

4› Observe o mapa desta página e responda: Como se configurava a hierarquia mundial do poder no início do século XXI?

Poderio militar

A chamada nova ordem mundial é inseparável de outros traços importantes do mundo atual: a **globalização** e a **Terceira Revolução Industrial**. Com o advento e a popularização da informática, robótica, telecomunicações, biotecnologia e outras novas tecnologias, o mundo ficou mais integrado, ou seja, a interdependência dos países se intensificou, o que também conta na ordenação geopolítica do globo.

A importância do poderio militar parece ter diminuído nas últimas décadas, especialmente depois da desagregação da União Soviética e do fim da Guerra Fria. A supremacia econômica e tecnológica passou a ser mais importante do que a militar. Entretanto, uma grande potência mundial – ou regional, isto é, uma potência que exerce influência ou liderança em determinada região do globo – deve também ter capacidade de defesa e até de intervenção no exterior. Sempre há o risco de invasões de território ou ações de ataque empreendidas por outros Estados, como corte de suprimentos de energia ou de água potável, instalação de fábricas poluidoras em suas fronteiras, etc. Essa necessidade de poderio militar, no entanto, não significa que uma grande potência mundial (tampouco as potências médias ou regionais) deva priorizar os gastos militares, muito menos desperdiçar recursos em armamentos nucleares.

A História ensina que a regra geral tem sido a ascensão e o declínio de grandes potências econômicas e militares, mesmo que suas hegemonias perdurem por séculos. Podem ser citados como exemplos o Império Romano, na Antiguidade; Portugal e Países Baixos, no século XV e parte do século XVI; Espanha, no século XVII; Reino Unido, nos séculos XVIII e XIX; e Estados Unidos, desde meados do século XX até os dias de hoje.

Normalmente, uma potência conquista sua hegemonia a partir do poderio econômico, seguido do militar. Em geral, o país que tem economia mais poderosa, que reúne maior número de fábricas e desenvolve tecnologia avançada acaba formando forças armadas mais modernas e bem equipadas.

A China, segunda economia mundial, investe na modernização militar, possui bombas atômicas e sistemas de lançamento de satélites espaciais próprios. Muitos analistas acreditam na emergência da China como uma nova superpotência militar, que poderá, inclusive, ser a principal competidora dos Estados Unidos neste novo século.

Imaginechina/Agência France-Presse

Lançamento de satélites espaciais em Sichuan, China, em 2018.

Guerra "inteligente"

Com a Revolução Técnico-científica, o poderio militar também foi modernizado. Atualmente, no lugar de armamentos de destruição em massa, como bombas atômicas, armas químicas e biológicas, começam a predominar as chamadas "armas inteligentes". Elas consistem no uso da **informática**, com *chips* e *softwares*, e das **telecomunicações**, com satélites e sistemas de posicionamento global (GPS), o que as torna mais sofisticadas e lhes garante maior precisão para atingir o alvo.

Assim como no mercado de trabalho, em que a necessidade de elevado nível de escolaridade é uma exigência cada vez maior, isso também ocorre na guerra. Um pequeno número de pessoas com conhecimentos em tecnologia avançada pode realizar muito mais do que um grande número de pessoas com as ferramentas da força bruta do passado. Por isso, o serviço militar obrigatório vem sendo substituído pelo recrutamento de pessoas, principalmente daquelas com o ensino médio ou superior completo, que buscam uma profissão mais bem remunerada.

A China, depois de estudar a chamada "nova guerra tecnológica", realizou um plano de médio prazo, de 25 anos, para modernizar seus armamentos e, ao mesmo tempo, reduzir drasticamente o número de soldados de 20 milhões para menos de 5 milhões. Gradativamente, as mulheres também vêm sendo incorporadas às forças armadas, algo que já ocorre em vários países. Portanto, a guerra, infelizmente sempre presente na história da humanidade, se modifica em função de mudanças tecnológicas e da interdependência entre todos os países, em particular entre as grandes potências.

Há inúmeros tratados internacionais, todos criados nas últimas décadas, que procuram eliminar a fabricação e o uso das armas químicas (substâncias ou gases venenosos para uso militar) e biológicas (vírus, bactérias, etc., aperfeiçoados em laboratórios para servirem de armas mortíferas). Há também a tentativa de controlar os armamentos nucleares, de impedir novos testes ou novas fabricações e, ao mesmo tempo, de diminuir gradualmente as ogivas que existem nos países que já as produziram.

Sputnik/RIA Novosti/Agência France-Presse

Representantes de Estados Unidos, União Soviética e Reino Unido assinam o Tratado de Não Proliferação Nuclear em Moscou, capital da antiga União Soviética, em 1968. Com os objetivos de promover o desarmamento nuclear e a não proliferação de tecnologia utilizada na produção de armas nucleares, admitindo apenas o uso pacífico da energia nuclear (como fonte de energia), esse tratado entrou em vigor em 1970. A adesão do Brasil ocorreu em 1998.

Ciberespaço

A guerra virtual, a chamada guerra no ciberespaço, tornou-se fundamental em razão da importância militar das redes de computadores para a circulação de informações ou até mesmo ordens, por exemplo, para ligar aviões aos navios ou acionar bases locais de apoio e centros estratégicos.

A informação é um elemento imprescindível para o sucesso de uma guerra: um exemplo é a tecnologia dos satélites que detectam o deslocamento de tropas inimigas ou a localização de depósitos de armamentos. Geralmente, essas informações circulam por redes de computadores, por meio de ondas ou espectros de satélites ou de rádios. Tentar invadir essas redes, seja para descobrir segredos, seja para inutilizá-las, é o objetivo do que se chama hoje **guerra cibernética**.

Os Estados Unidos criaram nos anos 1990 um centro de guerra cibernética, chamado de United States Cyber Command (Comando Cibernético dos Estados Unidos), composto de milhares de técnicos e cientistas, cujo quartel-general localiza-se no estado do Colorado. Esse centro tem como objetivo monitorar as redes de computadores para evitar espionagem e descobrir terroristas ou qualquer forma de perigo, inclusive os vírus de computadores.

Ciberespaço: espaço da internet ou de intranets, ou seja, das redes de computadores que usam recursos de multimídia, com imagens, sons e escrita.

Patrick Smith/Getty Images

Vista aérea da sede da Agência Nacional de Segurança (NSA, sigla em inglês) em Maryland, nos Estados Unidos, em 2016. O Comando Cibernético dos Estados Unidos é um departamento dessa agência.

Texto e ação

1. Explique o que são "armas inteligentes" e a nova guerra tecnológica.
2. Explique no que consiste a chamada "guerra cibernética".

Geolink

Leia o texto a seguir e faça o que se pede.

O que foi o Muro de Berlim?

Ele dividiu em dois a cidade de Berlim, na Alemanha, entre 1961 e 1989. Para entender seu surgimento é preciso voltar ao final da Segunda Guerra Mundial (1939-1945). Após a derrota nazista, a Alemanha foi repartida em quatro zonas de ocupação, controladas por Estados Unidos, Grã-Bretanha, França e União Soviética, as potências que venceram o conflito. Diferenças ideológicas afastaram os comunistas soviéticos dos outros três aliados, que eram capitalistas. Na prática, o país [...] acabou dividido em dois: Alemanha Oriental, sob influência da União Soviética, e Alemanha Ocidental, sob o domínio dos Estados Unidos, Grã-Bretanha e França. Berlim ficou do lado soviético, mas, como era a capital, também acabou dividida em dois. Nos primeiros anos após o desenho dessas fronteiras artificiais, muitos alemães orientais debandaram para Berlim Ocidental, por discordarem do regime comunista adotado na parte do país em que viviam.

Entre 1949 e 1961, quase 3 milhões de pessoas mudaram de lado, sendo mais de 3 mil médicos, 17 mil professores e 17 mil engenheiros. Essa fuga de trabalhadores qualificados ameaçava a economia da Alemanha Oriental e as autoridades do país decidiram conter o êxodo isolando aos poucos a parte ocidental de Berlim. Primeiro, foram instaladas barricadas em 200 ruas que ligavam os dois lados da cidade e criados postos de controle policial. Depois, o tráfego de ônibus e bondes foi suspenso e as ligações telefônicas, cortadas. Em novembro de 1953, a Alemanha Oriental transformou a entrada não autorizada de seus cidadãos nos setores ocidentais em infração punível com até quatro anos de prisão. Como as fugas continuavam, a opção foi o fechamento total da fronteira entre os dois lados de Berlim em 1961.

Na madrugada entre os dias 12 e 13 de agosto daquele ano, a construção do muro começou com a colocação de barricadas e cercas de arame farpado. Em questão de horas, todos os pontos de acesso a Berlim Ocidental estavam completamente fechados. A reação das potências capitalistas foi morna.

"O presidente americano John Kennedy nada fez para deter isso por receio de provocar uma guerra", diz o historiador americano Ed Peterson, da Universidade de Wisconsin-River Falls, nos Estados Unidos, autor de vários livros sobre o Muro de Berlim, como *Russian Commands, German Resistance* ("Comandos Russos, Resistência Alemã", inédito em português). A construção da muralha em 1961 durou poucos meses e, nos anos seguintes, ela seria constantemente reforçada, passando por três grandes reformas em 1962, 1965 e 1975. Mesmo assim, mais de 5 mil alemães orientais conseguiram escapar para o lado ocidental e outras 239 pessoas morreram tentando fazer o mesmo. Na década de 1980, as relações entre União Soviética e Estados Unidos melhoraram e, aos poucos, os habitantes dos países europeus comunistas tiveram o trânsito facilitado para o resto do continente. No dia 9 de novembro de 1989, foram suspensas todas as restrições impedindo alemães orientais de irem para o outro lado do país.

Menos de um ano depois, as duas Alemanhas seriam unificadas e o muro, definitivamente destruído. Hoje, restam apenas ruínas simbólicas em alguns pontos de Berlim.

Fonte: O QUE foi o Muro de Berlim? *Mundo Estranho*. Disponível em: <https://super.abril.com.br/mundo-estranho/o-que-foi-o-muro-de-berlim/>. Acesso em: 23 set. 2018.

1 Por que o muro de Berlim foi construído em 1961?

2 Em sua opinião, a construção e posterior queda do Muro de Berlim reforça ou refuta a afirmação: "A ordem mundial é dinâmica"? Justifique.

3 O texto apresenta algumas justificativas que explicam a construção do Muro de Berlim, finalizada em 1961. Atualmente, há um projeto do governo estadunidense de construção de um muro na fronteira entre os Estados Unidos e o México. Pesquise em jornais, revistas e na internet quais os motivos para a existência desse projeto. Depois, responda:

a) Você acha que há semelhanças nas justificativas dadas para as construções desses dois muros? Quais?

b) Em duplas, respondam: Você é a favor ou contra a construção de um muro entre as fronteiras do México e dos Estados Unidos? Justifique.

CONEXÕES COM HISTÓRIA

- Durante a Guerra Fria, na ordem mundial bipolar de 1945 a 1991, havia a chamada corrida armamentista. Temendo um real conflito armado, as duas superpotências disputavam, por meio de enormes gastos militares, o maior poderio militar. Essa corrida deu origem a uma grande expansão dos gastos militares e do comércio mundial de armamentos. Observe o gráfico e o quadro.

Mundo: gastos militares (1988-2013)

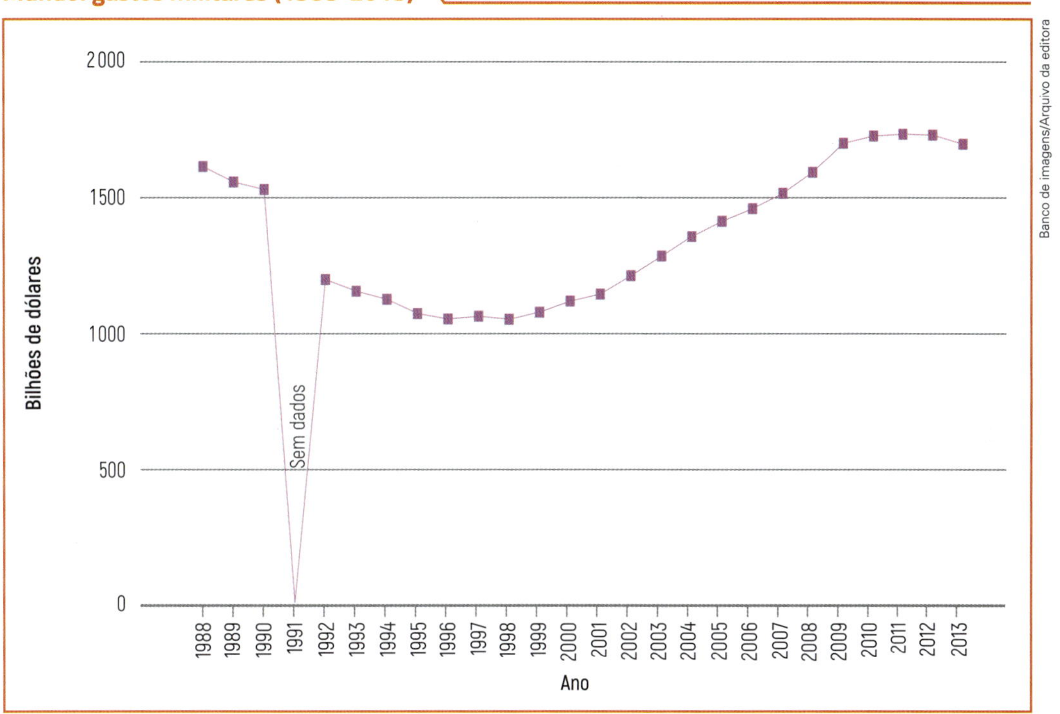

Maiores gastos militares em bilhões de dólares (2016)

Estados Unidos	611
China	215
Rússia	69
Arábia Saudita	63
Reino Unido	58

França	55
Índia	55
Japão	47
Alemanha	41
Coreia do Sul	36

Fonte: elaborados com base em STOCKHOLM International Peace Research Institute (SIPRI). Recent trends in arms transfers. Disponível em: <www.sipri.org/databases/milex>. Acesso em: 25 set. 2018.

a) O que aconteceu com os gastos militares mundiais após o fim da Guerra Fria em 1991?

b) Em 1988, os gastos militares mundiais ultrapassaram a cifra de 1,6 trilhão de dólares. Qual foi o montante desses gastos em 2013? Houve redução após o fim da Guerra Fria?

c) O que você conclui ao observar os gastos militares, em 2016, dos países que utilizam maiores quantias nesse setor?

d) Com base no gráfico, no quadro e em seus conhecimentos, responda: A corrida armamentista acabou ou apenas se modificou nos dias atuais? Troque ideias com os colegas.

ATIVIDADES

1› Leia o texto e responda às questões.

Uma era terminou quando a União Soviética entrou em colapso em 31 de dezembro de 1991. [...] Muitas mudanças no sistema internacional acompanharam o fim da Guerra Fria. [...]

Três coisas definiram o mundo pós-Guerra Fria. O primeiro foi o poder dos EUA. A segunda foi a ascensão da China como o centro do crescimento industrial global baseado em baixos salários. O terceiro foi o ressurgimento da Europa como uma potência econômica maciça e integrada. [...]

O mundo pós-Guerra Fria teve duas fases. A primeira durou de 31 de dezembro de 1991 até 11 de setembro de 2001. A segunda durou de 11 de setembro até agora. A fase inicial do mundo pós-Guerra Fria foi construída em duas hipóteses. A primeira suposição era de que os Estados Unidos eram o poder político e militar dominante, mas que esse poder era menos significativo do que antes, já que a economia era o novo foco. A segunda fase ainda girava em torno das três grandes potências – Estados Unidos, China e Europa –, mas envolvia uma grande mudança na visão de mundo dos Estados Unidos, que supunha que sua hegemonia incluía o poder de reformular o mundo islâmico por meio de ação militar, enquanto a China e a Europa concentraram-se unicamente em questões econômicas. [...]

Agora, estamos em um ponto em que o modelo pós-Guerra Fria não explica mais o comportamento do mundo. Estamos entrando assim em uma nova era. [...] Primeiro, os Estados Unidos continuam sendo a potência dominante do mundo em todas as dimensões. Ele vai agir com cautela, no entanto, reconhecendo a diferença crucial entre hegemonia e onipotência. Em segundo lugar, a Europa está retornando à sua condição normal de múltiplos estados-nação competidores. [...] Em terceiro lugar, a Rússia está ressurgindo. [...] Em quarto lugar, a China está sendo absorvida na tentativa de administrar suas novas realidades econômicas. [...] Em quinto lugar, uma série de novos países surgiram para suplementar a China como o epicentro mundial de baixos salários e alto crescimento. América Latina, África e partes menos desenvolvidas do Sudeste Asiático estão surgindo como concorrentes.

Fonte: FRIEDMAN, George. Além do mundo pós-Guerra Fria. Disponível em: <www.stratfor.com/weekly/beyond-post-cold-war-world>. Acesso em: 26 set. 2018. (Tradução dos autores.)

a) Explique no que consistiu, segundo o texto, cada uma das fases da nova ordem mundial.

b) O autor parece acreditar que o mundo pós-Guerra Fria já chegou ao seu término. Que evidências ele apresenta para essa hipótese?

2› Leia a notícia, que aborda o Tratado de Proibição de Armas Nucleares. Depois, responda às questões:

A concessão do Prêmio Nobel da Paz de 2017 à Campanha Internacional para a Abolição das Armas Nucleares (Ican, na sigla em inglês) constitui novo marco na luta pelo desarmamento nuclear. A atuação da Ican foi fundamental para a adoção, em julho deste ano [2017], do Tratado sobre a Proibição das Armas Nucleares, que o Brasil teve a honra de ser o primeiro país a assinar em 20 de setembro. A campanha realizou importante trabalho de conscientização a respeito das catastróficas consequências humanitárias dessas armas. Por meio de três conferências internacionais realizadas em 2013 e 2014, a Ican ajudou a redirecionar a atenção internacional para os aspectos humanitários do uso de armas nucleares e a aprofundar o conhecimento a respeito de suas consequências para a vida e a saúde humanas, para o meio ambiente e o desenvolvimento.

[...] O Prêmio Nobel da Paz é um justo reconhecimento do esforço fundamental que a Ican [...] empreendeu para a adoção do tratado. Espero que a visibilidade conferida pelo prêmio impulsione as assinaturas e ratificações do tratado [...]. Nenhuma paz poderá ser duradoura e real enquanto as armas mais destruidoras já concebidas pela humanidade não forem completamente eliminadas.

Fonte: VIEIRA, Mauro. Premiação é marco na luta pelo desarmamento atômico. In: *Folha de S.Paulo*, 07/10/2017. Disponível em: <www1.folha.uol.com.br/mundo/2017/10/1925215-premio-nobel-da-paz-e-marco-na-luta-pelo-desarmamento-atomico.shtml>. Acesso em: 6 ago. 2018.

a) Por que o Ican recebeu o prêmio Nobel da Paz em 2017?

b) O que é o Tratado de Proibição de Armas Nucleares? Qual foi o papel da Ican na aprovação desse tratado?

Autoavaliação

1. Quais foram as atividades mais fáceis para você? Por quê?
2. Algum ponto deste capítulo não ficou claro? Qual?
3. Você participou das atividades em dupla e em grupo e expressou suas opiniões?
4. Como você avalia sua compreensão dos assuntos tratados neste capítulo?
   » **Excelente**: não tive dificuldade.
   » **Bom**: consegui resolver as dificuldades de forma rápida.
   » **Regular**: tive dificuldade para entender os conceitos e realizar as atividades propostas.

Lendo a imagem

1› Em duplas, observem as charges.

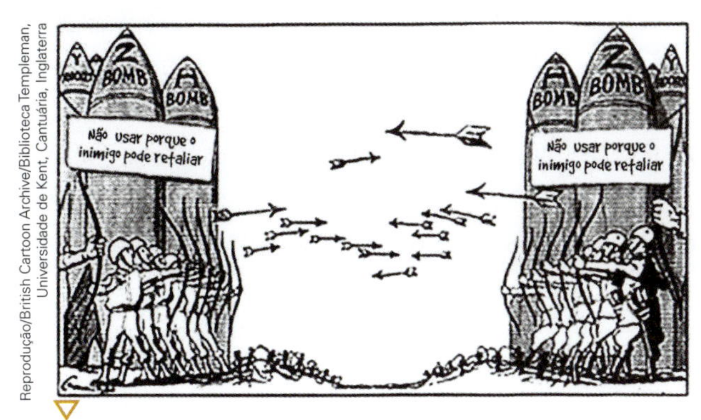

Reprodução/British Cartoon Archive/Biblioteca Templeman, Universidade de Kent, Cantuária, Inglaterra

Charge de Arthur Stuart Michael Cummings, s.d.

Reprodução/Coleção particular

A bola que anda aos pontapés, charge de Belmonte, de 1946. O chargista representou os presidentes Truman (EUA), à esquerda, e Stalin (URSS), à direita, jogando futebol com o globo terrestre.

- Comentem sobre as duas charges reproduzidas, identificando a relação dos conteúdos representados com a ideologia da Guerra Fria.

2› Ainda em duplas, observem a charge ao lado, que ironiza o poderio militar na nova ordem mundial.

- O que o autor da charge quis retratar?

Polyp/CartoonStock

New World Order (Nova Ordem Mundial, em português), charge de Paul Fitzgerald, de 2010. Charge representando a antiga ordem mundial, à esquerda, e a nova ordem mundial, à direita, onde se lê, nos mísseis: "Tenha um bom dia".

QUICK Take Military Wars. Disponível em: <https://s3.amazonaws.com/lowres.cartoonstock.com/military-wars-fights-middle_east-attack-attacking-pfin47_low.jpg>. Acesso em: 26 nov. 2018.

3› Analise a charge ao lado, que satiriza as acusações e ameaças entre os governos estadunidense e norte-coreano, com o perigo iminente de um ataque nuclear entre eles.

a) De que forma a charge satiriza o conflito em questão?

b) Cite algum outro momento da história em que essa tensão de um conflito nuclear atingiu o planeta.

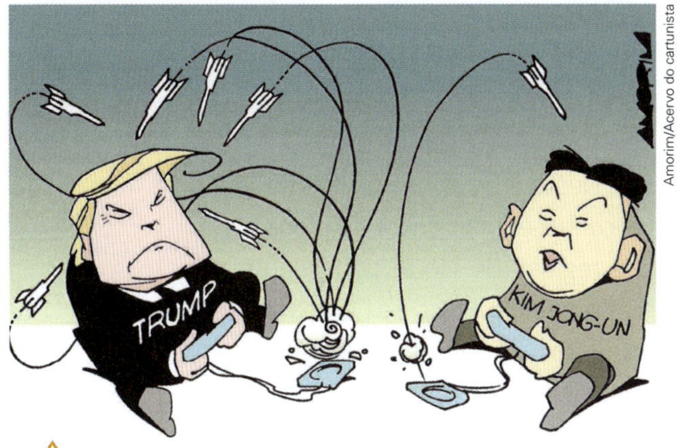

Amorim/Acervo do cartunista

Mísseis, charge de Amorim, 2017.

CAPÍTULO

2 Europa: uma visão de conjunto

União Europeia (2018)

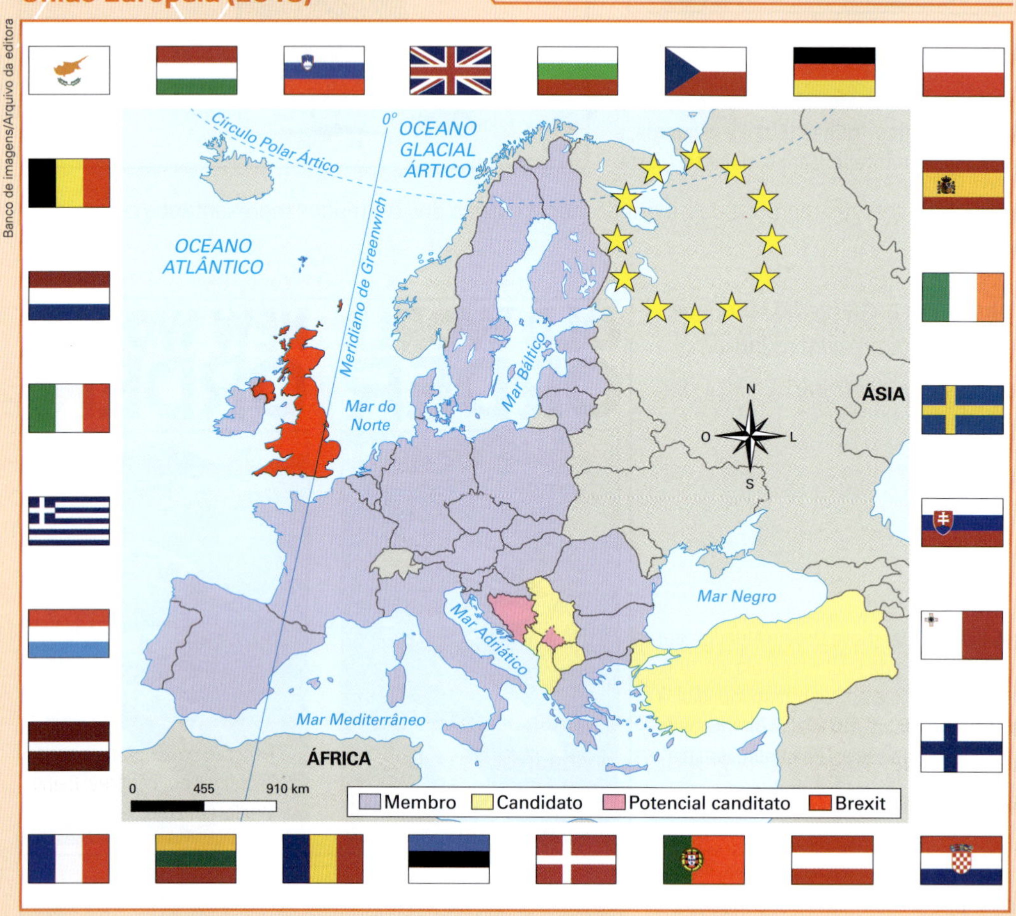

Fonte: elaborado com base em UNIÃO Europeia. Países. Disponível em: <https://europa.eu/european-union/about-eu/countries_pt>. Acesso em: 3 nov. 2018.

Neste e no próximo capítulo, você vai conhecer mais sobre a Europa, uma das regiões do Norte geoeconômico. Neste capítulo o foco é a Europa em seu conjunto: aspectos físicos e humanos dos países que a compõem, com destaque para a União Europeia, bloco econômico regional que unificou o continente.

Para começar

Observe o mapa da União Europeia. Nele estão representados os países-membros, os candidatos ao ingresso na organização e o país que está deixando o bloco (identificado pela sigla Brexit), além do emblema da UE. Converse com o professor e os colegas sobre as questões a seguir.

1. O que você sabe sobre a União Europeia? Identifique a que países pertencem as bandeiras dispostas ao redor do mapa.
2. Na parte central do mapa, há um país que não ingressou na União Europeia. O que você sabe sobre ele?
3. Qual é o país que está deixando a União Europeia? Você sabe o que significa a sigla Brexit?

1 Aspectos gerais da Europa

Do ponto de vista físico, a Europa, é uma **península** da Ásia, parte do conjunto de terras conhecido como **Velho Mundo**, que engloba Eurásia e África.

Do ponto de vista histórico-social, porém, a Europa é considerada um continente, pois desenvolveu, ao longo dos séculos, uma cultura que a diferencia da Ásia e da África. A cultura europeia é ocidental, baseada, principalmente, no alfabeto latino (embora a Grécia utilize o alfabeto grego e diversos países eslavos utilizem o alfabeto cirílico), nas religiões judaico-cristãs e na ideia de progresso ou desenvolvimento material. Foi em sua porção oeste, ou ocidental, que, a partir do século XV, iniciou-se a expansão marítimo-comercial em direção a outras partes do mundo, através do oceano Atlântico. Também nesse continente ocorreu a maior parte das guerras registradas na História da humanidade.

Viacheslav Lopatin/Shutterstock

Ruínas do Parthenon (antigo templo dedicado à deusa Atena), localizado no centro de Atenas, na Grécia, 2018. Foi na Grécia que surgiram as bases da civilização ocidental.

A Europa é um continente relativamente pequeno, com pouco mais de 10 500 000 km^2 de extensão (incluindo a parte ocidental e europeia da Rússia). Sua área é menor do que a do Brasil, se desconsiderarmos a parte ocidental da Rússia. Contudo, o território é bastante recortado e possui grande variedade de paisagens naturais.

Nesse pequeno continente estão distribuídos 47 países – incluindo Rússia, Geórgia, Azerbaijão e Armênia –, que abrigam uma grande diversidade étnica e linguística. Em 2017, a população europeia era de aproximadamente 745 milhões de habitantes.

Salvador Maniquiz/Shutterstock

Pessoas caminham na praça Trafalgar em Londres, Reino Unido, em 2018.

Observe o mapa político da Europa.

Europa: político (2016)

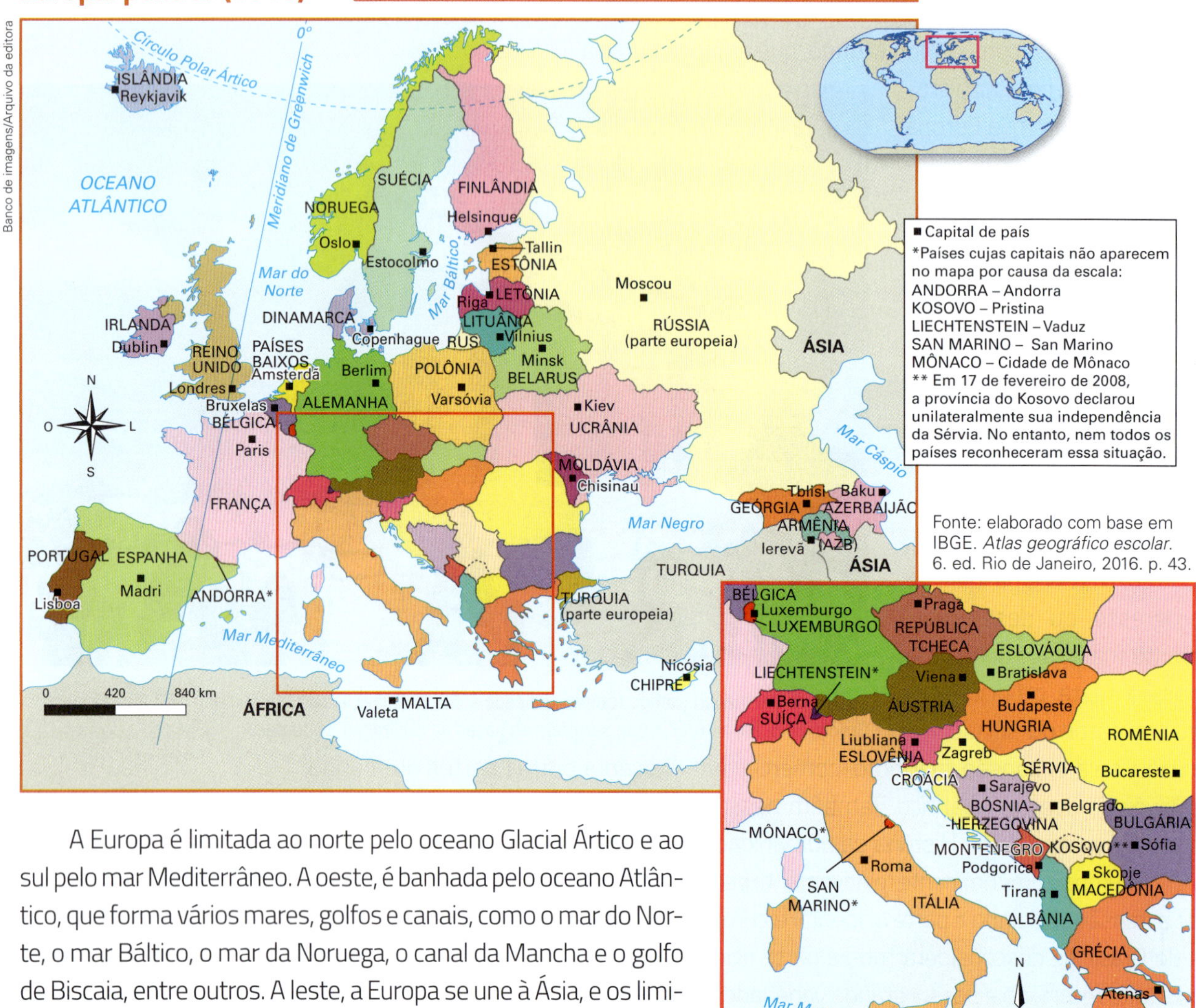

Fonte: elaborado com base em IBGE. *Atlas geográfico escolar*. 6. ed. Rio de Janeiro, 2016. p. 43.

A Europa é limitada ao norte pelo oceano Glacial Ártico e ao sul pelo mar Mediterrâneo. A oeste, é banhada pelo oceano Atlântico, que forma vários mares, golfos e canais, como o mar do Norte, o mar Báltico, o mar da Noruega, o canal da Mancha e o golfo de Biscaia, entre outros. A leste, a Europa se une à Ásia, e os limites entre elas são os montes Urais, o mar Cáspio e o rio Ural.

Ao observar o mapa físico da Europa, na próxima página, é possível perceber que o continente apresenta grandes extensões de terras baixas. São as planícies Germânica, da Hungria, Russo-Sarmática e outras. A Europa conta também com altas cadeias de montanhas: os Alpes, os Alpes Escandinavos, os Apeninos, os Cárpatos, os Pireneus, etc. Numa altitude intermediária, há ainda alguns planaltos, especialmente o Central Russo e o do Volga. Os principais rios europeus, cujos vales em geral formam planícies densamente povoadas, são o Reno, o Danúbio, o Volga, o Pó, o Sena, o Elba, o Loire, o Douro e o Tejo, entre outros.

Podem-se ainda ver no mapa as principais ilhas e penínsulas do continente. No oceano Atlântico, a oeste da Europa, estão a Islândia e as várias ilhas que formam o Reino Unido (ilhas da Grã-Bretanha e da Irlanda, etc.). Ao sul, no mar Mediterrâneo, situam-se diversas ilhas da Itália, da França, da Grécia e de outros países: Córsega, Sardenha, Sicília, Creta, etc. As principais penínsulas são: ao norte, a península Escandinava, na qual se encontram a Noruega e a Suécia, e a da Jutlândia, onde está a Dinamarca; ao sul, a península Ibérica, onde se encontram Portugal e Espanha, a Itálica, na qual se destaca a Itália, e a Balcânica, na qual se situam a Grécia, a Albânia e partes de outros países.

Europa: físico

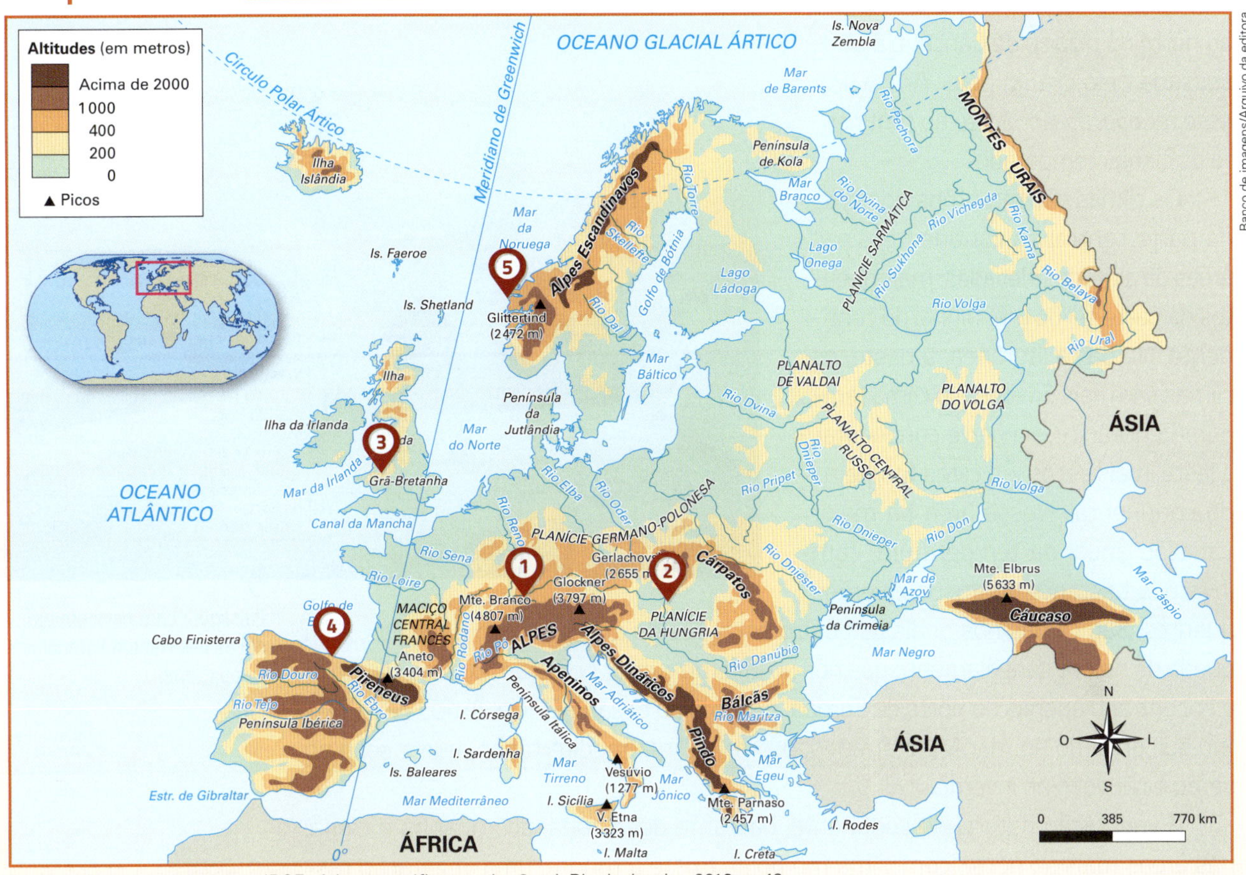

Banco de imagens/Arquivo da editora

Fonte: elaborado com base em IBGE. *Atlas geográfico escolar*. 6. ed. Rio de Janeiro, 2016. p. 42.

1 Alpes, em Engelberg, Suíça, 2017.

2 Planície em Veszprem, Hungria, 2017.

3 País de Gales, na ilha da Grã-Bretanha, Reino Unido, 2018.

4 Porto na Cantábria, Espanha, no golfo de Biscaia, 2017.

5 Vista do mar da Noruega em Alesund, Noruega, 2018.

Fotografias: Alamy/Fotoarena

Alamy/Fotoarena

Paisagem com neve em um dia de inverno em Estocolmo, Suécia, 2018.

A Europa localiza-se quase inteiramente na **zona temperada**, já que está ao norte do trópico de Câncer e é atravessada pelo círculo polar Ártico. Por esse motivo, predominam no continente os climas temperados.

Os climas são mais frios no norte, na parte central do continente e nas áreas de altitudes elevadas; mais quentes na parte sul ou meridional do continente. Na parte litorânea, a oeste, os climas são mais úmidos – o clima temperado oceânico; na parte continental, a leste, mais secos – o clima temperado continental. Nessa área há maior variação anual da temperatura, com invernos bastante rigorosos e verões quentes. São climas nos quais as quatro estações do ano são bem definidas, com queda de neve e congelamento dos rios no inverno e calor no verão. O clima frio polar é encontrado apenas no norte da Europa, próximo ao oceano Glacial Ártico. No extremo sul, próximo ao mar Mediterrâneo, ocorre o clima mediterrâneo, que é seco no verão e chuvoso no inverno.

A vegetação natural do continente, bastante devastada, acompanha o clima: nas áreas mais ao norte, com clima frio polar, existe a tundra, uma vegetação rasteira composta principalmente de líquens e musgos; nas áreas de clima temperado oceânico, aparecem as florestas de folhas caducas (o tipo de vegetação europeia mais desmatado), composta de árvores como a faia e o carvalho; no clima mediterrâneo, predomina a vegetação de maquis e garrigue, quase totalmente destruída pela ação humana; e no clima temperado continental aparecem, na parte mais ao sul, as estepes, e, na parte mais ao norte, a floresta boreal ou de coníferas, composta principalmente de pinheiros.

Texto e ação

1. Observe os mapas político (página 38) e físico (página 39) da Europa. Do ponto de vista de seus aspectos físicos, a Europa é uma península da Ásia?

2. Qual é a extensão territorial da Europa? Quantos países compõem o continente europeu?

3. Compare o mapa político da Europa com um mapa político do Brasil. Que diferenças você percebe?

4. Além de altitudes do relevo e hidrografia, o mapa físico da página 39 mostra ilhas e penínsulas do continente europeu. Com base nas informações do mapa e do texto, resolva as atividades.

   a) Que ilhas formam o Reino Unido?

   b) Cite o nome de quatro ilhas localizadas no mar Mediterrâneo.

   c) Cite as principais penínsulas do continente.

2 O projeto de unificação europeia

No final da Segunda Guerra Mundial, a Europa estava arrasada e sua reconstrução foi possível, em grande parte, graças ao Plano Marshall, uma iniciativa estadunidense, que disponibilizou capitais para a reconstrução do continente. Nessa época, em que vigorava a rivalidade entre os países capitalistas e socialistas, a hegemonia dos Estados Unidos no mundo capitalista tornou-se indiscutível. Nesse contexto, o projeto de unificação europeia avançou, pois os países da Europa ocidental buscavam estratégias para se fortalecer e obter autonomia em relação aos Estados Unidos. Esse projeto também foi resultado da percepção de que cada país europeu sozinho não teria mais condições, como eles tiveram durante séculos, de ser grande potência no cenário internacional.

É preciso ressaltar que, nesse processo, foi necessário aos países europeus criar mecanismos de integração para atenuar ou eliminar rivalidades históricas e evitar novas guerras e conflitos. Essa estratégia foi bem-sucedida, pois o único conflito de grandes proporções no continente foi o da ex-Iugoslávia (que não pertencia à União Europeia), que eclodiu nos anos 1990.

Observe, no quadro ao lado, os dados estatísticos atuais da União Europeia. Em seguida, acompanhe o infográfico apresentado nas páginas 42 e 43 para entender melhor o projeto de unificação.

Minha biblioteca

União Europeia

JAF, Ivan; MARTIN, André. São Paulo: Ática, 2006.

O livro aborda a União Europeia desde sua formação até a adoção do euro, além das perspectivas futuras.

União Europeia: dados estatísticos (2016-2017)

País	Área (km²)	População (milhões de habitantes), 2017	PIB (bilhões de dólares), 2016	Renda *per capita* (dólares), 2016
Alemanha	357 120	82,9	3 466,7	41 936
Áustria	83 879	8,7	386,4	44 176
Bélgica	30 530	11,3	466,3	41 096
Bulgária	111 000	7,1	52,3	7 350
Chipre	9 250	0,8	19,8	23 324
Croácia	56 590	4,1	50,4	12 090
Dinamarca	43 090	5,7	306,1	53 417
Eslováquia	49 040	5,4	98,5	16 496
Eslovênia	20 270	2,0	43,9	21 304
Espanha	505 370	46,5	1 232,0	26 528
Estônia	45 230	1,3	23,1	17 574
Finlândia	338 420	5,5	236,7	43 090
França	549 190	67,0	2 465,4	36 855
Grécia	131 960	10,7	194,5	18 104
Hungria	93 030	9,7	124,3	12 664
Irlanda	70 280	4,7	294,0	61 606
Itália	301 340	60,5	1 849,9	30 527
Letônia	64 560	1,9	27,6	14 118
Lituânia	65 300	2,8	42,7	14 879
Luxemburgo	2 590	0,6	59,9	102 831
Malta	320	0,4	10,9	25 058
Países Baixos	41 540	17,0	770,8	45 294
Polônia	312 680	38,0	469,5	12 372
Portugal	92 090	10,3	204,5	19 813
Reino Unido	243 610	65,8	2 618,8	39 899
República Tcheca	78 870	10,6	192,9	18 266
Romênia	238 390	19,6	186,6	9 474
Suécia	450 300	9,9	510,9	51 599

Fonte: elaborado com base em EUROSTAT. *Population Change*. Disponível em: <http://appsso.eurostat.ec.europa.eu/nui/show.do?dataset=demo_gind&lang=en>; THE WORLD Bank. *Data*. Disponível em: <http://data.worldbank.org/indicator/NY.GDP.MKTP.CD?view=chart>; <http://data.worldbank.org/indicator/NY.GDP.PCAP.CD?view=chart>. Acesso em: 8 ago. 2018.

INFOGRÁFICO

União Europeia: etapas da unificação

Comunidade Europeia do Carvão e do Aço (1952)

Alemanha Ocidental, Bélgica, Países Baixos, Luxemburgo, Itália e França formaram a Comunidade Europeia do Carvão e do Aço (Ceca), que entrou em vigor em 1952 e se prolongou até 2002. Os objetivos da comunidade eram criar um mercado comum para o carvão, o ferro e o aço por meio de acordos relativos aos preços e às taxas de transporte e, com isso, evitar novos conflitos entre os países-membros. Foi a primeira experiência de integração econômica das nações europeias.

Reprodução/Acervo do Parlamento Europeu

Reunião em Paris (França), 1951, marca a criação da Ceca.

União Econômica do Benelux (1955)

Bélgica, Países Baixos e Luxemburgo constituíram a União Econômica do Benelux com o objetivo de facilitar e aumentar suas importações e exportações. Esse organismo, com sede em Luxemburgo, atingiu suas metas mediante a cobrança de tarifas alfandegárias mais baixas. Foi mais uma etapa no processo de integração continental.

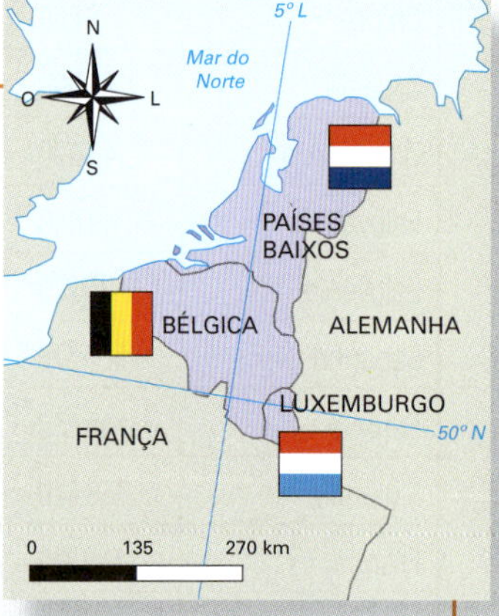

Fonte: elaborado com base em CHARLIES, Jacques. *Atlas du 21e siècle édition 2014*. Groningen; Wolters-Noordhoff/Paris: Éditions Nathan, 2014. p. 70.

Mercado Comum Europeu (1958)

Bélgica, Países Baixos, Luxemburgo, Alemanha Ocidental, França e Itália assinaram o Tratado de Roma, dando origem à Comunidade Econômica Europeia (CEE), que passou a vigorar em 1958. Mais conhecido como Mercado Comum Europeu (MCE), esse organismo foi criado com o intuito de garantir a livre circulação de mercadorias, serviços e pessoas entre os países-membros, ou seja, sua finalidade era eliminar todos os obstáculos, alfandegários ou não, que impediam o livre-comércio.

paparazzza/Shutterstock

Sede da Comissão Europeia em Bruxelas, Bélgica, 2018.

Crescimento do MCE

Reino Unido, Irlanda e Dinamarca passaram a integrar o MCE em 1973. O mesmo ocorreu com a Grécia, em 1981; com Portugal e Espanha, em 1986, com a Suécia, a Áustria e a Finlândia, em 1995. Ao longo da década de 1990, o MCE, sediado em Bruxelas, evoluiu para se tornar uma união monetária, o que confirmou seu forte caráter político. Em 1994, passou a ser denominado União Europeia (UE), com um objetivo mais amplo: construir uma unidade política, econômica, monetária e militar na Europa.

1952 · 1955 · 1958 · 1986

Tratado de Maastricht (1992)

Esse Tratado prepara a união monetária europeia – a moeda única – e introduz elementos para uma união política (cidadania, política comum externa, além de assuntos internos). Ele cria a União Europeia no lugar do MCE e confere um maior peso ao Parlamento europeu, estabelecendo ainda novas formas de cooperação entre os países-membros da União Europeia.

Alexander Mak/Shutterstock

União Europeia atual

O enorme êxito do MCE, atual União Europeia, contribuiu muito para ampliar a importância econômica da Europa e reduzir a interferência estadunidense no continente, o que lhe deu condições de voltar a concorrer com os Estados Unidos, com o Japão e, mais recentemente, com a China, nova grande potência mundial. Isso significa que, após algumas décadas – desde o final da Segunda Guerra Mundial até os anos 1970 –, a Europa voltou a ocupar a posição de um dos centros mundiais de poder. Veja no mapa os países que compõem a União Europeia.

União Europeia: ano de adesão ao bloco

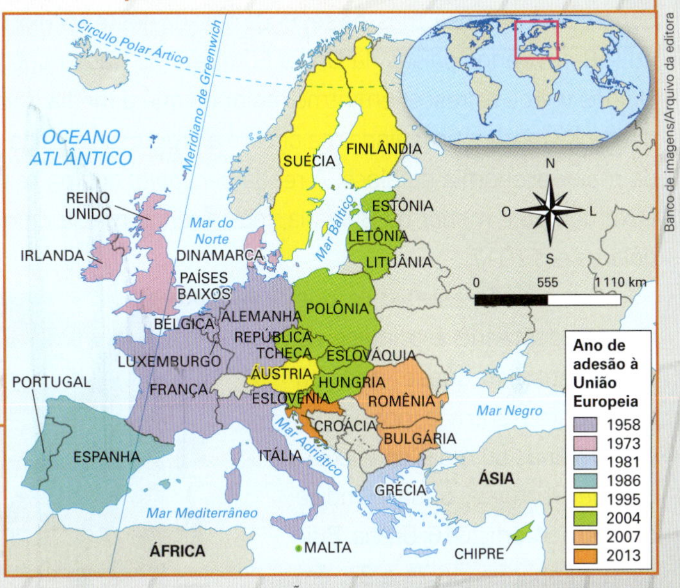

Banco de imagens/Arquivo da editora

Fonte: elaborado com base em UNIÃO Europeia. Países. Disponível em: <https://europa.eu/european-union/about-eu/countries_pt#tab-0-1>. Acesso em: 3 nov. 2018.

O euro

A unificação europeia, iniciada com apenas seis nações (Europa dos Seis), foi se fortalecendo com o ingresso de outros países: Reino Unido, Irlanda, Dinamarca (Europa dos Nove); Grécia, Espanha e Portugal (Europa dos Doze). Em 1995, já como União Europeia, recebeu Suécia, Áustria e Finlândia, formando a chamada Europa dos Quinze. Em 2002, entrou em circulação a moeda unificada da Europa, o Euro. Em 2004, juntaram-se ao bloco outros dez países: Chipre, República Tcheca, Estônia, Hungria, Letônia, Lituânia, Malta, Polônia, Eslováquia e Eslovênia. Em 2007, mais dois países passaram a integrá-la: Bulgária e Romênia. A Croácia foi aceita em 2013. Isso significa que em 2014 a União Europeia possuía 28 países-membros.

Brexit (2016)

Em 2016, foi realizado no Reino Unido um referendo (consulta popular) sobre a permanência ou não do país na UE. Uma maioria apertada votou a favor da saída, dando início ao chamado Brexit, ao gradual desligamento do Reino Unido da União Europeia. É preciso destacar que os votos pela saída foram provenientes, sobretudo, dos setores conservadores e de trabalhadores ameaçados pelo desemprego, como os das minas de carvão, porém muitas forças políticas e parcelas da sociedade britânica são radicalmente contrárias à saída do Reino Unido da UE. Foi a primeira vez que um país-membro manifestou a intenção de deixar o bloco.

Neil Hall/Reuters/Fotoarena

Homem carrega bandeira da União Europeia depois do Brexit ser confirmado. Londres, Inglaterra, 2016.

1992 · 2002 · 2015 · 2016

A **área** total ocupada pela União Europeia é de 4 385 839 km² – o que equivale a pouco mais da metade do território brasileiro –; em 2017, sua **população** total era de 511,8 milhões. O maior país em extensão territorial é a França, com uma área pouco menor do que o estado da Bahia. O menor país, Malta, tem uma área inferior à maioria dos municípios brasileiros e apenas 430 mil habitantes. O país mais populoso é a Alemanha, com quase 83 milhões de habitantes.

Em 2017, o valor da economia do bloco, medido pela soma do PIB dos países, era de 17,2 trilhões de dólares, inferior, portanto, ao valor do PIB dos Estados Unidos nesse mesmo ano (19,3 trilhões). A produção econômica total do bloco já foi maior do que a estadunidense, mas, na segunda década deste século, ocorreram crises e quedas do PIB em vários países da União Europeia, ao passo que a economia dos Estados Unidos voltou a crescer em ritmo maior do que a média do continente europeu. Essa diferença tende a ficar ainda maior com a progressiva saída do Reino Unido, a segunda maior economia do bloco. A renda *per capita* dos países varia muito, é maior em Luxemburgo e menor na Bulgária, mas a renda média da população era de 33,7 mil dólares em 2017.

Outro dado estatístico que merece destaque é o índice de analfabetismo: quase não há analfabetos entre a população com 15 anos ou mais, com exceção de Portugal, onde o índice chegou a 5% em 2016, Grécia, Bulgária e Espanha (de 2% a 3%, em 2018). As taxas de pobreza absoluta nos países do bloco, ou seja, populações que vivem abaixo da linha internacional da pobreza, com menos de 2 dólares por dia, também são baixas. Contudo, em razão do número de refugiados e imigrantes que têm entrado na Europa neste século – cerca de 1 milhão por ano –, formaram-se bolsões de pobreza nos arredores de grandes cidades e, em especial, nos países mais pobres ou em crise, como Grécia, Espanha, Romênia e Bulgária. Também as taxas de desemprego, que subiram após a crise iniciada em 2008, vêm declinando nos últimos anos: a mais elevada, da Grécia, era de 27,4% em 2013 e 21,4% em 2017; depois vem a Espanha, com 26% e 17% nesses mesmos anos; nos demais países elas geralmente estavam abaixo dos 10% ou até dos 5% em 2017.

Alamy/Fotoarena

Boulevard Vitosha em Sofia, capital da Bulgária, em 2018. Além de ser o país com a menor renda *per capita*, a Bulgária também apresenta os maiores níveis de corrupção entre os países do bloco.

Ao observar o quadro da página 41, é possível verificar que alguns países europeus ocidentais com elevadíssimo padrão de vida até agora não se interessaram em ingressar no bloco: a Suíça (que tem a segunda maior renda *per capita* do mundo), a Noruega e a Islândia (terceira e sexta maiores rendas, respectivamente), além de alguns pequenos Estados com área e população extremamente reduzidas – Andorra, Vaticano, Mônaco, Liechtenstein e San Marino. No entanto, todos eles são países bastante integrados na Europa e têm como parceiros comerciais prioritários os membros do bloco.

Texto e ação

1› Explique por que os países europeus resolveram se unir.

2› Com base nas informações do infográfico das páginas 42 e 43, responda.

a) Qual foi o objetivo da CEE?

b) Que países compuseram essa união econômica?

3› Elabore uma linha do tempo indicando as datas e os acontecimentos que marcaram a evolução da União Europeia.

3 O euro, a moeda europeia

Em fevereiro de 1992, os países-membros do então MCE assinaram em Maastricht, Países Baixos, um tratado que leva o nome dessa cidade, com o objetivo de reforçar a integração europeia por meio da união monetária (moeda única) e de um futuro sistema único de defesa.

O sistema único de defesa ainda caminha a passos lentos, mas a moeda unificada – o **euro** – foi adotada, inicialmente, por doze países da União Europeia: Alemanha, França, Itália, Irlanda, Portugal, Finlândia, Áustria, Países Baixos, Luxemburgo, Bélgica, Espanha e Grécia. Posteriormente, outros países ingressaram na chamada **Zona do Euro** (conjunto de países que adota a moeda), como se observa no mapa da página 46. As notas de euro entraram em circulação a partir de 2002 e as antigas moedas nacionais dos países componentes do bloco (o franco francês, o marco alemão, a lira italiana, etc.) passaram a ser substituídas. Além dos países que compõem a Zona do Euro, outras nações, mesmo não pertencentes à União Europeia, acabaram adotando essa moeda, como Andorra, Vaticano, Mônaco, San Marino, Montenegro e outros.

Um fato que chama a atenção ao comparar os membros da União Europeia com os da Zona do Euro é que alguns países importantes ficaram de fora, ou seja, não quiseram abrir mão de suas moedas nacionais. Esses países do bloco que não adotaram o euro e conservam as próprias moedas são o Reino Unido (com sua valorizada libra esterlina), a Dinamarca (cuja moeda é a coroa) e a Suécia (coroa sueca), que sinaliza a intenção de adotá-la futuramente.

Alamy/Fotoarena

Símbolo do euro instalado diante da sede do Banco Central Europeu, em Frankfurt, Alemanha, 2017. O BCE administra a política monetária da Zona do Euro.

Quando o euro foi lançado, seu valor era igual ao do **dólar** estadunidense, mas, com o tempo, a moeda valorizou: no final de 2011, um euro equivalia a 1,40 dólar. Com a crise na Zona do Euro e a recuperação da economia estadunidense, essa diferença foi diminuindo. No final de 2017, um euro equivalia a 1,18 dólar. Essa valorização relativa do euro é positiva porque uma moeda forte, valorizada e bem-aceita internacionalmente pode concorrer com o dólar como **divisa**, isto é, a moeda que os países reservam para pagar dívidas, além de ser considerada um refúgio seguro nas crises. Muitos países, a começar pela China (que possui o maior montante do mundo em reservas de moedas estrangeiras, principalmente dólar), já estão fazendo parte das reservas em euro, o que aumenta ainda mais a confiança internacional nessa moeda. Essa valorização, porém, tem seu lado negativo porque dificulta as exportações, já que comprar produtos em euro sai caro para os demais países, principalmente para aqueles com moedas desvalorizadas. Por outro lado, as importações são facilitadas, pois uma moeda forte compra mais produtos estrangeiros. Esse fato já provocou *deficit* na balança comercial de vários países europeus, quando o valor das exportações é menor que o das importações. Os *deficit* de alguns países europeus contribuíram (embora esse não tenha sido o único fator) para que ficassem endividados e sofressem a crise econômica iniciada em 2008.

União europeia: Zona do Euro (2018)

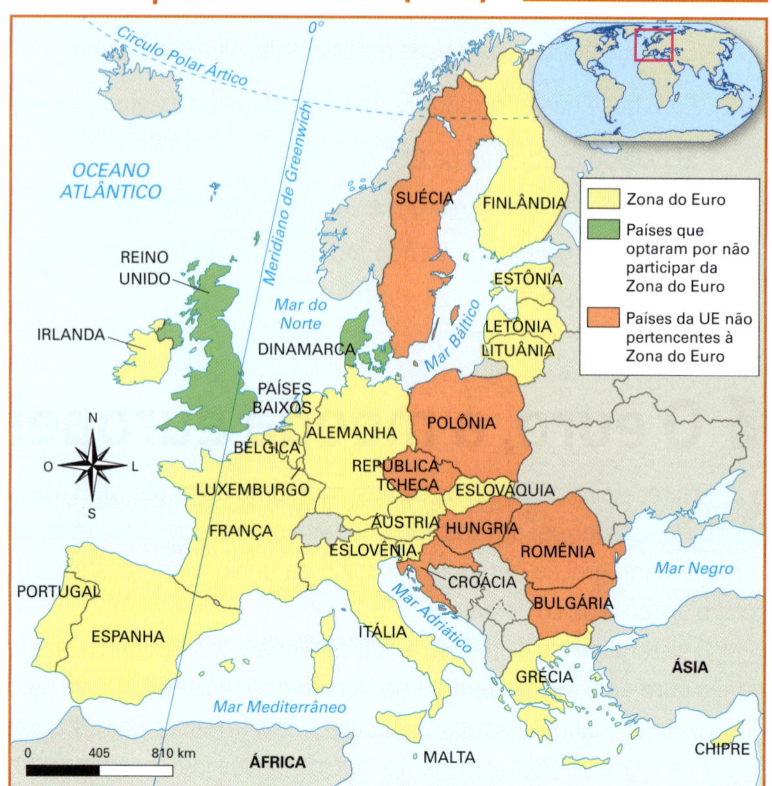

Fonte: elaborado com base em UNIÃO Europeia. O euro. Disponível em: <https://europa.eu/european-union/about-eu/money/euro_pt#euro>. Acesso em: 3 nov. 2018.

Texto e ação

1› O que é a Zona do Euro? Há uma identificação total entre a Zona do Euro e a União Europeia?

2› Quando as notas de euro entraram em circulação?

3› Observe o mapa desta página e responda:

a) Quais são os países da União Europeia que não fazem parte da Zona do Euro, mas possivelmente venham a adotar a moeda?

b) Quais países se recusam a adotar o euro?

4› Em sua opinião, qual é a razão de vários países adotarem uma moeda única?

5› Você sabe que a cotação de uma moeda em relação às demais varia quase diariamente? Procure explicar o porquê disso e pesquise a cotação do euro em relação ao dólar e ao real. Compartilhe com os colegas e com o professor o que descobrir. Lembre-se de registrar o dia em que a cotação foi feita.

4 Crescimento demográfico baixo ou negativo

Os países da Europa ocidental apresentam, no geral, um elevado padrão de vida, que está relacionado à industrialização e à modernização das sociedades europeias e a uma distribuição de renda sem grandes desigualdades, ao contrário do que ocorre, por exemplo, nos Estados Unidos e ainda mais no Brasil e em outros países em desenvolvimento. Os países europeus, especialmente os da parte ocidental, são reconhecidos pela eficiente rede de assistência médica e hospitalar, pelos ótimos sistemas escolares, acessíveis a todos, por um seguro-desemprego suficiente para garantir boa qualidade de vida, pelas políticas sociais de habitação, assistência aos mais pobres e aos imigrantes, etc. Esse elevado padrão de vida pode ser avaliado pelas baixíssimas taxas de mortalidade infantil e pela alta expectativa de vida, alguns dos indicadores mais significativos do desenvolvimento humano ou social de um país. Veja o quadro ao lado.

Países selecionados: dados sobre demografia (2015-2016)

País	Crescimento demográfico (em %), 2010/2015	Mortalidade infantil (‰), 2015	Expectativa de vida (anos), 2015	População com 65 anos ou mais em 2016 (em %)
Países Baixos	0,3	3,2	81,7	19
Alemanha	- 0,1	3,1	81,1	21
Dinamarca	0,4	2,9	80,4	19
Reino Unido	0,6	3,5	80,8	18
França	0,5	3,5	82,4	19
Áustria	0,4	2,9	81,6	19
Itália	0,2	2,9	83,3	23
Romênia	- 0,4	9,7	74,8	18
Portugal	0,0	3,0	81,2	21
Hungria	- 0,2	5,3	75,3	18

Fonte: elaborado com base em PROGRAMA das Nações Unidas para o Desenvolvimento. Human Development Report 2016; THE WORLD Bank. Disponível em: <http://data.worldbank.org/indicator/SP.POP.65UP.TO.ZS>. Acesso em: 26 set. 2018.

Envelhecimento da população

Muitos países europeus apresentam um crescimento vegetativo negativo, ou seja, a cada ano, morrem mais pessoas do que nascem. A vinda de imigrantes, em alguns casos, é responsável por produzir algum crescimento populacional, destacando que as taxas de natalidade são bem mais elevadas nas comunidades de imigrantes e seus descendentes em diversos pontos da Europa ocidental.

Ainda assim, as baixas taxas de natalidade, de modo geral, e a elevada expectativa de vida resultam no progressivo envelhecimento da população. Em vários países europeus, o número de pessoas com mais de 60 ou de 65 anos de idade ultrapassa o número de crianças e jovens de até 15 anos. Esse fato tende a se generalizar rapidamente em toda a Europa e, com o decorrer do tempo, no restante do mundo.

Crescimento vegetativo: o mesmo que crescimento natural da população, ou seja, a taxa de natalidade menos a de mortalidade. É diferente do crescimento demográfico, pois este também leva em conta os que saíram do país (emigrantes) e os que entraram (imigrantes).

Texto e ação

- A taxa de mortalidade infantil e a expectativa de vida são indicadores muito significativos das condições de vida de uma população. O que os dados do quadro acima revelam sobre esses indicadores nos países europeus selecionados?

5 O preconceito em relação aos imigrantes

Desde meados da década de 1970, o **preconceito** contra os imigrantes oriundos de países pobres vem se agravando na Europa ocidental, particularmente na França, Bélgica, Áustria, Hungria, Áustria e Alemanha. Muitas vezes, formam-se grupos ou movimentos que assumem a ideologia **neonazista**, ou seja, inspirados nas ideias de Hitler e nos preconceitos contra determinados grupos étnicos ou religiosos – afrodescendentes, judeus, turcos, árabes, islâmicos, além de outros imigrantes provenientes de países mais pobres.

O amplo desenvolvimento econômico de vários países da Europa ocidental, entre os últimos anos da década de 1950 e o início da década de 1970, levou ao aumento da necessidade de mão de obra para executar tarefas mais pesadas e de menor prestígio e remuneração, que a população local rejeitava. Assim, milhões de pessoas procedentes de países menos industrializados da própria Europa ocidental, como Grécia, Espanha e Portugal, e também da Turquia e de algumas ex-colônias africanas e asiáticas, migraram para esses países altamente industrializados. Vale destacar que as **migrações** se intensificaram a partir de 1989, com a abertura das fronteiras dos países da Europa oriental. Esse acontecimento provocou um fenômeno de deslocamento em massa de alemães orientais, poloneses, albaneses, búlgaros, romenos, entre outros, para a Europa ocidental.

Contudo, a partir de meados dos anos 1970, houve uma grande mudança na economia capitalista: o início da **Terceira Revolução Industrial**, que passou a substituir maciçamente trabalhadores pouco qualificados por máquinas ou robôs. Além disso, muitas fábricas começaram a ser instaladas em outros países ou regiões com menores custos de produção, isto é, menos gastos com impostos, mão de obra, eletricidade, telefonia, transportes, etc. Esse conjunto de processos desenvolvido nos países mais industrializados aumentou o desemprego – que atingiu não apenas a população nacional, mas, principalmente, os imigrantes e seus descendentes, o que levou à expansão da **xenofobia**, isto é, a aversão ou preconceito contra os estrangeiros.

Desde então, o desemprego vem sendo o grande problema social em todos os países desenvolvidos, particularmente na Europa, por causa dos elevados salários e benefícios sociais concedidos aos trabalhadores. Esse fenômeno é uma consequência da atual fase da economia globalizada, cujas bases são a informática e a robotização, com menor necessidade de mão de obra, especialmente de trabalhadores pouco qualificados, e, ao mesmo tempo, uma forte concorrência internacional, fato que algumas vezes leva certos governos a tentar diminuir os benefícios sociais como forma de baratear os custos de produção no país. No entanto, as migrações internacionais prosseguem, com milhões de pessoas ingressando todos os anos (legal ou clandestinamente) na Europa e nos Estados Unidos, em busca de um melhor padrão de vida.

O debate sobre cotas de acolhida a refugiados é muito atual, pois recentemente a questão migratória se agravou em função de crises e conflitos em países do Oriente Médio, ocasionando a fuga massiva de pessoas que tentam entrar ilegalmente na União Europeia. Além disso, muitos grupos oriundos de diversos países da África procuram ingressar na Europa atravessando o mar Mediterrâneo.

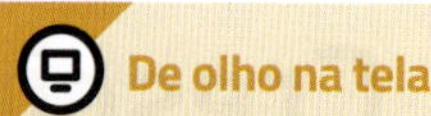

Entre os muros da escola
Direção: Laurent Cantent, França, 2009.
Duração: 130 min.

O filme retrata conflitos entre professores franceses e alunos imigrantes, em função das diferenças culturais entre eles.

Neste mundo
Direção: Michael Winterbottom. Reino Unido, 2002.
Duração: 90 min.

A produção mostra a trajetória de refugiados afegãos que tentam migrar para a Inglaterra e atravessam a fronteira como clandestinos escondidos no compartimento de cargas de caminhões.

É preciso salientar que, apesar da busca de políticas imigratórias comuns no âmbito da União Europeia, existem políticas diferenciadas de acolhimento em cada país. Na recente crise ocorrida na Síria, por exemplo, a tolerância foi bem maior na Alemanha e bastante inferior em países como Hungria e Macedônia.

Aris Messinis/Agência France-Presse

Refugiados sírios desembarcam na ilha de Lesbos, na Grécia, em 2015. Naquele ano, cerca de 500 pessoas morreram tentando cruzar o mar Egeu nesse tipo de embarcação.

Com o aumento do desemprego, surge na Europa o **subemprego**: camelôs, flanelinhas e outros tipos de ambulantes que os países europeus praticamente desconheciam até os anos 1970 passaram a circular pelas ruas. Algumas possíveis soluções apontadas por especialistas são a criação de novas atividades ou de empregos – por exemplo, nas atividades de turismo e lazer, proteção ao ambiente, ensino e outras –, a ampliação dos investimentos em educação, já que as novas atividades exigem elevada qualificação da mão de obra; o estabelecimento de uma jornada de trabalho menor, com seis ou até cinco horas diárias, sem perdas salariais, o que permitiria que mais pessoas trabalhassem.

Essas mudanças, porém, são demoradas e, provavelmente, exigirão muitas lutas e greves, como ocorreu na passagem do século XIX para o século XX, quando a jornada de trabalho era, em média, de catorze ou dezesseis horas diárias, inclusive aos sábados. Atualmente, a jornada média de trabalho na Europa é de oito horas diárias ou menos. No entanto, a concorrência agressiva dos produtos baratos oriundos da China e dos países do Sudeste Asiático dificulta a implantação dessas alternativas, que poderiam encarecer ainda mais os produtos europeus.

Contudo, determinados grupos de indivíduos ou partidos extremistas insistem em culpar os imigrantes pelo elevado índice de desemprego e por outros problemas sociais, como o aumento da criminalidade, que ocorrem na Europa. Trata-se de um raciocínio simplista e superficial, que não examina mais profundamente os verdadeiros motivos do aumento do desemprego, ou seja, as mudanças tecnológicas e a crise econômica. Ao tentar encontrar uma resposta fácil para o problema, apontando um "culpado" a ser punido e banido do país, esses grupos xenófobos tentam dividir a população e despertar a desconfiança e o ódio em relação aos imigrantes. Esse problema vem se agravando nas últimas décadas em vários países europeus. Movimentos contrários também têm se organizado para combater as manifestações de intolerância, sem, contudo, conseguir contê-las. Alguns partidos políticos extremistas se aproveitam da onda de descontentamento para propagar um discurso anti-imigração na tentativa de conquistar mais adeptos ou votos nas eleições.

Texto e ação

- Em duplas, respondam: Por que muitos europeus não veem de forma favorável a chegada de estrangeiros em seus países?

Geolink

Leia o texto abaixo.

Diferença entre extremistas de esquerda e direita está desaparecendo na Europa

Os partidos extremistas, da esquerda e da direita, estão de vento em popa. Pior ainda: a diferença entre esses dois extremos está desaparecendo, com os dois lados propondo praticamente as mesmas soluções milagrosas: nacionalismo exacerbado, [...], fronteiras fechadas ao comércio e aos refugiados. [...]

No mundo globalizado, europeus e americanos ficaram expostos à competição direta das populações do resto do mundo, cujo sonho é alcançar o nível de vida dos países ricos que as televisões e redes sociais vivem mostrando. Na virada do século, a globalização da economia e da informação abriu caminho para o maior surto de prosperidade da história da humanidade. Mas também trouxe uma competição extrema, uma inovação permanente e processos produtivos fragmentados e transnacionalizados, que desestabilizaram as velhas maneiras de produzir e distribuir riqueza. O mundo vive uma transição tão profunda e violenta quanto a da Segunda Revolução Industrial no começo do século XX.

Só que hoje os governos nacionais perderam boa parte do poder de controlar e influenciar a produção, as finanças, as informações e até as notícias. As decisões que mais impactam a vida dos cidadãos estão em mãos de atores não governamentais. Os partidos de governo não sabem mais o que fazer. A alternância no poder não produz mais ideias novas, nem a recuperação da capacidade de ação pública. E pior ainda quando se apela para "grandes coalizões" misturando conservadores e social-democratas. Os eleitores sabem disso e os políticos também.

Para que votar se nada pode mudar? Daí a tentação de se bandear para candidatos extremistas que prometem soluções simplórias para resolver tudo na marra. Só que esse anseio por líderes autoritários que juram mudar o mundo, mas sem ter nenhum instrumento sério para isto, sempre acaba mal. Na Europa e nos Estados Unidos, esse tipo de desespero e paixão populares tem vários nomes: chauvinismo, fascismo, nazismo, stalinismo, macarthismo.

A União Europeia foi feita para impedir a volta destes "ismos" totalitários com suas guerras e massacres racistas. A atual popularidade dos partidos extremistas europeus que querem liquidar a construção europeia e de populistas americanos isolacionistas não é uma boa notícia, nem para a Europa, nem para a democracia, nem para o mundo.

Fonte: VALLADÃO, Alfredo. Diferença entre extremistas de esquerda e direita está desaparecendo na Europa. *RFI – As vozes do mundo*. Disponível em: <http://br.rfi.fr/europa/20160523-o-mundo-agora>. Acesso em: 8 ago. 2018.

Agora, responda:

1. O que os partidos de extrema direita e extrema esquerda propõem? Qual é o problema dessas soluções que o autor chama de simplórias?
2. Comente a explicação do autor para a decepção dos eleitores com os partidos tradicionais e o avanço dos partidos extremistas.
3. Explique por que o avanço desses extremistas isolacionistas (que querem barrar a globalização, a entrada de imigrantes e refugiados, os direitos humanos, etc.), tanto na Europa como nos Estados Unidos, contraria os objetivos da União Europeia e da democracia.
4. Você sabe o significado dos tipos de extremismos: chauvinismo, fascismo, nazismo, stalinismo, macarthismo? Faça uma pesquisa em dicionários, livros ou na internet e registre a definição de cada um desses termos.
5. A partir do texto, desenvolva uma reflexão sobre o fato de blocos como a União Europeia servirem de anteparo ao surgimento de conflitos entre os países-membros (por exemplo, a partir da exacerbação de ideologias nacionalistas). Além disso, reflita como as diferentes sociedades nacionais encaram o surgimento de novos autoritarismos. Converse com os colegas.

CONEXÕES COM ARTE E LÍNGUA PORTUGUESA

- Diversas obras de músicos, pintores, escritores e poetas foram inspiradas em rios europeus. O Tejo é um exemplo. Leia o poema e faça as atividades.

Pelo Tejo Vai-se para o Mundo

O Tejo é mais belo que o rio que corre pela minha aldeia,
Mas o Tejo não é mais belo que o rio que corre pela
[minha aldeia
Porque o Tejo não é o rio que corre pela minha aldeia.

O Tejo tem grandes navios
E navega nele ainda,
Para aqueles que veem em tudo o que lá não está,
A memória das naus.

O Tejo desce de Espanha
E o Tejo entra no mar em Portugal.
Toda a gente sabe isso.
Mas poucos sabem qual é o rio da minha aldeia
E para onde ele vai
E donde ele vem.
E por isso, porque pertence a menos gente,
É mais livre e maior o rio da minha aldeia.

Pelo Tejo vai-se para o Mundo.
Para além do Tejo há a América
E a fortuna daqueles que a encontram.
Ninguém nunca pensou no que há para além
Do rio da minha aldeia.

O rio da minha aldeia não faz pensar em nada.
Quem está ao pé dele está só ao pé dele.

Fonte: CAEIRO, Alberto. Pelo Tejo vai-se para o mundo. In: *O guardador de rebanhos*. São Paulo: Cultrix, 1988.

Trecho do rio Tejo em Lisboa, Portugal, 2017.

Alamy/Fotoarena

a) Em sua opinião, qual é a relação do poeta com o rio Tejo?

b) Converse com os colegas e tentem explicar os seguintes versos:

O Tejo é mais belo que o rio que corre pela minha aldeia,
Mas o Tejo não é mais belo que o rio que corre pela minha aldeia
Porque o Tejo não é o rio que corre pela minha aldeia.

c) Que países têm suas terras banhadas pelo rio Tejo?

d) Pesquise a situação atual do rio mais próximo do lugar onde você mora e crie um pequeno poema sobre ele no caderno.

e) Alberto Caeiro é um heterônimo criado por um poeta português. Você sabe o que é um heterônimo? Que poeta o criou? Cite os outros heterônimos criados por esse mesmo poeta.

ATIVIDADES

+ Ação

1› Observe o mapa físico da Europa (página 39) e responda:

a) Qual a altitude da nascente do rio Tejo?

b) Quais altitudes o rio Tejo percorre da nascente até a foz?

c) Redija um pequeno texto relacionando as altitudes do relevo com a hidrografia na Europa.

2› Observe o quadro da página 41 e responda:

a) Qual é o país com o maior PIB?

b) Qual é o país com a maior renda *per capita*?

c) Por que o país com a maior economia não tem a maior renda *per capita*?

d) Há alguma relação entre o tamanho do território e a economia? Justifique.

3› Leia o texto e realize as atividades a seguir.

Migração: A Europa tem de agir em vez de reagir

Na África subsaariana, e de acordo com dados do Programa das Nações Unidas para o Desenvolvimento, cerca de 560 milhões de pessoas, o que corresponde a 58 por cento da população, vive em pobreza multidimensional. A situação tende a piorar devido aos conflitos na região, mas também, e entre outras coisas, às alterações climáticas:

"Quando sabemos que cerca da metade da população da África subsaariana depende, diretamente, da agricultura de subsistência durante toda a sua vida adulta, isso significa que muitos daqueles que chegam à Europa, hoje, e a que chamamos de migrantes econômicos, são também migrantes ambientais. Precisamos entender que as mudanças climáticas induzirão à redistribuição da população mundial e precisamos estar preparados, antecipar isso", explica François Gemenne, perito em dinâmicas migratórias.

A Europa não estava preparada para esta vaga migratória. [...] é preciso encontrar soluções [...]:

"Precisamos criar esquemas de migração, com rotas seguras e legais, para aqueles que querem vir para a Europa. [...] Vemos isto como uma crise porque fechamos as fronteiras e, portanto, as pessoas têm de usar os serviços de contrabandistas e traficantes, as pessoas têm que ir para o mar. E acredito que é do interesse de alguns governos criar uma crise política, porque eles serão capazes de obter alguns benefícios regulatórios com essa crise", adianta Gemenne.

Enquanto Portugal é o país onde a oposição à entrada de migrantes mais diminuiu nos últimos três anos, de acordo com o Inquérito Social Europeu, há países onde a situação é inversa. A Hungria está do lado oposto nesta questão. Áustria, República Tcheca, Polônia, Itália, Lituânia e Suécia são os outros países onde os migrantes e refugiados são cada vez menos bem-vindos.

Fonte: MIGRAÇÃO: A Europa tem de agir em vez de reagir. *Euronews*. Disponível em: <https://pt.euronews.com/2018/09/21/migracao-a-europa-tem-de-agir-em-vez-de-reagir>. Acesso em: 27 set. 2018.

Ziniyange Auntony/Agência France-Presse

Avanço da seca em Matabeleland, Zimbábue, 2016. Nesse ano, foi declarado estado de calamidade pública no país em razão da seca e da consequente falta de alimentos.

a) Por que se afirma que africanos subsaarianos que chegam à Europa podem ser migrantes econômicos e também ambientais?

b) Por que é preciso encontrar soluções para o fluxo migratório em direção à Europa?

c) Escolha entre os países Hungria, Áustria, República Tcheca, Polônia, Itália, Lituânia e Suécia e pesquise os motivos para que os imigrantes venham sendo menos bem-vindos nesses países com o passar dos anos.

Autoavaliação

1. Quais foram as atividades mais fáceis para você? Por quê?
2. Algum ponto deste capítulo não ficou claro? Qual?
3. Você participou das atividades em dupla e em grupo e expressou suas opiniões?
4. Como você avalia sua compreensão dos assuntos tratados neste capítulo?
   - » **Excelente**: não tive dificuldade.
   - » **Bom**: consegui resolver as dificuldades de forma rápida.
   - » **Regular**: tive dificuldade para entender os conceitos e realizar as atividades propostas.

Lendo a imagem

1› Analise o gráfico de crescimento populacional italiano:

Itália: crescimento populacional (2000 a 2017)

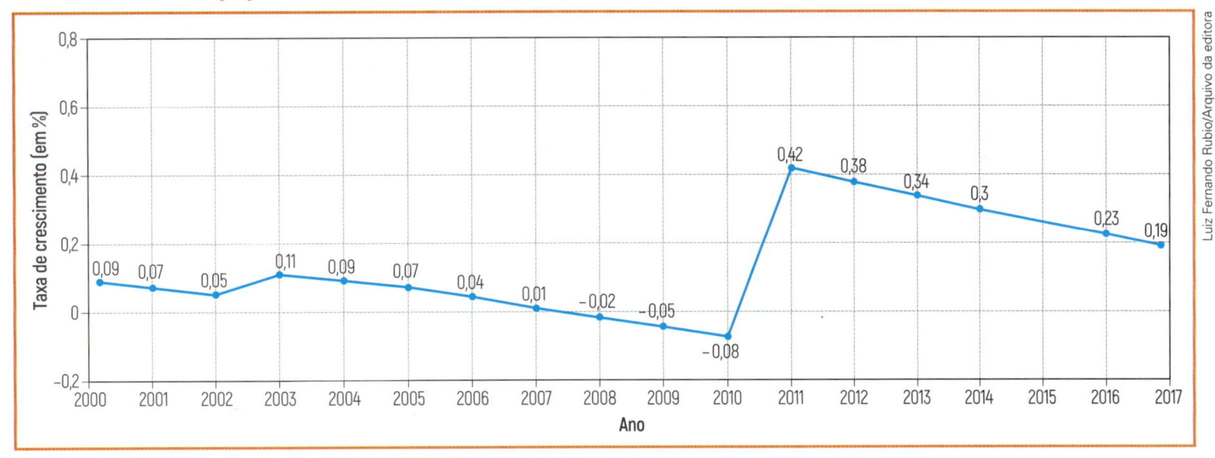

Luiz Fernando Rubio/Arquivo da editora

Fonte: elaborado com base em INDEX Mundi. Dados históricos gráficos.
Disponível em: <www.indexmundi.com/g/g.aspx?v=24&c=it&l=pt>. Acesso: 12 set. 2018.

a) De acordo com o que o gráfico expressa, a população italiana tende a crescer ou a diminuir?

b) Entre 2008 e 2010, o crescimento populacional italiano foi inferior a zero, o que isso significa?

2› A Segunda Guerra Mundial teve a Europa como principal palco de conflito. Analise as fotos retratando o pós-guerra e os dias atuais:

Reprodução/Biblioteca e Arquivos do Canadá, Ottawa, Canadá

Tropas canadenses passam pela Rue Saint-Pierre, em Caen, França, em julho de 1944, após o bombardeio conhecido como Dia D, em que se iniciou a libertação do continente europeu da ocupação nazista na Segunda Guerra Mundial.

Chris Helgren/Reuters/Fotoarena

O mesmo ângulo da foto anterior, que retrata a Rue Saint-Pierre, em 2013.

a) Em duplas, conversem sobre as diferenças entre as duas imagens.

- Descrevam a primeira e a segunda foto em uma palavra cada.
- Anotem as diferenças entre ambas as imagens.

b) Qual o papel dos Estados Unidos para a reconstrução europeia?

c) Destaque iniciativas europeias que auxiliaram para que a cena avistada na primeira imagem não voltasse a ocorrer.

CAPÍTULO

3 Europa: aspectos regionais

Neste capítulo, você vai estudar a diversidade dos países da Europa e perceber que ainda há diferenças econômicas, sociais e culturais entre as partes ocidental e oriental do continente.

Europa: renda *per capita* PPC* (2018)

Fonte: elaborado com base em FUNDO Monetário Internacional (FMI). Disponível em: <www.imf.org/external/pubs/ft/weo/2014/01/weodata/index.aspx>. Acesso em: 3 nov. 2018.

*PPC (Paridade de Poder de Compra): renda média de cada país, cujo cálculo leva em conta o custo de vida no país.

** Em 17 de fevereiro de 2008, a província do Kosovo declarou unilateralmente sua independência da Sérvia. No entanto, nem todos os países reconheceram essa situação.

Para começar

Observe o mapa e responda:

1. Quais são os países europeus que apresentam as maiores e as menores rendas *per capita* PPC?
2. É possível, a partir da observação do mapa, constatar disparidades econômicas entre os países da Europa? Justifique.

1 As "duas Europas"

A porção da Europa formada pelos países capitalistas desenvolvidos ou de economia de mercado mais consolidada é conhecida como **Europa ocidental**. Portugal e Espanha são os países que deflagraram a revolução marítimo-comercial dos séculos XV e XVI seguidos pelos Países Baixos. A partir de meados do século XVIII, ocorreu a Revolução Industrial no Reino Unido, e ao longo do século XIX, se disseminou por outros países da Europa. Há séculos essa parte da Europa é a mais desenvolvida do continente. Também é a porção do continente com regimes democráticos mais antigos e consolidados.

A porção leste da Europa é conhecida como **Europa oriental** ou **Leste Europeu**. É formada por antigos países socialistas, que até 1990 eram uma espécie de periferia da antiga União Soviética (URSS).

Os países do chamado Leste Europeu eram territórios submetidos a regimes autoritários de partido político único, que monopolizava o poder, manipulava as poucas eleições e reprimia qualquer forma de contestação. Entretanto, é preciso ressaltar que, apesar da falta de liberdades democráticas, sempre houve esforços desses governos no sentido de oferecer serviços essenciais à população, principalmente o acesso à educação e à saúde. Alguns desses países – como a Estônia e a República Tcheca – já consolidaram suas economias de mercado e outros estão em processo de consolidação.

A rivalidade entre a ex-URSS e os Estados Unidos – ou entre o mundo comunista e o mundo capitalista, respectivamente – que vigorou desde o final da Segunda Guerra Mundial até por volta de 1989, exercia influência sobre essas "duas Europas".

O grande desafio europeu no século XXI é reduzir as diferenças e promover a integração da porção oriental do continente – sobretudo Albânia, Bósnia, Kosovo, Romênia, Bulgária, Macedônia, Montenegro e Sérvia, nações em desenvolvimento – ao padrão de vida da porção ocidental. A diferença socioeconômica presente entre essas duas porções da Europa tende a diminuir com o tempo, pois os antigos países socialistas buscam se integrar à União Europeia trilhando o caminho da Europa ocidental por meio da industrialização e do fortalecimento dos regimes democráticos recém-instalados.

Veja no quadro ao lado os Estados que compõem a Europa ocidental. Depois compare-o com o quadro da página 56.

Europa ocidental (países selecionados): dados estatísticos (2015-2016)

País	Área (km²)	População (milhões de habitantes), 2015	PIB (bilhões de dólares), 2016	Renda *per capita** (dólares), 2016
Alemanha	357 120	82,6	3 466	41 936
Áustria	83 879	8,6	386	44 176
Bélgica	30 530	16,8	466	41 096
Chipre	9 250	1,2	19	23 324
Dinamarca	43 090	5,7	306	53 417
Espanha	505 370	47,2	1 232	26 528
Finlândia	338 420	5,5	236	43 090
França	549 190	65,0	2 465	36 855
Grécia	131 960	11,1	194	18 104
Irlanda	70 280	4,7	294	61 606
Islândia	103 000	0,3	20	59 976
Itália	301 340	61,1	1 849	30 527
Luxemburgo	2 590	0,5	59	102 831
Noruega	323 780	5,1	370	70 812
Países Baixos	41 540	16,8	770	45 294
Portugal	92 090	10,6	204	19 813
Reino Unido	243 610	64,0	2 618	39 899
Suécia	450 300	9,7	510	51 599
Suíça	41 280	8,2	659	78 812

Fonte: elaborado com base em IBGE Países. Disponível em: <https://paises.ibge.gov.br/#/pt>; WORLD Population Prospects: the 2017. Disponível em: <https://esa.un.org/unpd/wpp/>; THE WORLD Bank. Disponível em: <http://data.worldbank.org/indicator>. Acessos em: 27 set. 2018.

* A renda *per capita* deste quadro é diferente da apresentada no mapa da abertura do capítulo, pois aquela está em dólares PPC.

Observe no quadro ao lado os Estados que compõem a Europa oriental.

Ao comparar os quadros, é possível comprovar que ainda há diferença econômica entre as "duas Europas". Há um maior desenvolvimento econômico e social na parte ocidental do continente, embora alguns países europeus orientais apresentem boa situação. As maiores rendas *per capita* são registradas na Europa ocidental, que abriga os países mais desenvolvidos e também os mais populosos, com exceção da Polônia.

Outros dados estatísticos, como mortalidade infantil, expectativa de vida, acesso à água encanada e à rede de esgotos, acesso ao atendimento médico-hospitalar e à internet, mostram que, em média, os países europeus ocidentais apresentam indicadores de desenvolvimento humano ou social melhores do que os europeus orientais.

É importante observar que existem alguns Estados situados na Europa ocidental com territórios, populações e economias extremamente pequenos: Andorra (470 km² e 90 mil habitantes), Liechtenstein (160 km² e 35 mil habitantes), Malta (320 km² e 430 mil habitantes), San Marino (60 km² e 38 mil de habitantes), Mônaco (2 km² e 40 mil habitantes) e o Vaticano (0,44 km² e menos de mil habitantes). São chamados de mini-Estados e vivem basicamente do turismo ou, em alguns casos, do setor financeiro; sua sobrevivência é garantida por meio de acordos ou tratados de reconhecimento e cooperação firmados com os países vizinhos.

Europa oriental (países selecionados): dados estatísticos (2015-2016)

País	Área (km²)	População (milhões de habitantes), 2015	PIB (bilhões de dólares), 2016	Renda *per capita* (dólares), 2016
Albânia	28 750	3,2	11	4 146
Bósnia-Herzegovina	51 210	3,8	16	4 708
Bulgária	111 000	7,1	52	7 350
Croácia	56 590	4,6	50	12 090
Eslováquia	49 040	5,5	89	16 496
Eslovênia	20 270	2,1	43	21 304
Estônia	45 230	1,3	23	17 574
Hungria	93 030	9,9	124	12 664
Kosovo*	10 887	sem dados	6	3 661
Letônia	64 560	2,0	27	14 118
Lituânia	65 300	3,0	42	14 879
Macedônia	25 710	2,1	10	5 237
Montenegro	13 810	0,6	4	6 701
Polônia	312 680	38,2	469	12 372
República Tcheca	78 870	10,8	192	18 266
Romênia	238 390	21,6	186	9 474
Sérvia	88 360	9,4	37	5 348

Fontes: elaborado com base em IBGE Países. Disponível em: <https://paises.ibge.gov.br/#/pt>; WORLD Population Prospects: the 2017. Disponível em: <https://esa.un.org/unpd/wpp/>; THE WORLD Bank. Disponível em: <http://data.worldbank.org/indicator>. Acesso em: 26 set. 2018.

*Kosovo se proclamou independente da Sérvia em fevereiro de 2008 e já foi reconhecido como um novo Estado por dezenas de países. Todavia, tanto a Sérvia como alguns de seus aliados (principalmente a Rússia) ainda não aceitaram sua independência. Contudo, Kosovo funciona de forma autônoma, com governo próprio.

Observe no mapa abaixo as porções ocidental e oriental da Europa.

Europa: divisão regional (2016)

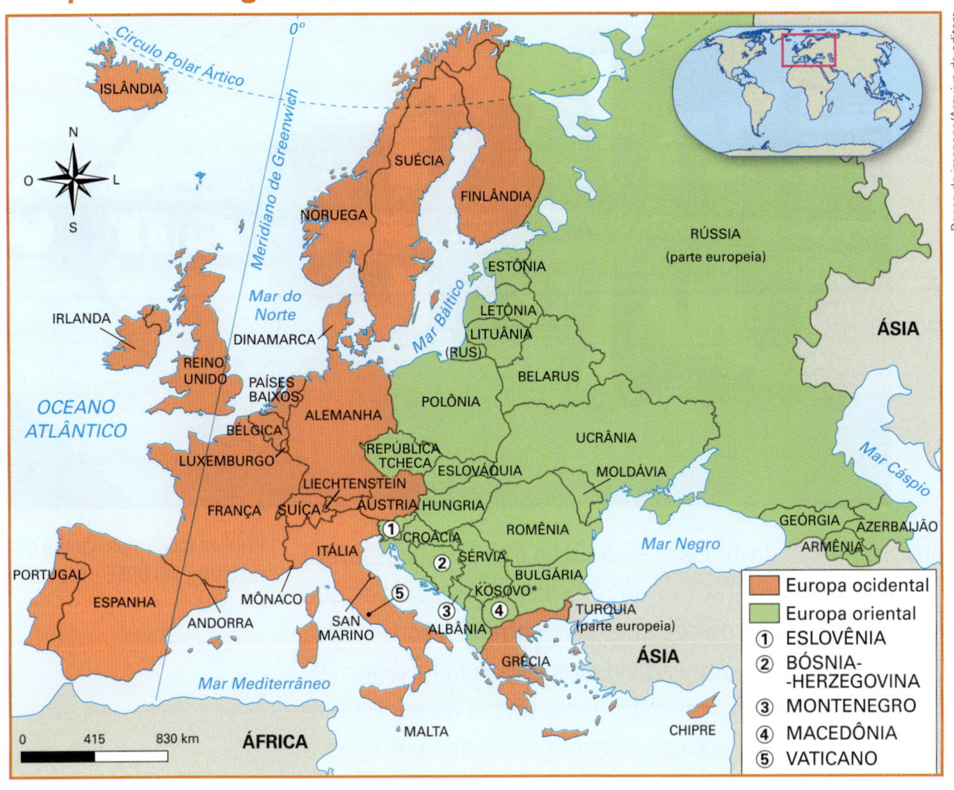

Fonte: elaborado com base em IBGE. *Atlas geográfico escolar*. 7. ed. Rio de Janeiro, 2016. p. 43.
* Em 17 de fevereiro de 2008, a província do Kosovo declarou unilateralmente sua independência da Sérvia. No entanto, nem todos os países reconheceram essa situação.

Texto e ação

- Caracterize a Europa ocidental e a Europa oriental, citando as semelhanças e as diferenças entre as duas porções do continente europeu.

2 Europa ocidental

Os países que compõem a Europa ocidental também apresentam grandes diversidades entre si. Os que primeiro se **industrializaram** – Reino Unido, França, Alemanha e Itália – constituem, atualmente, Estados altamente industrializados, que também se caracterizam por elevados investimentos em ciência e tecnologia. Nesse grupo, podem ser incluídos a Bélgica, os Países Baixos, a Suécia, a Áustria e a Suíça, embora em escala menor de industrialização. No entanto, poderio econômico não significa, necessariamente, padrão de vida elevado. O padrão de vida em Luxemburgo, por exemplo, que apresenta uma escassa industrialização, é superior ao da Itália ou do Reino Unido.

Islândia, Noruega, Finlândia, Espanha e Dinamarca, embora não tão industrializados, apresentam **padrão de vida** igualmente elevado. Vale lembrar que alguns países menos industrializados possuem renda *per capita* e padrão de vida superior ao de países bem mais industrializados em virtude de fatores como reduzida população, políticas de distribuição de renda e, no caso da Noruega, da exportação de petróleo.

A Irlanda, por sua vez, é um país que se modernizou rapidamente nas últimas décadas: até os anos 1970, era identificada com o grupo de países europeus ocidentais mais atrasados, junto com Grécia e Portugal. Hoje apresenta um padrão de vida superior até ao do Reino Unido. Isso se deu devido a uma política bem-sucedida de atração de investimentos estrangeiros que transformaram a economia irlandesa de agrária para pós-industrial, isto é, baseada em tecnologias do conhecimento. Empresas da Terceira Revolução Industrial passaram a abrir fábricas ou escritórios na Irlanda em função de reformas liberalizantes que diminuíram os impostos e a burocracia. Dos países que mais sofreram com a crise econômica iniciada em 2008 e estavam bastante endividados, a Irlanda foi o primeiro a sair rapidamente da crise e a voltar a crescer mais que a média do continente europeu. A Grécia, por outro lado, ainda é o único desse grupo que ainda enfrentava uma grave crise econômica, em 2018.

Alamy/Fotoarena

Prédios modernos à beira do rio Liffey, em Dublin, Irlanda, em 2017.

É possível reconhecer um grupo de países formado por aqueles em que o setor primário ainda exerce papel fundamental na economia. Nesses países, a industrialização recente limita-se à produção de bens de consumo duráveis e não duráveis, como nos casos de Portugal e da Grécia, que encontram no turismo outra importante fonte de renda.

A agropecuária, embora empregue um percentual cada vez menor de pessoas na Europa ocidental, não deixa de ser uma atividade econômica importante, seja pelo peso político (o voto dos camponeses e dos simpatizantes), pela tradição (o orgulho dos franceses e italianos por seus queijos e vinhos, dos gregos e espanhóis por seus azeites, etc.), seja pela participação da atividade nas relações comerciais entre os países não só da Europa, mas de todo o mundo. Em alguns países, a agropecuária cumpre um papel muito importante nas relações comerciais. Isso se deve às fortes tradições camponesas que ainda se mantêm e que pressionam os governos a atender aos seus interesses. A França é um exemplo.

Um dos focos de conflito da União Europeia com o resto do mundo, principalmente com os Estados Unidos – e também com o Brasil –, é o protecionismo que ela exerce sobre o seu setor primário, que só se mantém graças aos inúmeros subsídios. Os europeus cobram elevados impostos de importação sobre os produtos agropecuários dos demais países, principalmente do continente americano, como forma de evitar que esses produtos, mais baratos do que os europeus, provoquem um esvaziamento ainda maior do seu setor primário, algo que levaria a protestos sociais.

Subsídio: neste caso, preço mínimo garantido aos produtores, imposto reduzido, crédito bancário facilitado e com juros bem baixos, entre outras medidas que fortalecem a competitividade do setor.

As quatro maiores economias da Europa são a Alemanha, a França, o Reino Unido e a Itália, que serão estudadas detalhadamente a seguir.

Texto e ação

1› É possível afirmar que o setor primário desempenha um papel importante em alguns países da Europa ocidental? Cite exemplos.

2› Explique por que a agricultura, embora represente uma parcela pequena da economia europeia, é um setor que tem grande peso político.

Alemanha

Embora seu território tenha sido arrasado durante a Segunda Guerra Mundial, a Alemanha conseguiu se reconstruir graças, em parte, aos financiamentos e investimentos obtidos por meio do Plano Marshall. Atualmente, é a economia mais importante da Europa e a quarta do mundo, atrás apenas de Estados Unidos, China e Japão. Como o nível educacional da população é elevado, a pesquisa tecnológica se destaca.

As indústrias de base continuam a ter importância fundamental para a Alemanha. As poderosas empresas siderúrgicas instaladas em suas maiores jazidas de carvão no século XIX, principalmente nos vales dos rios Reno e Ruhr, deram origem a outras indústrias, como as mecânicas, químicas e de metais não ferrosos. No setor da indústria mecânica, a Alemanha é o primeiro exportador mundial de máquinas-ferramentas.

Máquina-ferramenta: máquina utilizada na fabricação de peças de diversos materiais, como os metálicos, plásticos, de madeira e outros.

A região renana, que engloba os vales do rio Reno e de dois de seus afluentes (Meno e Ruhr), é a mais industrializada da Alemanha, com destaque para as cidades de Frankfurt, nas margens do rio Meno, e de Colônia, Essen, Dortmund e Düsseldorf, nas proximidades dos rios Reno e Ruhr. Além de altamente industrializada, Frankfurt é o principal centro financeiro do país e o segundo da Europa, depois de Londres.

Mais recentemente, duas outras regiões vêm se destacando pela industrialização avançada, com base em novos setores de ponta, como biotecnologia, microeletrônica e informática: a capital, Berlim, e as áreas industriais ao redor das cidades de Stuttgart e Heidelberg, nas proximidades do rio Neckar (outro afluente do Reno).

Foto aérea de Frankfurt, Alemanha, 2017. À esquerda, o rio Meno, um afluente do rio Reno.

Alamy/Fotoarena

Embora a economia alemã tenha sofrido com a valorização do euro e com o elevado custo da mão de obra, dois fatores que aumentam os preços de seus bens e, consequentemente, diminuem sua competitividade no mercado internacional, o país é um grande exportador mundial. Há vários anos, a Alemanha ocupa a posição de terceiro maior exportador mundial – atrás de China e Estados Unidos – e é um dos poucos países europeus que apresentam balança comercial positiva (saldo das exportações menos as importações), o que contribui para manter o euro valorizado. A Alemanha consegue esse feito graças à qualidade de seus produtos e também porque exporta principalmente para seus parceiros da União Europeia.

É importante lembrar que, no contexto da Guerra Fria, o território da Alemanha foi dividido com a criação, em 1949, da República Democrática Alemã, popularmente conhecida como Alemanha Oriental, um Estado aliado à União Soviética. A partir desse ano até 1990, portanto, houve duas Alemanhas: a Ocidental, capitalista, e a Oriental, socialista. Com a crise do socialismo, ocorreu a reunificação dos dois territórios – na verdade, uma anexação da parte oriental pela ocidental. A moeda da ex-Alemanha Ocidental, o marco, tornou-se a moeda do novo país (antes da entrada do euro), e praticamente todas as leis da Alemanha capitalista passaram a vigorar na parte que era socialista.

Alemanha: indústria e recursos minerais (2014)

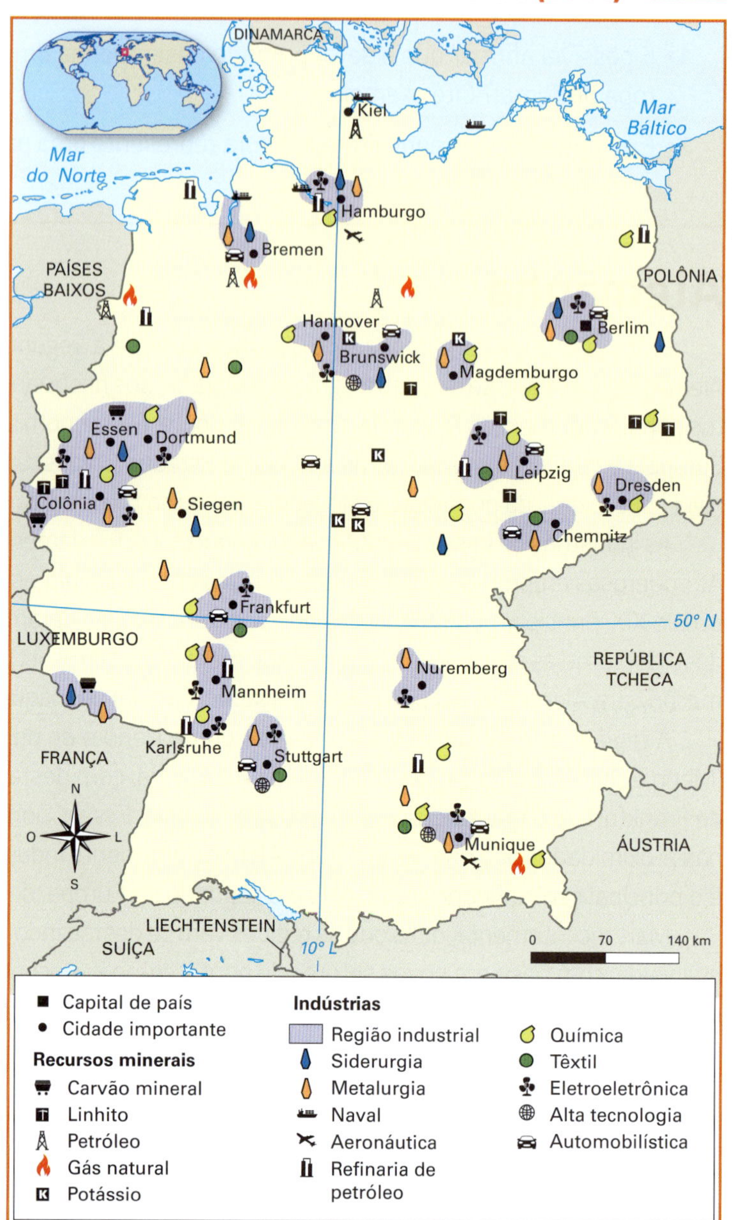

Fonte: elaborado com base em CHARLIER, Jacques (Dir.). *Atlas du 21e siècle*. Groningen: Wolters-Noordhoff; Paris: Nathan, 2014. p. 73.

Apesar de ter sido o país mais industrializado do Leste Europeu, a Alemanha Oriental possuía um setor produtivo obsoleto diante da moderna tecnologia ocidental, com muito desperdício de energia e de mão de obra. Além disso, a indústria da atual parte leste da Alemanha era altamente poluidora. Do lado leste, apenas a região de Berlim, que em parte já pertencia à Alemanha Ocidental, vinha desenvolvendo uma notável industrialização desde os anos 1990.

Até hoje, embora venha diminuindo, ainda ocorrem casos de preconceito contra os novos cidadãos oriundos da parte leste. Esse preconceito, todavia, vem sendo amenizado rapidamente com a entrada no país de centenas de milhares de imigrantes e refugiados, que passam a ser os novos alvos da discriminação de parte da população alemã.

França

Desde a década de 1960, o governo francês tem incentivado a descentralização econômica, de modo a reduzir as diferenças regionais que vinham trazendo dificuldades econômicas à França. O objetivo é diminuir a concentração do poder econômico historicamente exercida pela capital do país, Paris.

Esse objetivo tem sido alcançado, em grande parte, por meio do incremento da tecnologia de ponta, graças à qual se desenvolveram no país indústrias elétrica, eletrônica, química, eletromecânica, etc., cujos estabelecimentos industriais estão espalhados no território francês.

As indústrias mecânicas – sobretudo a automobilística – e eletrônicas são encontradas em todo o oeste da França, principalmente nas cidades de Caen, Le Mans, Rennes, Brest, Argentan, Morlaix e Lannion. Com os investimentos do Estado, as indústrias dos setores aeronáutico e espacial passaram a ocupar grandes áreas no sudoeste do país, principalmente a cidade de Toulouse, o que atraiu para a região outras indústrias, como mecânica, eletrônica e química, instaladas em Bordéus, La Rochelle, Lacq e Bayonne.

O turismo é outra importante atividade econômica da França. O país é o maior receptor mundial de turistas internacionais: mais de 80 milhões por ano (87 milhões em 2017, o que gerou uma receita de 80 bilhões de dólares naquele ano). A França dispõe de diversas atrações turísticas: museus, castelos da época feudal, famosa gastronomia, vinícolas que produzem alguns dos melhores vinhos, cidades atrativas, inclusive com as praias mais frequentadas do mundo na região do Mediterrâneo, etc.

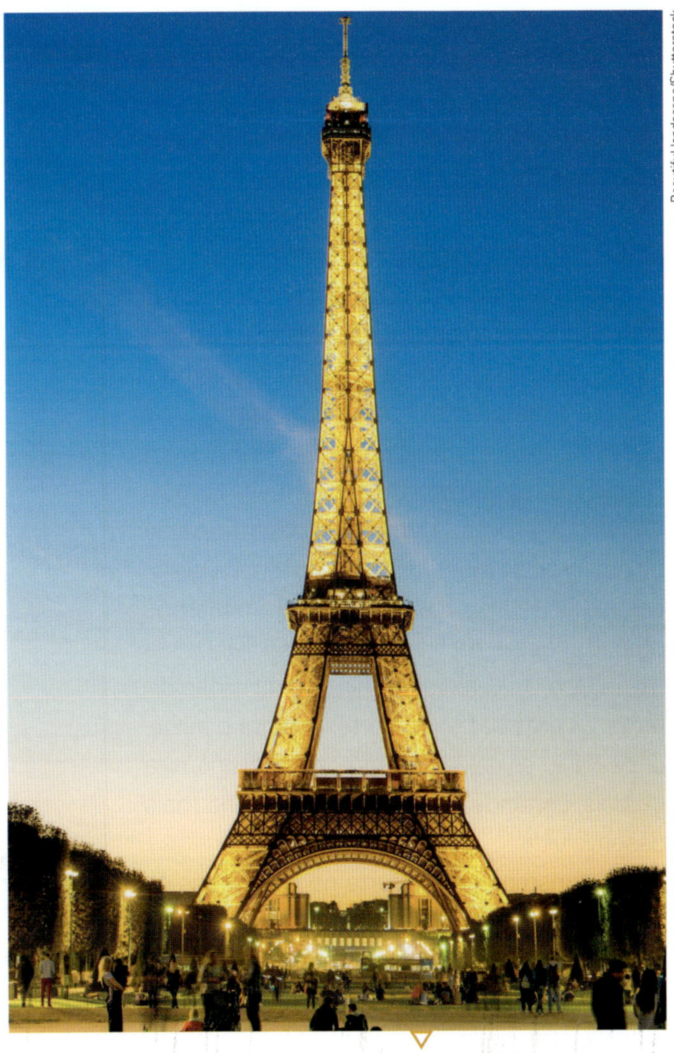

Beautiful landscape/Shutterstock

A Torre Eiffel, atração turística, localiza-se em Paris, na França, país que recebe anualmente mais de 80 milhões de turistas. Foto de 2018.

Texto e ação

1 › Cite algumas características da atividade industrial na Alemanha.

2 › Explique o processo de reunificação da Alemanha.

3 › Duas regiões da Alemanha vêm se destacando pela industrialização avançada, com base nos setores de biotecnologia, microeletrônica e informática. Quais são elas?

4 › Qual é a estratégia do governo francês para reduzir as diferenças regionais que vinham agravando as dificuldades econômicas na França?

5 › Que indústrias se destacam na França e em que partes do território francês elas estão instaladas?

Itália

Há diferenças entre o norte e o sul da Itália: o norte é industrializado; o sul é predominantemente agrário.

A partir de 1950, uma política de grandes investimentos foi implementada pelo Estado e, desde então, a Itália conseguiu realizar mudanças profundas no sul do país, principalmente no setor primário, por meio da modernização das práticas agrícolas, como a conservação dos solos e a irrigação. Além disso, fábricas estatais dos setores químico e metalúrgico foram instaladas nas cidades de Palermo e Siracusa, na Sicília, e em Nápoles, Bari e Tarento. Observe o mapa ao lado.

O capital privado também teve participação no processo de modernização econômica: grandes multinacionais italianas instalaram fábricas de automóveis em Nápoles e na Sicília. Dessa maneira, o sul vem conseguindo diminuir as diferenças em relação ao norte, embora o norte, onde Milão se destaca como capital econômica do país, continue sendo a região italiana mais desenvolvida.

O turismo é muito forte no país: todos os anos, mais de 50 milhões de turistas visitam o país, muito procurado por conta de sua história, belas paisagens e também por conta de sua famosa gastronomia.

Itália: indústria e recursos minerais (2014)

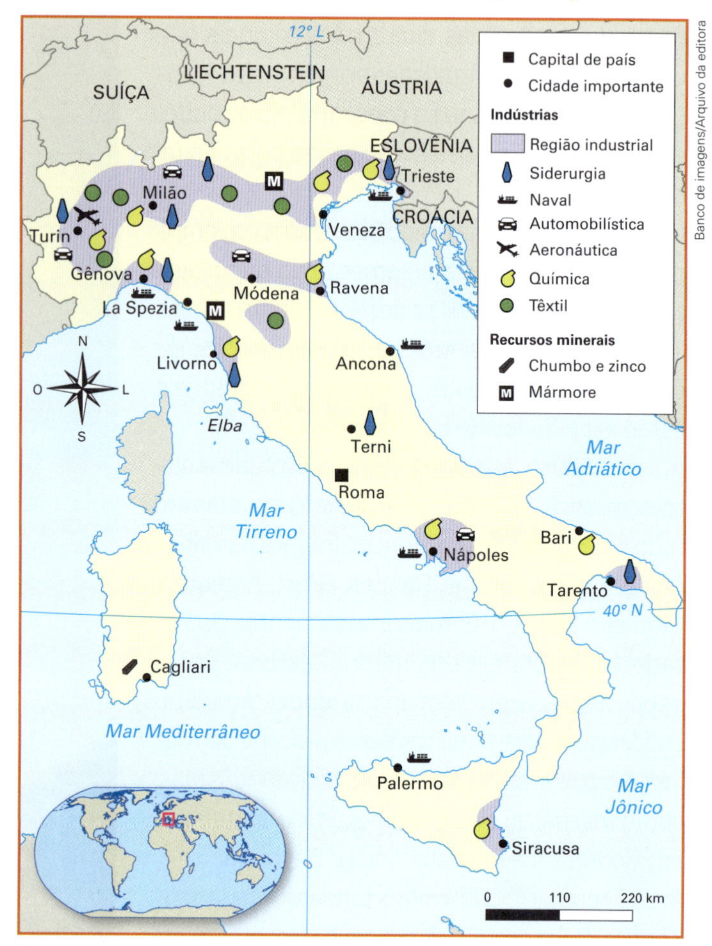

Banco de imagens/Arquivo da editora

Fonte: elaborado com base em CHARLIER, Jacques (Dir.). *Atlas du 21e siècle*. Groningen: Wolters-Noordhoff; Paris: Nathan, 2014. p. 85.

Petru Stan/Shutterstock

Passeio turístico em um canal de Veneza, Itália, 2018.

Reino Unido

A ilha da Grã-Bretanha, onde estão situados Inglaterra, País de Gales e Escócia, juntamente com Irlanda do Norte, formam o Reino Unido. Em 1536, a Inglaterra se uniu ao País de Gales; em 1707, à Escócia; e, em 1800, à Irlanda, oficialmente. No início do século XX, perdeu a maior parte do território irlandês, como veremos mais adiante.

Do ponto de vista político e econômico, a Inglaterra é a nação mais povoada e mais importante desse Estado monárquico, o que explica o fato de o Reino Unido muitas vezes ser conhecido apenas como Inglaterra.

O ingresso do Reino Unido no Mercado Comum Europeu, que ocorreu apenas em 1973, representou uma mudança significativa na política econômica do país, que até 1960 isolava-se politicamente em relação ao continente europeu, preferindo manter relações comerciais e militares com os Estados Unidos e os países da Commonwealth – a Comunidade Britânica de Nações, fundada pela Grã-Bretanha e integrada por suas ex-colônias.

Ilhas britânicas: Reino Unido e Irlanda (2016)

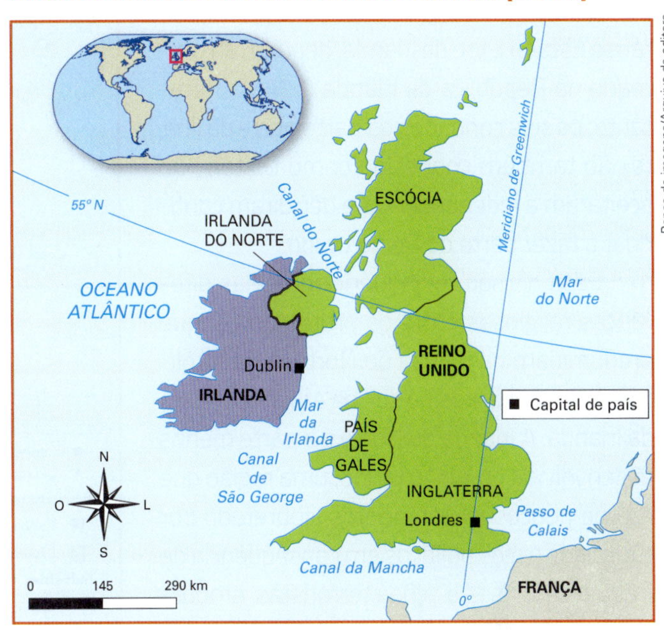

Banco de imagens/Arquivo da editora

Fonte: elaborado com base em SIMIELLI, Maria Elena. *Geoatlas*. 34. ed. São Paulo: Ática, 2013. p. 75.

Londres, capital e principal cidade do país, continua a ser o grande centro industrial, financeiro, comercial e portuário do Reino Unido. Ali se localizam principalmente setores das indústrias mecânica (construção de automóveis, navios, aviões, aerobarcos) e química. Liverpool e Birmingham, também situadas na Inglaterra, são importantes centros siderúrgicos. Em Cardiff, no País de Gales, e em Belfast, na Irlanda do Norte, estão as indústrias mecânicas. Na Escócia, Glasgow se destaca nos setores mecânico, siderúrgico e químico.

A relação do Reino Unido com a União Europeia sempre foi problemática em razão de sua proximidade política e econômica com os Estados Unidos e a tradicional política de isolamento em relação ao restante do continente europeu. Em 1975, foi realizado um referendo no Reino Unido sobre a permanência ou não do país no bloco e o resultado da votação, por ampla maioria, foi favorável à permanência. Em 2016, realizou-se um novo referendo e, desta vez, o resultado, por uma pequena margem, foi favorável à saída da União Europeia.

Dessa forma, iniciou-se o Brexit, palavra resultante da junção das palavras *Britain* (Grã-Bretanha) e *exit* (saída). O governo inglês passou a atuar lentamente nas negociações para a saída, pois há vários itens a serem discutidos, como taxas e impostos para exportação e importação, investimentos, livre circulação de pessoas, etc. Além disso, as opiniões se dividem: alguns partidos políticos e parte da população (especialmente do interior) querem mais rapidez no Brexit, enquanto outros partidos e parte da população (especialmente em Londres e outros grandes centros urbanos) querem um novo referendo para confirmar ou não essa saída da União Europeia.

A participação da Irlanda do Norte no Reino Unido é motivo de conflitos até os dias atuais, pois a Irlanda (também chamada de Eire ou Irlanda do Sul), que ocupa a maior extensão territorial da ilha de mesmo nome, reivindica a reunificação das duas Irlandas e a constituição de um único país independente.

Essa questão vem desde o início do século XX (1921-1922), quando os 26 condados do sul da ilha da Irlanda decidiram se tornar independentes do domínio britânico e proclamaram o Estado Livre da Irlanda, depois transformado na República da Irlanda (1949). Entretanto, os seis condados da parte norte da ilha, região também conhecida como Ulster, não aceitaram a independência e decidiram continuar a fazer parte do Reino Unido.

Essa divisão foi influenciada pelas diferenças religiosas entre os protestantes, que predominam na Irlanda do Norte, e os católicos, predominantes no sul, na atual República da Irlanda. A Irlanda do Norte é a parte menos desenvolvida do Reino Unido, uma região que recebe poucos investimentos, sobretudo por causa dos riscos políticos em consequência de frequentes crises e ações terroristas, embora estas tenham praticamente cessado desde 2005, quando o IRA (Exército Republicano Irlandês) abandonou a luta armada pela independência da Irlanda do Norte.

Também na Escócia existe um movimento para a independência em relação ao Reino Unido. Em 2013, um referendo sobre a independência escocesa resultou em 55% da população contra, mas o Brexit mudou a opinião de muitos escoceses, que votaram majoritariamente (68% do total) pela permanência na União Europeia. Com a gradual saída do Reino Unido do bloco, as autoridades escocesas voltam a defender a independência da Escócia, afirmando que o futuro da Escócia está na União Europeia.

Reino Unido: indústria e recursos minerais (2014)

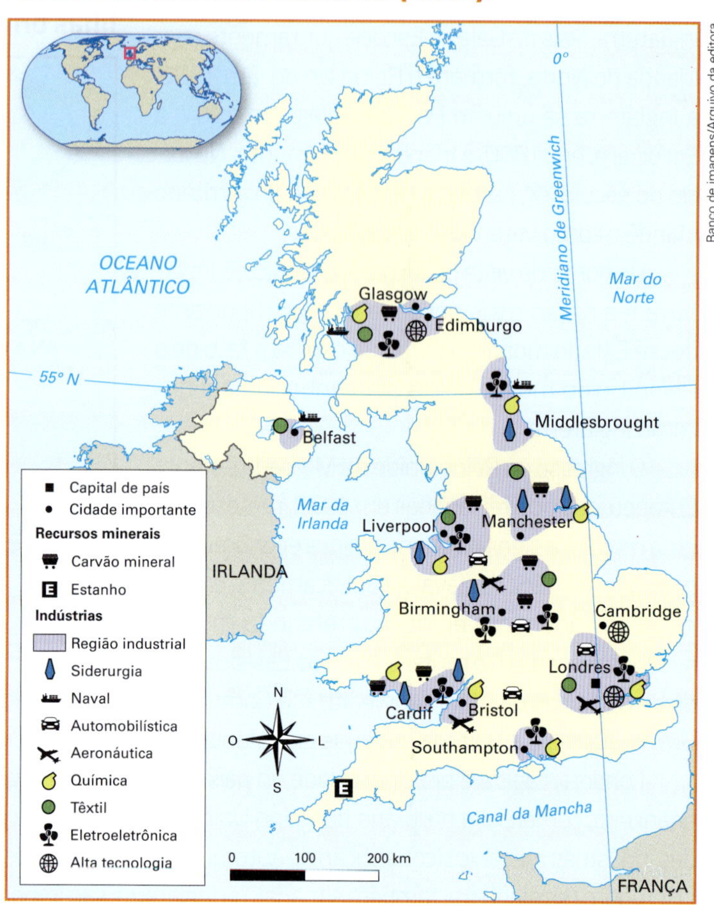

Banco de imagens/Arquivo da editora

Fonte: elaborado com base em CHARLIER, Jacques (Dir.). *Atlas du 21e siècle*. Groningen: Wolters-Noordhoff; Paris: Nathan, 2014. p. 67.

Texto e ação

1 › Em duplas, observem a charge e respondam: Que ironia ela expressa?

2 › Observe o mapa desta página e o da página anterior e cite:

a) o nome das nações que fazem parte do Reino Unido;

b) as principais indústrias do Reino Unido;

c) o principal recurso mineral do país.

A sigla para União Europeia está em inglês, EU (European Union).

Stephff/Acervo do cartunista

Charge de Stephff, publicada em 2017. Disponível em: <www.chinadaily.com.cn/opinion/cartoon/2017-03/16/content_28574467.htm>. Acesso em: 28 set. 2018.

3 Europa oriental

Para entender os motivos do menor desenvolvimento da parte oriental da Europa, é importante saber que um dos aspectos mais determinantes é o fato de que a Revolução Industrial, base da sociedade capitalista moderna, ocorreu inicialmente nos países situados na parte ocidental do continente. Além disso, até o início do século XX, a Europa oriental, o chamado Leste Europeu, ainda não havia definido seu mapa político.

Até a Primeira Guerra Mundial, a área situada na parte centro-oriental da Europa, ao sul da Alemanha, formava o imenso Império Austro-Húngaro, que foi desmembrado por ocasião do conflito. A desintegração desse império deu origem a vários países, como a Áustria – hoje incluída na Europa ocidental –, a Hungria, a República Tcheca, a Eslováquia e a Polônia, que hoje fazem parte da Europa oriental.

A Rússia – antigo Império Russo, até 1917 – e a Alemanha também perderam terras nesse conflito, a partir do qual se constituíram Estônia, Letônia, Lituânia e a parte norte da Polônia. Isso significa que o mapa político da Europa oriental – territórios nacionais com fronteiras definidas – foi construído fundamentalmente após a Primeira Guerra Mundial. Observe o mapa desta página, e o mapa da página seguinte.

Foto aérea da cidade histórica de Riga e do rio Daugava, na Letônia, 2017.

Alamy/Fotoarena

Europa: configuração territorial em1914

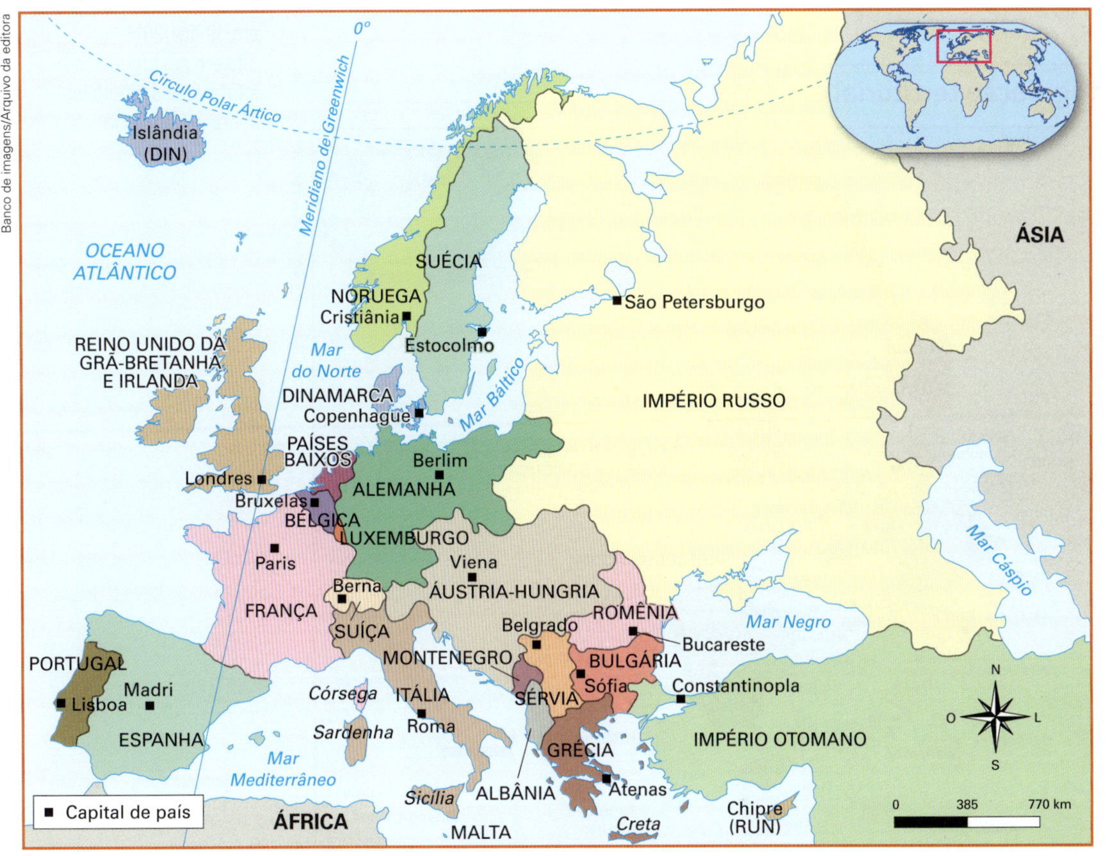

Banco de imagens/Arquivo da editora

Fonte: elaborado com base em DUBY, Georges. *Grand atlas historique*. Paris: Larousse, 2006. p. 90.

A crise do mundo socialista, entre 1989 e 1991, definiu novamente as fronteiras de algumas nações do Leste Europeu. A antiga Alemanha Oriental deixou de existir em 1990 e foi anexada à Alemanha Ocidental; a Tchecoslováquia se dividiu em República Tcheca e Eslováquia; a antiga Iugoslávia se esfacelou, dando origem a novos Estados-nação, num processo conflituoso que será visto mais adiante.

A Europa oriental consolidou-se após a Segunda Guerra Mundial, que dividiu o mundo em dois blocos principais: o capitalista, liderado pelos Estados Unidos, e o socialista, liderado pela ex-União Soviética. Durante quase meio século, a Europa oriental manteve fortes laços econômicos e militares com a antiga superpotência socialista.

Em geral, os partidos comunistas, que monopolizaram o poder nesses países até por volta de 1989, chegaram ao governo com o auxílio militar soviético. As únicas exceções foram a antiga Iugoslávia e a Albânia. Os regimes comunistas instalados na Europa oriental eram malquistos pela maioria da população e só se mantiveram durante décadas por causa do poderio militar soviético. Isso explica por que, depois da desintegração da União Soviética, o socialismo rapidamente chegou ao fim nos países do Leste Europeu, com exceção da Albânia, onde esse processo foi mais lento.

Há algumas economias mais importantes na Europa oriental, como as da Polônia, Hungria, República Tcheca e Romênia, embora nenhuma delas se compare à de países ocidentais como Alemanha, França ou mesmo Espanha. Observe novamente as quadros das páginas 55 e 56 e verifique os valores de PIB e renda *per capita* desses países.

Entre as economias menos desenvolvidas do Leste Europeu, podem ser citados como exemplos Albânia, país predominantemente agroindustrial, Kosovo e Bósnia-Herzegovina, ambos arrasados por guerras recentes que desmantelaram suas economias.

De olho na tela

O tempero da vida
Direção de Tassous Boulmetis. Grécia, 2003.

Um professor de astrofísica chamado Fanis Lakovids adora cozinhar, seguindo a tradição turca de seu avô Vassilis, que desenvolveu uma filosofia culinária própria. Natural de Istambul, na Turquia, aprendeu com o avô as primeiras lições de sua vida. Aos 7 anos, Fanis é deportado junto com seus pais para a Grécia e quase trinta anos após o exílio retorna à sua terra natal.

Mundo virtual

Representações da República Federal da Alemanha no Brasil
Disponível em: <www.brasilien.diplo.de>. Acesso em: 19 nov. 2018.
Site em português com informações e notícias sobre a Alemanha.

Europa: configuração territorial em 1919

Fonte: elaborado com base em DUBY, Georges. *Atlas historique Duby*. Paris: Larousse, 2016. p. 269.

Texto e ação

1› Compare os mapas, das páginas 65 e 66, que representam a divisão política da Europa antes e depois da Primeira Guerra Mundial. A partir dessa comparação, é possível afirmar que as fronteiras dos países não são definitivas? Por quê?

2› Há relação entre a formação tardia dos Estados nacionais da Europa oriental e o desenvolvimento tardio desses países? Justifique.

Polônia

A Polônia, cujo território foi invadido pelas tropas de Hitler em 1º de setembro de 1939 – fato que marcou o início da Segunda Guerra Mundial –, teve sua economia agrícola e industrial seriamente prejudicada pela guerra. Após a introdução da economia planificada, a indústria de base recebeu maior atenção e se desenvolveu consideravelmente. Houve o aproveitamento das imensas reservas de carvão mineral, ampliadas pela anexação da região da Silésia (na fronteira com a Alemanha) ao seu território. Todavia, a Polônia se tornou dependente da importação de petróleo soviético.

Com o tempo, a indústria polonesa cresceu e se diversificou. Atualmente, a siderurgia concentra-se em Nova Huta, na Cracóvia, e na bacia carbonífera da Silésia, enquanto as indústrias mecânicas ocupam o norte do país. A indústria de construção naval, estabelecida nos portos de Gdansk (cidade que já pertenceu à Alemanha com o nome de Dantzig) e Gdynia, merece destaque. O setor químico está presente em Varsóvia, capital do país, além de Poznan e Wroclaw.

A Polônia tem avançado muito desde os anos 1990 em direção à economia de mercado. O desmonte da economia planificada, no entanto, não foi fácil: as empresas estatais eram, em geral, deficitárias e usavam tecnologia ultrapassada, mas, em contrapartida, geravam muitos postos de trabalho. A privatização de empresas estatais avançou bastante no país, o que aumentou o desemprego. Além disso, o fim do controle rígido sobre os preços fez com que eles disparassem, gerando uma inflação altíssima, que posteriormente foi controlada.

Economia de mercado: economia capitalista e descentralizada, na qual o mercado, isto é, o jogo da oferta e da procura, norteia as decisões econômicas. Se houver escassez de um produto (procura maior que a oferta), seu preço sobe e torna-se lucrativo investir mais nele; inversamente, quando há excesso de um produto (oferta maior que a procura), seu preço declina e deixa de ser lucrativo investir nele. A maioria das empresas é privada.

Alamy/Fotoarena

Porto de Gdansk, Polônia, 2018.

Hungria

A Hungria ocupa uma grande área de planície atravessada pelo Danúbio. Esse rio separa os dois centros urbanos (Buda e Peste) que formam a capital, **Budapeste**. Indiscutivelmente, Budapeste foi, nas últimas décadas, a verdadeira metrópole da Europa oriental, fornecendo produtos e serviços diversificados a uma população com razoável poder aquisitivo. Além disso, o turismo cresce a cada ano no país e, ao lado de Praga, na República Tcheca, é campeã em recebimento de turistas internacionais no Leste Europeu.

Assim como a Polônia e a República Tcheca, a Hungria foi um país europeu oriental que avançou no desmonte da economia planificada e na introdução do capitalismo, além de ser um dos países que mais tem recebido investimentos estrangeiros desde os anos 1990. No entanto, com a privatização de empresas estatais e o fechamento de outras deficitárias, o desemprego aumentou bastante no país, gerando grande descontentamento popular.

Nos anos 1990, a taxa de desemprego húngara chegou a 12% da força de trabalho, mas em 2017 já tinha declinado para 4%. O final da censura e do impedimento de organização de partidos políticos deu origem a várias correntes, que promovem manifestações e disputam o poder: os social-democratas, os antigos comunistas, os nacionalistas radicais e até grupos neonazistas, que atuam contra os ciganos (minoria bastante significativa na Hungria, correspondente a cerca de 4% da população total), judeus e outros grupos étnicos.

Alamy/Fotoarena

Paisagem em Budapeste, Hungria, 2018. Pode-se ver o rio Danúbio e, ao fundo, o Parlamento.

A grande onda de imigrantes e refugiados que chegou na Europa nos últimos anos – mais de um milhão apenas em 2017 – levou o governo húngaro a não seguir as determinações da União Europeia para receber uma parte dessas pessoas. O país passou a construir barreiras de contenção, especialmente na fronteira ao sul, com a Sérvia, o que provocou atritos com o bloco e até ameaças de sanções contra a Hungria.

Cabe lembrar que um terço da população de origem húngara vive em países vizinhos, como Croácia, Romênia, Eslováquia, Eslovênia, Ucrânia, Sérvia e Montenegro, em razão da perda de territórios após a Primeira Guerra Mundial.

Istvan Ruzsa/Agência France-Presse

Foto aérea do muro erguido na fronteira da Hungria com a Sérvia, em Roeszke, 2015.

Geolink

Leia o texto a seguir.

Entrada de imigrantes sem documentos por terra cresce na Europa

Quase 18 000 imigrantes em situação irregular entraram na Europa por terra neste ano, mostra um relatório da Organização Internacional para as Migrações (OIM). O número representa "um grande aumento" e é sete vezes maior que o registrado no mesmo período em 2017.

"Os 17 966 que chegaram por via terrestre na Europa entre janeiro e setembro de 2018 representam um grande aumento na comparação com os 2 464 registrados no mesmo período do ano passado", afirma OIM em um comunicado.

A nota divulgada indica que a rota mais utilizada pelos imigrantes é a conexão terrestre que vai da Turquia à Grécia. [...] Ao longo de todo o ano passado, o governo grego registrou a entrada de 5 550 pessoas — menos da metade do fluxo atual (cerca de 46%).

"Mais de 50% das pessoas que entraram na Grécia partiram de Síria, Iraque e Afeganistão", informa a nota.

Jesus Blasco de Avellaneda/Reuters/Fotoarena

Imigrantes tentam entrar na Espanha subindo a cerca construída em Melilla, na fronteira com o Marrocos, em 2014. Na placa, lê-se, em espanhol, "zona de segurança".

O relatório divulgado informa que mais de 20% dos migrantes sem documentação que chegam ao continente europeu viajam por terra. O aumento coincide com uma redução do número de pessoas que viajam pelo mar, pois a rota a partir da Líbia se tornou mais complicada devido ao aumento das patrulhas feitas pela guarda costeira líbia, que recebeu fundos de países europeus para conter a saída de migrantes do seu litoral.

Em relação aos outros 6 000 imigrantes que chegaram à Europa desde janeiro por terra, a maioria optou por Ceuta e Melilla, territórios da Espanha na região norte de Marrocos. [...]

A agência da ONU informa também que o número de imigrantes que chegou pelo Mediterrâneo diminuiu em relação ao ano passado. Até agora, 74 500 imigrantes chegaram ao continente europeu atravessando o mar este ano, contra mais de 129 000 no mesmo período em 2017. [...]

Neste mês [setembro de 2018], mais 21 corpos de possíveis migrantes apareceram em praias do Mediterrâneo. O trajeto indica que eles tentavam provavelmente chegar à Espanha, de acordo com a OIM. As mortes mais recentes elevam a 1 586 o total de mortos neste ano na travessia pelo mar.

Fonte: ENTRADA de imigrantes sem documentos por terra cresce na Europa. *O Globo*. Disponível em: <https://oglobo.globo.com/mundo/entrada-de-imigrantes-sem-documentos-por-terra-cresce-na-europa-23069325>. Acesso em: 25 set. 2018.

Agora, faça o que se pede:

1› Quais são as principais rotas de imigração da Europa? Trace-as em um mapa político da Europa, destacando os países de origem, as rotas e os países europeus de chegada desses imigrantes.

2› Por que o movimento migratório em direção à Europa está crescendo? Essa questão da migração é um desafio enfrentado apenas pelos países europeus? Justifique a sua resposta.

República Tcheca e Eslováquia

Com o desmantelamento do Império Austro-Húngaro ao término da Primeira Guerra Mundial, surgiu a Tchecoslováquia, que compreendia os territórios da Boêmia e Morávia, localizados a oeste, e o território da Eslováquia, a leste. Em 1992, esses territórios foram separados e formaram dois países: a **República Tcheca** e a **Eslováquia**. Foi uma separação pacífica, fruto de negociações e votações no Parlamento.

A República Tcheca é a mais rica e industrializada das duas nações. Na região da Boêmia se concentram indústrias siderúrgicas e metalúrgicas, além da produção de cristais, internacionalmente reconhecida. A Morávia, por sua vez, abriga uma continuidade da bacia carbonífera polonesa da Silésia.

Alamy/Fotoarena

Praga, República Tcheca, 2017.

Em toda a Europa oriental, a República Tcheca é o país que tem obtido os melhores resultados no processo de desmonte da economia planificada e introdução do capitalismo: os investimentos estrangeiros (especialmente alemães) têm sido volumosos em virtude da estabilidade econômica e fiscal do país. Além disso, o turismo no país cresceu muito nos últimos anos, impulsionado especialmente pela beleza de sua capital, Praga.

A qualidade de vida na Eslováquia é bastante inferior à da República Tcheca. Antes da separação, porém, era justamente o nacionalismo eslovaco o que mais crescia na Tchecoslováquia, preocupando os tchecos e as demais etnias. Atualmente, permanece um foco de tensão entre a Eslováquia e a vizinha Hungria, pois há cerca de 11% de húngaros na população total do país (os eslovacos correspondem a 85% do total), e essa importante minoria étnica se queixa da crescente discriminação por parte dos eslovacos.

Apenas em Bratislava, a capital da Eslováquia, e nos seus arredores existe uma atividade industrial forte. Até o início dos anos 1990, havia no país muitas indústrias armamentistas, que entraram em crise com a diminuição do comércio internacional de armas. Em 1996, a economia eslovaca iniciou uma fase de expansão, apresentando um notório crescimento na primeira década dos anos 2000, pelo menos até 2008, quando foi bastante atingida pela crise originada nos Estados Unidos e disseminada pela Europa. A partir de 2011, a economia voltou a se recuperar.

Texto e ação

1. Caracterize a atividade industrial na Polônia e comente a situação econômica do país após 1990.
2. Por que Budapeste pode ser considerada, nas últimas décadas, a verdadeira metrópole da Europa oriental?
3. Comente a situação política atual da Hungria e a atuação do governo húngaro.
4. Explique a origem da Tchecoslováquia e sua divisão em dois países.

A antiga Iugoslávia e os novos países

A antiga Iugoslávia originou-se também com o término da Primeira Guerra Mundial, integrada por alguns territórios que pertenceram ao Império Austro-Húngaro, à Sérvia e à Turquia, mantendo-se unida durante várias décadas graças às pressões das grandes potências, que não desejavam conflitos nessa região, e também ao carisma do grande líder do país, o marechal Josip Broz Tito, primeiro-ministro da Iugoslávia de 1945 a 1963.

Após a expulsão das tropas nazistas que ocuparam o território iugoslavo durante a Segunda Guerra Mundial, Tito proclamou a República Socialista Federativa da Iugoslávia. O regime político centralizado em Tito, durante algumas décadas, conseguiu submeter as ex-repúblicas ao governo central, garantindo-lhes alguns direitos, mas mantendo-as muito distantes de qualquer autonomia administrativa. A introdução da frágil autogestão nas fábricas e nos estabelecimentos rurais, por exemplo, não satisfez aos anseios das várias nacionalidades presentes no território, porque tinham de se submeter a um plano definido pela burocracia estatal. Esse sistema político-econômico, porém, era mais flexível que o dos demais países socialistas. Além disso, o marechal Tito exercia uma grande liderança sobre as várias etnias em razão do papel que desempenhou na luta contra as tropas alemãs invasoras.

Carisma: conjunto de habilidades e/ou poder de encantar, que faz com que um indivíduo (líder, político, artista) desperte a aprovação e a simpatia das massas.

Autogestão: administração coletiva – de uma empresa por seus trabalhadores, de um bairro por seus moradores, etc. A autogestão da antiga Iugoslávia não era completa, pois havia um forte controle por parte do antigo Partido Comunista.

Em 1991, com o fim da União Soviética, a **Eslovênia** e a **Croácia** se declararam independentes da Iugoslávia. Em resposta, o exército iugoslavo (na realidade, controlado pela Sérvia) invadiu esses novos países, dando início à guerra. A Eslovênia logo se viu livre das tropas, principalmente porque lá elas não tinham o apoio das minorias étnicas importantes e precisavam se voltar para outras áreas em guerra. Na Croácia, no entanto, as batalhas duraram mais de um ano, e durante vários anos uma parte do país foi mantida sob o domínio sérvio.

Também em 1991 ocorreu a independência da **Macedônia**. Nesse caso, não houve guerra porque a Macedônia permaneceu muito ligada à Sérvia. Além disso, os sérvios constituem apenas 2,3% da população total da Macedônia e, mesmo assim, o idioma servo-croata foi considerado uma das línguas oficiais do novo país.

Alamy/Fotoarena

Foto aérea da parte histórica de Zagreb, capital da Croácia, 2018.

Em 1992, com a declaração de independência da **Bósnia-Herzegovina**, teve início a mais sangrenta das guerras da antiga Iugoslávia: a chamada "guerra da barbárie". A Bósnia – região de grande diversidade étnica e de nacionalidades, com muçulmanos, croatas, sérvios e outros – foi, de 1992 a 1996, palco de violentas lutas entre tropas sérvias, forças croatas e populações muçulmanas, num processo que arrasou o país e até os dias de hoje não encontrou solução definitiva, pois não se sabe se essas três etnias poderão conviver em um mesmo território sem a intermediação de tropas estrangeiras.

De toda a Iugoslávia, restaram a **Sérvia** e **Montenegro**, que, em 2003, fundaram a União da Sérvia e Montenegro. Em 2006, no entanto, esses dois países se declararam independentes. Em 2008, **Kosovo**, então uma província da Sérvia, proclamou-se independente. Intensos bombardeios sérvios arrasaram o território de Kosovo até 1999, quando se instalou um governo provisório, sob a tutela da ONU.

Veja no mapa ao lado os países que resultaram da antiga Iugoslávia.

Países resultantes da antiga Iugoslávia (2016)

Fonte: elaborado com base em IBGE. *Atlas geográfico escolar*. 7. ed. Rio de Janeiro, 2016. p. 43.
* Em 17 de fevereiro de 2008, a província do Kosovo declarou unilateralmente sua independência da Sérvia. No entanto, nem todos os países reconheceram essa situação.

Bósnia-Herzegovina

A Bósnia ocupa uma área de 51 210 km^2. Em 2017, sua população era de aproximadamente 3,8 milhões de habitantes. Desse total, os servo-croatas correspondem a 51,4% e os bósnios, a 48%. Na realidade, todos são eslavos e falam o mesmo idioma, o servo-croata, apenas com diferenças de sotaque e de algumas palavras específicas. Há, no entanto, forte diferenciação cultural, especialmente religiosa: os bósnios professam a religião islâmica; os croatas, a religião católica; e os sérvios, o cristianismo ortodoxo. Em geral, os bósnios concentram-se nas cidades, enquanto os croatas e os sérvios são mais numerosos no campo e nas montanhas, onde desenvolvem atividades agrícolas e de pastoreio.

Desde que se proclamou um país independente, em 1991, a Bósnia se tornou palco da mais intensa guerra da década de 1990, com tentativa de genocídio (matança em massa) por parte das tropas sérvias. A guerra na Bósnia foi uma dura prova da nova situação internacional: não havia mais a bipolaridade entre Estados Unidos e União Soviética, as duas superpotências que desde 1945 controlavam esse tipo de conflito. Assim, durante dois anos, o mundo protestou contra as atrocidades cometidas nessa guerra e pediu interferência externa, mas não se sabia ao certo que nação deveria assumir o controle da situação.

As lideranças da União Europeia, embora incomodadas com o fato de haver um conflito na Europa oriental, esperavam que os Estados Unidos tomassem alguma atitude militar, mas o governo estadunidense, por sua vez, decidiu aguardar o desenrolar dos acontecimentos. Isso porque, nesses casos, uma liderança acarreta gastos consideráveis e inúmeras mortes de soldados, cujas famílias e amigos protestavam na imprensa e organizavam manifestações públicas, comprometendo a popularidade do governo.

 **Minha biblioteca**

O diário de Zlata: a vida de uma menina na guerra
FILIPOVIC, Zlata. São Paulo: Companhia das Letras, 1994.
A adolescente Zlata Filipovic começou seu diário pouco antes de eclodir a guerra na Bósnia-Herzegovina. Durante dois anos, ela registrou o terror ao seu redor, revelando como a violência invadiu o seu cotidiano.

Finalmente, em 1993, a ONU – a partir da liderança dos Estados Unidos, de alguns países europeus ocidentais e até da Rússia – resolveu enviar para a Bósnia tropas internacionais de paz (os chamados "capacetes azuis"), a fim de impedir novos massacres. Essas tropas não entraram diretamente no combate, apenas tentaram evitar a continuidade do conflito, embora não tenham obtido êxito total. O lançamento aéreo de medicamentos e comida para as populações sitiadas (em cidades cercadas por tropas adversárias) passou a ser realizado com frequência a partir desse mesmo ano.

Em 1995, as três partes envolvidas na guerra assinaram um tratado de paz (o Acordo de Dayton), intermediado pela ONU, que oficializou a independência da Bósnia-Herzegovina, mas com o estabelecimento de duas regiões distintas: uma ocupada pelos sérvios (49% da área total) e outra compartilhada pelos croatas e muçulmanos (51%). Com isso, a guerra cessou, mas o impasse permaneceu no novo país: a população e sua diversidade religiosa continuaram a conviver com dificuldades e sob a vigilância das tropas internacionais.

O país foi arrasado pela guerra: cidades, fábricas e campos de cultivo foram destruídos; houve milhares de mortos e feridos; as doenças proliferaram devido às precárias condições sanitárias; entre outras consequências.

Malcolm Linton/Liaison/Getty Images

Tanque da ONU vistoria destruição em Mostar, na Bósnia-Herzegovina, em 1993.

Kosovo

Kosovo era uma província autônoma da federação da Iugoslávia, mas integrada à república da Sérvia, e perdeu sua autonomia em 1989. A maioria da população é de origem albanesa (92%) e professa a religião islâmica. Nessa província, a ex-Iugoslávia tentou promover uma "limpeza étnica" para exterminar a população de origem albanesa.

Kosovo ocupa uma área de 10 800 km² e está localizado no sul da Sérvia, fazendo fronteira com a Macedônia (a sudeste) e com a Albânia e Montenegro (a oeste). Cerca de 2 milhões de pessoas viviam em Kosovo em 1997, mas os conflitos de 1998-1999 provocaram milhares de mortes e cerca de 1 milhão de refugiados. Em 2017, o país tinha 1,8 milhão de habitantes.

Em 1996, formou-se um grupo guerrilheiro, o Exército de Libertação de Kosovo (ELK), de etnia albanesa, com o objetivo de lutar pela independência da província. Em 1998, a violência sérvia aumentou: o governo iugoslavo, liderado pelo então presidente Slobodan Milosevic, deixou de agir de forma disfarçada e passou a massacrar abertamente a etnia albanesa, expulsando famílias de suas casas e da própria região.

Nesse momento, o apoio popular ao ELK era cada vez maior em Kosovo. Além disso, os conflitos na região chamavam a atenção do mundo. Graças aos meios de comunicações internacionais, uma opinião favorável à independência de Kosovo começou a crescer em vários países, principalmente nos Estados Unidos e na Europa. Na tentativa de impedir que isso acontecesse, houve uma intensificação do genocídio contra os kosovares.

Contudo, de abril a junho de 1999, as forças armadas da Otan, lideradas pelos Estados Unidos, promoveram milhares de operações aéreas de bombardeio nas áreas de Kosovo dominadas pelas tropas sérvias. Estradas, aeroportos, pontes, usinas e edifícios do governo foram bombardeados e destruídos na região sérvia e em Kosovo.

Finalmente, em junho de 1999, o governo iugoslavo assinou um tratado de paz, concordando em retirar suas tropas de Kosovo e permitindo o controle do território por tropas da ONU, compostas de milhares de soldados estadunidenses, britânicos, alemães, franceses e russos. Após a assinatura do acordo de paz, mais de 800 mil refugiados albaneses retornaram a Kosovo na tentativa de reconstruir suas vidas. Por outro lado, cerca de 200 mil sérvios abandonaram a província desde então, temendo o aumento da discriminação étnica dos albaneses.

Em fevereiro de 2008, Kosovo declarou-se independente da Sérvia. Sua independência foi reconhecida quase de imediato por Estados Unidos, Reino Unido, França e Alemanha. Até 2018, Kosovo era reconhecido por 118 países, mas alguns, como a Sérvia, principalmente, além de seus aliados – Rússia e China – e de cinco Estados-membros da União Europeia – Espanha, Romênia, Chipre, Grécia e Eslováquia – não haviam reconhecido a independência do país.

A Sérvia não só não aceita a independência como procura impedir o reconhecimento internacional de Kosovo, o que, no entanto, pode ser uma questão de tempo. A Sérvia pretende ingressar na União Europeia, mas só conseguirá realizar sua pretensão após reconhecer o território kosovar como país independente. Com o reconhecimento por parte da Sérvia, automaticamente Rússia e China deverão aceitar a independência de Kosovo.

Vista aérea de Pristina, capital de Kosovo, 2017.

Martyn Jandula/Shutterstock

CONEXÕES COM HISTÓRIA E ARTE

- Observe as charges e resolva as atividades.

Charges de Arend van Dam, 2014.

Fonte: CAGLE. Disponível em: <www.cagle.com/tag/1914-2014/>. Acesso em: 10 ago. 2018.

a) Segundo as charges, como era a Europa em 1914 e como era em 2014, cem anos depois?

b) Que instituição foi importante para manter a paz na Europa, principalmente na parte ocidental?

c) Em duplas, criem uma charge que retrate o que vocês aprenderam no capítulo. Na data combinada com o professor, apresentem para a turma a criação de vocês.

ATIVIDADES

+ Ação

- Leia os dois textos e faça o que se pede.

Texto 1

Turismo gera 5% do PIB na União Europeia e é tema de debate

Países como a França, Alemanha e Itália estão entre os destinos turísticos mais visitados do mundo. O turismo é uma importante fonte de crescimento econômico na União Europeia, gerando mais de 5% do Produto Interno Bruto (PIB). Hoje [27/09/2017], Dia Mundial do Turismo, o Parlamento Europeu se reúne em Bruxelas, na Bélgica, para debater desafios do setor, como o impacto no meio ambiente e na vida local, empregos precários e aumento da concorrência de países fora da UE. [...]

Apenas em 2014, 582 milhões de turistas visitaram países da UE. De acordo com informações do Parlamento Europeu, o turismo na UE representa, direta e indiretamente, cerca de 10% dos empregos na Europa. De acordo com o Conselho Mundial de Turismo e Viagens, mais de 5 milhões de novos empregos ligados ao turismo podem ser criados na UE nos próximos dez anos. Cerca de 20% desses empregos vão para jovens com menos de 25 anos. O número de turistas internacionais deverá duplicar, de 1,1 bilhão em 2015 para mais de 2 bilhões, até 2030. Metade desses turistas será de origem asiática.

Fonte: CAZARRÉ, Marieta. Turismo gera 5% do PIB na União Europeia e é tema de debate. *EBC Agência Brasil.* Disponível em: <http://agenciabrasil.ebc.com.br/internacional/noticia/2017-09/turismo-gera-5-do-pib-na-uniao-europeia-e-e-tema-de-debate>. Acesso em: 28 set. 2018.

Texto 2

Tensão contra turistas sobe na Europa

Críticas aos impactos do turismo em massa têm ganhado as ruas, culminando em protestos em cidades europeias. Diversas prefeituras sofrem pressão popular e tomaram medidas para controlar o comportamento dos visitantes. Na capital catalã [Barcelona], membros do partido independentista [que pleiteiam a independência da Catalunha] CUP danificaram pneus de um ônibus e de bicicletas usadas por turistas. Moradores também têm acusado visitantes de tratar uma praia como *resort* [...]. Em protesto recente, locais fizeram corrente humana bloqueando o acesso ao mar. Outra reclamação é que o aluguel de casas por visitantes está elevando o preço para os catalães.

Manifestantes protestaram no início de julho contra a inundação de Veneza por cerca de 20 milhões de turistas ao ano. A cidade histórica tem 55 000 habitantes e muitos se incomodam com o excesso de lixo e de barulho. A manifestação também criticou o aumento dos aluguéis e o impacto de grandes cruzeiros [navios grandes que criam ondas que impactam negativamente a cidade de Veneza, que já é periodicamente invadida pelo mar]. [...]

Protestos também vêm ocorrendo em outras cidades europeias com grande visita de turistas, como Berlim [Alemanha], Roma e Milão [Itália], Lisboa [Portugal], Bilbao [Espanha], além de outras. [...] Em Milão foi proibido o uso de "paus de *selfie*" na área portuária do bairro de Darsena, assim como a venda de bebidas em garrafas de vidro e *food trucks*. O objetivo foi reduzir o lixo e comportamentos "antissociais".

Fonte: DEUTSCHE Welle. Tensão contra turistas sobe na Europa. 18/08/2017. Disponível em: <www1.folha.uol.com.br/turismo/2017/08/1911039-tensao-contra-turistas-sobe-na-europa.shtml?utm_source=folha>. Acesso em: 27 out. 2018.

a) Segundo o Texto 1, quais são os países europeus que recebem um número imenso de turistas?

b) Em sua opinião, há alguma contradição entre a importância do turismo para a economia europeia (Texto 1) e a reação de parte da população local e das autoridades municipais contra os turistas (Texto 2)? Justifique.

c) Pode-se dizer que a atividade turística, assim como a agricultura ou a indústria, apresenta aspectos positivos e negativos? Em caso afirmativo, faça uma lista de ambos os aspectos.

Autoavaliação

1. Quais foram as atividades mais fáceis para você? Por quê?
2. Algum ponto deste capítulo não ficou claro? Qual?
3. Você participou das atividades em dupla e em grupo e expressou suas opiniões?
4. Como você avalia sua compreensão dos assuntos tratados neste capítulo?
   - **Excelente**: não tive dificuldade.
   - **Bom**: consegui resolver as dificuldades de forma rápida.
   - **Regular**: tive dificuldade para entender os conceitos e realizar as atividades propostas.

Lendo a imagem

- Observem as fotos, leiam as legendas e realizem as atividades.

Alamy/Fotoarena

Paisagem de Amsterdã, Países Baixos, em 2017. Nesse ano, a cidade tinha cerca de 850 mil habitantes, segundo dados da ONU, mas a região metropolitana abriga cerca de 2,4 milhões de pessoas. Grande parte do sítio urbano de Amsterdã é constituída de pôlderes, isto é, áreas que foram conquistadas ao mar. Cortada pelo rio Amstel (que deu o nome à cidade), Amsterdã apresenta inúmeros canais, intensamente aproveitados para a navegação. Muitos habitantes possuem barcos próprios e alguns até vivem neles. A cidade, que também se destaca pelo enorme número de bicicletas – um dos principais meios de transporte de seus moradores –, recebe anualmente milhões de turistas, atraídos por seus ricos museus, belas paisagens, intensa vida noturna, ótimos hotéis e restaurantes, mercados de flores e outros pontos de interesse.

Alamy/Fotoarena

Paisagem de Veneza, Itália, em 2017. Essa cidade histórica reunia, em 2017, uma população aproximada de 55 mil habitantes. Considerando o seu entorno – cidades que compõem a região metropolitana –, havia cerca de 500 mil moradores. Construída sobre terras baixas e ilhas do mar Adriático, Veneza também conquistou espaços dos mares por meio de aterramentos, ganhando inúmeros canais, intensamente utilizados para navegação. O principal meio de transporte é por água: *vaporettos* e diversos tipos de barco, incluindo as famosas gôndolas, muito apreciadas pelos turistas. Veículos automotivos (carros, ônibus, caminhões) não circulam em Veneza por causa das ruas e vielas estreitas, constantemente ocupadas por multidões, e devido ao progressivo afundamento da cidade. Calcula-se que Veneza tenha afundado 23 centímetros nos últimos cem anos. A cidade é um dos mais importantes destinos turísticos do mundo: mais de 50 mil pessoas visitam Veneza diariamente, quase 20 milhões ao ano.

a) O que Amsterdã e Veneza têm em comum?

b) O que vocês sabem sobre essas duas cidades?

c) Há alguma cidade brasileira semelhante a Amsterdã ou a Veneza? Qual? Citem semelhanças e diferenças entre elas.

PROJETO Língua Portuguesa

Um bloco que unifica a turma

Neste capítulo, você aprendeu sobre a diversidade de aspectos físicos e humanos do continente europeu. Você também conheceu a União Europeia, bloco econômico regional que unificou o continente.

Agora, imagine que a turma do 9º ano com quem você estuda seja um continente formado por alguns países – constituídos de grupos de alunos. Neste projeto, vocês tentarão formar um bloco só, unificando a turma – "o continente" –, mas mantendo a identidade de cada grupo.

Para isso, sigam as etapas e, ao final, participem de um debate.

Olha Insight/Shutterstock

Etapa 1 – O que fazer

Juntem-se em grupos de três ou quatro alunos. Cada grupo será um país, com suas características próprias. Será que é possível criar um bloco que unifique todos esses países?

Etapa 2 – Como fazer

Cada grupo deve:

- escolher um nome para o país;
- descrever as características da população;
- escolher um nome para a moeda corrente oficial;
- decidir se o país é predominantemente agrário ou industrial (ou um pouco dos dois);
- escolher um idioma oficial;
- escolher dois desses produtos para o país exportar e dois para importar: petróleo, laranja, arroz, tomate, repolho, creme de leite, carne bovina, café, cacau, automóveis, eletrônicos, produtos têxteis;
- escolher um prato típico (um dos ingredientes do prato típico deve ser um produto que o país não tem mais em seu território – será necessário importar);
- decidir se o país tem potencial turístico e o que atrai os turistas para o país.

Quando o grupo entrar em consenso sobre os aspectos do país (por meio dos itens acima), preparem uma apresentação para a turma. Em data combinada com o professor, cada país deve ser apresentado aos demais.

Após a apresentação, sigam os passos a seguir:

- Duas pessoas de cada país devem emigrar para outro. Não se esqueçam de que os países têm idiomas oficiais diferentes. Ao chegar no país de destino, você não poderá opinar sobre ele.
- Cada país deve importar um produto de pelo menos outros dois países. A regra é: se o país é predominantemente agrário deve importar industrializados e vice-versa.
- Um membro de cada país deve escolher um local turístico de outro país para passar as férias.

Etapa 3 – Um bloco só

Agora, vocês terão que tentar unificar o continente por meio de um bloco econômico que terá uma moeda corrente única. Metade dos países devem ser a favor e a outra metade, contra. Vocês podem entrar em um consenso sobre quais países serão a favor e quais serão contra ou pode haver um sorteio.

Em data combinada com o professor, haverá um debate: cada país a favor deve expor para a classe os argumentos que embasam essa opinião; da mesma forma, os que são contra devem explicar os motivos. Escolham argumentos para tentar convencer os demais países a aderir ou não ao bloco.

Cada país deve analisar os argumentos expostos e realizar uma votação interna para saber se querem ou não mudar de opinião. Ao final, informem a decisão de cada país. O continente poderá ou não ser unificado em um bloco?

Etapa 4 – Conversando sobre a experiência

Ao final do projeto, organizem as cadeiras em círculo e troquem ideias:

a) Vocês gostaram da experiência?

b) Como foi a experiência de emigração?

c) Foi fácil ou difícil contentar todos os grupos? Por quê?

d) O debate ajudou na análise de fatos e na tomada de decisão? Por quê?

Foto aérea de Minsk, capital de Belarus, 2018. Minsk é o centro administrativo da Comunidade dos Estados Independentes (CEI).

Bystrov/Shutterstock

UNIDADE 2 Comunidade dos Estados Independentes (CEI) e Oceania

Nesta unidade você vai conhecer a história e os objetivos da Comunidade dos Estados Independentes (CEI), que reúne diversos países que no passado formaram a antiga União Soviética. Você também vai estudar a Oceania, um continente que apresenta grandes diferenças: de um lado, Austrália e Nova Zelândia, países que estão entre os maiores IDHs do mundo; de outro, pequenas ilhas da Melanésia, Micronésia e Polinésia, cujas economias dependem da agricultura e do turismo.

Observe a imagem e responda às questões:

1. Com o fim da União Soviética e o surgimento de grandes blocos econômicos, os países da porção oriental do continente europeu criaram a Comunidade dos Estados Independentes. Na sua opinião, qual a diferença entre a antiga União Soviética e a CEI?

2. O que você conhece sobre a Oceania? Já ouviu falar dos outros países do continente, além de Austrália e Nova Zelândia? Conte o que sabe sobre o continente para os colegas da classe.

CAPÍTULO

4

CEI – Aspectos gerais

Georges Millions/Acervo do cartunista

Charge de Georges Million, 1990. Disponível em: <www.cvce.eu/obj/cartoon_by_million_on_the_break_up_of_the_ussr-en-5ee9ace2-475b-4373-9627-ee5bf1cf8108.html>. Acesso em: 10 ago. 2018.

Para começar

Observe a charge, criada logo após a dissolução da União Soviética, e responda:

1. A charge retrata uma *matrioshka*, boneca russa tradicional feita de madeira. No seu interior, há outras bonecas menores, colocadas em ordem decrescente de tamanho. Você já conhecia esse tipo de boneca? Há algum brinquedo parecido no Brasil?
2. Qual é o significado da charge? Discuta com os colegas e com o professor.

Neste capítulo você conhecerá a Comunidade dos Estados Independentes (CEI), que reúne diversos países que formaram a ex-União Soviética. Essa antiga superpotência, que existiu durante quase setenta anos, representou um modelo de economia e de sociedade distinto do capitalismo. A fragmentação da União Soviética originou a CEI ou, como preferem alguns, o espaço pós-soviético no qual a Rússia tenta seguir como potência regional dominante.

1 Da URSS à CEI

Com a desagregação da **União das Repúblicas Socialistas Soviéticas (URSS)**, foram criados quinze países independentes: Armênia, Azerbaijão, Belarus, Cazaquistão, Estônia, Geórgia, Letônia, Lituânia, Moldávia, Quirguistão, Rússia, Tadjiquistão, Turcomenistão, Ucrânia e Uzbequistão. Com exceção das três nações bálticas (Estônia, Letônia e Lituânia), os países oriundos desse Estado ainda lutam para superar a herança da antiga superpotência soviética e eliminar as características deixadas pelas décadas de união político-territorial e de planificação da economia.

Parte desses países – especialmente Ucrânia, além de Geórgia, Azerbaijão e Turcomenistão – também tem feito esforços para se livrar da tentativa da Rússia de exercer novamente hegemonia sobre eles, como exercia na época da URSS. De modo geral, até hoje esses países são interdependentes, o que justifica estudá-los em conjunto. Todavia, há um movimento de afastamento cada vez maior entre eles: alguns se aproximam da Europa, enquanto outros se aproximam da China e da Turquia.

Logo após a dissolução da URSS, em dezembro de 1991, a maioria dos novos países independentes – que durante quase todo o século XX viveram com moeda, governo central e forças armadas unificados – percebeu que ainda tinha profundas ligações econômicas e militares e que seria necessário fazer acordos ou tratados para resolver uma série de questões fundamentais. Grande parte dos povos não russos da antiga União Soviética (georgianos, azerbaijanos, armênios, ucranianos, moldávios e outros) desejava se libertar do domínio de Moscou, mas, uma vez conquistada a autonomia de seus territórios, ficou clara a necessidade de oficializar laços econômicos entre as novas nações para que pudessem se desenvolver.

Sob a liderança dos presidentes da Rússia, da Ucrânia e de Belarus, nasceu a **Comunidade dos Estados Independentes (CEI)**, em dezembro de 1991. Desde o início, as três nações bálticas – Estônia, Letônia e Lituânia – se afastaram das demais, buscando se integrar à Europa. Essa aproximação foi bastante favorecida pelo fato de esses países terem convivido por menos tempo no seio da União Soviética e estarem geograficamente mais próximos à Europa.

Manifestantes soviéticos protestam em frente ao Parlamento, em Moscou, durante a tentativa de golpe militar, em 1991, que levou ao fim da União Soviética.

Alain Nogues/Sygma/Getty Images

A intenção original da CEI era criar uma federação no lugar do antigo regime autoritário soviético, centralizado pelo governo de Moscou. A realidade, porém, se revelou distante dessa ideia original, pois, além do afastamento definitivo das três nações bálticas, ocorreram vários desentendimentos entre os principais países-membros, especialmente entre Rússia e Ucrânia, cada qual defendendo um caminho diferente para essa organização.

A Geórgia, que foi membro efetivo da CEI, deixou o bloco durante algum tempo, retornou e, em 2008, se desligou definitivamente. O Azerbaijão, em 1992, declarou-se membro observador. Também a Ucrânia e o Turcomenistão se afastaram em 2010, tornando-se apenas observadores. Em 2014, logo após a anexação de parte do seu território (a península da Crimeia) pela Rússia, a Ucrânia deixou a CEI em definitivo.

Nos países que atualmente compõem o bloco circulam duas ou até três moedas diferentes, pois muitos criaram suas próprias moedas nacionais. Em quase todos, porém, ainda circula o rublo russo e, eventualmente, o euro.

Alguns países também criaram suas próprias Forças Armadas, que, embora frágeis, geraram conflitos com a Rússia, que desejava recuperar armas nucleares, instalações militares, navios, submarinos e mísseis construídos pelo exército soviético, pelo fato de se considerar a única herdeira da antiga superpotência. Algumas nações, especialmente a Ucrânia, resistiram durante algum tempo a essa imposição russa, mas acabaram cedendo por pressão da comunidade internacional, liderada pelos Estados Unidos. O motivo da coação era evitar que esses armamentos nucleares ficassem sob a posse de vários países, o que em tese aumenta o perigo do seu uso.

CEI (1991-2014)

Fonte: elaborado com base em GIRARDI, Gisele; ROSA, Jussara Vaz. *Atlas geográfico*. São Paulo: FTD, 2016. p. 173; GEÓRGIA anuncia que deixará a Comunidade dos Estados Independentes. *Folha de S.Paulo*. Disponível em: <www1.folha.uol.com.br/folha/mundo/ult94u432467.shtml>. UCRÂNIA decide deixar a CEI e passa a exigir vistos para russos. *G1*. Disponível em: <http://g1.globo.com/mundo/noticia/2014/03/ucrania-decide-deixar-cei-e-passa-exigir-vistos-para-russos.html>. Acessos em: 5 nov. 2018.

A CEI tem buscado se estruturar como uma associação econômica e em parte política, a exemplo da União Europeia. No entanto, não é certeza que a CEI se fortaleça ou mesmo sobreviva no transcorrer do século XXI, daí alguns especialistas optarem pelas expressões "espaço pós-soviético" ou "novos países independentes" ao se referir a essa comunidade.

Yuriy Boyko/Shutterstock

Emblema da CEI, adotado pelos países-membros em 1994.

De 1990 até o ano 2000, aproximadamente, a grave crise que assolou a economia russa – a mais importante – e a dos demais países da comunidade, com inflação elevada, fechamento de indústrias, crescimento nulo ou mesmo retração da produção, entre outros aspectos, deu início a um processo de esfacelamento da CEI. A partir do século XXI, porém, tanto a economia russa quanto a de países da região detentores de grandes reservas de petróleo e gás natural – como o Turcomenistão, o Azerbaijão e o Uzbequistão – apresentaram recuperação. A Rússia voltou a atuar como potência regional, exercendo uma série de pressões sobre os países do entorno para que permanecessem na CEI: diplomáticas, econômicas e até militares (como no caso da Ucrânia).

Dessa forma, a elevação dos preços internacionais do petróleo e do gás natural na primeira década do século, aliada à exploração agressiva dessas fontes de energia com vistas ao mercado internacional (exportações), trouxe um relativo reerguimento da economia russa, embora com frágeis alicerces, já que se trata de recursos naturais não renováveis. Além disso, a Rússia possui reservas bem menores do que as dos países do golfo Pérsico, por exemplo.

Alexey Malgavko/Sputnik/Agência France-Presse

Refinaria de petróleo em Omsk, Rússia, 2016.

Observe, no quadro da próxima página, alguns dados sobre os países que fizeram ou ainda fazem parte da CEI. Ela inclui a Geórgia e a Ucrânia – que saíram definitivamente da Comunidade –, o Azerbaijão e o Turcomenistão – que são países observadores, e não membros efetivos.

CEI: dados estatísticos (2016)*

País	Área (km²)	População (milhões de habitantes), 2016	PIB (bilhões de dólares), 2016	Renda *per capita* (dólares), 2016	Etnias principais
Armênia	29 740	3,0	10,5	3 606	Armênios (98,1%), curdos (1,1%), outros (0,7%)
Azerbaijão	86 600	9,6	37,8	3 876	Azerbaijanos (91,6%), lezguianos (2%), russos (1,3%), armênios (1,3%), outros (3,7%)
Belarus	207 600	9,3	47,4	4 989	Bielorrussos (83,7%), russos (8,3%), poloneses (3,1%), ucranianos (1,7%), outros (3,3%)
Cazaquistão	2 724 900	16,8	133,6	7 510	Cazaques (63,1%), russos (23,7%), outros (13,2%)
Geórgia	67 700	4,3	14,3	3 853	Georgianos (83,8%), azerbaijanos (6,5%), armênios (5,7%), russos (1,5%), outros (2,5%)
Moldávia	33 850	3,4	6,7	1 900	Moldávios (75,8%), ucranianos (8,4%), russos (5,9%), outros (9,9%)
Quirguistão	199 949	5,7	6,5	1 077	Quirguizos (64,9%), uzbeques (13,9%), russos (12,5%), outros (8,8%)
Rússia	17 098 240	144,3	1 283	8 748	Russos (77%), tártaros (3,7%), ucranianos (1,4%), bashkir (1,1%), chechenos (1%), chuvash (1%), outros (14,1%)
Tadjiquistão	142 550	8,6	6,9	795	Tadjiques (79,9%), uzbeques (15,3%), russos (1,1%), quirguizos (1,1%), outros (2,6%)
Turcomenistão	488 100	5,4	36,2	6 389	Turcomenos (85%), uzbeques (5%), russos (4%), outros (6%)
Ucrânia	603 550	42,4	93,3	2 185	Ucranianos (77,8%), russos (17,3%), outros (4,9%)
Uzbequistão	447 400	29,7	67,2	2 110	Uzbeques (80%), russos (5,5%), tadjiques (5%), outros (9,5%)

Fontes: elaborado com base em IBGE Países. Disponível em: <https://paises.ibge.gov.br/#/pt>; UNITED Nations. Department of Economic and Social Affairs (Desa). *World Population Prospects*: the 2017 Revision. Disponível em: <https://esa.un.org/unpd/wpp/>; THE WORLD Bank. Disponível em: <http://wdi.worldbank.org/table/WV.1>; CIA. *The World Factbook*. Disponível em: <www.cia.gov/library/publications/resources/the-world-factbook/>. Acessos em: 30 set. 2018.

* O Azerbaijão se afastou da CEI em 1992, declarando-se apenas membro observador; a Geórgia saiu em definitivo da comunidade em 2008; o Turcomenistão não assinou a continuação do tratado, em 2010, permanecendo como país observador; a Ucrânia deixou definitivamente a CEI em 2014.

Como é possível notar no quadro, a CEI é composta de países com **rendas** médias baixas – a maior é a da Rússia, seguida pela do Cazaquistão (próximas à do Brasil, 8 648 dólares em 2016). Algumas rendas *per capita*, como as do Tadjiquistão, do Quirguistão e da Moldávia, estão próximas às dos países mais pobres do mundo.

No tocante à **área**, a Rússia possui um imenso território (o maior do mundo). Em termos de **população**, a Rússia sozinha reúne um número de habitantes equivalente ao total dos demais países somados. Também a economia russa, com um **PIB** de 1,2 trilhão de dólares em 2016, é bem maior do que a soma de todas as demais economias da CEI.

Destaque para a **diversidade étnica** desses países. Nem sempre a convivência entre esses povos – com idiomas, religiões e costumes diferentes – tem sido pacífica. Esse fato algumas vezes suscita movimentos separatistas que, em alguns casos, dão origem a guerrilhas, atos terroristas e até guerras civis ou entre países vizinhos.

Texto e ação

1› Comente a diversidade étnica nos países desse espaço pós-soviético.

2› A CEI apresenta indefinição quanto a alguns aspectos. Dê exemplos que justifiquem essa afirmação.

2 Aspectos físicos da CEI

A área abrangida pelos doze países oriundos da ex-União Soviética é extensa, bem maior do que a do continente europeu: mais de 22 milhões de km². Esse fato torna a CEI, especialmente a Rússia, praticamente autossuficiente em recursos naturais: petróleo e, principalmente, gás natural, carvão mineral, minérios de ferro e manganês, cobre, níquel, chumbo, zinco, estanho e urânio, entre outros.

Essa superfície territorial está distribuída entre o continente europeu – Ucrânia e Belarus, parte da Rússia, Armênia, Moldávia e Azerbaijão, além de Estônia, Letônia, Lituânia e Geórgia – e o continente asiático – onde estão localizados a maior parte da Rússia e os demais países da comunidade.

No sentido oeste-leste, a CEI se estende por cerca de 10 mil quilômetros, desde o mar Báltico – que banha trechos da Rússia e as fronteiras com a Finlândia, a Polônia e outros países europeus, incluindo as três nações bálticas – até o Extremo Oriente, na Ásia, onde estão o oceano Pacífico e as fronteiras da Rússia com a China e a Coreia do Norte. Do norte para o sul, o território se expande por 4 500 km, desde o oceano Glacial Ártico até as fronteiras com a China, a Mongólia, os países do Oriente Médio e os mares Cáspio e Negro. Observe o mapa físico da CEI.

De olho na tela

Dersu Uzala
Direção: Akira Kurosawa. União Soviética/Japão, 1975. Duração: 144 min.
Dersu Uzala, um caçador que vive nas florestas da Sibéria em plena comunhão com a natureza, auxilia uma expedição cartográfica russa no conhecimento e mapeamento da Sibéria.

CEI: físico

Fonte: elaborado com base em IBGE. *Atlas geográfico escolar.* 7. ed. Rio de Janeiro, 2016. p. 42, 46.

A localização de uma imensa faixa de terras da Rússia no norte da zona temperada e na zona polar faz com que os **invernos** sejam bastante rigorosos. O solo e os rios permanecem congelados de sete a oito meses por ano em quase toda a porção leste da Sibéria (parte oriental da Rússia) e de quatro a seis meses por ano em metade da parte norte do país.

Automóveis atravessam o lago Baikal congelado. Sibéria, Rússia, 2017.

Alamy/Fotoarena

Além de longos, os invernos registram baixíssimas temperaturas. No norte da Sibéria oriental, os termômetros chegaram a marcar -69 °C. Além disso, o clima é seco. No Turcomenistão, principalmente entre o mar Cáspio e o mar de Aral, e nas proximidades do oceano Glacial Ártico, algumas áreas se transformam em deserto. Essas características dificultam a prática da agricultura, pois as chuvas, em geral, são insuficientes e distribuídas irregularmente.

O inverno rigoroso também afeta os meios de transporte, já que o congelamento da superfície da água interrompe a navegação fluvial durante vários meses. No verão, o rápido degelo em algumas áreas provoca sérios problemas nas ferrovias e rodovias, cuja construção exige materiais apropriados para resistir ao intenso e constante desgaste causado pelo congelamento e descongelamento anual. O setor de transportes tornou-se um ponto problemático para a economia dos países da CEI devido à grande dimensão desses territórios integrados – responsável pela existência de aglomerações urbanas muito distantes entre si – e às dificuldades causadas pelo clima.

Texto e ação

1. Observe o mapa físico da CEI, na página 87, e responda.
   a) Ao observar a distribuição das cores no mapa, o que é possível concluir sobre as altitudes do relevo?
   b) Em sua opinião, por que as cores mais quentes são utilizadas para representar as maiores altitudes?
2. Caracterize o clima dos países desse espaço pós-soviético.
3. Como a agricultura da região é afetada pelas características do clima?
4. Qual a influência do clima nos meios de transporte?

3 Do Império à Revolução

Do final do século XV até 1917 existiu o imenso Império Russo, cujos monarcas, chamados de czares, desde o século XVIII tentaram seguir o modelo de modernização da Europa ocidental, mas apenas no aspecto econômico. No século XIX, o Império Russo alcançou grande desenvolvimento industrial e, em 1915, estava entre os países mais industrializados do globo, após Reino Unido, Estados Unidos, Alemanha, França e Japão. Entretanto, ainda era uma sociedade quase feudal: os camponeses pagavam impostos elevados e viviam sob o jugo dos proprietários de terra, enquanto os operários – a Rússia no início do século XX era um dos países com maior número de trabalhadores nas fábricas – recebiam baixíssimos salários e trabalhavam em péssimas condições nas indústrias.

A situação de crise econômica, agravada pela participação russa na Primeira Guerra Mundial (1914-1918), com grande número de soldados mortos, em geral filhos de camponeses, favoreceu a multiplicação dos **sovietes**. Os sovietes eram conselhos populares – assembleias ou comunidades de operários e camponeses, além de soldados e marinheiros – que tiveram origem na Rússia em 1905 e constituíam quase um poder paralelo ao do governo. Em fevereiro de 1917, os sovietes obrigaram o czar Nicolau II a abdicar e então foi criado um governo provisório, chefiado por Aleksander Kerenski, cujas medidas – entre elas a não retirada das tropas russas do conflito mundial – foram consideradas insuficientes pela população.

Nessas condições, fortaleceu-se o **Partido Bolchevique** – cujo nome foi substituído no ano seguinte por **Partido Comunista** –, que assumiu papel de destaque na deposição do frágil governo de Kerenski. O líder dos bolcheviques, Lenin, pregava que todo poder deveria ser exercido pelos sovietes e defendia o fim da participação russa na Primeira Guerra Mundial. Com esse discurso, Lenin obteve o apoio popular que o levou ao poder em outubro de 1917. Todavia, ao assumir o governo, Lenin revigorou o exército e fortaleceu o Estado, enfraquecendo os sovietes. Estes, com o tempo, foram massacrados, pois podiam rivalizar com o Partido Comunista no exercício do poder.

Outras medidas adotadas por Lenin e pelo Partido foram a estatização dos meios de produção: a terra, o capital, o subsolo, os meios de transporte, as indústrias e os bancos tornaram-se propriedades do Estado; o confisco das grandes propriedades da antiga nobreza e da Igreja ortodoxa; a realização da reforma agrária – que, na verdade, foi mais uma estatização dos imóveis rurais; e a assinatura do **Tratado de Brest-Litovsk** com os alemães para que o país se retirasse da guerra.

O fato de o Estado ter se tornado o único proprietário de todos os meios de produção foi decisivo para o fortalecimento do Partido Comunista e explica o desaparecimento progressivo dos sovietes, que ocorreu entre 1921 e 1924. Além disso, foi uma condição prévia para a introdução da economia planificada no país.

Bandeira da União das Repúblicas Socialistas Soviéticas (URSS), em Samara, Rússia, 2013.

FotograFFF/Shutterstock

Os demais partidos políticos e as cooperativas que haviam se formado espontaneamente foram gradativamente eliminados, e extinguiu-se a possibilidade de organizar democraticamente o sistema político. O Partido Comunista firmou-se na Rússia e deu origem a uma burocracia, uma camada ou grupo de burocratas que passou a administrar os bens públicos de acordo com planos econômicos quinquenais. Esses planos, em tese, deveriam nortear as atividades econômicas de todas as empresas e trabalhadores do país. Essa burocracia, oriunda do partido único, passou a controlar não apenas o poder político, mas também o econômico, sem permitir a participação do povo ou de qualquer outra instituição em suas deliberações.

Quinquenal: que apresenta duração ou vigência de 5 anos.

Ao longo desse período, a sociedade russa enfrentou profundas crises, que causaram danos à economia. Para se ter uma ideia desses danos, basta verificar que em 1916 a Rússia era um dos seis países mais **industrializados** do mundo e em 1921 a produção industrial russa havia caído para menos de 20% do total registrado naquele ano. Consequentemente, o número de operários existentes no país caiu de 3 milhões em 1916 para menos de 1,5 milhão em 1921, ou seja, a força de trabalho foi reduzida pela metade em apenas cinco anos. Apesar desses problemas, o Partido Comunista se impôs como grande vitorioso, derrotando todas as oposições, inclusive os sovietes, que foram fundamentais para a chamada Revolução de 1917.

Já na condição de partido único e responsável pelo governo, o Partido Comunista decidiu, ao promulgar a primeira Constituição russa, em 1922, que o nome do país seria União das Repúblicas Socialistas Soviéticas (URSS), mais conhecida como União Soviética. No processo de transformação da Rússia em União Soviética, além da mudança de nome, houve a anexação de territórios: Armênia, Geórgia e Azerbaijão, em 1922, e posteriormente, em 1940, as três nações bálticas (Estônia, Letônia e Lituânia).

Fila de pessoas desempregadas em frente ao posto de trabalho em Petrogrado, antes de a Rússia se tornar União Soviética. Foto de 1922.

Sputnik/Agência France-Presse

Texto e ação

1› O que foram os sovietes e que fatores favoreceram a sua formação?

2› Quais foram as primeiras medidas tomadas por Lenin, líder dos bolcheviques no exercício do poder?

3› Por que os sovietes, fundamentais para a ascensão do Partido Bolchevique, foram massacrados depois que esse partido chegou ao poder?

4› A burocracia é um sistema de administração com base em regulamentos, rotina e hierarquia. O excesso de burocracia produz uma complexidade de exigências, papéis e regras que atravancam a democracia e o desempenho da economia. Burocracia pode também indicar o conjunto de burocratas ou funcionários que obedecem a uma rígida hierarquia e cuidam da rotina burocrática, da obediência aos regulamentos.

- Converse com os colegas sobre a expansão da nova burocracia na União Soviética após a vitória do Partido Bolchevique (ou Comunista).

5› Em 1922, a Rússia recebeu o nome de União das Repúblicas Socialistas Soviéticas (URSS). Além da mudança de nome, que outras transformações ocorreram?

4 A *perestroika* e o fim da URSS

Desde a introdução do socialismo, em 1917, a centralização política se tornou a principal característica da União Soviética. Comandada pela burocracia, essa centralização foi responsável pelos maus resultados na agricultura e na indústria civil e pela brutal repressão a todos os que se opunham ao regime. Houve muitas mortes, principalmente sob o comando de Josef Stalin, que governou o país com mão de ferro de 1924 a 1953 e eliminou qualquer forma de oposição, incluindo algumas das principais lideranças do próprio Partido Comunista, como Trotski (expulso do país e assassinado no México), Bukharin, Zinoviev e outros.

O massacre de milhões de pessoas confinadas nos campos de concentração da Sibéria também faz parte dessa história, em que a centralização do poder mostrou sua face mais terrível e avassaladora. A enorme mistura de nacionalidades e etnias presente na maior parte dos atuais países da CEI foi decorrência da decisão de Stalin de obrigar milhões de pessoas a migrar para outras repúblicas: russos para a Ucrânia, Belarus e Cazaquistão, entre outras; ucranianos ou cazaques para repúblicas vizinhas; e assim por diante. Essa foi a chamada "política do liquidificador", que consistiu na tentativa de misturar as diferentes nacionalidades, evitando que cada uma continuasse concentrada no próprio território. O objetivo dessa medida era enfraquecer os diversos nacionalismos (russo, ucraniano, georgiano, etc.) e criar, no seu lugar, um único sentimento nacional, o soviético.

A União Soviética tornou-se uma superpotência mundial no setor armamentista, incluindo a corrida espacial, mas a situação interna do país foi se agravando ao longo dos anos: o setor agrícola apresentou taxas de crescimento negativas por diversas vezes e, de 1971 até o fim do século XX, as baixas taxas de crescimento da economia civil se mantiveram. Esses resultados se refletiram diretamente na sociedade: carência de produtos básicos como certos alimentos, eletrodomésticos, sapatos e roupas, etc. As enormes filas para adquirir produtos faziam parte do cotidiano dos soviéticos, com exceção das camadas privilegiadas do Partido Comunista, os burocratas, que tinham acesso a lojas especiais.

Sputnik/Agência France-Presse

Mikhail Gorbachev faz discurso no Kremlin sobre a *perestroika*. Moscou, União Soviética, 1987.

Com a finalidade de solucionar o crescente atraso da ex-União Soviética em relação aos Estados Unidos, ao Japão e aos países da Europa ocidental, **Mikhail Gorbachev**, que se tornou secretário-geral do Partido Comunista em 1985, propôs em 1986 a *perestroika*, palavra russa que significa "reestruturação". Tratava-se de uma proposta econômica e geopolítica para superar os limites do socialismo e da economia planificada. Era um projeto para o século XXI, uma tentativa de modernizar o país e mantê-lo entre as grandes potências mundiais do novo século.

De maneira simplificada, pode-se dizer que a *perestroika* pretendia tornar a economia soviética menos dividida entre os setores militar e civil. Para isso, era necessário desviar recursos para a agricultura e para o setor de bens de consumo, enfrentando o desafio da informática e da robótica, tecnologias de vanguarda, recursos que até então eram canalizados para o setor militar. A baixa competitividade da economia civil soviética, aliada a seu atraso no setor de informática, provocou uma larga diferença entre o país e as economias mais industrializadas do mundo, todas elas economias de mercado.

A *perestroika* e a *glasnost* – palavra russa que significa "transparência", uma tentativa do então líder soviético de diminuir a burocracia e permitir maior participação popular –, as duas faces das reformas do governo de Gorbachev, tornaram possível a manifestação de uma série de conflitos entre as várias etnias ou nacionalidades. A grave crise econômica do país havia afetado de maneira diferenciada as repúblicas (hoje países) que formavam a União Soviética, e os privilégios que favoreciam a Rússia não passaram despercebidos às demais repúblicas.

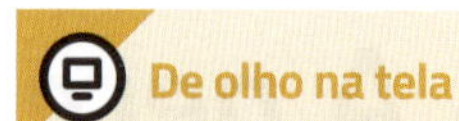

De olho na tela

Adeus, Camaradas!
Direção: Andrei Nekrasov. Rússia e França, 2012. Duração: 312 min.
Documentário que aborda o apogeu e o declínio da ex-União Soviética. Filmado em 12 países, alterna entrevistas, músicas e imagens raras de arquivos.

Pode-se dizer que a *perestroika* e a *glasnost* acabaram em agosto de 1991, por ocasião da oposição popular a um frustrado golpe militar. Essa liberalização político-econômica do Estado soviético, na realidade, enfrentava três tipos principais de oposição ou de interesses conflitantes. De um lado, havia a chamada "linha-dura", ou corrente stalinista, representada pelas camadas dominantes que se sentiam atingidas pela abertura econômica e política. Alguns militares de alta patente e importantes membros do Partido Comunista desejavam manter a situação vigente nas últimas décadas. De outro lado, havia os chamados "progressistas", que pressionavam Gorbachev a apressar as reformas que a *perestroika* e a *glasnost* acarretavam, além de criticarem o ritmo lento da abertura para a economia de mercado e para a democratização da vida política. Finalmente, havia os interesses de maior autonomia – ou até independência – por parte das diversas repúblicas que compunham a União Soviética.

Pelo menos até agosto de 1991, o setor mais forte era o da linha-dura. Frequentemente, aventava-se a possibilidade de um golpe militar comandado por esse setor, o que de fato aconteceu. Muitos ministros do governo Gorbachev eram desse setor conservador e foram mantidos no poder exatamente porque inspiravam certo temor e respeito. Por isso, até 1991, o ritmo de abertura não foi muito intenso. Havia mais discursos liberalizantes do que mudanças profundas e irreversíveis.

Boris Yurchenko/AP Photo/Glow Images

O ministro das Relações Exteriores Eduard Shevardnadze renuncia ao cargo no Palácio do Kremlin, Moscou, na antiga União Soviética, em 1990. Em seu discurso, ele cita o temor de uma nova ditadura, o que viria a se concretizar na tentativa de golpe militar do ano seguinte.

O golpe militar e a reação popular

Até agosto de 1991, a maioria dos recursos financeiros ainda era destinada ao setor militar, e o Partido Comunista continuava a monopolizar o poder político. Até esse momento, a linha-dura dominava grande parte dos principais cargos políticos e militares no país, mesmo convivendo arduamente com a *perestroika* e a *glasnost*. Discutia-se um tratado que concederia maior autonomia às diversas repúblicas que compunham a União Soviética. Esse tratado objetivava manter a integridade do país, mas fazia algumas concessões aos interesses das repúblicas. Isso desagradava à linha-dura.

Em agosto de 1991, a tentativa de um golpe militar para depor Gorbachev e criar uma junta que o substituísse visava impedir a assinatura do tratado e a continuidade da política de abertura. Se fosse bem-sucedido, esse golpe poderia, talvez, reavivar a Guerra Fria e o papel de superpotência socialista da União Soviética.

Ocorreu, porém, uma rápida e maciça reação da população, que se opôs aos tanques nas ruas de Moscou. Os golpistas não esperavam a manifestação popular, que foi acompanhada pela reação de políticos progressistas e de outros políticos ligados aos interesses nacionais de suas repúblicas, como os da Rússia ou da Lituânia. Esse fato paralisou as tropas enviadas para controlar os edifícios públicos.

Houve um momento em que os soldados não sabiam se obedeciam aos golpistas, entre os quais estava o próprio ministro do Exército, ou aos políticos que se opunham ao golpe e contavam com o apoio popular. Estes últimos acabaram vencendo, e o resultado foi o oposto do que pretendiam os golpistas: em vez de manter a integridade da União Soviética e impedir novas aberturas na vida política, consolidando o poder nas mãos do Partido Comunista, a tentativa de golpe acelerou a desagregação da União Soviética, gerou novas aberturas e provocou o fim do próprio Partido Comunista.

David Turnley/Corbis/VCG/Getty Images

Manifestação popular nas ruas de Moscou, na antiga União Soviética, em agosto de 1991. A população se opôs ao golpe articulado pela linha-dura do Partido Comunista para depor Gorbachev. Observe as barricadas construídas nas ruas por manifestantes para impedir a circulação dos tanques.

Com a cumplicidade de parte dos burocratas do Partido Comunista, as autoridades das diversas repúblicas ganharam mais força. A reação ao golpe praticamente esvaziou o poder centralizado do governo soviético, estabelecido em Moscou, e fortaleceu as diversas autoridades regionais das repúblicas, inclusive da própria República Russa. Após a rendição dos golpistas e a libertação de Gorbachev, percebeu-se que ele já não tinha mais autoridade nem poder. Gorbachev desempenhou um importante papel histórico, mas deixou o governo com pouca representatividade popular. O Partido Comunista saiu arrasado com o fracasso do golpe: edifícios foram depredados, membros eminentes perderam seus cargos e políticos de menor prestígio se apressaram em repudiar suas antigas ideias e adotar novas posições.

Foto aérea de Vilnius, na Lituânia, 2017.

Alamy/Fotoarena

Em setembro de 1991, as três repúblicas bálticas – Lituânia, Letônia e Estônia – conquistaram sua independência, fato imediatamente reconhecido pela ONU e pela maioria dos países, inclusive pela Rússia. As demais repúblicas ainda se mantiveram juntas durante algum tempo, até se separarem definitivamente.

Texto e ação

1. Em 1986, o governo soviético, sob a liderança de Mikhail Gorbachev, iniciou uma série de reformas políticas e econômicas. Sobre esse assunto, resolva as atividades.

   a) Explique o significado das palavras *perestroika* e *glasnost*.

   b) Qual era, afinal, a proposta da *perestroika*?

   c) Quais eram as dificuldades enfrentadas pela *perestroika* e pela *glasnost*?

2. Sobre o fim da União Soviética, responda às questões.

   a) Quem representava a chamada linha-dura na União Soviética? O que ela tentou fazer em 1991?

   b) Podemos afirmar que o golpe da linha-dura fracassou? Por quê?

   c) Por que o governo de Gorbachev chegou ao fim, apesar do fracasso do golpe para destituí-lo do poder?

   d) Quais foram as três repúblicas soviéticas que conquistaram sua independência em 1991? O que aconteceu com as demais repúblicas?

3. Em duplas, observem a foto da página 93. Na opinião de vocês, é importante a mobilização popular na conquista de direitos e contra governos totalitários?

4. Com base no quadro da página 86, responda às questões a seguir.

   a) Qual a etnia comum a praticamente todos os países da ex-União Soviética?

   b) Quais são os países com maior mistura de nacionalidades e os países com menor diversidade étnica?

   c) Levando em conta o fim da União Soviética em 1991, com a independência de quinze países (contando as nações bálticas), você acredita que a "política do liquidificador" de Stalin foi bem-sucedida? Quais são as consequências dessa política até os dias atuais?

Geolink

- O Índice de Desenvolvimento Humano (IDH) é o principal critério utilizado pela Organização das Nações Unidas (ONU) para avaliar o desenvolvimento humano ou social dos países. Ele inclui dados estatísticos de economia, educação e saúde de cada país-membro da ONU. No levantamento de 2016, o primeiro lugar no *ranking* foi obtido pela Noruega, país europeu desenvolvido, com IDH 0,949. O último lugar do *ranking* foi ocupado pela República Centro-Africana, com IDH 0,352. Observe o quadro.

Países-membros ou que já foram membros da CEI: IDH (2016)

País	*Ranking* do IDH	IDH	PIB *per capita* (em dólares PPC)	Expectativa de vida (em anos)	Média de anos de estudo da população adulta
Rússia	49º	0,804	23 286	70,3	12
Belarus	52º	0,796	15 629	71,5	12
Cazaquistão	56º	0,794	22 093	69,6	11,7
Geórgia	70º	0,769	8 856	75	12,2
Azerbaijão	78º	0,759	16 413	70,9	11,2
Armênia	84º	0,743	8 189	74,9	11,3
Ucrânia	84º	0,743	7 361	71,1	11,3
Uzbequistão	105º	0,701	5 748	69,4	12
Moldávia	107º	0,699	5 026	71,7	11,9
Turcomenistão	111º	0,691	14 026	65,7	9,9
Quirguistão	120º	0,664	3 097	70,8	10,8
Tadjiquistão	129º	0,627	2 601	69,6	10,4

Fonte: elaborado com base em PROGRAMA das Nações Unidas para o Desenvolvimento. *Relatório de Desenvolvimento Humano 2016.* Disponível em: <http://hdr.undp.org/sites/default/files/2016_human_development_report.pdf>. Acesso em: 13 ago. 2018.

Agora, responda:

a) O que os números revelam sobre os países da CEI? Algum deles está entre os 49 países com IDH muito elevado, ou seja, igual ou superior a 0,800?

b) Quais são os IDHs mais altos e os mais baixos?

c) De acordo com o relatório de 2016, o IDH do Brasil foi 0,754 (79ª posição), com uma expectativa de vida de 74,7 anos, média de escolaridade de 7,8 anos e PIB *per capita* PPC de 14 145 dólares. Ao comparar o IDH do Brasil com o dos países da CEI, o que você conclui?

5 Perspectivas atuais

O destino da CEI permanece indefinido. Por um lado, essa comunidade econômica pode se consolidar e evoluir para uma união política, a exemplo da União Europeia. Essa possibilidade, porém, parece cada vez menos provável em face do temor que a Rússia desperta nos vizinhos (a Geórgia e a Ucrânia já sofreram invasão russa). Além disso, os países europeus da CEI são atraídos pela União Europeia, enquanto os asiáticos tendem a se aliar à China ou se aproximar da Turquia – caso dos países de idioma turcomano, como Turcomenistão, Uzbequistão, Cazaquistão e Azerbaijão.

As nações bálticas, por exemplo, desde 2004, são membros da União Europeia, na qual pretendem ingressar também Armênia, Geórgia, Ucrânia, Belarus e Moldávia. Com uma eventual futura mudança do atual governo, extremamente autoritário e que sonha reviver a União Soviética, talvez a própria Rússia ingresse no bloco. Para esses países não islâmicos, com exceção da Rússia, a CEI é apenas uma espécie de segunda opção, de uma alternativa no caso de não haver chance de integração na UE.

Todavia, para as nações islâmicas e não europeias da CEI – Cazaquistão, Tadjiquistão, Quirguistão e Uzbequistão, além de Azerbaijão e Turcomenistão (estados observadores) –, a situação é outra. Esses países não pretendem se integrar à União Europeia, já que são asiáticos e suas culturas se diferenciam bastante da cultura ocidental. Se a CEI não se consolidar, é provável que se aproximem ainda mais da China – atualmente, uma potência que disputa com a Rússia a supremacia na região da Ásia central – e/ou dos países do **Oriente Médio**, como a Turquia ou o Irã, podendo dar origem, futuramente, a um novo bloco político e econômico.

Há ainda a questão da distribuição de algumas etnias e nacionalidades pelos países outrora integrantes da ex-União Soviética, que dão origem a movimentos separatistas, inclusive a guerras civis como as da Chechênia (Rússia) ou da Ucrânia. Vejamos os principais conflitos ocorridos até 2018.

- No Uzbequistão e no Tadjiquistão houve guerras civis entre comunistas que almejam o retorno do socialismo e grupos islâmicos.
- Em Nagorno-Karabakh, no Azerbaijão, entre 1988 a 1994, ocorreu uma guerra civil entre armênios (cristãos) e azeris (islâmicos), resultando em milhares de vítimas.
- Na Ossétia do Sul, região autônoma da Geórgia, a luta étnica entre russos e georgianos, iniciada em 2008, também provocou a morte de milhares de pessoas.
- Na Abkhásia, também na Geórgia, a tentativa de independência de uma minoria islâmica, em 1993, resultou em conflito com vários mortos.
- Na Chechênia, região da Rússia, já eclodiram várias guerras entre russos e separatistas chechenos, que são islâmicos. Atos terroristas de grupos chechenos continuam a ocorrer nos dias atuais.
- Na Crimeia, que pertencia à Ucrânia, a etnia russa lutou pela independência da região, que afinal foi anexada à Rússia.
- Na região da Transnístria ou Dniester, na Moldávia, ocorreu um conflito militar entre separatistas cossacos (apoiados pelos russos) e tropas moldavas.

O desequilíbrio de poder entre as diversas nacionalidades no interior das antigas repúblicas da URSS suscita conflitos, movimentos separatistas e guerras.

CONEXÕES COM ARTE

- Leia o texto e observe a foto a seguir. Depois responda às questões.

[...] As *matrioshkas* são bonecas russas tradicionais, feitas com madeira e contendo várias outras bonecas menores no interior. Ela aporta a ideia de maternidade, fertilidade, riqueza e vida eterna (isto é, a sucessão de gerações) e é um símbolo da terra russa. *Matrioshka* significa "mãe" e simboliza uma família grande e unida: a mãe dá origem a uma filha, a filha a uma outra, e assim sucessivamente... A quantidade de descendentes depende da fantasia e da paciência do artesão. A boneca, dizem, reflete a cultura filosófica da Rússia: para entender um russo deve-se ir retirando todas as camadas superficiais até chegar à alma.

Existem várias crenças sobre as *matrioshkas*. Por exemplo, a ideia de que, colocando dentro dela um papel com um desejo, com toda certeza ele será realizado; quanto mais tempo o artesão dedicou na criação da boneca, mais rápido esse desejo se realizará. Também existe a crença de que a *matrioshka* leva para a casa de quem a possui amor e esperança. Desde a sua aparição no século XIX, a boneca era usada como um jogo para as crianças, porém ela também servia para os professores ensinarem matemática nas escolas elementares das aldeias russas. [...]

Fonte: RUSOPEDIA. Disponível em: <http://rusopedia.rt.com/cultura/artesania/issue_18.html>. Acesso em: 13 ago. 2018. (Traduzido pelos autores.)

Sefa Karacan/Anadolu Agency/Agência France-Presse

Artesã pinta boneca *matrioshka* em Moscou, na Rússia, 2017.

Alamy/Fotoarena

Bonecas *matrioshkas*.

a) De acordo com o texto, qual é o significado das *matrioshkas* na cultura russa?

b) Quais são as crenças relacionadas a elas?

ATIVIDADES

+ Ação

- Leia o texto e faça o que se pede.

A luta pela Ásia Central: Rússia *versus* China

Tornou-se cada vez mais claro nos últimos anos que a Rússia não tem a intenção de relaxar seu controle sobre o antigo bloco soviético. A Ucrânia tornou-se recentemente um bom exemplo disso [a anexação da Crimeia]. Embora Moscou esteja mais preocupado com os países europeus da antiga União Soviética, ele não esqueceu a Ásia. Mas aí ela encontra uma forte expansão da China. [...] A Rússia tem procurado, através de diversos tratados econômicos, restabelecer seu controle sobre as repúblicas da Ásia Central. O governo russo procura instituir a União Econômica da Eurásia, numa ofensiva que visa refrear os líderes da Ásia Central que se tornam cada vez mais independentes de Moscou. Mas, com a prosperidade advinda das exportações de petróleo e gás natural, países menos pobres como o Cazaquistão e o Uzbequistão estão se afastando de Moscou, que por sua vez estreita seus laços com os países mais pobres, como a Quirguistão e o Tadjiquistão.

[...] Seu projeto geopolítico na Ásia Central enfrenta dificuldades crescentes, à medida que os contendores do Oriente (China) e do Sul (Turquia) surgiram para desafiar seu poder na região. [...]

A China leva em conta a estagnação da economia russa, que está gradualmente perdendo posições na região. O volume total de negócios da Rússia e da Ásia Central atingiu 27,3 bilhões de dólares em 2011, quando o comércio da China com a Ásia Central atingiu 46 bilhões em 2012. O país tornou-se o principal parceiro comercial de todos os países da Ásia Central, exceto o Uzbequistão, onde é o segundo. [...] Por mais que a Rússia tenha dificuldade em se adaptar ao fato de que a China conquistou a Ásia Central rica em energia, isso já aconteceu. Os gasodutos construídos pelos chineses impulsionaram a integração regional da Ásia Central sem reduzir a soberania de nenhum dos estados. [...] Até 2020, a China será o maior consumidor de gás natural e petróleo da região da Ásia Central. [...]

No entanto, o Kremlin não vai desistir facilmente. A Rússia reapareceu agressivamente nos países mais fracos da Ásia Central, Quirguistão e Tadjiquistão, ampliando sua presença militar nessas repúblicas e comprometendo cerca de US$ 1,5 bilhão para o rearmamento dos exércitos em ambos os estados. [...] Apesar dos ganhos do Kremlin nos últimos anos, a influência cultural da Rússia está diminuindo drasticamente em outros lugares da Ásia Central. O Cazaquistão agora cimentou a legislação para substituir o alfabeto cirílico pelo latino até 2025, assim como o Uzbequistão já fez isso há 10 anos. O declínio acentuado da etnia russa nas repúblicas da Ásia Central e o afluxo de estudantes para as escolas e universidades turcas contribuíram para o declínio da influência cultural de Moscou ao longo dos anos. [...] Os estados da Ásia Central, ricos em petróleo, são capazes de promover cada vez mais seu próprio plano de jogo, explorando essa rivalidade sino-russa e até trazendo a Turquia para a competição.

Fonte: BESHIMOV, B.; SATKE, R. *The struggle for Central Asia: Russia vs China*. Disponível em: <www.aljazeera.com/indepth/opinion/2014/02/struggle-central-asia-russia-vs-201422585652677510.html>. Acesso em: 13 ago. 2018. (Traduzido pelos autores.)

a) O governo russo tem procurado agrupar os países do espaço pós-soviético (com exceção das três repúblicas bálticas) por meio de uma série de pressões e propostas. Cite ao menos uma delas.

b) O texto menciona a Ásia Central. Quais são os países mencionados que pertencem a essa região?

c) Quais são os competidores que a Rússia vem enfrentando nos dias atuais na tentativa de controlar novamente os países da Ásia Central?

d) Entre 2008 e 2017, a economia russa cresceu pouco: apenas 0,9% ao ano, em média. A China, nesse mesmo período, cresceu a uma taxa média anual de 8,2% e a Turquia, a uma taxa média anual de 4,5%. Do seu ponto de vista, esse fato dá a esses dois países alguma vantagem frente à Rússia no que diz respeito à aproximação com os países da Ásia Central? Justifique sua resposta.

Autoavaliação

1. Quais foram as atividades mais fáceis para você? Por quê?
2. Algum ponto deste capítulo não ficou claro? Qual?
3. Você participou das atividades em dupla e em grupo e expressou suas opiniões?
4. Como você avalia sua compreensão dos assuntos tratados neste capítulo?
   - » **Excelente**: não tive dificuldade.
   - » **Bom**: consegui resolver as dificuldades de forma rápida.
   - » **Regular**: tive dificuldade para entender os conceitos e realizar as atividades propostas.

Lendo a imagem

- A Ucrânia passou por problemas diplomáticos com seu vizinho, a Rússia, que sob a sinalização de uma possível aproximação ucraniana com a União Europeia resolveu retomar o território da Crimeia, área que havia cedido à Ucrânia. Observe o mapa e a cronologia abaixo. Depois, responda às questões.

Ucrânia: crise na Crimeia (2014)

Fonte: elaborado com base em INSTITUTO Internacional de Sociologia de Kiev. *G1*. Disponível em: <http://g1.globo.com/mundo/noticia/2014/03/entenda-crise-na-crimeia.html>. Acesso em: 30 set. 2018.

Alexey Malgavko/Sputnik/Agência France-Presse

Foto aérea de Simferopol, Crimeia, 2018.

Cronologia

Região de maioria russa na Ucrânia virou alvo de disputa entre Kiev e Moscou

22/11/2013
O presidente ucraniano Viktor Yanukovich desistiu de assinar um acordo de livre-comércio com a União Europeia para estreitar relações comerciais em Moscou.

24/11/2013
Manifestantes tomam as ruas de Kiev para exigir que o presidente voltasse atrás na decisão.

22/2/2014
Yanukovich é destituído pelo Parlamento ucraniano.

1/3/2014
O Parlamento russo aprova o envio de tropas à Crimeia.

2/3/2014
Após reunião de emergência, Otan pede à Rússia que retire tropas da Ucrânia.

4/3/2014
EUA suspendem negociações comerciais com a Rússia. O secretário de Estado dos EUA, John Kerry, chega à Ucrânia e anuncia ajuda de US$ 1 bilhão.

5/3/2014
Comissão Europeia anuncia plano de € 11 bilhões para a Ucrânia.

16/3/2014
Crimeia realiza referendo sobre sua anexação à Rússia; adesão à Moscou.

Fonte: elaborado com base em G1. Disponível em: <http://g1.globo.com/mundo/noticia/2014/03/entenda-crise-na-crimeia.html>. Acesso em: 15 set. 2018.

a) Analisando o mapa, que regionalização pode-se atribuir ao território em questão?

b) Observe a cronologia dos acontecimentos relacionados à situação da Crimeia e destaque os momentos em que a Ucrânia oscilou entre estar alinhada com a União Europeia e com a Rússia.

c) De que forma a aproximação ucraniana com a União Europeia pode enfraquecer a CEI?

d) Qual atitude a Ucrânia tomou para resolver os problemas diplomáticos com a Rússia?

e) Que fatores demonstram determinada fragilidade entre os países-membros da CEI?

CAPÍTULO

5 CEI – Aspectos regionais

Regiões do espaço pós-soviético (2014)*

Fonte: elaborado com base em POST-soviet world. *The Guardian*. Disponível em: <www.theguardian.com/world/2014/jun/09/-sp-profiles-post-soviet-states>. Acesso em: 30 set. 2018.

* Após a independência em relação à União Soviética, as repúblicas bálticas (Estônia, Letônia e Lituânia) alinharam-se ao bloco europeu e atualmente fazem parte da União Europeia.

A regionalização da CEI – dos membros atuais e dos que já foram associados – e a situação desses vários países surgidos da dissolução da antiga União Soviética são os assuntos que você vai estudar neste capítulo.

Para começar

O mapa mostra a regionalização mais comum do espaço pós-soviético, ou seja, dos países que fazem ou fizeram parte da CEI. Observe-o e responda:

1. A Rússia, sozinha, forma uma região dentro desse conjunto? Por quê?
2. Quais são os países do grupo situados na Ásia central? Você sabe dizer o que eles têm em comum?
3. Essa regionalização tem como base aspectos sociais e econômicos, aspectos físicos? Justifique sua resposta.

1 Regionalização da CEI

Para regionalizar, ou seja, agrupar territórios por regiões, é necessário encontrar características comuns. No caso da CEI, que ocupa uma enorme porção territorial, uma primeira divisão poderia ser feita entre a parte europeia e a asiática. Do lado europeu da CEI – a oeste dos montes Urais, do rio Ural e do mar Cáspio – estão Belarus, Ucrânia, Moldávia, Geórgia, Armênia, Azerbaijão e uma parte (menor) da Rússia. Do lado asiático, encontram-se a parte maior da Rússia, além de Turcomenistão, Quirguistão, Uzbequistão, Tadjiquistão e Cazaquistão. Mas essa divisão não é a ideal, porque divide em dois o território da Rússia. Aliás, esse país, em razão do tamanho de seu território e do fato de ser mais populoso e mais forte econômica e militarmente, merece um estudo à parte. A Rússia, sozinha, pode ser considerada uma região do espaço pós-soviético.

Outra possível regionalização seria por traços socioeconômicos. Nesse caso, o agrupamento não consideraria um espaço contínuo, e sim descontínuo, separando, por exemplo, o Tadjiquistão (que apresenta os piores indicadores socioeconômicos) do Cazaquistão (com indicadores bastante superiores). A Rússia também mereceria um estudo à parte pelo fato de ser a maior economia da CEI, apresentando a maior renda *per capita* e o maior IDH desse conjunto de países. Belarus e Cazaquistão viriam em segundo lugar e o último seria o Tadjiquistão, o país mais pobre do grupo. No entanto, não teria sentido separar esse país dos seus vizinhos da Ásia central – Turcomenistão, Uzbequistão, Cazaquistão e Quirguistão –, pois eles possuem muito mais semelhanças do que diferenças: têm a mesma religião predominante (islâmica) e falam idiomas semelhantes, de origem turcomana. Além disso, no período de 2008 a 2017, a economia do Tadjiquistão apresentou crescimento a um ritmo superior ao do Cazaquistão, o que significa que a diferença econômica entre ambos vem diminuindo.

Tendo em vista esses fatores, a melhor regionalização continua a ser pela localização, considerando a Rússia, sozinha, um conjunto regional e agrupando os demais países do espaço pós-soviético nos três seguintes conjuntos, como mostra o mapa de abertura do capítulo:

- região situada na periferia leste da Europa oriental: Belarus, Moldávia e Ucrânia;
- região localizada na Transcaucásia, a sudeste da Europa oriental (entre o mar Negro, ao norte; o mar Cáspio, a sudeste; e a Turquia e o Irã, ao sul): Armênia, Azerbaijão e Geórgia;
- região situada na Ásia central, ao sul da Rússia e ao norte do Irã e do Afeganistão: Cazaquistão, Turcomenistão, Uzbequistão, Tadjiquistão e Quirguistão.

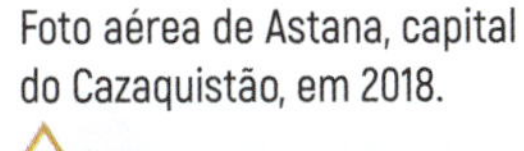

Foto aérea de Astana, capital do Cazaquistão, em 2018.

evgenykz/Shutterstock

2 A Federação Russa

Ocupando uma área de 17 098 240 km², a Federação Russa, ou Rússia, é o maior país do mundo em **território** e o nono mais populoso do planeta, com uma população de aproximadamente 144 milhões de habitantes, em 2017. Apesar disso, a **densidade demográfica** média é baixíssima: aproximadamente 8,4 habitantes por quilômetro quadrado. As condições socioeconômicas no país são medianas. Em 2017, a **renda *per capita*** foi de 10 800 dólares (equiparada à do Brasil, de 10 400 dólares, nesse mesmo ano; e inferior à do Chile, de 13 660); a **expectativa de vida**, de 70,3 anos (menor do que a do Brasil, de 74,7 anos); e a taxa de **mortalidade infantil**, de 6,9‰ (a do Brasil foi de 12‰, segundo dados de 2016).

A Rússia herdou alguns dos problemas da antiga União Soviética. Trata-se de um Estado **multinacional**, composto de várias etnias ou nacionalidades, que, em muitos casos, pleiteiam independência. Atualmente, existem na Rússia mais de trinta repúblicas e regiões relativamente autônomas, nas quais habitam minorias nacionais que desejam reforçar suas próprias identidades (veja o mapa abaixo). A situação mais grave é a da república da Chechênia, cujo movimento separatista já causou uma série de conflitos militares. A forte presença de russos em países vizinhos também constitui um problema (embora maior para os vizinhos), pois muitas vezes esses países (como Ucrânia, Cazaquistão, Geórgia e outros) pretendem se afastar da Rússia e estreitar laços com a União Europeia, a China ou a Turquia, e o governo russo sempre usa o pretexto da defesa das minorias russas nesses países para tentar evitar o afastamento.

Mundo virtual

Pravda.ru
Disponível em: <http://port.pravda.ru>. Acesso em: 29 set. 2018.
Versão em língua portuguesa do *Pravda*, um dos jornais mais importantes da Rússia.

Rússia: divisão interna e conflitos (2013)

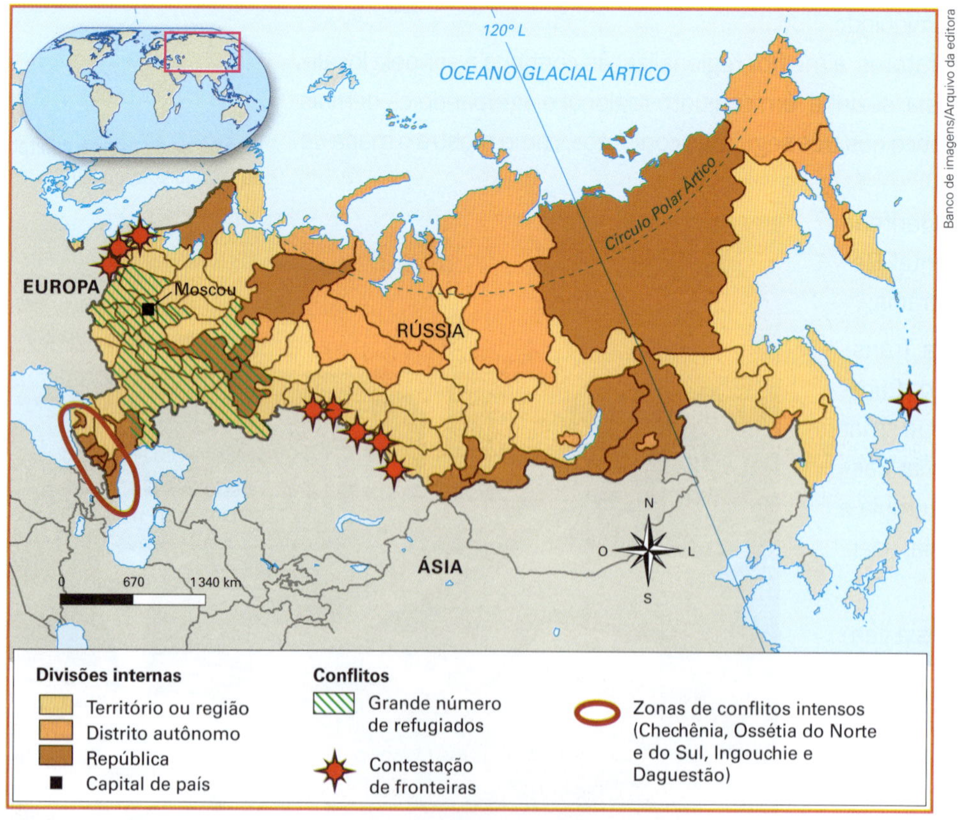

Banco de imagens/Arquivo da editora

Fonte: elaborado com base em SIMIELLI, Maria Elena. *Geoatlas*. 34. ed. São Paulo: Ática, 2013. p. 98.

A economia russa

Boa parte dos problemas da economia russa decorreu – e em parte ainda decorre – das dificuldades de reconverter o poderoso setor **militar** em indústrias que desenvolvam alta tecnologia no setor **civil** da economia, além da ausência de uma mentalidade de economia de mercado, já que, durante quase todo o século XX, o país conviveu com uma economia centralizada e dirigida pelo Estado, de maneira que não havia liberdade para investimentos particulares.

Há também o grave problema de uma economia cuja base são recursos naturais: cerca de 60% das exportações russas neste século são de petróleo e gás natural, o que significa que é uma economia pouco diversificada e muito sujeita às oscilações do preço desses produtos primários no mercado internacional. Por outro lado, não se pode desconsiderar o fato de que parte da Europa, incluindo a parte ocidental, é abastecida pelo gás russo proveniente da Ásia central, o que dá ao país uma ferramenta de poder e posição geopolítica privilegiada.

Há, ainda, outro fator que afeta o crescimento econômico russo: o encolhimento da população, cujas taxas de mortalidade são superiores às de natalidade. Desde 1992, a taxa de crescimento natural do país tem sido negativa – entre -01% a -0,5% ao ano – e apenas em 2016, depois de vários incentivos oferecidos pelo governo russo às famílias para terem mais filhos, esse crescimento chegou a 0,2%, embora tenha caído para 0,1% em 2017.

Alamy/Fotoarena

Praça Vermelha em Moscou, Rússia, 2018. Dos anos 1990 a 2016, a taxa de crescimento natural da população russa foi negativa; em 2017, a taxa de crescimento foi de 0,1%. A diminuição acentuada de uma população debilita a economia, na medida em que falta mão de obra para o mercado de trabalho.

O processo de privatização das empresas estatais, que, em geral, eram deficitárias e com baixa modernização, ocorreu de forma rápida e malconduzida. Muitos antigos burocratas do Partido Comunista assumiram as empresas, apenas por sua influência política, mas sem contar com competência empresarial. Houve também aumento do desemprego, gerado pelas demissões em massa após o fechamento ou a privatização das empresas estatais, que eram fonte de numerosos postos de trabalho.

A subida nos preços internacionais do petróleo e do gás natural trouxe um novo crescimento da economia russa em especial na primeira década do século XXI: 7% ao ano, em média, de 1999 até 2007. Porém, foi um crescimento não sustentável, já que se apoia na intensa exploração de recursos naturais não renováveis. A Rússia passou a explorar e exportar petróleo e gás natural em grande quantidade, chegando em alguns anos a ser a maior produtora mundial de óleo, ultrapassando a Arábia Saudita, que tem reservas bem maiores.

Essa condição permitiu que, durante alguns anos, a Rússia acumulasse centenas de bilhões de dólares e iniciasse a modernização de sua economia e a reorganização de suas forças armadas. No entanto, a partir de 2008, os preços desses recursos naturais passaram a oscilar, com tendência ao declínio.

O aumento da oferta de combustíveis no mercado mundial deu origem a uma nova crise na economia russa, que teve um crescimento anual médio de apenas 1,1% de 2008 a 2017. Mas, como o ritmo de crescimento demográfico russo tem sido pequeno neste século, geralmente negativo, essa modesta taxa de crescimento econômico é suficiente para aumentar gradualmente a renda *per capita* do país.

Chechênia

O **separatismo** é um dos problemas que afetam a Rússia, principalmente na região da Chechênia. Localizada entre os mares Cáspio e Negro, essa república é estratégica para o governo russo, pois um dos mais antigos e importantes oleodutos, construído na época da União Soviética, cruza o seu território, e parte significativa do petróleo que a Rússia exporta para a Europa vem do mar Cáspio e passa por essa república. A etnia chechena, predominante na região, cuja religião é islâmica, não se considera russa e pleiteia a independência.

Essa questão política e religiosa deu origem a duas guerras. A primeira ocorreu em 1991, quando a Chechênia declarou sua independência. O governo russo não aceitou a declaração e, em 1994, enviou tropas do exército para combater os soldados chechenos, que foram derrotados em 1995. O confronto resultou em milhares de mortes.

Em agosto de 1996, o governo da Rússia aceitou cessar fogo e, em maio de 1997, foi assinado um tratado de paz. Em 1999, porém, um novo confronto armado deu início à segunda guerra da Chechênia, tornando nulo o acordo de 1997. Os separatistas chechenos passaram a organizar operações terroristas, entre as quais a invasão da vizinha república russa do Daguestão, de maioria muçulmana, onde anunciaram a criação de um Estado islâmico. Os rebeldes foram expulsos do Daguestão pelo exército russo, mas a guerrilha prosseguiu, com frequentes atentados contra diversas instalações nas cidades russas que já mataram centenas de pessoas.

Texto e ação

1. Por que o desenvolvimento com base na intensa exploração de recursos naturais não renováveis é insustentável?

2. O separatismo, que atinge algumas regiões, é outro grande problema da Federação Russa. Explique com suas palavras o caso da Chechênia.

Geolink

Leia o texto a seguir.

Rússia, o superpoder insustentável

[...] A desigualdade de renda é um obstáculo profundo para o progresso da Rússia; alguns estudos mostram que a defasagem de riquezas na Rússia é a pior do mundo. Em particular, um relatório do Credit Suisse descobriu que apenas 110 cidadãos russos detêm 35% da riqueza familiar de toda a nação.

Além disso, há problemas ambientais na Rússia, em que predominam os combustíveis fósseis. O petróleo, o gás e o carvão produzem 90% da energia total do país, além de serem responsáveis por mais de metade do orçamento do governo federal. Apesar de algumas usinas hidrelétricas e nucleares, os recursos energéticos não fósseis da Rússia são incipientes, quase ao ponto de inexistência.

À medida que o aquecimento global vai derretendo o *permafrost** no transcorrer deste século, cerca de dois terços do gigantesco território da Rússia, na sua parte norte, pode se tornar um pântano, prejudicando infraestruturas e meios de subsistência. A resposta oficial do Kremlin ao aquecimento global foi menos do que encorajadora: Vladimir Putin [presidente russo na época] afirmou que "dois ou três graus de aquecimento poderiam ser bons para a Rússia porque os moradores não precisariam gastar tanto em casacos de pele". Essa filosofia não pode suportar os efeitos reais das mudanças climáticas no país, bastando lembrar da severa seca ocorrida no país em 2010, que dizimou a colheita de trigo da Rússia e produziu uma elevação nos preços internacionais desse produto.

Samuel Bianc/Biosphoto/Agência France-Presse

Permafrost em Chukotka, Rússia, 2016. *Permafrost* é o tipo de solo encontrado na região Ártica. Conhecido também como pergelissolo, é formado por terra, gelo e rochas permanentemente congeladas. É coberto por uma camada de gelo e neve que no inverno pode atingir 300 metros de espessura e no verão, ao derreter, se reduz a 0,5 ou 2 metros, tornando a superfície do solo pantanosa, uma vez que as águas não são absorvidas pelo solo congelado. Isso significa que, se essa camada de gelo for rompida, as construções sobre ela (estradas, edificações) podem afundar no terreno.

WHEELLAND, Matthew. *The Guardian*, 4 maio 2015. Disponível em: <www.theguardian.com/sustainable-business/2015/may/04/russia-climate-change-vladimir-putin-sochi-olympics-gay-pride>. Acesso em: 1º out. 2018. (Traduzido pelos autores.)

Agora, responda:

1. Que problemas russos são apontados no texto?
2. Por que uma matriz energética de combustíveis fósseis, como a da Rússia, é problemática?
3. Qual seria o grande problema ambiental e social russo com o avanço do aquecimento global?

3 Extremo leste da Europa

Há duas regiões do espaço pós-soviético situadas na Europa oriental. Uma delas é a dos países que se situam no **extremo leste**: Ucrânia, Belarus e Moldávia. A outra, localizada no **sudeste** da Europa, na área conhecida como **Transcaucásia** ou **Cáucaso**, que inclui Armênia, Azerbaijão e Geórgia. A seguir, conheceremos um pouco de cada um desses países.

Países do extremo leste da Europa (2013)

Fonte: elaborado com base em: SIMIELLI, Maria Elena. *Geoatlas*. 34. ed. São Paulo: Ática, 2013. p. 83.

Ucrânia, uma nação fragmentada

É o segundo país mais **populoso** do espaço pós-soviético, atrás apenas da Rússia. Em 2017, contava 44 milhões de habitantes, descontando a população da Crimeia, anexada pela Rússia. Durante décadas, a Ucrânia foi a segunda economia da União Soviética, mas, em 2016, como país independente, ocupou o terceiro lugar em termos de produção econômica, atrás da Rússia e do Cazaquistão – que recentemente a ultrapassou devido à descoberta e à exploração de recursos energéticos, especialmente petróleo.

A Ucrânia foi o verdadeiro "celeiro da ex-União Soviética", pois possui um dos melhores solos agrícolas do mundo – o famoso *tchernozion*, ou terra negra –, onde há extensas plantações de trigo, beterraba, batata, milho, soja e outros produtos. Atualmente, é uma potência agrícola e exportadora de produtos alimentares, como trigo e cevada, embora a maioria de suas exportações seja de minérios, aço, produtos químicos e farmacêuticos, máquinas e equipamentos de transportes. Há inúmeras indústrias importantes instaladas no país, com destaque para a metalúrgica, mecânica, química, de equipamentos e petroquímica.

Mais de 17% da população ucraniana é de origem russa e se concentra na parte leste do território – na fronteira com a Rússia – e, principalmente, na Crimeia, península situada no mar Negro, ao sul do país.

Com a dissolução da União Soviética e a independência da Ucrânia em 1991, teve origem na Crimeia um forte movimento separatista que, em 2013, passou a reivindicar autonomia em relação ao novo governo de Kiev, capital da Ucrânia. O movimento contou com o apoio da Rússia, em represália ao povo ucraniano, que nesse ano derrubou o governo pró-Rússia por meio de intensos protestos populares. Na ocasião, a Rússia pressionou o governo da Ucrânia a não assinar um tratado de maior integração do país à União Europeia. Esse fato gerou uma onda de protestos da população ucraniana, cuja maioria é favorável à aproximação com a União Europeia e ao consequente afastamento em relação à Rússia.

Foto aérea de Kiev, Ucrânia, 2018.

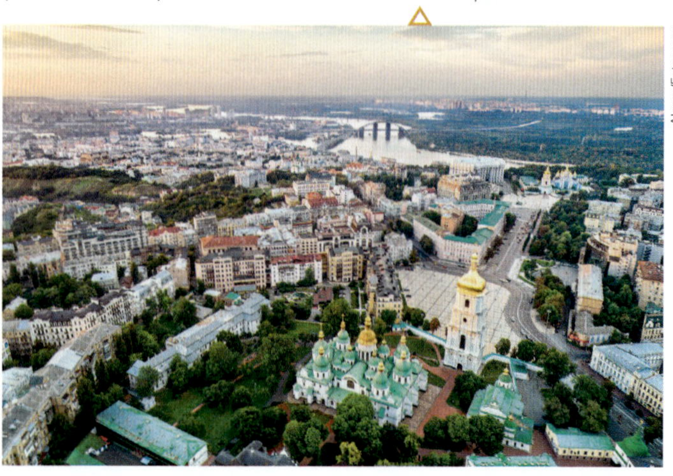

Alamy/Fotoarena

Uma guerra civil foi deflagrada: separatistas russos se insurgiram na Crimeia e em duas regiões a leste da Ucrânia. Na Crimeia, os insurgentes contaram com apoio militar vindo da base naval russa de Sebastopol, localizada no sul do território crimeu. Em 2014, a Crimeia foi anexada ao território russo, embora a ONU ainda reconheça essa região como parte da Ucrânia. Também uma região a leste do país, onde se destacam as cidades de Luhansk e Donetsk, continuam sob o controle de separatistas russos. Observe o mapa ao lado.

Regiões e divisões da Ucrânia (2015)

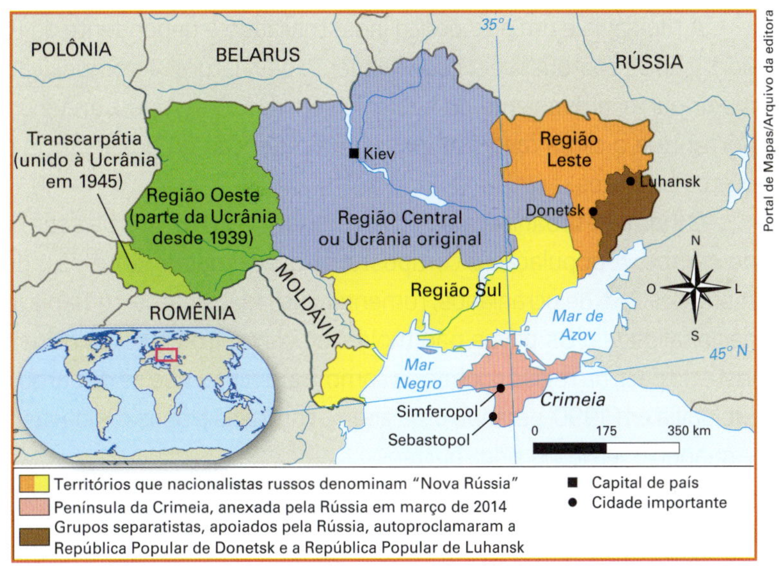

Fonte: elaborado com base em LE MONDE Diplomatique. Disponível em: <www.monde-diplomatique.fr/cartes/ukraine-separatismes>. Acesso em: 15 ago. 2018.

Em decorrência da crise mundial iniciada em 2008 e, particularmente, dos conflitos e perdas territoriais resultantes dos conflitos separatistas – além do afastamento do seu maior parceiro comercial até então, a Rússia –, a economia da Ucrânia apresentou crescimento negativo em 2014 (-6%) e em 2015 (-9%), mas se recuperou em 2016, com um crescimento médio anual de 2,5% de 2016 a 2018, segundo dados do Banco Mundial. Países da União Europeia – especialmente Alemanha, Polônia e Itália –, além de China e Turquia, passaram a ser os principais parceiros comerciais da Ucrânia. O ponto de maior fragilidade econômica é o setor energético, pois o país depende da importação de petróleo e gás natural da Rússia, embora nos últimos anos venha importando combustíveis do Cazaquistão, dos Estados Unidos e da Austrália.

Belarus

Belarus, ou Bielorrússia, uma das mais ricas e industrializadas repúblicas da ex-União Soviética, foi bastante prejudicada pela desagregação daquele imenso país, com o fechamento de várias indústrias ligadas sobretudo ao setor armamentista. Sua economia também sofreu os efeitos da crise mundial de 2008: a renda *per capita* do país, que era de 6 376 dólares em 2008, caiu para 4 879 dólares em 2016.

A economia do país permanece bastante estatizada e dependente da Rússia. Essa dependência, contudo, vem diminuindo: em 2005, cerca de 70% de suas exportações era destinada à Rússia; em 2016, a proporção caiu para 42%. Por outro lado, 54% das importações do país (petróleo, gás natural, minerais, máquinas, alimentos) ainda provêm da Rússia.

Politicamente, o país é marcado pelo autoritarismo de seu governo, que costuma ser comparado ao de países como Coreia do Norte ou Irã em razão das sérias restrições ao direito de greve e às frequentes violações dos direitos humanos, com intensa repressão a organizações não governamentais, jornalistas independentes, minorias étnicas e políticos da oposição.

Campo de petróleo na região de Gomel, Belarus, 2017.

Viktor Drachev/TASS/Getty Images

Moldávia

A Moldávia é um país pouco industrializado e dependente da Rússia para a importação de combustíveis, especialmente gás natural. A composição de seu PIB é, na maior parte, proveniente do setor de serviços. A agropecuária é uma atividade importante e o clima favorável permite a obtenção de boas safras de tabaco, uva e outros produtos.

O índice de urbanização do país é baixo: em 2016, 55% de seus habitantes viviam no campo. A população é composta de aproximadamente 75% de moldavos e os restantes 25% de ucranianos, romenos, russos, búlgaros, romanis (ciganos) e outras nacionalidades. Os povos não moldavos concentram-se, principalmente, na parte leste do país, na região conhecida como Transnítria, que se declarou independente da Moldávia em 1990, gerando uma guerra contra as tropas moldavas recém-formadas – quando o território ainda pertencia à União Soviética e não tinha forças armadas próprias –, que perdurou até 1992.

Produção de uvas em Fanagoria, Moldávia, 2017.

Vitaliy Timkiv/Sputnik/Agência France-Presse

O principal fato gerador da guerra, conhecida como guerra da Transnístria, foi a imposição do moldavo como único idioma oficial. As demais nacionalidades não falam esse idioma, que é de origem latina e semelhante ao romeno falado da Romênia, país fronteiriço, a oeste. Além disso, a organização de movimentos moldavos a favor de uma unificação com a Romênia, após a dissolução da União Soviética, preocupou as demais nacionalidades presentes no território, que pressentiram a ameaça de se tornarem minorias oprimidas no caso de uma eventual união.

A situação permanecia indefinida até 2018, embora, em 2011, tenham sido iniciadas negociações, mediadas pela Organização para a Segurança e Cooperação na Europa (OSCE), na tentativa de solucionar o impasse do país dividido e sem controle efetivo sobre a parte leste de seu território. Há uma zona de segurança, com tropas internacionais, entre a Moldávia e a região independentista da Transnístria. Observe o mapa.

Moldávia: zona de segurança (início do séc. XXI)

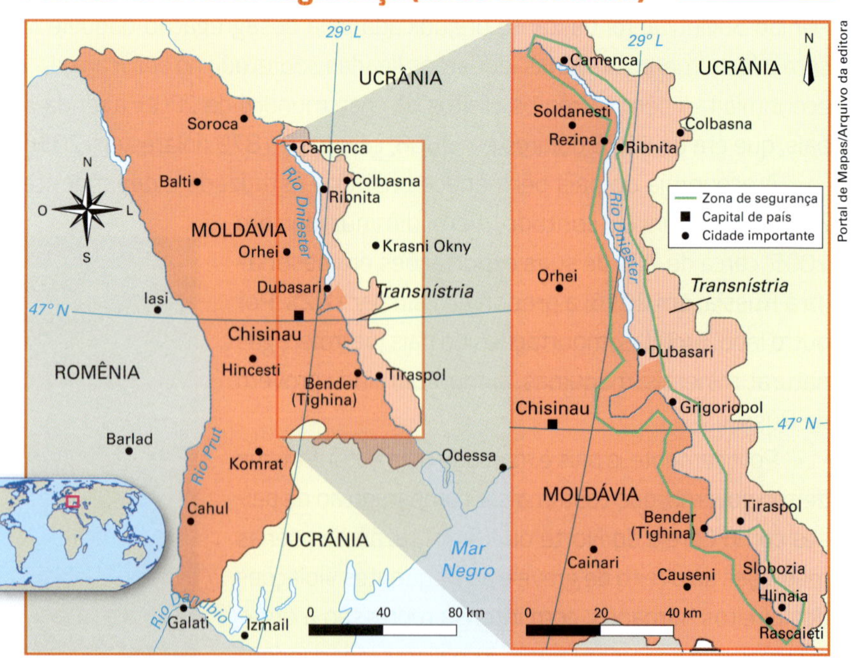

Portal de Mapas/Arquivo da editora

Fonte: elaborado com base em LE MONDE Diplomatique. Disponível em: <www.monde-diplomatique.fr/cartes/moldavie200201/>. Acesso em: 30 set. 2018.

4 Transcaucásia

Conheça agora algumas características do conjunto regional formado por Armênia, Azerbaijão e Geórgia. Essa parte da CEI está situada na região montanhosa chamada **Transcaucásia**.

CEI no sudeste da Europa (2016)*

Fonte: elaborado com base em IBGE. *Atlas geográfico escolar*. 7. ed. Rio de Janeiro, 2016. p. 43.

* A Geórgia deixou a CEI em 2008, e o Azerbaijão é um membro observador do bloco.

Armênia

A Armênia é um país montanhoso e sem litoral. Em 2017, sua população era de aproximadamente 3 milhões de habitantes, mas há cerca de 8 milhões de armênios que vivem no exterior e enviam dinheiro ao país, o que representa uma de suas mais importantes fontes de renda. O país é considerado pobre e ainda bastante ligado à Rússia, seu principal parceiro comercial e fornecedor de combustíveis. Depois da Rússia, os principais parceiros da Armênia são China, Alemanha, Irã e Itália.

Até 1998, quando um violento terremoto arrasou seu território, matando 25 mil pessoas e deixando 500 mil sem moradia, a Armênia era bastante industrializada. Ainda existem instaladas no país algumas indústrias – químicas, de máquinas e produtos eletrônicos, de processamento de alimentos –, mas elas dependem muito de matérias-primas vindas do exterior. A economia armênia vem se recuperando aos poucos, com um crescimento anual médio de 1,8%, de 2008 a 2017.

Paisagem de Ierevã, capital da Armênia, com a montanha Ararat ao fundo. Foto de 2016.

Alamy/Fotoarena

Os armênios foram vítimas de um dos maiores genocídios do século XX, perpetrado por turcos em 1915, durante a Primeira Guerra Mundial. Na época, a Armênia pertencia ao então imenso Império Turco, que estava do lado da Alemanha na guerra. Os armênios apoiaram os russos, que lutavam ao lado dos aliados (ingleses, franceses e outros) contra os alemães. Assim, a Turquia, que lutava contra as tropas russas, como represália, massacrou os armênios e matou cerca de 1,5 milhão de pessoas.

Em 1988, teve início a guerra de Nagorno-Karabakh, que opôs a Armênia ao vizinho Azerbaijão. O Nagorno-Karabakh é uma região montanhosa com pouco mais de 8 mil km^2 e habitada principalmente por armênios (mais de 90% da população). Porém, durante o governo de Stalin, na ex-União Soviética, a região ficou sob o controle do Azerbaijão. Com o fim da ex-União Soviética e a independência das antigas repúblicas, os armênios dessa região fizeram um referendo que aprovou a sua independência do Azerbaijão. Este reagiu invadindo a região, e a Armênia, por sua vez, apoiou os armênios do Nagorno-Karabakh, entrando em guerra com o Azerbaijão.

Após várias batalhas e milhares de mortos, ocorreu um cessar-fogo em 1994, mas a violência continuou até 2008, quando se iniciou uma negociação internacional para decidir o futuro da região, que até 2018 encontrava-se indefinido. Uma parte da região é controlada pelos armênios e se denomina República do Nagorno-Karabakh, e outra parte está sob o controle do Azerbaijão. Observadores internacionais, contudo, acreditam que os conflitos poderão recomeçar em breve, pois o Azerbaijão enriqueceu nos últimos anos com as exportações de petróleo e passou a investir na compra de armamentos.

Azerbaijão

O Azerbaijão era considerado uma das repúblicas mais desenvolvidas da ex-União Soviética em razão de suas amplas reservas de petróleo e inúmeras indústrias petroquímicas, de construção, têxteis e outras. Com a independência, a incompetência do novo governo e os conflitos militares com a Armênia, o país pouco evoluiu nos anos 1990.

A partir da primeira década do século XXI, com a subida dos preços do petróleo e do gás natural, a economia do país se estabilizou e cresceu em alguns anos – entre 2001 e 2009, apresentou uma média anual de crescimento de 10%, embora depois o ritmo tenha diminuído bastante, em virtude da queda dos preços internacionais do petróleo.

Atualmente, o país já não é tão dependente da Rússia, e seus principais parceiros comerciais são as nações da União Europeia (especialmente Itália, Alemanha e França), Indonésia, Turquia e a própria Rússia. A construção de um importante oleoduto entre Azerbaijão e Turquia (porto de Ceihan, no mar Mediterrâneo), passando pelo território da Geórgia, aumentou significativamente a capacidade de exportação do país.

Geórgia

Desde sua independência, em 1991, a Geórgia vive uma situação conturbada. O primeiro governo eleito do país foi derrubado por um golpe militar. Na década de 1990, o país se destacou pelos frequentes conflitos internos, além daqueles envolvendo a Rússia. Durante dois anos, aproximadamente, a Geórgia se afastou da CEI, retornou e, em 2008, se desligou novamente do bloco, justamente por causa de sua relação conflituosa com a Rússia.

A economia do país sofreu com as guerras, mas demonstra sinais de melhora. A Geórgia exporta, principalmente, minérios, carros e vinhos; e importa sobretudo petróleo, medicamentos e trigo. Seus maiores parceiros comerciais, em 2016, eram Azerbaijão, China, Turquia, Bulgária, Armênia e Alemanha.

Em 2017, havia aproximadamente 4 milhões de habitantes e uma questão territorial importante envolvendo a população do país: os movimentos separatistas que ocorrem em duas de suas províncias ou regiões, a **Abecásia** e a **Ossétia do Sul**. Essas áreas são habitadas por populações russas e de outras etnias ou nacionalidades, sobretudo de religião islâmica, que pleiteiam independência. O governo da Geórgia controlava as rebeliões com o apoio da Rússia, pois havia um forte sentimento de lealdade do país à Federação Russa e à CEI. A situação, porém, se complicou quando a Geórgia apoiou o movimento separatista na vizinha Chechênia, atrapalhando suas relações com a Rússia, que, em contrapartida, passou a apoiar o separatismo nessas duas regiões.

Na Abecásia, habitada por minoria de etnia de mesmo nome, os rebeldes criaram, em 1992, a República Autônoma da Abecásia, dando início aos conflitos entre tropas georgianas e as rebeldes. Um cessar-fogo foi alcançado em 1993. Mesmo assim, continuam a ocorrer frequentes conflitos armados com mortes de ambos os lados.

Em 1990, a Ossétia do Sul declarou a sua independência, mas a Geórgia lançou uma ofensiva militar contra os ossetas. Os choques terminaram após mediação da Rússia, em 1992. O conflito caminhava para uma solução pacífica até agosto de 2008, quando forças georgianas entraram no território osseta, o que levou à intervenção russa na região. A guerra colocou de um lado as tropas da Geórgia e, do outro, forças armadas da Rússia, Ossétia e separatistas da Abecásia. Para retaliar a Geórgia, a Rússia reconheceu a Abecásia e a Ossétia do Sul como países independentes, o que não foi confirmado pela maioria dos demais países, tampouco pela ONU.

Esse conflito levou a Geórgia a deixar a CEI e, nos últimos anos, o país vem tentando se integrar à União Europeia.

Vista de Tbilisi, Geórgia, 2017.

Alamy/Fotoarena

5 Ásia central

Os países da CEI (membros atuais ou antigos) que se localizam na Ásia central, ao norte do Oriente Médio e ao sul da Rússia, são Cazaquistão, Turcomenistão, Uzbequistão, Quirguistão e Tadjiquistão. Esses países possuem algumas características comuns: populações islâmicas e um baixo padrão de vida, em especial no Tadjiquistão e no Quirguistão. Os demais países, graças às exportações de gás natural e petróleo, conseguiram alcançar uma rápida modernização a partir do século XXI.

Desse grupo de países, o Cazaquistão é o que tem a economia mais desenvolvida e o que apresenta IDH mais elevado. Graças às grandes reservas de petróleo, o país se tornou, nos últimos anos, um importante exportador mundial, o que permitiu uma significativa melhoria no padrão de vida. A renda *per capita* PPC de aproximadamente 22 mil dólares, em 2016, é superior à da Rússia e à dos demais países que formavam a União Soviética.

De olho na tela

O filho adotivo
Direção: Aktan Abdykalykov. Quirguistão/França, 1998.
Duração: 81 min.
A partir de uma antiga tradição do povo do Quirguistão, é revelado o drama de um menino que, a duras penas, sai da adolescência.

Atualmente, a Ásia central é uma espécie de novo Oriente Médio, palco de disputas entre Rússia e China, principalmente, além de Estados Unidos, União Europeia e até mesmo Turquia e Índia, pelo controle das imensas reservas de petróleo e gás natural da região.

A Rússia, que, durante todo o século XX, dominou a Ásia central, nos dias atuais busca manter sua hegemonia, inclusive com ameaças de intervenções militares. O país continua a exercer grande influência cultural – o idioma russo continua a ser utilizado pelas minorias étnicas que habitam esses territórios na região – e econômica – ainda é um importante parceiro comercial dos países asiáticos centrais, embora tenha sido superado pela China nos últimos anos.

A China, que se tornou o principal parceiro comercial dos países da Ásia central, especialmente dos importantes exportadores de petróleo e/ou gás – Cazaquistão, Turcomenistão e Uzbequistão –, construiu os dois maiores oleodutos do mundo, que vão dessa região até o seu território. Os países da União Europeia também se tornaram importantes parceiros comerciais, assim como Turquia e Índia.

CEI na Ásia central (2016)*

Fonte: elaborado com base em IBGE. *Atlas geográfico escolar*. 7. ed. Rio de Janeiro, 2016. p. 47.
* Turcomenistão é membro observador da CEI.

Paisagem de Tashkent, Uzbequistão, 2018.

CONEXÕES COM CIÊNCIAS

Leia o texto a seguir.

A plantação de algodão que fez o Mar de Aral virar deserto

O desaparecimento do Mar de Aral, na Ásia Central, é uma das maiores catástrofes provocadas pelo homem do mundo. Para estimular o cultivo de algodão, políticas de irrigação agressivas implementadas pelos soviéticos transformaram 90% do que costumava ser o quarto maior lago do mundo em um deserto.

Foram necessários apenas 40 anos para que o quarto maior lago do mundo, o Mar de Aral, na Ásia Central, secasse. O que antes eram 60 mil quilômetros quadrados de água, com profundidade de 40 m em alguns locais, evaporou. Agora, restam apenas 10% do lago. Seu desaparecimento é considerado uma das alterações mais dramáticas feitas na superfície da Terra em séculos.

Os dois maiores rios da Ásia Central costumavam desaguar no Mar de Aral: um – o Syr Darya – a partir do norte; outro – o Amu Darya – a partir do sul. Mas os dois rios também foram a fonte óbvia de irrigação para a indústria de algodão soviética.

The Asahi Shimbun/Getty Images

Região coberta de sal, onde antes se localizava o mar de Aral, em Bugan, Cazaquistão, 2018.

Os soviéticos queriam transformar a Ásia Central na maior região produtora de algodão do mundo – por um período na década de 1980, o Uzbequistão cresceu mais do que qualquer outro país. Como o mar encolheu, os enormes volumes de pesticidas e inseticidas jogados no rio ao longo dos anos tornaram-se gradualmente mais concentrados, até que os peixes começaram a morrer.

Em outras palavras, para construir a indústria de algodão, os soviéticos acabaram com um mar e seus peixes. O clima também começou a mudar. A chuva parou. A grama secou, e os pequenos lagos de água doce que existiam perto da costa desapareceram, bem como os rebanhos de antílopes que costumavam vagar pela área. [...]

Fonte: QOBILOV, Rustam. A plantação de algodão que fez o Mar de Aral virar deserto. *BBC Uzbequistão*. Disponível em: <www.bbc.com/portuguese/noticias/2015/02/150226_mar_aral_gch_lab>. Acesso em: 1º out. 2018.

Agora, responda:

1. Relacione os aspectos positivos e negativos do projeto soviético de irrigação agrícola.
2. Em duplas, discutam: Na opinião de vocês, predominaram os aspectos positivos ou negativos? Por quê?
3. Além do esvaziamento do mar de Aral e da maior salinização de suas águas, ocorreu uma mudança climática nessa região, que passou a apresentar maiores temperaturas no verão e menores no inverno, além de menor pluviosidade média durante o ano. Na sua opinião, essa mudança no clima local tem alguma relação com o esvaziamento do mar? Por quê?

ATIVIDADES

+ Ação

1› Explique no que consistiram os conflitos territoriais ocorridos na Ucrânia.

2› Explique o que foi a guerra da Transnístria.

3› Redija um pequeno texto sobre os principais conflitos que ocorreram envolvendo a Armênia e o Azerbaijão.

4› Quais foram os conflitos territoriais que ocorreram na Geórgia? Como ficou a situação das duas regiões separatistas?

5› Quais são os traços comuns apresentados pelos países da CEI situados na Ásia central?

6› Observe novamente o quadro da página 86, no capítulo anterior, para responder às seguintes questões.

a) Qual é o país que tem maior renda *per capita* e o país que tem a menor renda média na Ásia central?

b) Qual é o país com o maior PIB nessa região?

7› Observe novamente o quadro com os IDHs dos países da CEI, na página 95, no capítulo anterior, e responda:

a) Qual é o país dessa região com IDH mais elevado?

b) Qual é o país que apresenta o mais baixo IDH?

c) Em sua opinião, qual é o principal motivo da diferença entre o IDH desses dois países?

8› No início deste capítulo foram expostas formas de regionalizar os países da CEI. Descreva os critérios utilizados para formar os referidos agrupamentos de países.

9› Por que a Rússia pode ser caracterizada como um Estado multinacional? Quais os reflexos dessa condição para a coesão territorial do país?

10› Quais os problemas que a Rússia enfrentou para se adaptar à economia de mercado após o fim da União Soviética?

11› Leia a manchete e responda às questões.

Merkel visita Putin, dividida entre o gás e a Síria

[...] Os dois vão tratar de tudo um pouco, inclusive da guerra na Síria e da construção de uma linha de gás entre a Rússia e a Alemanha.

Fonte: EXAME, 18 maio 2018. Disponível em: <https://exame.abril.com.br/mundo/entre-o-gas-e-a-siria-merkel-visita-putin>. Acesso em: 5 nov. 2018.

Sergei Karpukhin/Reuters/Fotoarena

Angela Merkel cumprimenta Vladimir Putin em conferência realizada em Sochi, na Rússia, em 2018.

a) Qual a importância do comércio de gás natural entre a Rússia e a Europa ocidental?

b) Quais problemas a economia russa enfrenta pelo fato de o país ter sua balança comercial dependente da exportação de matéria-prima?

12› Por que se diz que a Ucrânia foi o "celeiro da ex-União Soviética"?

13› Quais problemas econômicos Belarus e Moldávia enfrentam atualmente?

14› O Azerbaijão, na época da União Soviética, era um dos países mais desenvolvidos. Sobre esse fato, responda:

a) Qual a fonte de riqueza do país que alavancou sua economia na época?

b) O que levou o Azerbaijão a entrar em uma crise econômica no início dos anos 1990?

c) Qual fator levou o país no início do século XXI a atingir um grau de desenvolvimento econômico considerável?

15› Descreva um conflito que ocorreu após a desintegração da União Soviética e o papel da Rússia em seu desfecho.

Autoavaliação

1. Quais foram as atividades mais fáceis para você? Por quê?
2. Algum ponto deste capítulo não ficou claro? Qual?
3. Você participou das atividades em dupla e em grupo e expressou suas opiniões?
4. Como você avalia sua compreensão dos assuntos tratados neste capítulo?
   - **Excelente**: não tive dificuldade.
   - **Bom**: consegui resolver as dificuldades de forma rápida.
   - **Regular**: tive dificuldade para entender os conceitos e realizar as atividades propostas.

Lendo a imagem

- Em duplas, analisem a charge A e a charge B e respondam às questões relativas a cada uma delas.

A

"Bem, tecnicamente os montes Urais estão localizados na Terra, mas eu queria que você fosse um pouco mais específico..."

Charge de Dave Carpenter, de 2015. Disponível em: <www.cartoonstock.com>. Acesso em: 1º out. 2018.

a) Qual é a ironia contida na charge?

b) Onde se localizam os montes Urais? Eles servem de divisa entre quais continentes?

B

Ucrânia no meio do furacão, charge de Junião, de 2014. Disponível em: <www.juniao.com.br>. Acesso em: 19 nov. 2018.

c) A charge expressa a Ucrânia sendo dividida por duas zonas de influência. Quais são elas?

d) Quais problemas atingiram a Ucrânia com relação à disputa geopolítica em que foi envolvida?

CAPÍTULO

6 Oceania

ChameleonsEye/Shutterstock

Foto aérea de Auckland, Nova Zelândia, 2016.

Austrália e Nova Zelândia: quadro comparativo (2016-2017)

Dados	Austrália	Nova Zelândia
Área	7 741 220 km^2	276 710 km^2
Latitude e longitude médias	27° S e 133° L	41° S e 174° L
Altitude média	330 m	388 m
População em 2017	24 450 561	4 705 818
Imigrantes na população total em 2016	28%	23%
PIB em 2016 (em bilhões de dólares)	1 204	185
Renda *per capita* PPC em 2016 (em dólares)	45 970	37 860
IDH em 2016	0,939 (2º lugar)	0,915 (13º lugar)
Emissão de CO_2 por tonelada/habitante em 2013	16,3	7,6
Proporção do território coberto por matas ou florestas	16,2%	38,6%

Fonte: elaborado com base em NATIONMASTER. Disponível em: <www.nationmaster.com/country-info/compare/Australia/New-Zealand/Geography>; COUNTRYECONOMY. Disponível em: <https://countryeconomy.com/countries/compare/australia/new-zealand>; WORLD Bank. Data. Disponível em: <https://data.worldbank.org/indicator>. Acessos em: 17 ago. 2018.

Para começar

Observe o quadro. Converse com o professor e os colegas sobre as questões a seguir:

1. Calculando a relação entre área territorial e população total, qual país apresenta a maior densidade demográfica?
2. Em qual país as médias térmicas anuais tendem a ser mais baixas? Por quê?
3. Nesses países predomina a imigração ou a emigração? Como você chegou a essa conclusão?
4. É possível estimar qual dos dois países é o mais industrializado? Explique.

Neste capítulo você vai conhecer a Oceania, com destaque para os dois únicos países do chamado Norte geoeconômico que se situam ao sul da linha do equador, ou seja, no hemisfério sul: a Austrália e a Nova Zelândia.

1 Aspectos gerais da Oceania

A Oceania é um conjunto de ilhas situadas no oceano Pacífico que ocupa uma área total de 8 935 000 km². A porção continental da Oceania é a Austrália, que, sozinha, abrange 7 741 220 km², ou seja, mais de 86% da área total do continente. Se não fosse toda essa dimensão continental da Austrália, esse conjunto de terras emersas que formam a Oceania não seria considerado um continente.

A **Austrália** destaca-se não apenas por sua dimensão continental, mas por outras características: em 2017, cerca de 24,5 milhões de habitantes viviam no país, ou seja, aproximadamente 60% da população total da Oceania (cerca de 40,5 milhões, em 2017); e a economia australiana representa cerca de 85% do total do continente.

Do ponto de vista físico, a Oceania é uma espécie de continuação do Sudeste Asiático. Algumas ilhas são uma continuação natural das ilhas da Indonésia. Do ponto de vista histórico e de povoamento, no entanto, a Oceania possui características diferentes, o que justifica sua separação da Ásia.

Oceania: físico

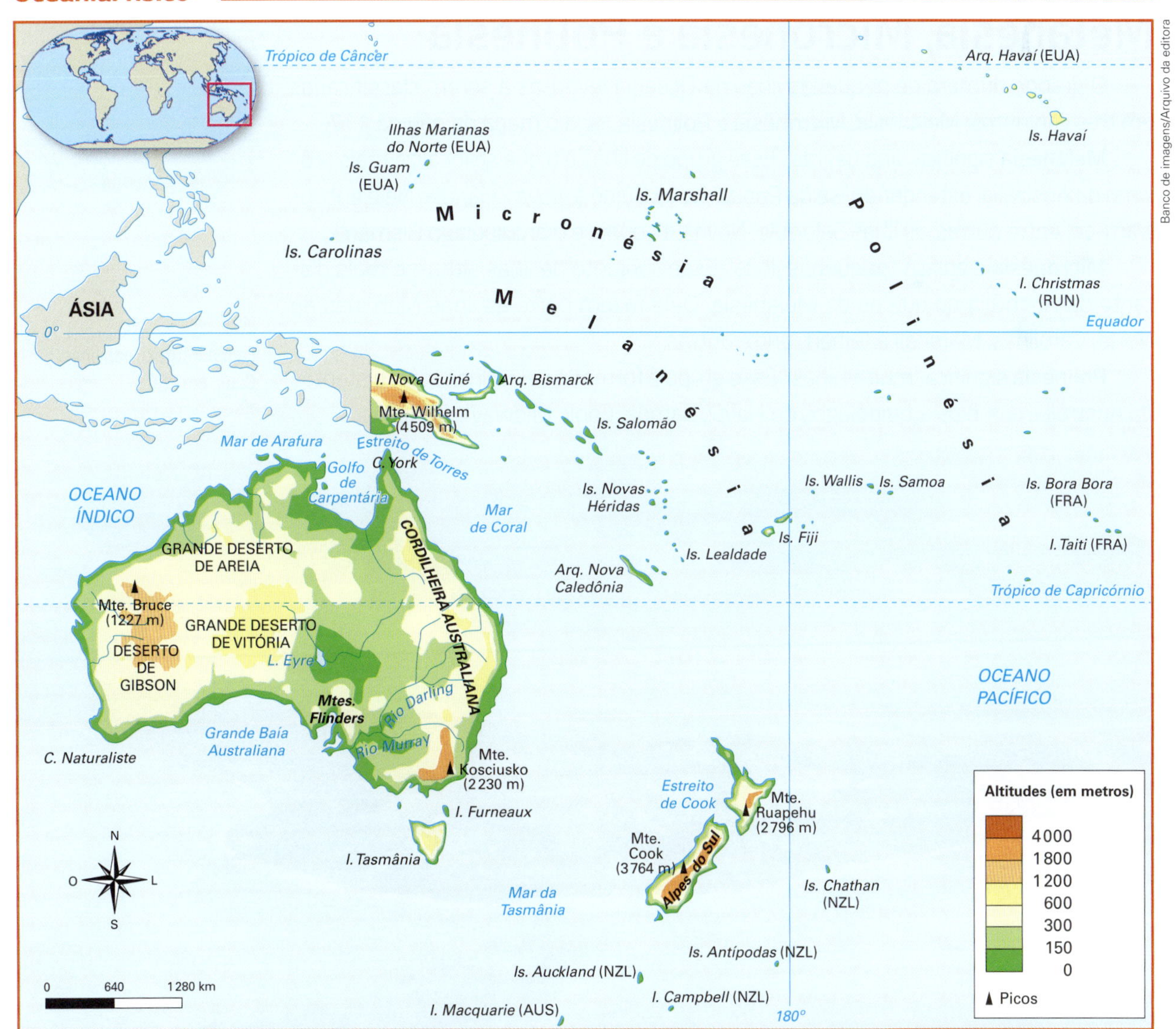

Fonte: elaborado com base em IBGE. *Atlas geográfico escolar*. 7. ed. Rio de Janeiro, 2016. p. 52.

O povoamento do continente asiático ocorreu por volta de 70 mil anos atrás, com a migração de grupos humanos da África para a Ásia e, posteriormente, há cerca de 50 mil anos, da Ásia para a Oceania. A partir do século XV, quando os navegadores europeus se aventuraram pelos oceanos em direção a outras terras – muitas vezes colonizando esses territórios –, encontraram densidades demográficas elevadas e sociedades tradicionais na Ásia, cujos traços culturais permanecem até hoje. O mesmo não ocorreu na Oceania, onde os povos nativos foram massacrados pelos colonizadores europeus, principalmente na Austrália e na Nova Zelândia, territórios colonizados, principalmente, por britânicos.

A norte e a leste, a Oceania é banhada pelo oceano Pacífico; a oeste e a sul, pelo oceano Índico. O trópico de Capricórnio atravessa o continente, de modo que parte dele se localiza na zona temperada e outra parte, na zona tropical.

A Ilha do Norte e a Ilha do Sul, separadas pelo estreito de Cook, a sudoeste, formam, com algumas ilhas menores, a **Nova Zelândia**. Ao norte da Austrália, a **Papua-Nova Guiné**, metade oriental da ilha de Nova Guiné, que se divide em duas (a outra metade, chamada Irian ou Papua Ocidental, pertence ao Sudeste Asiático), é outro país da Oceania.

Melanésia, Micronésia e Polinésia

O grande número de pequenas ilhas da Oceania levou-as a serem classificadas em três conjuntos: Melanésia, Micronésia e Polinésia. Veja o mapa da página 117.

Melanésia significa "ilha negras". Esse grupo de ilhas é o que se localiza mais próximo da Austrália, estendendo-se de Papua-Nova Guiné à Nova Zelândia. Nele encontram-se, entre outras, as ilhas Salomão, Nova Caledônia e o arquipélago Bismarck.

Micronésia significa "pequenas ilhas". Esse conjunto de ilhas situa-se mais distante da Austrália do que as da Melanésia. Dele fazem parte as ilhas Marianas do Norte, Carolinas, Marshall e Gilbert, entre outras.

Polinésia significa "muitas ilhas". Esse grupo é formado pelas ilhas mais distantes da Austrália, como os arquipélagos do Havaí, Samoa, Cook, Midway e Tonga.

Lagoa Aitutaki, nas Ilhas Cook, em 2017.

Alamy/Fotoarena

Observe, no quadro a seguir, alguns dados estatísticos da Oceania.

Oceania*: dados estatísticos (2017)

País	Área (km²)	Capital	População 2017 (milhões de habitantes)	PIB 2017 (bilhões de dólares)	Renda *per capita* 2017 (dólares)
Austrália	7741220	Camberra	24,5	1261	51593
Nova Zelândia	276710	Wellington	4,7	181,9	38066
Papua-Nova Guiné	462840	Port Moresby	8,3	20,0	2182
Fiji	18270	Suva	0,9	0,5	5153
Ilhas Marshall	180	Majuro	0,05	0,2	4310
Ilhas Salomão	28900	Honiara	0,6	1,1	2028
Kiribati	810	Taraua	0,1	0,2	1427
Nauru	20	Yaren	0,01	0,1	7821
Federação da Micronésia	700	Paliquir	0,5	0,3	3142
Samoa	2840	Ápia	0,2	0,8	4497
Palau	460	Melequeoque	0,02	0,3	16398
Tonga	750	Nucualofa	0,1	0,4	4115
Tuvalu	30	Funafuti	0,01	0,03	2971
Vanuatu	12190	Porto-Villa	0,03	0,07	2815

Fonte: elaborado com base em IBGE Países. Disponível em: <https://paises.ibge.gov.br/#/pt>; WORLDOMETERS. Disponível em: <www.worldometers.info/population/oceania/>; THE WORLD Bank. Disponível em: <https://data.worldbank.org/indicator/>; STATISTICS Times. Disponível em: <http://statisticstimes.com/economy/oceanian-countries-by-gdp-per-capita.php>. Acessos em: 17 ago. 2018.

*Há ainda várias ilhas na Oceania que não são independentes, e sim territórios pertencentes a alguns países, como Havaí, Guam, Samoa Americana e ilha Baker (Estados Unidos), Polinésia Francesa e Nova Caledônia (França), ilhas Pitcairn (Reino Unido), etc.

Como se pode observar no quadro, existem na Oceania catorze Estados independentes, mas há vários territórios sob controle político de outros países, como Estados Unidos (Havaí, Guam, Samoa Americana, ilha Baker), França (Polinésia Francesa, Nova Caledônia), Reino Unido (Pitcairn) e outros.

A Austrália e a Nova Zelândia possuem PIB e renda *per capita* elevados, além de IDH muito alto, e são considerados países desenvolvidos. Ambos também concentram as maiores populações do continente. A Papua-Nova Guiné apresenta uma população considerável, de 8,3 milhões de habitantes, em 2017, mas a produção econômica e a renda *per capita* são bastante baixas. Os outros países possuem menos de 1 milhão de habitantes e, em alguns casos, menos de 50 mil.

Oceania: político (2016)

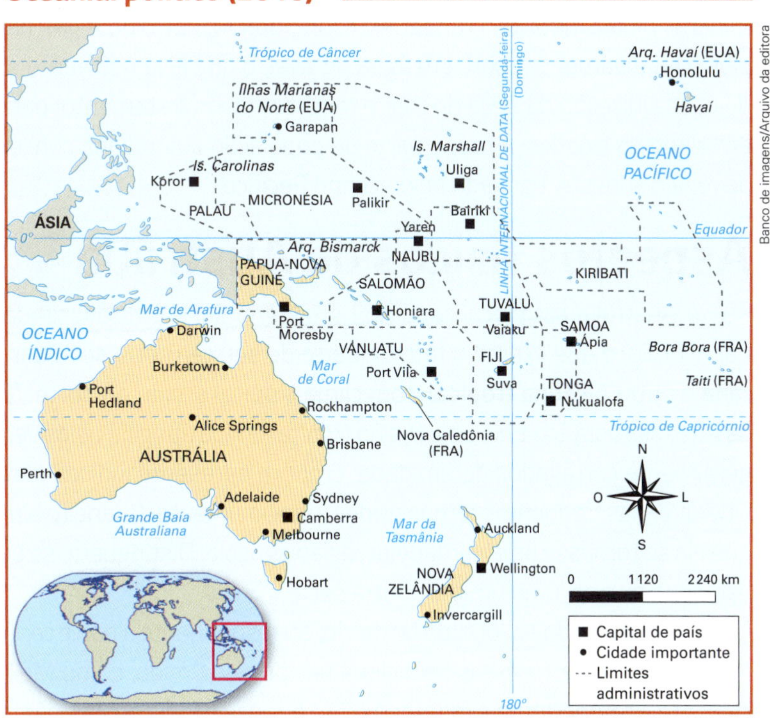

Banco de imagens/Arquivo da editora

Fonte: elaborado com base em IBGE. *Atlas geográfico escolar*. 7. ed. Rio de Janeiro, 2016. p. 53.

2 Austrália

A Austrália, com seus 7 741 220 km², ocupa a sexta posição entre os países mais extensos do mundo, depois de Rússia, Canadá, China, Estados Unidos e Brasil. Considerando sua população de aproximadamente 24,5 milhões de habitantes em 2017, a Austrália está entre os países que apresentam baixa **densidade demográfica**, inferior a 3,5 habitantes por quilômetro quadrado. A oeste do país, uma imensa porção desértica caracteriza aquilo que alguns estudiosos denominam **vazio demográfico**, ou seja, grandes áreas escassamente povoadas. Por outro lado, a Austrália é o único país do mundo a ocupar, sozinho, a maior parte das terras que formam o continente no qual se localiza.

Austrália: população (2014)

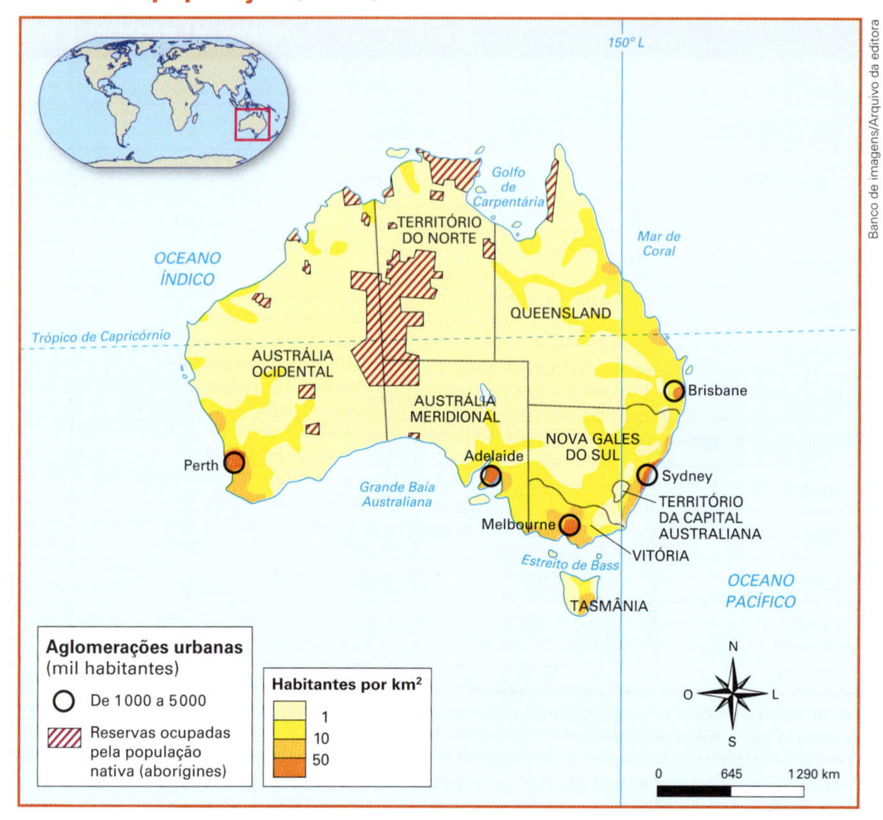

Fonte: elaborado com base em CHARLIER, Jacques (Dir.). *Atlas du 21ᵉ siècle*. Groningen: Wolters-Noordhoff; Paris: Nathan, 2014. p. 127.

O subsolo australiano é rico em **reservas minerais**, destacando-se ouro, carvão mineral, níquel, bauxita, manganês, cobre, urânio, petróleo e gás natural. Contudo, o país é relativamente pobre em água potável, o que leva o governo a construir usinas de dessalinização da água do mar e reutilizar (após tratamento) parte da água usada em algumas cidades. A maior parte da população australiana concentra-se no litoral da região sudeste, banhada pelo oceano Pacífico.

Aspectos físicos da Austrália

A Austrália está localizada no hemisfério sul e é atravessada pelo trópico de Capricórnio, o que explica o fato de parte de seu território se situar na **zona temperada** e outra na **zona tropical**, com clima tropical úmido ao norte. No extremo norte da Austrália está Top End, uma região tropical úmida atingida pelos ventos de monções, geralmente carregados de umidade. Embora apresente índices pluviométricos consideráveis, as frequentes tempestades (principalmente de janeiro a março) impediram que ela se tornasse uma verdadeira região agrícola. Distinguem-se basicamente duas estações no ano, uma úmida e outra seca.

O **clima** é árido em 60% do território, correspondente à parte centro-oeste do país. Na costa sudeste, há áreas com clima temperado úmido, como Melbourne, mas dificilmente a temperatura é inferior a 0 °C. Apenas na ilha da Tasmânia, no extremo sul da Austrália, os invernos são mais rigorosos.

A leste da Austrália localiza-se a cordilheira Australiana (ou Grande Cordilheira Divisória), cujas altitudes mais elevadas atingem cerca de 2 300 metros. Ao reter a umidade que vem do oceano Pacífico, essa cadeia montanhosa provoca **chuvas orográficas**, ou de relevo, nessa costa litorânea. Entre a cordilheira Australiana e o litoral localiza-se uma estreita faixa de terras férteis, aproveitada para as atividades do setor primário, principalmente cultivos de trigo, cevada e cana-de-açúcar, entre outros.

Da cordilheira Australiana em direção ao oeste do país, o relevo australiano é plano e o clima é predominantemente árido. No centro do país estão localizados os desertos de Vitória, Simpson e o de Pierre de Sturt; no noroeste, o Grande Deserto de Areia. Essas áreas são também conhecidas como Outback – o vasto interior pouco povoado.

No centro do território, encontra-se o maciço de MacDonnell, perto de Alice Springs, uma cidade moderna e onde ainda hoje vive uma comunidade aborígine importante.

No oeste da Austrália, banhado pelo oceano Índico, há um imenso planalto de altitudes não muito elevadas. Ao norte, Kimberley, uma região selvagem, caracteriza-se pela presença de relevo ondulado. No extremo sudoeste há uma estreita faixa de terras férteis, cujo clima pode ser classificado como mediterrâneo.

Na Tasmânia, separada da porção continental da Austrália pelo estreito de Bass, a população concentra-se ao norte e a sudeste da costa litorânea, regiões de terras férteis e clima temperado úmido.

Reg Morrison/Universal Images/Getty Images

Duna no Grande Deserto de Vitória, no centro-sul da Austrália, em 2015.

Alamy/Fotoarena

Paisagem de Perth, em 2018. A cidade, que é a mais importante do litoral oeste da Austrália e uma das mais importantes do país, está localizada no extremo sudoeste do território, na área de clima mediterrâneo.

Alamy/Fotoarena

Baía Wineglass, Tasmânia, em 2017. O oeste e o sudoeste da ilha da Tasmânia permanecem selvagens, sem grandes modificações na paisagem natural. Vários movimentos ecológicos e conservacionistas contribuem para que essa região permaneça dessa forma.

Da colonização à federação

Em 1788, os ingleses se instalaram na baía de Sydney Cove, onde hoje se localiza a cidade de Sydney, dando início à ocupação e à **colonização britânica** da Austrália. Com a chegada dos ingleses, houve extermínio das diversas nações aborígines, habitantes nativos da Austrália, que na época somavam cerca de 300 mil indivíduos. De maneira geral, os grupos aborígines viviam da caça e da coleta, eram nômades, não praticavam a agricultura e se organizavam em regime de autarcia, isto é, eram economicamente autossuficientes.

Steph Moroni/Shutterstock

Foto aérea de Sydney, Austrália, em 2018. Embora Camberra seja a capital, Sydney é a cidade australiana mais populosa, com 4792000 habitantes, segundo dados de 2018.

O povoamento da Austrália pelos europeus foi diferente. Após a independência dos Estados Unidos, em 1776, a Grã-Bretanha começou a enviar para a Austrália seus prisioneiros condenados, que antes eram encaminhados para a América do Norte. Apenas em meados do século XIX a Austrália passou a receber os primeiros colonos livres.

Inicialmente, a enorme distância entre a Europa e a Austrália não atraiu muitos europeus, que, na época, preferiam emigrar para a América em busca de novas oportunidades. Por outro lado, a criação extensiva de ovinos, principal atividade econômica da Austrália, não exigia mão de obra numerosa.

No entanto, a descoberta de ouro na Austrália, em meados do século XIX, mudou a perspectiva. Dez anos depois, a população australiana de origem europeia havia quase triplicado: de aproximadamente 400 mil, em 1850, ultrapassou 1 milhão de pessoas em 1860. Até o fim do século XIX, a população, que crescia progressivamente, vivia em seis colônias autônomas e dois territórios, separados por imensos espaços vazios, difíceis de transpor em razão da precariedade dos meios de transporte.

A mineração e a exportação de lã para as indústrias têxteis da Grã-Bretanha explicam, de um lado, o desenvolvimento considerável da economia na Austrália a partir de 1850 e, de outro, o desejo de independência política. Assim, em 1o de janeiro de 1901, a Austrália se tornou um Estado soberano e as seis antigas colônias britânicas decidiram se unir politicamente na forma de federação.

Atualmente, a Federação australiana está dividida em seis estados: Austrália Ocidental, Austrália Meridional, Queensland, Nova Gales do Sul, Vitória e Tasmânia, além de dois territórios: o Território da Capital Australiana e o Território do Norte.

Observe o mapa na página seguinte.

Federação Australiana (2014)

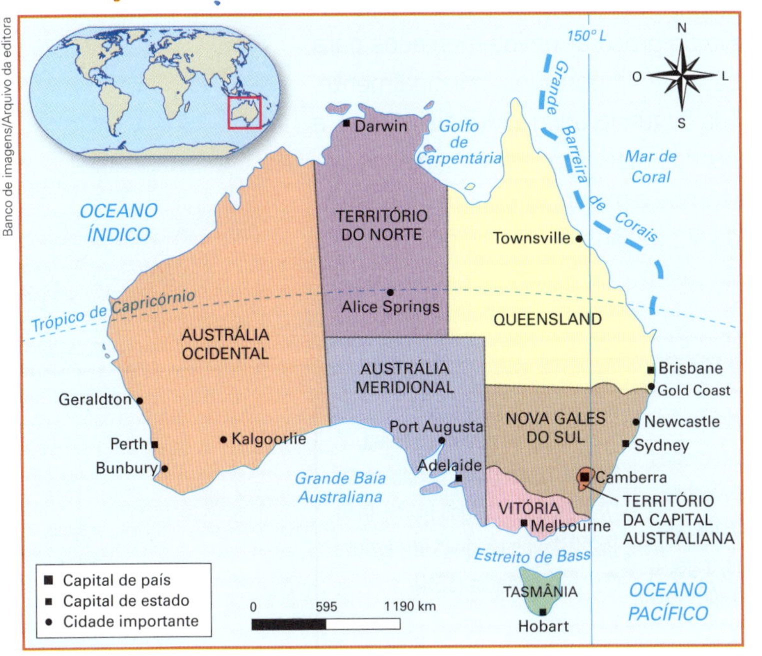

Fonte: elaborado com base em CHARLIER, Jacques (Dir.). *Atlas du 21e siècle*. Groningen: Wolters-Noordhoff; Paris: Nathan, 2014. p. 126.

EyeEm/Getty Images

Camberra, Austrália, 2017. A capital australiana é a sexta cidade mais populosa do país, com 423 mil habitantes, de acordo com dados de 2018.

Desenvolvimento econômico e humano

A economia australiana é bastante diversificada. Além dos importantes setores agropecuário e de mineração, fundamentais para as exportações do país, há indústrias alimentícias, de exploração mineral, de máquinas e equipamentos, química, metalúrgica, siderúrgica e petroquímica, entre outras.

Em 2017, o setor **secundário** (incluindo os setores da construção e de mineração) ocupava 18,1% da força de trabalho do país. O setor **terciário**, com 79,2% dessa população economicamente ativa, vem se consolidando pela prestação de serviços altamente qualificados e pelo grande desenvolvimento no setor de tecnologia de ponta. Algumas universidades australianas são verdadeiros centros de pesquisa, com destaque para instituições de Melbourne, a "capital intelectual" do país. Apesar de empregar apenas 2,7% da população economicamente ativa do país, as atividades **primárias** (agropecuária e mineração) são fundamentais para as exportações australianas, que consistem em gêneros alimentícios, como carne e trigo; lã, madeiras e minérios (ferro, bauxita, chumbo, níquel, manganês, ouro e prata).

Campus da Universidade de Melbourne, Austrália, 2015. A segunda cidade mais populosa do país, com 4 771 000 habitantes, segundo dados de 2018, abriga os maiores centros de pesquisa universitários.

Nils Versemann/Shutterstock

Em suas trocas comerciais, até 1970 a Austrália privilegiou o Reino Unido como comprador e fornecedor. Em 1973, com o ingresso do Reino Unido no Mercado Comum Europeu (atual União Europeia), a Austrália teve de procurar novos mercados para **exportar** carne, lã, açúcar e trigo, produtos até então importados, principalmente, pelos britânicos. Estados Unidos, desde o final da Segunda Guerra Mundial (1945), e Japão, a partir da década de 1970, têm sido dois dos mais importante parceiros comerciais do país. Neste novo século, a China se tornou o maior comprador da Austrália e também o maior fornecedor para o mercado australiano. O mesmo ocorre com a Nova Zelândia. Observe o quadro.

Comércio externo de Austrália e Nova Zelândia (2016)

Austrália	Exportações em 2016: 259 bilhões de dólares.	Principais produtos: minérios de ferro e cobre, carvão mineral, bebidas, trigo, carnes e madeiras.	Principais destinos: China (31,5%), Japão (14%), Coreia do Sul (7%), Estados Unidos (4,8%), Índia (4,2%), Reino Unido (3,9%) e Nova Zelândia (3,3%).
	Importações em 2016: 266,9 bilhões de dólares.	Principais produtos: veículos, produtos de telecomunicações e computadores, petróleo, medicamentos e móveis.	Principais fornecedores: China (22,3%), Estados Unidos (11,2%), Japão (7,4%), Tailândia (5,4%), Alemanha (5%), Coreia do Sul (4%) e Malásia (3,5%).
Nova Zelândia	Exportações em 2016: 48,4 bilhões de dólares.	Principais produtos: laticínios, lã, carnes, frutas, vinhos e cereais.	Principais destinos: China (19,5%), Austrália (17%), Estados Unidos (10,7%), Japão (6%), Reino Unido (2,9%) e Cingapura (2,2%).
	Importações em 2016: 51,6 bilhões de dólares.	Principais produtos: veículos, máquinas e equipamentos, material elétrico, petróleo e produtos têxteis.	Principais fornecedores: China (20%), Austrália (12,6%), Estados Unidos (11,2%), Japão (7%), Alemanha (4,8%) e Coreia do Sul (4,2%).

Fonte: elaborado com base em AUSTRALIAN Government. Composition of Trade Australia 2016. Disponível em: <http://dfat.gov.au/about-us/publications/Documents/cot-cy-2016.pdf>; STATSNZ. Disponível em: <http://nzdotstat.stats.govt.nz/wbos/Index.aspx?DataSetCode=TABLECODE7311>; <www.stats.govt.nz/browse_for_stats/industry_sectors/imports_and_exports/GoodsServicesTradeCountry_HOTPYeDec16.aspx>. Acessos em: 18 ago. 2018.

Como é possível observar pelos dados apresentados, atualmente, a Austrália e a Nova Zelândia estão muito mais ligadas comercialmente à China. O antigo parceiro comercial, o Reino Unido, quase não aparece entre os principais importadores e exportadores. O Japão, por sua vez, continua um parceiro importante, atrás de China e Estados Unidos. Também ocorrem trocas comerciais entre a Austrália e a Nova Zelândia, como mostra o quadro.

Apec e TPP

Por iniciativa da Austrália, os representantes dos países participantes da Conferência de Camberra, em 1989, aprovaram a criação da Cooperação Econômica da Ásia e do Pacífico, mais conhecida pela sigla em inglês **Apec** (Asia-Pacific Economic Cooperation). Esse bloco internacional, sediado em Cingapura, foi criado com o objetivo de integrar a Austrália em um mundo que tende a se organizar em grandes blocos comerciais. A região do Pacífico – que inclui os países asiáticos e americanos banhados por esse oceano, além dos países da Oceania – concentra atualmente mais de 55% da produção econômica mundial, com PIB, em 2017, superior a 44 trilhões de dólares.

De acordo com dados estatísticos, em 2017, o PIB da Austrália chegava a quase 1,3 trilhão de dólares, o 13º do mundo – o que é bastante significativo, já que os 12 primeiros possuem, no mínimo, o dobro da população australiana. No Relatório de Desenvolvimento Humano de 2017, o país apareceu em 2º lugar no *ranking* do IDH, atrás apenas da Noruega, e a expectativa de vida, de 82,5 anos, era uma das maiores do mundo. Esses dados confirmam a Austrália como um dos países mais desenvolvidos do globo e, por esse motivo, integra o grupo de países do Norte, embora se localize no hemisfério sul. Sua população apresenta um dos níveis mais elevados de qualidade de vida: em alfabetização, nutrição, atendimento médico-hospitalar, poder aquisitivo, etc.

Em 2015, doze países banhados pelo oceano Pacífico assinaram a Parceria Transpacífico, também conhecida como **TPP** (do inglês, Trans-Pacific Partnership), um acordo de livre-comércio estabelecido entre Japão, Estados Unidos, Brunei, Chile, Nova Zelândia, Cingapura, Austrália, Canadá, Malásia, México, Peru e Vietnã. Esse número caiu para onze, com a saída dos Estados Unidos em 2017, após a eleição do presidente Donald Trump, fortemente contrário à abertura comercial. O Tratado Transpacífico visa eliminar milhares de tarifas alfandegárias sobre produtos industriais e agrícolas dos países parceiros, o que deve aumentar o comércio entre eles e, provavelmente, também o crescimento econômico. Além disso, o tratado unifica a legislação dos países-membros no que diz respeito a normas de acesso à internet, proteção a investidores, propriedade intelectual (em áreas como as indústrias farmacêutica e digital) e conservação ambiental.

Education Images/UIG/Getty Images

O excelente nível de qualidade de vida na Austrália se faz notar nos serviços públicos oferecidos à população. Na foto, bondes elétricos em Adelaide, Austrália, 2017.

Especula-se que esse acordo é uma forma de esses países enfrentarem a forte concorrência comercial – e geopolítica – da China, que, apesar de banhada pelo oceano Pacífico, não foi incluída. Na verdade, a China não manifestou qualquer interesse em assinar o tratado porque, caso se tornasse um país-membro, seria obrigada a adotar os mesmos padrões de impostos para os produtos importados dos demais parceiros comerciais, a mesma legislação de proteção aos investidores estrangeiros e meio ambiente e, talvez, alterar sua política cambial, deixando sua moeda flutuar de acordo com a lei da oferta e da procura (prática não adotada pela China, que mantém um valor fixo e baixo de sua moeda, o yuan). Esse é justamente o seu grande trunfo no mercado internacional – é o maior exportador do mundo e suas importações são sempre bem menores que as exportações, gerando *superavit* de bilhões de dólares a cada ano. É o valor baixo de sua moeda, além de salários baixos, facilidades para exportação, péssimas condições ambientais de suas fábricas, entre outros aspectos, que garantem essa situação.

Ivan Alvarado/Reuters/Fotoarena

Representantes dos países-membros do TPP em cerimônia realizada em Santiago, Chile, 2018.

Texto e ação

1› Sobre o meio fisiográfico da Austrália e de sua ocupação humana, responda:

a) Qual é o papel das monções no clima do extremo norte da Austrália?

b) A maior parte da população australiana concentra-se no litoral da região sudeste, banhada pelo oceano Pacífico. Como o quadro natural australiano contribui para essa situação?

2› Observe o quadro **Comércio externo de Austrália e Nova Zelândia (2016)**, da página 124, e responda:

a) Até o final do século XX esses dois países eram ligados principalmente a sua antiga metrópole. Como estavam as relações comerciais desses dois países com o Reino Unido em 2016?

b) Quais são hoje os principais parceiros comerciais da Austrália e da Nova Zelândia?

c) Qual é a posição que a Austrália ocupa entre os parceiros comerciais da Nova Zelândia? E o inverso? Explique o motivo dessa diferença.

3› Observe o mapa de população da Austrália, da página 120, e responda.

a) Que cor indica as áreas mais povoadas da Austrália? Onde elas se localizam?

b) O que as cores revelam sobre a distribuição da população pelo território australiano?

c) Que cor representa as reservas de população aborígine? Onde elas se localizam?

Situação atual dos aborígines

Segundo estimativas do governo australiano, em 2016, a população aborígine era de cerca de 760 mil indivíduos. A maior parte deles está totalmente integrada à sociedade australiana, muitas vezes exercendo profissões como policiais, médicos, professores, engenheiros e políticos, embora a maior parte componha a camada mais pobre da sociedade. Atualmente, cerca de 60 mil aborígines praticam o modo de vida tradicional, especialmente no norte do país.

A mobilização da população aborígine em torno de seus direitos, desrespeitados pelos colonizadores desde o início da ocupação do território, intensificou-se na década de 1960. Com base em uma legislação aprovada pelo governo federal em 1976, o **Ato dos Direitos de Terra Aborígines**, os nativos puderam reaver suas antigas terras, que foram conquistadas em missões cristãs ou transformadas em reservas governamentais pelos representantes do Estado.

Quase metade do Território do Norte é, atualmente, propriedade dos aborígines. A conquista de direitos territoriais os estimulou a viver novamente como nômades em suas próprias terras, agora desfrutando melhores condições de vida. Afinal, são eles que concedem permissão para o governo federal explorar as reservas minerais que se localizam em suas propriedades, o que lhes garante uma parte dos benefícios da exploração econômica mineral.

Nos demais Estados da Federação, os aborígines vivem em condições mais precárias. Na Austrália Ocidental, os descendentes dos europeus, que desejam permanecer no controle da exploração dos abundantes recursos minerais da região, se opõem aos direitos territoriais conquistados pelos aborígines. É comum encontrar nas cidades indivíduos desses grupos vendendo artesanato. Muitos se entregam às drogas e ao álcool. Essa situação mostra que essas pessoas estão perdendo sua identidade étnico-cultural.

Brendon Thorne/Getty Images

Aborígines vestidos tradicionalmente em frente ao Palácio do Governo em Sydney, Austrália, 2017.

Geolink

Leia o texto a seguir.

Símbolo da Austrália, Uluru é declarado área de proteção indígena

A Austrália declarou como área indígena protegida mais de cinco milhões de hectares de terras ao redor de uma das principais atrações turísticas do país, o Uluru, também conhecido como Ayers Rock.

A região tem uma superfície levemente superior à da Dinamarca e deve preservar o entorno e a cultura das comunidades indígenas.

O Conselho Central que agrupa 90 aborígines da parte meridional do Território do Norte informou que chegou a um acordo com o governo australiano após cinco anos de negociações, para criar assim a quarta maior zona indígena protegida do país-continente.

Uluru é uma rocha gigante de cor avermelhada que se eleva a 348 metros, cercada de uma grande planície. É um local sagrado para os aborígines, onde praticam rituais e realizam pinturas rupestres de grande importância cultural. Uluru é um dos símbolos da Austrália e recebe a visita de 350 mil pessoas por ano.

Fonte: AUSTRÁLIA declara como área indígena protegida 5 milhões de hectares. *G1 Natureza*, 1º out. 2015. Disponível em: <http://g1.globo.com/natureza/noticia/2015/10/australia-declara-como-area-indigena-protegida-5-milhoes-de-hectares.html>. Acesso em: 3 out. 2018.

Alamy/Fotoarena

Uluru é uma pedra de grandes proporções, que apresenta fendas, caverna e poços com água. Parque Nacional Tjuta, Território do Norte, Austrália, 2017.

Agora, responda:

1. Qual é a importância de declarar locais como o Uluru como "área protegida"?
2. Em duplas, reflitam e comentem: Na opinião de vocês, é correto um lugar considerado sagrado para determinado povo ser um ponto turístico e de visitação? Explique.

Projeção mundial da Austrália

Até a década de 1960, a Austrália manteve-se muito ligada ao Reino Unido, tanto como aliada militar quanto como parceira econômica. A influência britânica na cultura e na educação do povo australiano foi considerável: o inglês é a língua nacional do país e a Austrália faz parte da Commonwealth Britânica, a **Comunidade Britânica de Nações**, que se define como "associação voluntária de Estados soberanos".

Localizada muito distante dos grandes centros ocidentais de poder, a Austrália, como a Nova Zelândia, era no passado uma espécie de prolongamento da civilização europeia na Oceania. Muito isolada, temia ser invadida por povos asiáticos. Por esse motivo, o governo federal promulgou, em 1901, uma lei com o objetivo de restringir a entrada de imigrantes asiáticos e de povos insulares do Pacífico na Austrália. Era a época em que o país adotava a chamada "política para uma Austrália branca", ou seja, europeia. Essa restrição aos imigrantes não europeus foi sendo gradualmente amenizada e abolida por completo em 1964. Atualmente, a Austrália é um país multicultural, com 28% de imigrantes – boa parte deles asiáticos, sobretudo da China, da Índia, das Filipinas e do Vietnã – em sua população total.

Durante a Segunda Guerra Mundial, tropas japonesas invadiram o norte da Austrália. Apesar do avanço japonês em direção ao sul, o governo do Reino Unido não enviou o auxílio tão esperado pelo governo australiano. Derrotando os japoneses na Batalha do Mar de Coral, os estadunidenses ganharam a confiança do governo da Austrália, que, em face da vulnerabilidade de seu país diante do poderio asiático, começou a se aproximar dos Estados Unidos. A ameaça de expansão do socialismo no sudeste da Ásia, no período inicial da Guerra Fria, foi decisiva para estreitar os laços entre os dois países.

Austrália: situação geopolítica atual (2017)

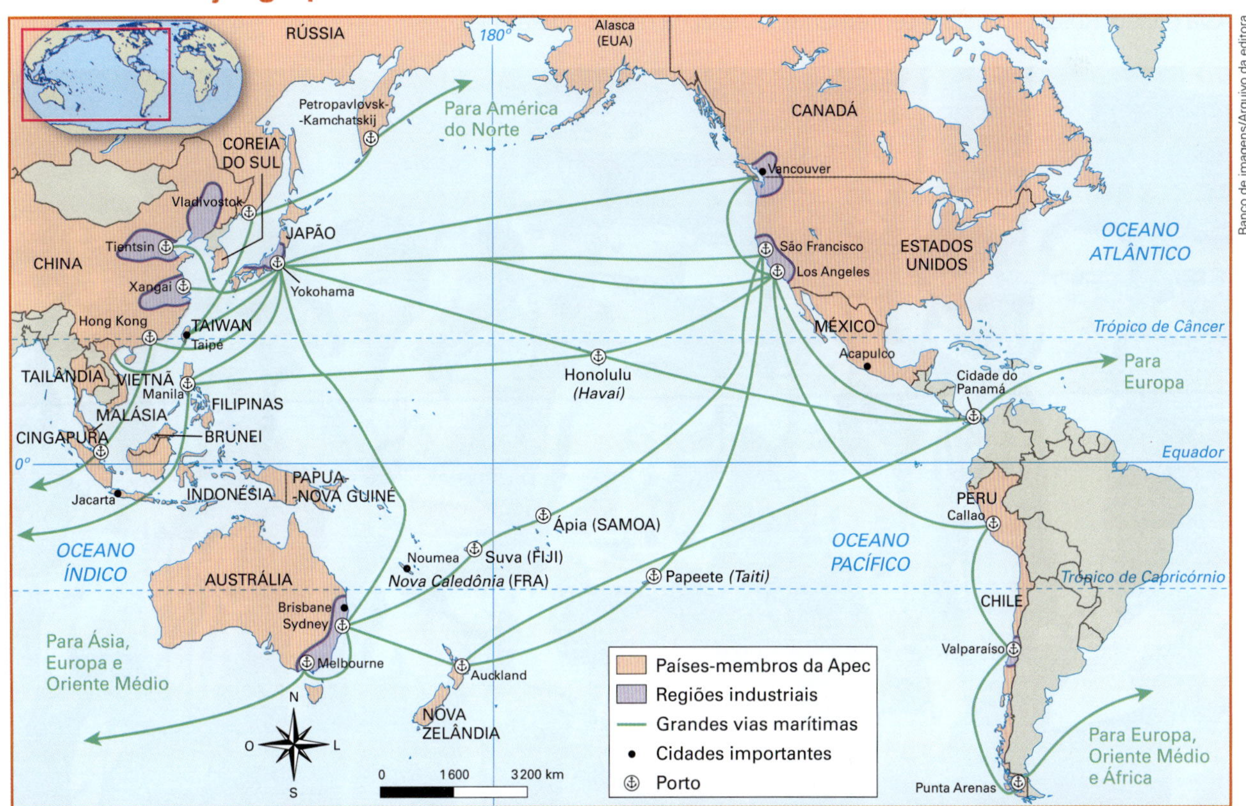

Fonte: elaborado com base em ISTITUTO Geografico De Agostini. *Atlante geografico metodico De Agostini*. Novara: DeAgostini, 2017. p. E70-E71.

As mudanças políticas, militares e econômicas que ocorreram na conjuntura mundial do pós-Segunda Guerra Mundial contribuíram para que o governo da Austrália valorizasse mais a localização geográfica do país, sobretudo sua posição em relação ao litoral do Pacífico. Afinal, a Austrália está bem localizada na área que se tornou estratégica para os interesses geopolíticos dos Estados Unidos, do Japão, da China, da Índia e da Rússia e que costuma ser denominada **região do Pacífico**.

Além disso, o comércio internacional na região é cada vez mais dinâmico.

Atualmente, a Apec é responsável por mais de 50% das exportações mundiais. Muitos pesquisadores já afirmavam há décadas que essa região possui as condições indispensáveis para superar a hegemonia comercial do Atlântico (o que já ocorreu), onde os maiores centros mundiais estabeleceram as bases de seu poderio econômico desde o século XV.

Política, econômica, militar e diplomaticamente, a Austrália está muito bem preparada para desempenhar o papel de **potência regional** no Pacífico Sul, o que lhe permitiria realizar a ambição geopolítica de conquistar uma projeção maior no mundo contemporâneo. Convém assinalar que, no hemisfério sul, apenas o Brasil se apresenta como concorrente ao posto de potência regional, porém não é banhado pelo Pacífico.

Como já foi visto pelos dados do comércio externo do país e sua entrada na Apec e no TPP, as autoridades governamentais australianas aprofundaram e diversificaram as relações políticas, econômicas e diplomáticas com os países da Ásia e do Pacífico, um sinal claro de que estariam procurando afirmar sua influência na região do Pacífico Sul. Dona dos requisitos para atuar como uma "potência média", a Austrália tem chances de constituir um contraponto importante entre a hegemonia dos Estados Unidos, a crescente ascensão da China e a tradicional influência dos países mais poderosos da Ásia (Japão, Rússia e, mais recentemente, a Índia) na região do Pacífico.

Pessoas de diferentes etnias, principalmente asiáticas, nas ruas de Melbourne, Austrália, 2014.

Alamy/Fotoarena

3 Nova Zelândia

A Nova Zelândia está localizada em um arquipélago a 1 600 quilômetros a sudeste da Austrália. Com uma área de 276 710 km² e uma **população** de aproximadamente 4,7 milhões de habitantes, em 2017. É o segundo país da Oceania em **território** e o terceiro mais populoso (atrás de Austrália e Papua-Nova Guiné). Predomina no país o **clima** temperado oceânico.

Alamy/Fotoarena

Monte Cook, na Ilha do Sul, Nova Zelândia, 2016.

Esse arquipélago é constituído basicamente de duas ilhas montanhosas, além de aproximadamente 600 ilhas menores. As duas maiores são a Ilha do Norte, onde vivem cerca de dois terços da população neozelandesa, e a Ilha do Sul, onde se localiza o ponto culminante do seu relevo, o monte Cook, com 3 754 metros de altitude, na cadeia montanhosa denominada Alpes do Sul. O nome da montanha é uma alusão ao capitão James Cook, que reivindicou para a Grã-Bretanha a posse dessas ilhas em 1769. Wellington, a capital, com cerca de 413 mil habitantes em 2017, localiza-se na Ilha do Norte. A maior cidade do país é Auckland, também na Ilha do Norte, com cerca de 1,5 milhão de habitantes.

Da colonização ao Estado de Bem-Estar Social

No século XVIII, europeus – principalmente ingleses – chegaram aos territórios que formam a Nova Zelândia e enfrentaram a resistência dos **maoris**, habitantes originais da ilha. Estima-se que, na época, a população de nativos era de 200 a 400 mil habitantes. Além de serem guerreiros, os maoris eram, certamente, os aborígines politicamente mais organizados na Oceania, o que explica sua forte resistência diante do colonizador.

Em 1840, os aborígines cederam sua soberania à Grã-Bretanha, não sem antes exigir o reconhecimento do direito às terras de seus ancestrais, o que ficou estabelecido pelo **Tratado de Waitangi**, assinado naquela mesmo ano. No entanto, o tratado não pôs fim às disputas entre aborígines e britânicos, pois estes não o cumpriram imediatamente.

De qualquer maneira, esse tratado lançou as bases de uma política de proteção aos maoris, que, segundo o recenseamento de 2013, representavam 14,9% da população total da Nova Zelândia. Esse percentual considerável de aborígines se deve também, em parte, à imigração de povos da região do Pacífico: nas últimas décadas, a Nova Zelândia tem recebido principalmente habitantes das ilhas da Polinésia, sob sua soberania (como as ilhas Cook, Nieu e Toquelau), mas também habitantes de Samoa.

Mundo virtual

Turismo na Nova Zelândia
Disponível em: <www.newzealand.com/br/>. Acesso em: 3 out. 2018.
Site oficial do turismo do governo da Nova Zelândia, em português, que apresenta informações sobre atrativos turísticos do país.

O inglês (língua nacional), o maori e a língua de sinais são idiomas oficiais da Nova Zelândia, que podem ser usadas em tribunais, cerimônias oficiais, meios de comunicação, escolas, etc. Devido ao grande número de imigrantes e aborígines, cerca de 31% da população fala dois ou mais idiomas e várias dezenas deles são falados no país, especialmente o maori, o samoano, o hindi, o mandarim, o yue chinês e o francês.

Em 1901, quando a Austrália se declarou independente do Reino Unido, a população da Nova Zelândia se recusou a integrar a recém-fundada Comunidade da Austrália. Em 1907, a Nova Zelândia conquistou sua independência e se tornou mais um Estado da Comunidade Britânica de Nações.

A instituição do voto feminino na Nova Zelândia em 1893 – o Reino Unido, por exemplo, aprovou essa prática apenas em 1918 – pode ser considerado o marco inicial de um Estado pioneiro na adoção de **políticas democráticas**. Comparada com os demais países da Oceania e da Ásia, pode-se afirmar que a democracia teve uma origem precoce na Nova Zelândia. Há muito tempo esse país conquistou direitos de organização de sindicatos de trabalhadores, de aposentadoria, de assistência médica pública, entre outros. Isso significa que a Nova Zelândia foi um dos primeiros Estados de Bem-Estar Social do mundo, isto é, um Estado que garante uma série de benefícios para a população. Durante a primeira metade do século XX, o país se caracterizou como um "laboratório social" do capitalismo, pois conciliou os interesses econômicos com as práticas liberais que caracterizam a sociedade capitalista.

De olho na tela

Encantadora de baleias
Direção de Niki Caro.
Nova Zelândia, 2004.
Duração: 101 min.

No leste da Nova Zelândia vive uma comunidade maori que acredita ser descendente de Paikea, o domador de baleias. De acordo com a lenda, há milhares de anos a canoa de Paikea virou em cima de uma baleia e ele, cavalgando-a, liderou seu povo até a nova terra. Contrariando a tradição, segundo a qual o chefe da comunidade deve ser um homem, uma garota de apenas 11 anos assume a liderança. Apesar de sua coragem, a menina precisa enfrentar o preconceito do avô, que insiste em manter a antiga tradição.

Alamy/Fotoarena

Vista aérea de Wellington, Nova Zelândia, 2017.

Aspectos econômicos da Nova Zelândia

Embora a população urbana da Nova Zelândia corresponda a mais de 86% da população total (segundo dados de 2017) e o país possua um setor **industrial** diversificado, as atividades do setor **primário** continuam sendo muito importantes no conjunto de sua economia, especialmente para as exportações. Entre as atividades primárias, destacam-se a agricultura (trigo, cevada, aveia, batata, milho, frutas, verduras) e a pecuária, especialmente a criação de ovelhas. Avaliado em cerca de 70 milhões de cabeças, o rebanho ovino, criado com as mais modernas técnicas, oferece os principais bens de exportação da Nova Zelândia: carne, lã e laticínios. Em posição bem mais modesta está o rebanho bovino, com cerca de 10 milhões de cabeças.

Além de um setor primário muito dinâmico, a diversificação industrial, que se estende dos bens de consumo não duráveis aos bens de produção, e o crescimento da prestação de serviços explicam por que a população neozelandesa desfruta de um dos padrões mais elevados em qualidade de vida. Dados de 2017 apontavam uma renda *per capita* PPC superior a 38 mil dólares e um PIB de cerca de 195 bilhões de dólares. A expectativa de vida, em 2017, era de 81,3 anos, e o país ocupava o 13º lugar no *ranking* do desenvolvimento humano (IDH), o que coloca a Nova Zelândia no conjunto de países mais desenvolvidos do mundo.

Nova Zelândia: indústria, minerais e uso do solo (2014)

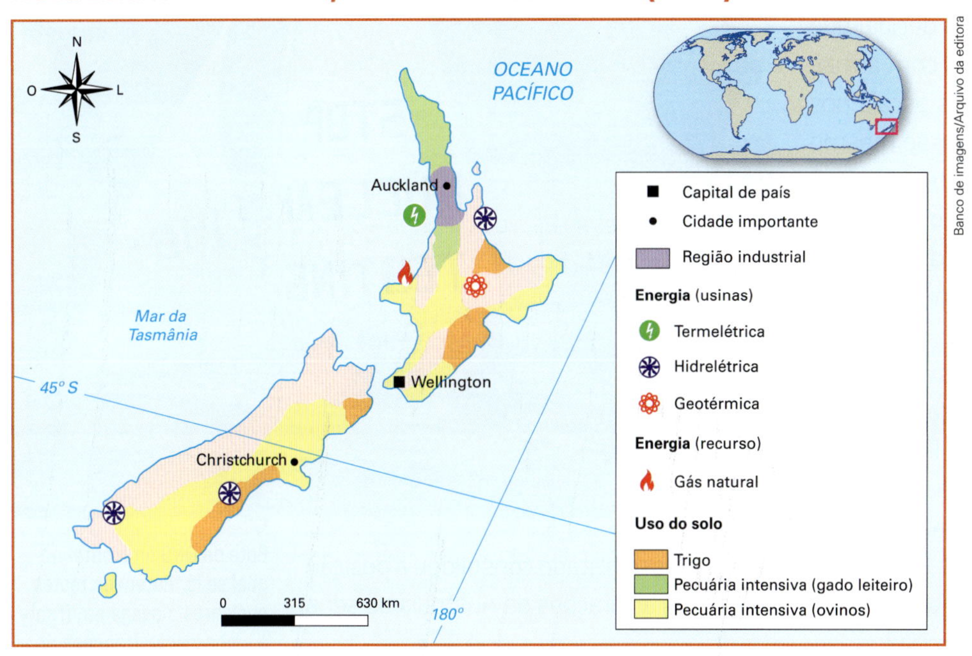

Fonte: elaborado com base em CHARLIER, Jacques (Dir.). *Atlas du 21e siècle*. Groningen: Wolters-Noordhoff; Paris: Nathan, 2014. p. 127.

Assim como a Austrália, a Nova Zelândia é membro da Organização para Cooperação e Desenvolvimento Econômico (Organization for Economic Cooperation and Development – OECD), uma organização que procura coordenar a política econômica e social de Estados "ricos" e promover o bem-estar social nos Estados "pobres". O país também é membro da Apec e do TPP.

Uma política antinuclear

A entrada do Reino Unido no então Mercado Comum Europeu (atual União Europeia), em 1973, determinou mudanças fundamentais na economia e na política da Nova Zelândia. No plano político, o governo escolheu o Pacífico Sul como área de atuação privilegiada; no plano econômico, o país aumentou consideravelmente as trocas comerciais com os países asiáticos (sobretudo China, Japão, Cingapura e Coreia do Sul).

Muitas vezes, o envolvimento político da Nova Zelândia no Pacífico Sul parece maior do que o da Austrália. Desde a década de 1970, as autoridades neozelandesas fizeram da **não proliferação de armas nucleares** um princípio norteador de sua política, opondo-se radicalmente à realização de testes nucleares no Pacífico Sul, bem como à presença de navios de guerra equipados com armas nucleares em seus portos ou em trânsito em suas águas, adotando uma posição bem mais firme que a da Austrália.

Essa posição firme explica a ocorrência de incidentes diplomáticos com a França e com os Estados Unidos. Em 1985, o navio Rainbow Warrior, de uma ONG de proteção ambiental, que deveria supervisionar os testes nucleares franceses no atol de Mururoa, foi afundado pelos franceses no porto de Auckland. Em 1995, após sucessivos protestos das autoridades da Nova Zelândia, o governo dos Estados Unidos decidiu que os navios estadunidenses com armas nucleares não fariam mais escala nos portos neozelandeses. Nesse mesmo ano, as relações diplomáticas com a França entraram em conflito novamente, após o governo francês decidir retomar os testes nucleares na Polinésia Francesa, no Pacífico Sul.

Pierre Gleizes/AP Photo/Glow Images

Bote da ONG ambiental no qual se lê "Parem os testes nucleares" navega em frente à embarcação francesa no atol de Mururoa, em Auckland, Nova Zelândia, 1984.

Em 1996, os governos de Estados Unidos, Reino Unido e França assinaram um tratado que definiu o Pacífico Sul como uma zona não nuclear. Além de melhorar as relações diplomáticas neozelandesas com os Estados Unidos e com a França, esse tratado consolidou a posição da Nova Zelândia como uma possível concorrente às aspirações da Austrália de ser a potência regional do Pacífico Sul.

A Nova Zelândia também promoveu uma abertura de mercado visando ampliar suas exportações, mas tem se mostrado firme na manutenção do Estado de Bem--Estar Social e não praticou grandes aumentos no orçamento militar: nos últimos anos, os gastos de defesa têm sido, em média, inferiores a 1% do PIB neozelandês. Esse processo segue uma tendência iniciada em 1985, com a declaração da Nova Zelândia como Estado não nuclear, que conduziu à dissolução da aliança militar **Anzus** (Austrália, Nova Zelândia e Estados Unidos) e ao esfriamento nas relações com os Estados Unidos. A Nova Zelândia, ao contrário da Austrália, se opôs à invasão estadunidense ao Iraque, em 2003.

As relações da Nova Zelândia com seus vizinhos do Sudeste Asiático são muito melhores que as da Austrália, que possui tensões com Indonésia, Cingapura e Malásia. A principal preocupação da Nova Zelândia é proteger seus recursos econômicos e as zonas ecológicas marítimas.

Texto e ação

1. Comente o pioneirismo da Nova Zelândia na adoção de políticas democráticas e seu papel como um Estado de Bem-Estar Social.
2. Qual é a posição da Nova Zelândia no que diz respeito à política armamentista? Explique.

CONEXÕES COM CIÊNCIAS

Observe, abaixo, o mapa dos principais biomas da Austrália.

Austrália: principais biomas

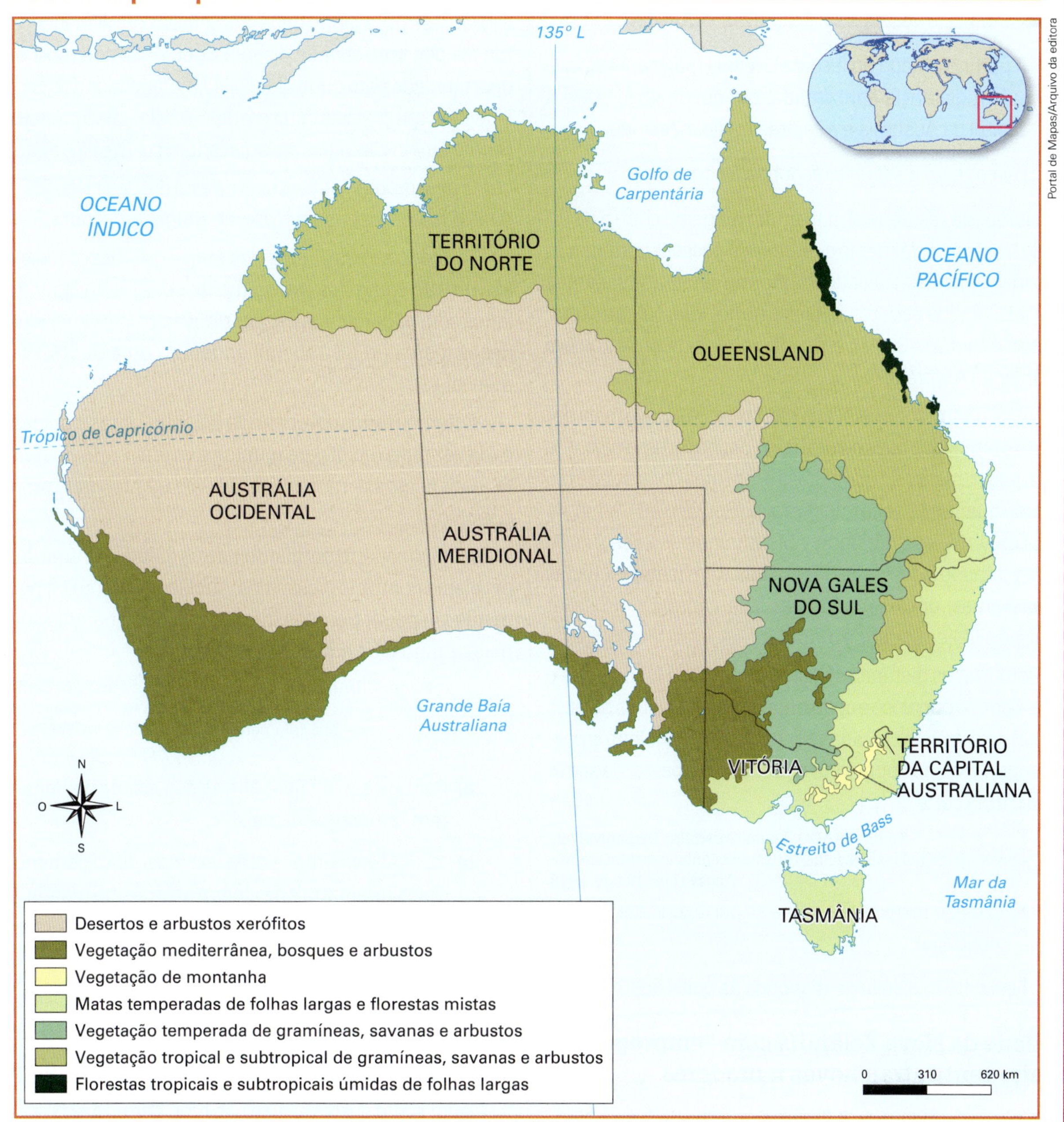

Fonte: elaborado com base em AUSTRALIAN Government. Australia's ecoregions. Disponível em: <www.environment.gov.au/land/nrs/science/ibra/australias-ecoregions>. Acesso em: 10 nov. 2018.

Agora, faça o que se pede:

1. Estabeleça uma relação entre os biomas e os tipos prováveis de clima em cada uma dessas regiões da Austrália.
2. Há um tipo de bioma que está mais relacionado ao relevo: Qual é e onde se localiza?
3. O mapa registra algum(ns) tipo(s) de vegetação que se assemelhe(em) aos existentes no Brasil? Em caso afirmativo, indique qual ou quais e explique o motivo dessa semelhança.

ATIVIDADES

+ Ação

1› A partir do mapa político da Oceania (página 119), calcule a distância aproximada, em quilômetro, entre a capital da Austrália e a capital da Nova Zelândia.

2› Leia o texto a seguir e responda às questões.

Numa rua residencial, não muito longe do centro da cidade, você vê literalmente centenas de pessoas carregando pesadas mochilas, trajando o uniforme oficial dos viajantes do país: óculos escuros, tênis surrado, *short* e camiseta. Assim é Victoria Street, a rua oficial dos mochileiros em Sydney, na Austrália.

Viajar assim, com a mochila nas costas, é o meio mais popular (e também o mais barato) de se conhecer esse país, que é um pouco menor do que o Brasil e tem uma diversidade tão grande quanto. Se você quer torrar ao Sol, vá para Cairns. Se você pretende esquiar, Snowy Mountains é seu destino. Se você pretende fazer escaladas ou trilhas em matas fechadas (mas seguras), dirija-se para a Tasmânia. Pensando em visitar o deserto? Alice Springs é o lugar.

Percorrer as distâncias australianas não é fácil, já que o país é pouco populoso e apresenta enormes trechos de puro deserto e estradas cercadas por enormes e sonolentos pastos, onde o vento sopra forte e perder o mapa de viagem é quase uma certeza. [...]

Fonte: PRADO, Laura. *Austrália*. Disponível em: <www1.folha.uol.com.br/folha/turismo/oceania/australia.shtml>. Acesso em: 18 ago. 2018.

- O que o texto revela sobre as paisagens naturais da Austrália?

3› Leia o texto a seguir e responda às questões.

Cidade da Nova Zelândia com "empregos demais" tenta atrair novos moradores

A pequena cidade de Kaitangata, na Ilha do Sul, na Nova Zelândia, tem um problema relativamente único: excesso de casas com bons preços e falta de gente para morar nelas. [...]

Cerca de 800 pessoas moram em Kaitangata. No local, há uma escola de ensino fundamental, um bar e uma pizzaria. Na semana passada, a loja de conveniência da cidade fechou porque seus donos se aposentaram.

A administração de Kaitangata se aliou a empresários locais para oferecer vantagens para novos moradores, como descontos nos custos legais de comprar uma propriedade ou novas oportunidades de trabalho.

Em cidades grandes como Auckland, o desemprego é bem maior e a moradia é muito mais cara.

Enquanto isso, a região de Clutha, onde fica Kaitangata, tem cerca de mil postos de trabalho disponíveis. "Quando eu estava desempregado e tinha uma família para alimentar, Clutha me deu uma chance, e agora a gente quer oferecer essa oportunidade para outras famílias *kiwi* (apelidos dos neozelandeses) que possam estar em dificuldade", diz o prefeito de Clutha, Bryan Cadogen, ao jornal britânico *The Guardian*.

"O desemprego de jovens aqui está em dois. Não 2% – só duas pessoas jovens estão desempregadas", conta. [...]

Ele já descreveu alguns dos empregos disponíveis em seu distrito como "fenomenalmente bons", com alguns salários com pagamentos iniciais de 50 mil dólares neozelandeses (cerca de R$ 115 mil) anuais – cerca de R$ 10 mil mensais. [...]

"Estamos todos competindo por imigrantes e por isso é cada vez mais difícil para municípios rurais, principalmente, atrair pessoas – na verdade até para manter a sua própria população. [...]

Isso tudo ocorre enquanto outras cidades enfrentam o problema contrário: neste mês, Auckland lançou um projeto que vai pagar pessoas que precisam de moradia social para se mudar da cidade.

Fonte: CIDADE da Nova Zelândia com "empregos demais" tenta atrair novos moradores. *BBC News*. Disponível em: <www.bbc.com/portuguese/internacional-36671177>. Acesso em: 2 out. 2018.

a) Por que a manchete afirma que cidade de Kaitanga tem "empregos demais"?

b) Atualmente, é cada vez mais difícil para municípios rurais atrair pessoas e até mesmo manter sua própria população. Em sua opinião, por que isso se dá? Troque ideias com os colegas.

Autoavaliação

1. Quais foram as atividades mais fáceis para você? Por quê?
2. Algum ponto deste capítulo não ficou claro? Qual?
3. Você participou das atividades em dupla e em grupo e expressou suas opiniões?
4. Como você avalia sua compreensão dos assuntos tratados neste capítulo?

» **Excelente**: não tive dificuldade.
» **Bom**: consegui resolver as dificuldades de forma rápida.
» **Regular**: tive dificuldade para entender os conceitos e realizar as atividades propostas.

Lendo a imagem

- Em duplas, observem as imagens e leiam o texto.

Alamy/Fotoarena

Pintura aborígine sobre pedra no Parque Nacional Kakadu, no Território do Norte, Austrália, 2018.

Alamy/Fotoarena

Pintura aborígine no mesmo parque. Foto de 2018.

Povos aborígines contavam suas histórias por meio de pinturas em pedras. Arqueólogos acreditam que ainda existam pinturas muito mais antigas, que hoje estão soterradas em razão da passagem do tempo. As pinturas retratam vários motivos, desde lendas até borrifos de tinta sobre as mãos de pessoas falecidas para perpetuar seus espíritos. Encontram-se também pinturas que ensinam onde encontrar comida, contam como foi o clima no passado e muitas outras coisas interessantes. Existem muitos locais na Austrália onde se podem ver essas pinturas ao vivo, sendo que algumas delas estão em reservas controladas pelos aborígines, e só podem ser vistas com permissão. Pinturas em pedras, como do Carnarvon National Park, em Queensland, são abertas a visitação pública e grátis.

Fonte: ARTES e cultura na Austrália. *Portal Oceania*. Disponível em: <www.portaloceania.com/au-life-arts-port.htm>. Acesso em: 3 out. 2018.

a) O que representam as pinturas dos aborígines?

b) Os aborígines até hoje ensinam aos filhos pequenos histórias e lendas até a idade adulta, quando ficam encarregados de passar essas histórias e a cultura adiante. Você considera importante preservar heranças culturais do passado? Por quê?

Uma ONG pela Grande Barreira de Corais

A Grande Barreira de Corais é o maior recife de corais do mundo. Cobre 2 300 km ao longo da costa de Queensland, no nordeste da Austrália, e corresponde a uma área equivalente ao território da Itália, segundo dados da Fundação Grande Barreira de Corais, da Austrália.

Jeff Schmaltz/MODIS Land Rapid Response Team/NASA GSFC

Imagem de satélite da costa de Queensland, no nordeste da Austrália, na qual é possível ver uma parte da Grande Barreira de Corais. Imagem de 2016.

A dimensão da Grande Barreira impressiona: trata-se da única estrutura viva que pode ser vista do espaço. Em 1981, foi declarada Patrimônio Mundial da Humanidade pela Unesco em razão da grande biodiversidade apresentada em seu frágil ecossistema.

Ainda de acordo com a Fundação Grande Barreira de Corais, nesse *habitat* vivem cerca de 1 625 espécies de peixes e mais de 600 espécies de corais. Trata-se de um dos meios naturais mais ricos e complexos do planeta e que apresenta comunidades ecológicas exclusivas.

No entanto, esse grande organismo vivo encontra-se em perigo. O **branqueamento dos corais** é um processo no qual os corais perdem a cor em razão do aumento da temperatura das águas oceânicas. Em 2016, mais de 22% dos corais foram atingidos. Ao somar essa perda às perdas dos anos anteriores, isso já representa a morte de um terço dos corais desse ecossistema.

O aumento da temperatura das águas está relacionado com alterações climáticas. Além desse fator, má qualidade da água e pesca ilegal também pioram a situação da Grande Barreira de Corais.

Alamy/Fotoarena

Observe as cores de um coral vivo no recife de Saint Crispin, Queensland, Austrália. Foto de 2017.

Richard Vevers/The Ocean Agency/XL Catlin Seaview Survey

Agora, observe como fica o coral que sofreu processo de branqueamento na ilha Heron, Queensland, Austrália, 2016.

Reúna-se com mais cinco colegas. Agora vocês vão criar uma ONG que atue na recuperação da Grande Barreira de Corais. Para criar a ONG vocês deverão pesquisar a importância desse ecossistema e entender o que o está atingindo, além de imaginar algumas soluções. Em seguida, devem definir ações que impeçam a extinção da Grande Barreira.

Etapa 1 – Pesquisa e levantamento de informações

Façam pesquisas na internet sobre a Grande Barreira de Corais, sua importância e os riscos que ela está correndo atualmente. Se possível, entrevistem pessoas que trabalhem com preservação de ambientes marinhos, como biólogos ou oceanógrafos. Vocês devem levantar as seguintes informações:

- O que é a Grande Barreira de Corais?
- Qual a sua importância?
- O que está causando o branqueamento dos corais que compõem a Grande Barreira?
- Quais as possíveis consequências desse fenômeno tanto na Barreira como no planeta?
- Quais ações estão sendo tomadas para evitar essa catástrofe?

Etapa 2 – Encontrar soluções para o problema

Com base nas informações coletadas, discutam possíveis soluções para esse problema. Por exemplo: se uma das causas do aumento da temperatura das águas oceânicas está relacionado com o uso de combustíveis fósseis, apresentem saídas para utilização de energia limpa (como a solar e a eólica) nas grandes cidades. Usem a imaginação: soluções que parecem impossíveis agora, no futuro podem ser plenamente executáveis.

Direcionem as ações da ONG para apenas uma forma de proteger a Grande Barreira. Com base no objetivo, deem um nome para a ONG.

Etapa 3 – Apresentação do projeto da ONG

Na data determinada, apresentem para os colegas da classe a proposta de ação da ONG que vocês criaram. Usem imagens (fotografias, ilustrações e gráficos) e até mesmo vídeos para sensibilizar a opinião pública sobre os problemas que a Grande Barreira enfrenta.

Por fim, a classe deve montar uma exposição com todos os projetos de ONGs apresentados. Compartilhem com os colegas e com o professor a descoberta que mais os impressionou durante a criação da ONG de preservação da Grande Barreira.

Centenas de milhares de pessoas tentam viajar no feriado do Ano-Novo chinês. Estação de trem de Hangzhou, na China, 2016. Dos 10 países mais populosos do mundo em 2018, seis encontram-se na Ásia: China (1º), Índia (2º), Indonésia (4º), Paquistão (6º), Bangladesh (8º) e Japão (10º).

VCG/Getty Images

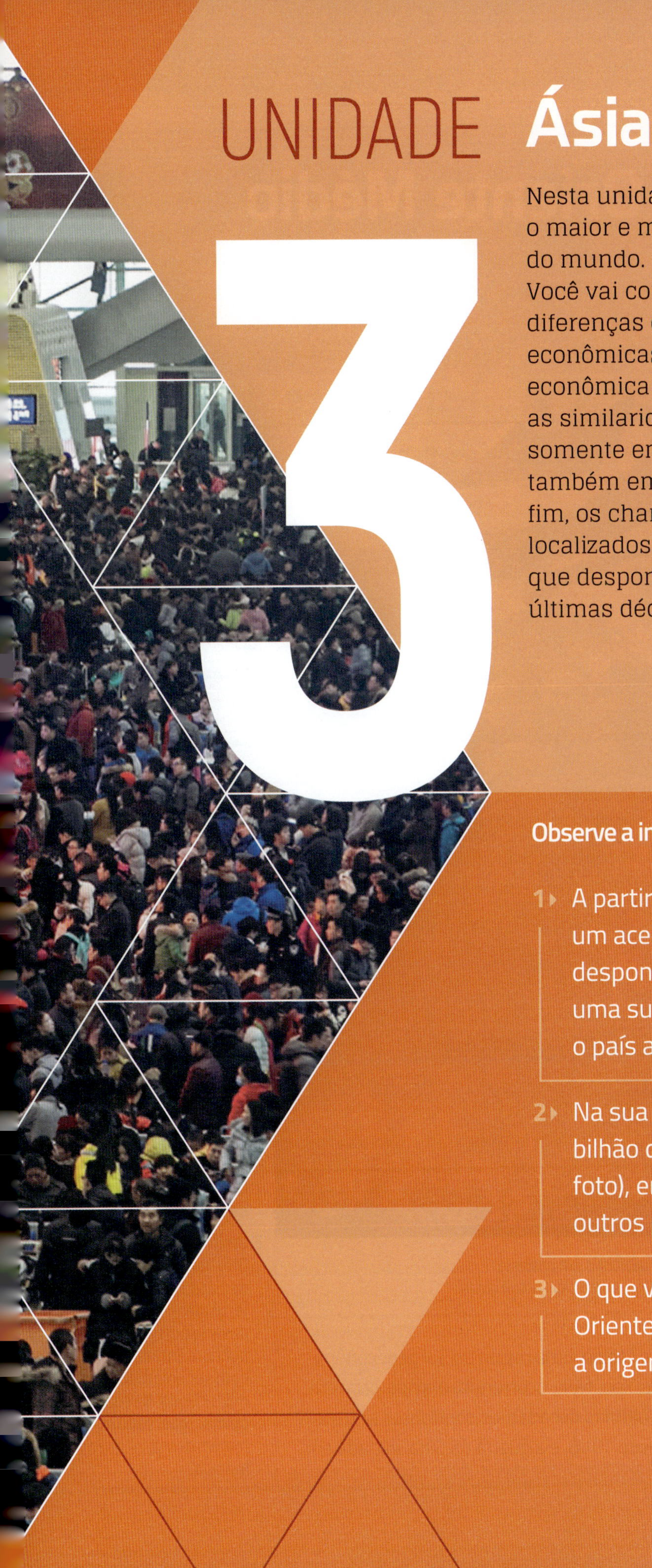

UNIDADE 3 Ásia

Nesta unidade, você vai estudar a Ásia, o maior e mais populoso continente do mundo.

Você vai conhecer o Oriente Médio e suas diferenças culturais, políticas, geográficas e econômicas; o Japão e sua ascensão econômica após a Segunda Guerra Mundial; as similaridades entre China e Índia, não somente em termos demográficos, mas também em crescimento econômico; e, por fim, os chamados Tigres Asiáticos, países localizados no sudeste e leste do continente, que despontaram na economia mundial nas últimas décadas.

Observe a imagem e responda às questões:

1. A partir de 1980, a China passou a viver um acelerado crescimento econômico e despontou na economia mundial como uma superpotência. Que fatores levaram o país a esse *boom* econômico?
2. Na sua opinião, países com mais de um bilhão de habitantes, como a China (na foto), enfrentam mais problemas que os outros países? Justifique sua resposta.
3. O que você sabe sobre os conflitos no Oriente Médio? Na sua opinião, qual seria a origem dessas disputas?

CAPÍTULO

7 Oriente Médio

Grupo de advogados palestinos empunhando bandeiras nacionais em protesto contra a decisão de Donald Trump de reconhecer Jerusalém como capital do Estado judeu. Ramallah, Cisjordânia, 2017.

Neste capítulo você vai estudar o Oriente Médio, uma região do Sul geoeconômico conhecida pelas imensas reservas de petróleo. Nela ocorreram, e ainda ocorrem, alguns dos principais conflitos armados das últimas décadas: os confrontos entre israelenses e palestinos, que se prolongam desde 1948, e a guerra na Síria, iniciada em 2011, são dois exemplos.

Para começar

Observe a imagem e converse com o professor e os colegas.

1. Comente o que você sabe de Jerusalém.
2. Uma resolução da ONU, de 1947, havia declarado que Jerusalém não deveria pertencer a nenhum Estado e nem ser uma cidade militarizada. Na sua opinião, qual seria o motivo dessa medida?

1 Oriente Médio: aspectos gerais

Observe no mapa a localização do Oriente Médio e sua divisão política.

Oriente Médio: político (2016)

Fonte: elaborado com base em IBGE. *Atlas geográfico escolar*. 7. ed. Rio de Janeiro, 2016. p. 49.

O Oriente Médio é uma das principais áreas estratégicas do mundo por causa de sua localização – no encontro da Ásia com a Europa e a África – e de sua importância econômica. O subsolo dessa região concentra cerca de 50% das reservas mundiais de petróleo e quase 30% das reservas de gás natural. O petróleo ainda é a principal fonte de energia no mundo: além de servir como fonte energética para usinas termelétricas e de matéria-prima para as indústrias petroquímicas, de plásticos e derivados, é dele que são obtidos combustíveis como o querosene, a gasolina e o óleo *diesel*.

Por outro lado, o Oriente Médio é a região do globo mais pobre em água: dispõe de menos de 1% da água potável disponível no planeta. A carência desse recurso natural essencial para a sobrevivência humana torna a região bastante vulnerável.

Essa região também é palco de constantes tensões e conflitos – territoriais, religiosos e sociais –, que periodicamente dão origem a guerras locais e até mesmo a movimentos terroristas internacionais. É o caso do grupo Estado Islâmico (EI), que atua no Iraque e na Síria e vem sendo combatido nos últimos anos por tropas sírias, apoiadas por forças internacionais. Esse grupo, que chegou a controlar um terço dos territórios iraquiano e sírio, pretendia formar um califado nesses países e em outras áreas ao redor.

Califado: sistema de governo instituído entre os sunitas após a morte do profeta Maomé, no qual haveria um chefe religioso e ao mesmo tempo político, o califa, que governaria de acordo com os princípios islâmicos.

Alguns países do Oriente Médio, como Emirados Árabes Unidos, Bahrein, Catar, Arábia Saudita, Kuwait e Israel, têm renda *per capita* elevada, porém apresentam fortes desigualdades e injustiças sociais. Em todos eles há uso intenso de força de trabalho de estrangeiros, que ganham salários baixos e não têm garantidos os direitos de cidadãos: em Israel, emprega-se mão de obra palestina; nos Emirados Árabes Unidos, na Arábia Saudita e no Kuwait, utiliza-se mão de obra indiana, paquistanesa, palestina e egípcia, entre outras nacionalidades. Nesses três países árabes há minorias com rendas altíssimas – que investem capitais nos países mais desenvolvidos – e uma maioria com baixo padrão de vida.

No Oriente Médio encontram-se alguns dos maiores produtores e exportadores mundiais de petróleo: Arábia Saudita, Kuwait, Emirados Árabes Unidos, Irã, Iraque e Catar. Observe, no mapa abaixo, como se distribuem as reservas de petróleo no mundo.

O petróleo no mundo (2017)

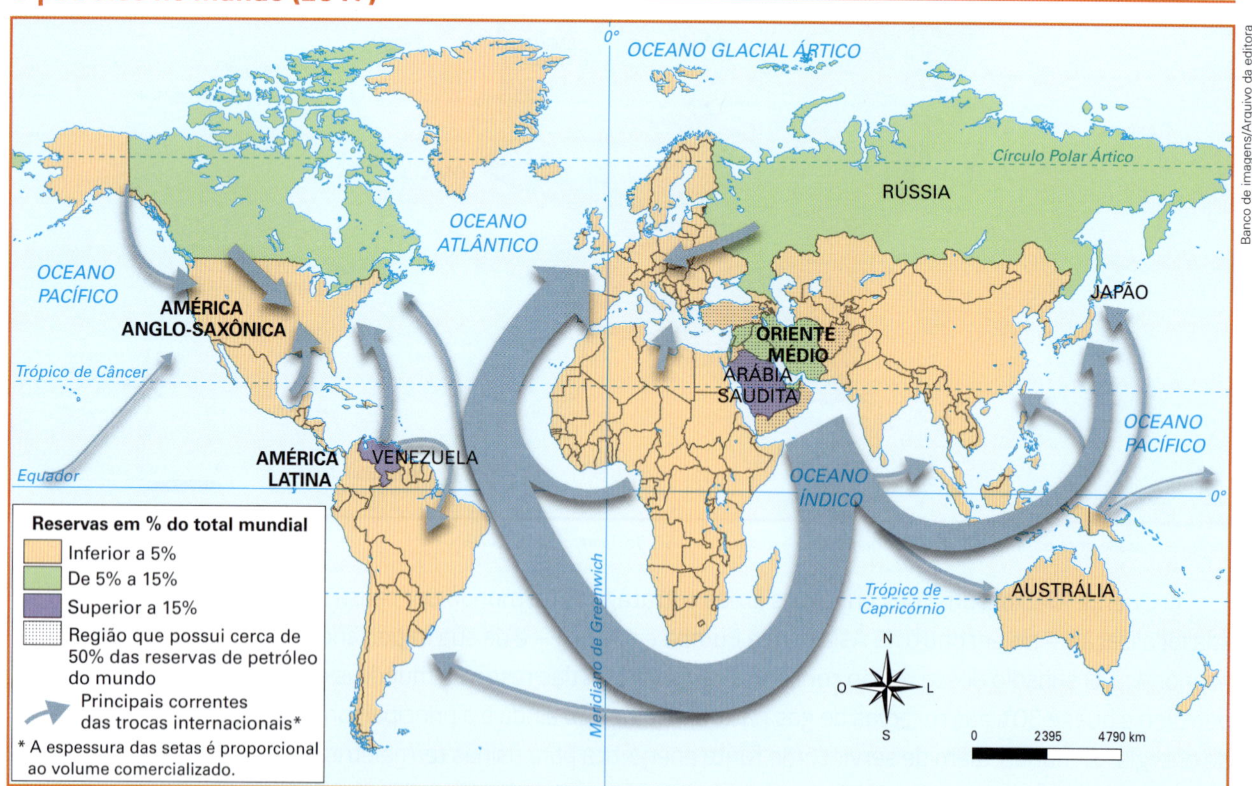

Fonte: elaborado com base em SIMIELLI, M. E. *Geoatlas*. São Paulo: Ática, 2013. p. 76; ANP. *Anuário estatístico brasileiro do petróleo, gás natural e biocombustíveis 2017*. Disponível em: <http://www.anp.gov.br/images/publicacoes/anuario-estatistico/2017/anuario_2017.pdf>. Acesso em: 10 nov. 2018.

O quadro a seguir apresenta dados dos países do Oriente Médio.

Países do Oriente Médio: dados estatísticos (2015-2017)*

País	Área (km²)	População em 2017 (em milhões)	PIB em 2016 (em bilhões de dólares)	Renda *per capita* PPC em 2016 (em dólares)	IDH em 2015
Afeganistão	652 860	35,5	19,9	1 900	0,479 (baixo)
Arábia Saudita	2 149 690	32,9	702,1	55 560	0,847 (muito alto)
Bahrein	770	1,5	31,2	44 690	0,824 (muito alto)
Catar	11 610	2,6	187,8	124 740	0,856 (muito alto)
Emirados Árabes Unidos	83 600	9,4	357,0	72 850	0,840 (muito alto)
Iêmen	527 970	28,2	28,8	2 490	0,482 (baixo)
Irã	1 745 150	81,1	511,8	17 370	0,774 (alto)
Iraque	435 240	38,2	202,0	17 240	0,649 (médio)
Israel	22 070	8,3	309,3	37 400	0,899 (muito alto)
Jordânia	89 320	9,7	37,1	8 980	0,741 (alto)
Kuwait	17 820	4,1	164,0	83 420	0,800 (muito alto)
Líbano	10 450	6,0	46,1	13 860	0,763 (alto)
Omã	309 500	4,6	75,9	41 320	0,796 (alto)
Palestina**	6 220	4,9	s/d	s/d	s/d
Síria	185 180	18,2***	s/d	s/d	0,536 (baixo)
Turquia	783 560	80,7	888,8	23 990	0,767 (alto)

Fonte: elaborado com base em WORLDOMETERS. Disponível em: <www.worldometers.info/world-population/population-by-country/>; WORLD Bank. Disponível em: <http://wdi.worldbank.org/table/WV.1>. Acessos em: 20 ago. 2018.

*Excluindo os países do norte da África, como o Egito e outros, que costumam ser incluídos nas estatísticas do Oriente Médio.

**A Palestina, embora não tenha soberania sobre seu território, foi incluída porque já foi reconhecida como Estado independente por centenas de nações, além de ser um membro observador da ONU.

*** Os dados da população da Síria são de 2011, ocasião em que se iniciou uma guerra civil. Portanto, considerando que milhões de pessoas morreram nos bombardeios ou abandonaram o país após essa data, tornando-se refugiados em países vizinhos ou na Europa, chega-se à conclusão de que a população atual do país é bem menor do que essa estimativa.

Texto e ação

1› Explique por que o Oriente Médio é uma das principais áreas estratégicas do mundo.

2› Qual é a situação do Oriente Médio do ponto de vista das desigualdades sociais?

3› Em dupla, comentem a situação do Oriente Médio no que diz respeito às reservas naturais de petróleo e de água.

4› Com base nos dados do quadro desta página, é possível verificar a existência de grandes disparidades regionais? Exemplifique.

5› Na sua opinião, qual seria o motivo da falta de alguns dados relativos à Síria e à Palestina no quadro?

2 Oriente Médio: aspectos físicos

O Oriente Médio está localizado na porção sul-ocidental, ou sudoeste, da Ásia, constituindo um ponto de contato do continente asiático com a Europa e com a África. O norte da África é quase um prolongamento do Oriente Médio, e vice-versa: daí o motivo de as organizações internacionais, atualmente, agruparem o norte da África e o Oriente Médio em suas pesquisas e estatísticas. Pode-se falar em um "Grande Oriente Médio", que se estende desde o norte da África até o Afeganistão, passando pela **península Arábica** e pelo **golfo Pérsico**.

Entre o mar Mediterrâneo e o mar Vermelho, que separam a África da Ásia, há uma faixa de terra, situada no Egito, que liga os dois continentes. Nesse local foi construído o canal de Suez. Observe sua localização no mapa abaixo.

Oriente Médio: aspectos físicos

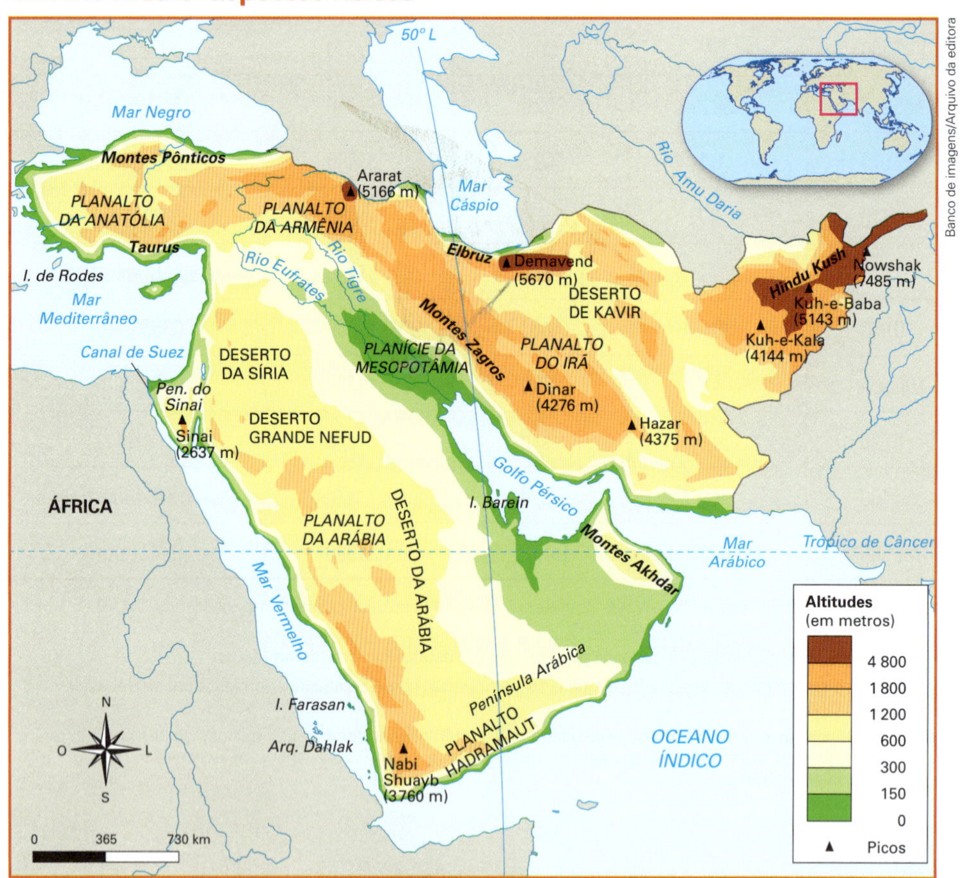

Fonte: elaborado com base em IBGE. *Atlas geográfico escolar*. 7. ed. Rio de Janeiro, 2016. p. 48.

Em relação à Europa, os montes Urais, o rio Ural e o mar Cáspio costumam ser considerados as linhas divisórias entre os continentes asiático e europeu. O Egito é o único país que possui terras na África (a maior parte) e no Oriente Médio, enquanto a Turquia possui parte do seu território no Oriente Médio e outra (menor) na Europa. Predomina na região o **clima desértico**, com o deserto do Saara, no norte do continente africano. O clima **subtropical mediterrâneo** ocorre em alguns trechos, especialmente próximos ao litoral, onde se concentra a maioria da população e das atividades agrícolas.

O relevo em geral é baixo, com exceção das partes leste e, sobretudo, norte da região – Afeganistão, norte do Irã e da Turquia –, onde se erguem planaltos e cadeias de montanhas. A principal planície é a da **Mesopotâmia**, que se estende da Síria até o golfo Pérsico, abrangendo áreas do Irã e do Iraque. Essa planície, formada pelos rios Tigre e Eufrates, apresenta grandes densidades demográficas e nela se cultivam vários gêneros agrícolas, como arroz, trigo, cevada e algodão.

A estrutura geológica do Oriente Médio – rochas e recursos minerais – constitui uma característica fisiográfica importantíssima. Predominam na região as bacias sedimentares – especialmente na península Arábica e ao redor do golfo Pérsico –, que são áreas rebaixadas e preenchidas por rochas sedimentares. Essas bacias favorecem a ocorrência de hidrocarbonetos graças à existência de um anticlíneo (formação curva ou em forma de cúpula), uma fenda preenchida há milhões de anos por organismos marinhos aprisionados no meio de camadas rochosas, que se transformaram em petróleo e gás natural no decorrer do tempo. Esse anticlíneo foi produzido pela colisão de duas placas tectônicas, a Euro-Asiática e a Arábica, que se encontram nessa região.

Hidrocarboneto: substância formada principalmente por hidrogênio e carbono; o petróleo é o principal exemplo de hidrocarboneto.

Alamy/Fotoarena

Montanhas no vale Wakhan, Afeganistão, 2018.

Texto e ação

1. Há uma relação entre clima, relevo e ocupação humana no Oriente Médio? Justifique.
2. Explique a relação existente entre a estrutura geológica do Oriente Médio e a presença de petróleo na região.

3 Diferenças entre os países

A maior riqueza do Oriente Médio é o petróleo. Em geral, os países que apresentam as maiores rendas *per capita* nessa região são os produtores e exportadores de petróleo, embora haja exceções como Israel e Turquia, que não dependem da exploração desse produto e são países industrializados.

As maiores rendas *per capita* PPC do Oriente Médio, de acordo com o quadro da página 145, são apresentadas por Catar, Kuwait, Emirados Árabes Unidos e Arábia Saudita: acima de 50 mil dólares. Esses países estão classificados entre as vinte maiores rendas PPC do mundo. Depois deles vêm Bahrein, Omã e Israel, que apresentam rendas elevadas, superiores a 35 mil dólares. As rendas mais baixas, inferiores a 3 mil dólares, são as do Afeganistão e do Iêmen – e provavelmente também da Palestina e da Síria. A Síria, segundo os últimos dados de que se dispõe (de 2011), também apresentava baixa renda *per capita* PPC, de 5 100 dólares, valor que deve ter apresentado queda significativa a partir da guerra civil que se instalou no país.

Os países árabes apresentam regimes políticos muito variados. Há monarquias absolutistas semifeudais na Arábia Saudita, Omã, Bahrein e Catar; monarquias constitucionais no Kuwait e Jordânia; repúblicas presidencialistas na Síria, Líbano, Iêmen e Iraque; regimes políticos originais no Irã, um país teocrático, e Emirados Árabes Unidos, uma federação de sete emirados: Abu Dhabi, Ajman, Al Fujayrah, Sharjah, Dubai, Ras al Khaymah e Umm al Qaywayn. No entanto, essas diferenças em relação aos regimes políticos adotados (emirados, monarquias, repúblicas) são apenas formais. Em praticamente todos esses países, a regra é a concentração do poder nas mãos de duas ou três famílias. Além disso, há uma forte relação entre religião e regime político. O único país do Oriente Médio considerado democrático é Israel – mesmo assim com ressalvas, por causa da pouca vigência dos direitos de cidadania, em especial para a população não judaica, que abrange cerca de 25% da população total do país.

País teocrático: país cuja forma de governo é a teocracia, ou seja, a autoridade política é exercida por um líder religioso.

Emirado: território administrado por um emir, que é um título de nobreza usado nas nações islâmicas.

Um erro muito comum é confundir países árabes com países islâmicos, pois nem todo islâmico é árabe, assim como nem todo árabe é islâmico, embora o islamismo tenha se originado entre povos árabes.

O mundo islâmico é formado pelos países onde predomina a religião muçulmana ou islâmica. Isso significa que inclui muitos povos não árabes: persas ou iranianos, turcos, indonésios, paquistaneses, etc. O Estado com a maior população islâmica do mundo é a Indonésia, onde 88% dos cerca de 262 milhões de habitantes são praticantes do islamismo. Por sua vez, existem milhões de árabes que não são islâmicos: boa parte dos libaneses (40%) é cristã (maronitas, principalmente, ortodoxos e, às vezes, católicos); na Síria, cerca de 10% da população é cristã.

Texto e ação

1. Cite alguns países do Oriente Médio que são grandes exportadores mundiais de petróleo. Todos eles possuem rendas *per capita* PPC elevadas?
2. Quais são os países do Oriente Médio industrializados que não dependem do petróleo?
3. Há uma forte relação entre religião e regime político em alguns países do Oriente Médio. Em duplas, reflitam: Na opinião de vocês, essa relação é prejudicial para um país? Justifique sua resposta.

4 Os países árabes e o petróleo

Em 2016, os doze principais produtores mundiais de petróleo foram, em ordem decrescente: Rússia, Arábia Saudita, Estados Unidos (em razão, principalmente, da exploração do xisto, retomada há alguns anos), Irã, Iraque, China, Canadá, Emirados Árabes Unidos, Kuwait, Brasil, Venezuela e México. Alguns desses grandes produtores, como Estados Unidos e China, consomem muito mais do que produzem, daí serem também grandes importadores desse combustível. Os demais – menos o Brasil, que exporta pouco devido ao grande consumo interno – são grandes exportadores de petróleo.

A Arábia Saudita, que durante décadas foi considerada detentora da maior reserva mundial de petróleo, passou a ocupar o segundo lugar depois que recentes avaliações constataram que as maiores reservas do mundo se concentram na Venezuela. Atualmente, a Arábia Saudita mantém uma produção diária de aproximadamente 10,5 milhões de barris, apesar de ter a capacidade de produzir mais de 15 milhões. Essa capacidade ociosa de quase 5 milhões de barris por dia é uma estratégia para garantir reservas desse recurso diante de uma eventual necessidade, como uma crise mundial de abastecimento. Por esse motivo, o país é considerado o principal jogador no comércio internacional do petróleo, pois pode aumentar a oferta (e baixar os preços) ou restringir a oferta (e fazer os preços subirem) graças a essa capacidade ociosa – que nenhum outro país tem – e às suas volumosas reservas em moeda forte (dólar ou euro).

No Oriente Médio, além da Arábia Saudita e de outros grandes produtores e exportadores de petróleo – Irã, Iraque, Emirados Árabes Unidos e Kuwait –, existem Estados cuja economia tem como base esse recurso natural, mas exportam o produto em quantidades menores: Omã, Bahrein, Catar e Iêmen. Com exceção do Iêmen, esses países, pelo fato de terem populações reduzidas, apresentam elevados IDHs e rendas *per capita* PPC graças aos recursos obtidos por meio das exportações de petróleo.

Homem passa com camelos em campo de petróleo no deserto de Sakhir, Bahrein, 2015.

Hasan Jamali/AP Photo/Glow Images

O Iêmen é uma exceção por vários motivos: o país encontra-se mais distante do golfo Pérsico – e, portanto, das grandes reservas de petróleo; tem uma população muito dividida, com frequentes conflitos étnicos (até 1990 existiam dois Estados diferentes, o Iêmen do Norte e o Iêmen do Sul, e até hoje existem movimentos separatistas que querem dividir novamente o país); registra um elevado crescimento demográfico (2,8% ao ano em um pequeno país de clima desértico que já tem mais de 28 milhões de habitantes); e apresenta grande escassez de água potável, recurso indispensável para a agricultura, que continua a ser o principal setor da economia.

Neste século, a China substituiu os Estados Unidos como maior comprador de petróleo do Oriente Médio. Os Estados Unidos, além de terem ampliado sua produção energética, contam com os fornecedores vizinhos – Canadá e México, além da Venezuela – que vendem ao país quase toda a sua produção.

5 A criação dos Estados do Oriente Médio

Os países que atualmente formam o Oriente Médio foram criados a partir da Primeira Guerra Mundial (1914-1918), quando ocorreu a divisão das terras que eram ocupadas pelos impérios Persa e Otomano.

Durante séculos, desde a expansão da religião islâmica (iniciada no século VII) até a Primeira Guerra Mundial, toda essa região era parte do Império Persa (a leste) e principalmente do imenso Império Turco Otomano (a oeste). Por muito tempo, esses impérios islâmicos rivalizaram entre si e com o Ocidente, e até o século XVIII contavam com grande poderio militar e padrão de vida superior ao do continente europeu. O Império Turco Otomano, principalmente, foi um dos Estados mais poderosos do mundo.

Entretanto, o desenvolvimento do capitalismo e a Revolução Industrial na Europa, iniciada em meados do século XVIII, mudaram completamente esse quadro. Com a invenção e a introdução de novas máquinas e armas, além da expansão demográfica causada pela diminuição das taxas de mortalidade, os europeus se fortaleceram e, no século XIX, começaram a ocupar terras pertencentes a esses dois impérios. A Rússia, sobretudo, tomou várias áreas do Império Persa; o Reino Unido e a França se apossaram de regiões que pertenciam ao Império Turco Otomano.

Na Primeira Guerra Mundial, o Império Turco Otomano ficou do lado dos alemães, o que levou o Reino Unido e a França – que lutavam contra a Alemanha – a incentivar os povos árabes a se unir e combater os turcos, senhores desse império. Os atuais países e suas respectivas fronteiras foram criados, principalmente, devido ao enfraquecimento do Império Turco Otomano e após muitas mudanças nas relações de força entre as grandes potências mundiais.

Iraque, Arábia Saudita e Jordânia foram criados no início do século XX, sob a influência dos britânicos, que se apossaram das terras onde hoje se encontram esses países. Em 1932, os árabes que habitavam as terras do atual Iraque realizaram uma eleição para escolher um rei, dando origem ao novo país, que foi uma monarquia até 1968, quando houve um golpe militar. No caso da Arábia Saudita, a família Saud (daí o nome saudita) tomou Meca em 1925 com uma tropa montada a camelos e ocupou a região, estabelecendo uma monarquia. Na época, os britânicos não imaginavam o volume das reservas de petróleo dessa área, tampouco o enorme valor que elas teriam, principalmente a partir da segunda metade do século XX.

Depois da Segunda Guerra Mundial (1939-1945), a Arábia Saudita se manteve independente apenas porque os Estados Unidos, interessados no suprimento de petróleo, estabeleceram uma aliança com a frágil monarquia da família Saud, garantindo sua soberania. Também em 1925 foi criada a Jordânia, que ocupa área contígua à Arábia Saudita, ao norte.

Karim Sahib/Agência France-Presse

Vista aérea da cidade de Meca, Arábia Saudita, em 2017.

Os demais países da região – com exceção da Turquia, uma pequena parte do que restou do antigo Império Turco Otomano, e do Irã, remanescente do antigo Império Persa – também tiveram origem semelhante, isto é, foram criados com permissão das antigas metrópoles: Reino Unido e França.

A atual Turquia, herdeira do Império Turco Otomano – porém com menos de um terço da área territorial original – foi criada em 1920, quando os militares, liderados por Kemal Atatürk, tomaram o poder e depuseram o califa, proclamando o regime republicano. Esse ato representou uma espécie de modernização em termos políticos e um movimento de aproximação do Ocidente. A partir daí, a Turquia procurou deixar de ser rival da Europa, com o objetivo de se tornar um Estado ocidental europeu.

O Irã (até 1921 chamado de Pérsia) é herdeiro do Império Persa. Assim como a Turquia, esse país procurou se ocidentalizar depois da Primeira Guerra Mundial. Até 1979, era um fiel aliado do Ocidente, sobretudo dos Estados Unidos. Nesse ano, porém, ocorreu a Revolução Islâmica que depôs o xá (título dado ao imperador) e instituiu um regime teocrático e antiocidental.

No século XXI, Turquia e Irã desempenham, cada vez mais, um papel protagonista na política e na diplomacia do Oriente Médio, ao contrário do que ocorreu durante a maior parte do século XX. Junto com Israel – seu adversário –, constituem as atuais potências regionais do Oriente Médio.

O Egito, antiga potência regional e a maior liderança árabe do Oriente Médio, se enfraqueceu em razão de dificuldades políticas internas (incluindo o terrorismo). O Iraque, outra potência regional que rivalizava com o vizinho Irã, entrou em colapso e praticamente se fragmentou após a chamada Guerra do Golfo de 1990 (quando o Iraque invadiu o Kuwait e sofreu bombardeios de tropas internacionais) e, principalmente, após a invasão estadunidense, em 2003. A Síria, por sua vez, também entrou em colapso, com uma sangrenta guerra civil.

6 Israel, um caso especial

A criação de Israel segue mais ou menos a mesma trajetória de formação de Estados no Oriente Médio, a partir da influência de potências estrangeiras, especialmente do Reino Unido. A grande diferença entre Israel e os demais países da região é que os judeus, em sua maioria, não ocupavam essa área originalmente, ao contrário dos árabes, que já habitavam as terras que formam os atuais países árabes.

A criação de um Estado judaico era projeto de um movimento denominado **sionismo** (nome proveniente do monte Sião, uma colina situada a sudeste de Jerusalém), que teve origem na Europa, no final do século XIX. Nessa época, os judeus se encontravam – e ainda se encontram, em grande parte – espalhados por várias partes do mundo e sofriam perseguições em alguns países, como na Rússia. Além de serem estigmatizados pelos cristãos, muitos eram perseguidos pelo fato de serem ricos, com as autoridades locais querendo se apropriar de seus bens.

No início, o sionismo tinha o propósito de fundar um Estado judaico, mas não sabia exatamente onde. Foram aventadas várias possibilidades, como a ilha de Chipre, o sul da Argentina ou o Congo, mas o local escolhido foi a Palestina. Essa terra – chamada de Canaã e de Judeia, na Antiguidade – havia sido habitada pelos judeus (além de outros povos) mais de 2 mil anos atrás, antes de terem sido expulsos pelos romanos, quando ocorreu a **diáspora** judaica, isto é, a dispersão do povo judeu por várias regiões do planeta.

Após o fim da Segunda Guerra Mundial, quando houve o **holocausto**, extermínio em massa de judeus pelos nazistas, a ONU propôs, em 1947, a criação de dois Estados na Palestina: um judeu e um árabe. Essa decisão estabelecia que a cidade de Jerusalém, considerada sagrada por três religiões (judaísmo, cristianismo e islamismo), seria proclamada área internacional, não pertencente, portanto, nem ao Estado judaico nem ao Estado árabe, ou palestino. O holocausto – genocídio levado a cabo pela Alemanha nazista nos anos 1940, no qual cerca de 5 milhões de judeus (e outras populações, como ciganos, homossexuais e negros) foram aprisionados em campos de concentração e, em sua maior parte, exterminados – criou um clima internacional favorável à criação de um Estado judaico, daí sua aprovação pela maioria dos membros da ONU.

Judeu: o mesmo que hebreu, povo que pratica a religião judaica. Não se pode confundir judeu com israelense, pois nem todo judeu é israelense (isto é, cidadão de Israel) nem todo israelense é judeu (isto é, uma pessoa de cultura ou de origem familiar judaica). Alguns árabes são israelenses, tendo a cidadania do país (mas não podem votar em eleições importantes), embora a maioria (75%) dos israelenses seja de judeus. Milhões de judeus, que residem em vários países (só nos Estados Unidos são 5,7 milhões, mais do que em Israel), não são israelenses, isto é, não têm a cidadania de Israel e muitas vezes não têm nenhum tipo de ligação com esse país.

Palestina: nome tradicional da área onde hoje se encontram o Estado de Israel, a Cisjordânia e a Faixa de Gaza e que, até 1947, pertencia ao Reino Unido. É povoada por palestinos (que são árabes) e judeus.

Alamy/Fotoarena

Vista de Jerusalém, Israel, 2017.

Os árabes – e a Liga Árabe, criada em 1945 – discordaram da decisão da ONU, argumentando que a população local – ou seja, os árabes palestinos, que eram maioria na Palestina (70% do total) – não foi consultada. Além disso, reclamaram contra o fato de que uma minoria, os judeus, havia sido contemplada com mais da metade das terras da Palestina (14,1 mil km², ou 57% do total), enquanto à maioria foi destinada uma parte menor (11,5 mil km², ou 43% da área total).

Apesar da reação dos vizinhos árabes, o Estado de Israel foi criado em 1948. Logo que a independência de Israel foi proclamada, o país entrou em guerra contra os países árabes vizinhos (Egito, Jordânia, Síria, Iraque e Líbano). Esse fato ocasionou a fuga de aproximadamente 800 mil árabes palestinos da região, que perderam suas casas e passaram a ser refugiados em países vizinhos. A partir daí, teve início o problema dos refugiados palestinos: muitos deles moram em campos de refugiados, em tendas improvisadas.

Mahmud Hams/Agência France-Presse

Campo de refugiados palestinos na Faixa de Gaza, em 2018.

Esse primeiro conflito entre Israel e os árabes também ampliou a área territorial de Israel: o país se expandiu e passou a controlar 75% do território que seria destinado aos palestinos, além de ter se apossado da parte ocidental da cidade de Jerusalém. Apesar de terem uma população muito maior que a de Israel, os árabes foram – nessa e em várias outras ocasiões – sempre derrotados porque o Estado judaico sempre contou com a ajuda das grandes potências, primeiramente da União Soviética (em 1948, ocasião em que se acreditava que Israel seria mais um país socialista) e depois dos Estados Unidos. O governo estadunidense, especialmente a partir de 1967, quando ficou claro que Israel se tratava de um país capitalista e forte aliado ocidental na região, passou a fornecer recursos financeiros e os mais modernos armamentos a Israel.

Na atualidade, Israel desempenha um crescente papel protagonista no Oriente Médio. Esse protagonismo se deve, em parte, ao desenvolvimento científico-tecnológico que caracteriza o país, cuja economia é moderna e desenvolvida.

Os conflitos árabe-israelenses

Israel entrou em guerra contra os vizinhos árabes em 1948, 1956, 1967 e 1973. Além dessas quatro guerras convencionais, em que as Forças Armadas entram em combate com uso de aviões, tanques, etc., existem as guerras não declaradas, isto é, conflitos diários que causam muitas mortes de árabes e israelenses, uma situação que parece não ter fim.

A guerra de 1956 ficou conhecida como a Guerra de Suez, porque foi motivada pela nacionalização do canal de Suez pelo governo do Egito. Israel, apoiado pelos franceses e britânicos, invadiu a região da península do Sinai, no norte do Egito, de onde se retirou após pressão da União Soviética e dos Estados Unidos.

Em 1967, na chamada Guerra dos Seis Dias, ocorreram vários ataques terroristas contra Israel, que reagiu bombardeando zonas fronteiriças. Essa atitude levou a uma situação de pré-guerra com os países vizinhos, que finalmente foram invadidos por tropas israelenses, antecipando-se a um ataque ao seu território. Nesse conflito, Israel ocupou áreas no Egito (novamente a península do Sinai, devolvida em 1979), na Síria e na Jordânia, além de ter se apossado da parte oriental de Jerusalém, ampliando sua extensão territorial.

Em 1973, na guerra do Yom Kippur (o "dia do perdão", para os israelenses) ou do Ramadã (o "período do jejum", para os árabes), o Egito e a Síria, ajudados pela Jordânia, tentaram, sem sucesso, retomar as áreas de seus territórios anexadas por Israel em 1967. Com a assinatura dos acordos de paz de Camp David, em 1979, Israel concordou em devolver ao Egito a península desértica do Sinai.

Após a devolução dessas terras ao Egito, Israel passou a ter uma área de 20 900 km². Todavia, o Estado israelense ainda ocupa outras áreas que, oficialmente, não fazem parte do seu território: as colinas de Golã (1 500 km²) e a parte leste ou oriental de Jerusalém (70 km²), além de exercer grande influência sobre a Cisjordânia (5 879 km²) e a Faixa de Gaza (378 km²), ambas sob o controle dos árabes palestinos – a Cisjordânia sob o domínio da Autoridade Nacional Palestina (ANP) e a Faixa de Gaza controlada pelo grupo Hamas, uma organização ou partido político que os israelenses consideram terrorista. Essas duas faixas de terra separadas pelo território de Israel constituiriam o embrionário Estado palestino, mas o que ocorre é que os palestinos não têm soberania, de fato, sobre esses territórios.

De olho na tela

Cinco câmeras quebradas
Direção: Emad Burnat e Guy Davidi. Palestina/Israel/França, 2011.
Duração: 94 min.
Emad é um agricultor palestino que mora com a família em uma cidade da Cisjordânia. Em 2005, o governo israelense resolve construir um muro, dividindo a cidade e separando os habitantes dos campos de oliveira, cultura tradicional da região. Emad então decide filmar os acontecimentos e abusos israelenses ao mesmo tempo que registra o crescimento de seu filho.

Bob Daugherty/AP Photo/Glow Images

Anwar Al Sadat (à esquerda), então presidente do Egito, Jimmy Carter (no centro), presidente dos Estados Unidos na época, e Menachem Begin (à direita), então primeiro-ministro de Israel, firmam o acordo de Camp David. Washington DC, Estados Unidos, 1979. Esse acordo estabeleceu a paz entre Israel e Egito, porém, foi criticada por extremistas árabes. Em 1981, esses extremistas acabaram assassinando o presidente Anwar Al Sadat.

Essas áreas, sobretudo a Faixa de Gaza, frequentemente são invadidas por tropas israelenses. Os palestinos necessitam de autorização israelense até para cavar poços com o objetivo de extrair água do lençol freático, e dificilmente são atendidos porque essas reservas de água são as mesmas utilizadas por Israel.

Na Cisjordânia, radicais israelenses, especialmente judeus ortodoxos que argumentam que toda essa área lhes pertence, costumam construir assentamentos além da fronteira de Israel, em faixas de terras dentro do território palestino, o que provoca conflitos e até protestos diplomáticos na ONU por parte não apenas dos palestinos e de países árabes, mas de dezenas de outros países.

As autoridades israelenses por vezes – dependendo do partido político no poder – tentam remover esses judeus e seus assentamentos da Cisjordânia, mas eles oferecem feroz resistência e o governo de Israel não quer perder votos com os noticiários sobre violência policial contra os ortodoxos. Isso torna o conflito Israel-Palestina – e, por extensão, entre Israel e os árabes e muçulmanos em geral – extremamente difícil de solucionar sem que haja um eficaz acordo de partilha territorial, que garanta verdadeira soberania dos palestinos sobre as áreas que ocupam. Esse conflito é o que mais tem suscitado radicalismos por parte de alguns grupos islâmicos. Esses grupos, que atuam tanto na região quanto fora dela (em países europeus ou nos Estados Unidos, acusados de ajudar Israel), consideram a situação um exemplo notório de opressão da comunidade islâmica por potências ocidentais que criaram e ajudam a manter um Estado nacional que, segundo eles, nada tem a ver com a região.

A partilha da Palestina

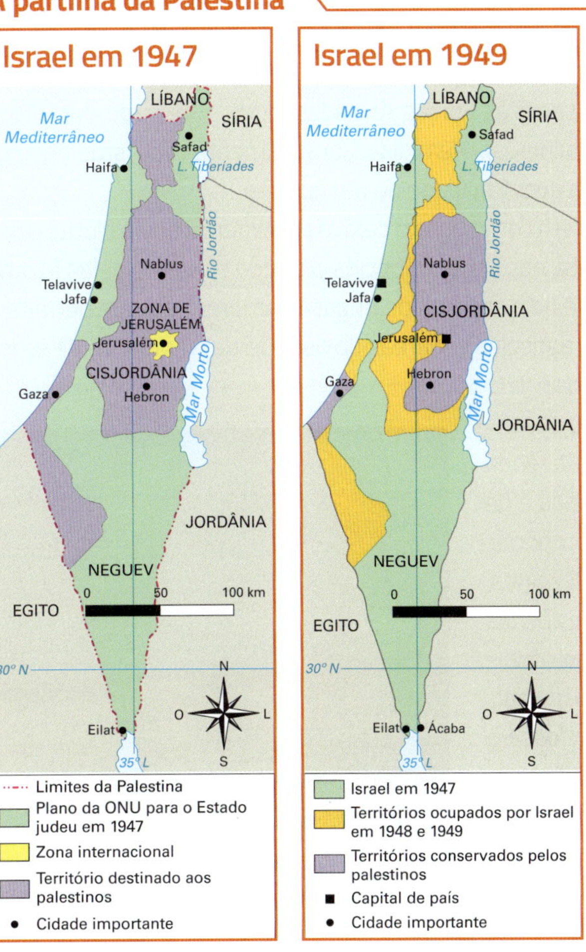

Banco de imagens/Arquivo da editora

Fonte: elaborados com base em DUBY, G. *Atlas historique*. Paris: Larousse, 2006. p. 181-183.

Texto e ação

1› Sobre os conflitos árabe-israelenses, explique o que são guerras não declaradas.

2› Em dupla, comentem as dificuldades para solucionar o conflito Israel-Palestina e apontem uma medida que seria eficaz para garantir a paz na região.

Uma economia desenvolvida na região

Israel, um dos países mais industrializados do Oriente Médio, possui uma indústria de armamentos bastante desenvolvida, além de indústrias químicas, têxteis, de informática, de material de transportes, de lapidação de diamantes, de produtos eletrônicos, etc. Do ponto de vista da tecnologia, a economia israelense é a mais avançada da região.

A ajuda internacional – especialmente dos Estados Unidos e, até recentemente, também da Alemanha, que pagou aos israelenses indenizações devidas a perseguições de judeus pelo regime nazista – continua sendo importante para a economia israelense e para a sobrevivência do país, pois ele é cercado por vizinhos mais populosos e hostis e se mantém em boa parte devido aos armamentos modernos – incluindo os mais avançados aviões de combate e mísseis terra-ar que os estadunidenses não vendem para nenhum outro país.

Israel gasta cerca de 25% a 30% do seu orçamento com defesa, um percentual elevadíssimo, talvez o mais elevado em todo o mundo junto com o da Coreia do Norte. O treinamento militar israelense também é rigoroso: todo cidadão, com exceção dos judeus ultraortodoxos, deve servir às Forças Armadas, onde é treinado durante três anos (homens) ou um ano (mulheres). Além disso, praticamente todo israelense possui algum tipo de arma para a eventualidade de um conflito.

A agricultura israelense tem como base o cultivo e a exportação de frutas cítricas, abacate, legumes, trigo, batata, etc. Ela é conhecida em todo o mundo pelas fazendas coletivizadas – os *kibutzim* – e pelo sistema de irrigação empregado, que permite aos israelenses cultivar produtos agrícolas em áreas do deserto de Neguev, onde se localiza grande parte de seus solos.

Kibutzim: plural de *kibutz*, a fazenda coletiva em Israel.

Do ponto de vista de seu desenvolvimento tecnológico, de sua renda *per capita* relativamente elevada e de seus bons indicadores socioeconômicos – expectativa de vida de 82 anos, taxa de mortalidade infantil de apenas 4 por mil –, Israel tem plenas condições de ser classificado como um país do Norte geoeconômico, não fosse o fato de sua existência como Estado estar marcada por relações tensas e conflituosas com os países vizinhos desde sua criação.

Alamy/Fotoarena

Kibutz de Ein Gev, em Israel, 2017. Ao fundo, mar da Galileia (na realidade, um grande lago de água doce), de onde saem aquedutos para irrigar plantações no deserto.

Texto e ação

1› Qual é a base da economia israelense?

2› Como é praticada a agricultura em Israel?

3› Considerando as condições socioeconômicas de Israel e seu desenvolvimento tecnológico, qual o principal empecilho para que o Estado israelense possa ser classificado entre os países desenvolvidos do Norte?

7 A difícil criação de um Estado palestino

A situação do povo palestino constituiu a mais grave e dramática questão do Oriente Médio, com repercussões em todo o mundo.

Após perderem seu território em 1948, os palestinos passaram a viver como refugiados em países vizinhos. Essa situação levou muitos palestinos a reagir por meio de ações armadas, entre o fim da década de 1950 e o começo da década de 1960, dando origem a várias organizações criadas com o objetivo de retomar a posse de terras ou de fundar o seu Estado.

Em 1964, foi fundada a Organização para a Libertação da Palestina (OLP). Em 1993, depois dos acordos de Oslo, na Noruega, onde palestinos e israelenses discutiram a paz com a intermediação dos Estados Unidos, a OLP passou a constituir a Autoridade Nacional Palestina (ANP), com jurisdição na Cisjordânia e na Faixa de Gaza. Com a morte do fundador da OLP, o carismático líder palestino Yasser Arafat, em 2004, e as frequentes denúncias de corrupção de seus líderes, a OLP perdeu muita popularidade.

Em 2006, os palestinos votaram a favor da organização islâmica fundamentalista Hamas, que passou a controlar a Faixa de Gaza. O Hamas foi fundado em 1987 com ajuda israelense e estadunidense, com o objetivo de desestabilizar a OLP, que consideravam seu principal inimigo na região. Mais tarde, os militantes do Hamas revelaram-se muito mais radicais e intransigentes – não aceitam a existência do Estado de Israel e querem destruí-lo –, de modo que a situação se inverteu: Israel e Estados Unidos agora procuram ajudar a ANP a retomar o controle sobre a Faixa de Gaza.

A convivência entre israelenses e palestinos é conflituosa e violenta desde 1948. Em 1987, a população palestina iniciou um movimento de protesto contra a ocupação israelense lançando pedras contra as tropas. Esse movimento, que causou a morte de centenas de jovens palestinos e de alguns soldados israelenses, recebeu o nome de *intifada* (rebelião) e também é conhecido como a "revolta de pedras". Depois disso outras intifadas ocorreram, principalmente neste século, nas quais foram utilizados, em vez de pedras, fuzis, metralhadoras e até lança-foguetes, pois os palestinos passaram a receber ajuda financeira (e armamentos) do Irã e, eventualmente, da Síria – antes de o país entrar em colapso. A tensão aumentou a partir de 2017, quando o então presidente dos Estados Unidos Donald Trump reconheceu Jerusalém como capital de Israel, inaugurando a nova embaixada estadunidense nessa cidade em maio de 2018.

Manifestantes palestinos atiram pedras em soldados israelenses em West Bank, ao norte de Jerusalém, em 1987.

Patrick Robert/Corbis/Sygma/Getty Images

De todos os conflitos mundiais, o conflito árabe-israelense talvez seja o de mais difícil solução, pois existem muitas dificuldades para o estabelecimento da paz. O único caminho seria a negociação da troca de terras: a devolução por parte de Israel das terras que ocupou, incluindo a parte leste de Jerusalém, e a concessão de soberania aos palestinos sobre a Cisjordânia e a Faixa de Gaza. No entanto, é improvável que isso ocorra em razão da existência de radicais judeus que são contra essa devolução e ainda querem ocupar mais terras para a construção de um "grande Israel", sob a justificativa de que toda essa área seria a terra a eles prometida por Deus (Jeová). Do lado dos árabes, por sua vez, os grupos radicais reivindicam para si toda a Palestina; portanto, para eles a guerra só terminará no dia em que Israel não existir mais.

Outro problema é o dos refugiados palestinos que residem em países vizinhos e desejam retornar para suas terras. Calcula-se que existam cerca de 3,5 milhões de palestinos vivendo, principalmente, na Jordânia e no sul do Líbano e também na Síria e no Iraque, além de outros países mais distantes. Contudo, as áreas que sobraram para a criação do Estado palestino, a Faixa de Gaza e a Cisjordânia – distantes cerca de 70 quilômetros entre si e separadas pelo território israelense – não são suficientes para abrigar toda essa população.

A Faixa de Gaza é uma das áreas mais superpovoadas do mundo (com uma densidade demográfica de quase 4 mil hab./km^2), com baixas condições de vida e sérios problemas estruturais de moradia, abastecimento de água, rede de esgotos, etc.

Texto e ação

- O que significa para você a expressão "cidadania plena"? Explique por que é possível afirmar que os palestinos não conseguem exercer plenamente a cidadania. Troque ideias com os colegas.

8 Outros países do Oriente Médio

Iraque

O Iraque possui uma das maiores reservas mundiais de petróleo, mas, desde os anos 1990, após uma desastrada guerra promovida contra o Irã na década anterior, o país se encontra em um crescente estado de pobreza e desagregação. Além de enfrentar carência de alimentos, remédios e outros produtos, algumas de suas regiões, especialmente no norte (onde predominam os curdos) e no leste (onde predominam os xiitas), proclamaram-se autônomas.

Ahmad Al-Rubaye/Agência France-Presse

Mesquita xiita do imã Musa al-Kadhim, uma das maiores de Bagdá, capital do Iraque, em 2018.

Até 2003, o Iraque foi governado pelo Baath, um partido único e oficial. Esse regime político de partido único não admitia oposições nem liberdades democráticas – principalmente para os xiitas e para os curdos. Além disso, desde 1979 vigorava a ditadura pessoal do líder desse partido, Saddam Hussein, que se apoderou de grande parte das riquezas do país: os principais bancos e indústrias, propriedades rurais, poços de petróleo, etc.

Em 2003, os Estados Unidos e o Reino Unido resolveram invadir o Iraque e derrubar o governo de Saddam Hussein e do partido Baath, instalando outro regime político, com a participação dos xiitas e dos curdos. O principal pretexto para essa ação militar foi que o governo iraquiano estaria fabricando armas de destruição em massa (nucleares, químicas e biológicas). Hussein foi preso e executado, e o novo governo de coalizão, comandado por xiitas e com representantes sunitas e curdos, nunca conseguiu organizar o país. Em dezembro de 2011, as tropas estadunidenses retiraram-se do país.

No entanto, a retirada das tropas, aliada à fragilidade e à desagregação das Forças Armadas iraquianas, fez com que o país se tornasse um palco propício para a ação de grupos insurgentes e terroristas, principalmente o Estado Islâmico, que do Iraque se expandiu para a vizinha Síria (também fragilizada por uma guerra civil) e formou um Estado (califado) em boa parte do território desses dois países. Em agosto de 2014, os Estados Unidos voltaram a intervir militarmente no Iraque, dessa vez para combater as tropas do Estado Islâmico.

Em setembro de 2017, os curdos que vivem no Iraque realizaram um referendo para decidir sua independência, embora a Corte Suprema Iraquiana tenha ordenado a suspensão de sua realização. O resultado apontou 92% de votos favoráveis, o que poderia levar os curdos que habitam territórios dos países vizinhos a fazer o mesmo. O referendo e seu resultado não foram aceitos pelo governo do Iraque, que defende a unidade territorial do país, e teme a perda de Kirkuk, cidade ao norte do Iraque cuja produção de petróleo representa 40% do total iraquiano. Além disso, Kirkuk é conhecida como "a Jerusalém dos curdos", o que dá uma ideia de sua dimensão simbólica. A Turquia e o Irã também se opuseram a esse referendo, que poderia influenciar os curdos que vivem em seus territórios. Apesar das divergências entre Iraque e Turquia, e entre Turquia e Irã, esse fato provocou uma aproximação entre os três Estados como meio de impedir a formação de um Estado curdo independente.

Sunita: adeptos do sunismo, uma das correntes do islamismo. A divisão entre xiitas e sunitas surgiu após a morte de Maomé e a escolha do seu sucessor como líder da religião; a partir dessa cisão, foram criadas diferenças em relação a festas religiosas, formas de celebrar cultos, autoridades de cada corrente da religião, etc. A maioria dos islâmicos hoje é sunita.

Curdistão

Após a Primeira Guerra Mundial, em 1920, foi assinado o Tratado de Sèvres, no qual as potências vencedoras impuseram perdas territoriais ao Império Turco Otomano. Entre suas cláusulas, constavam a perda de Palestina, Síria, Líbano e Mesopotâmia, além da formação de uma região autônoma para os curdos, o que foi totalmente rejeitado pelos turcos e não se concretizou. Para não causar mais conflitos, as potências ocidentais resolveram acatar a reivindicação turca e não criar o Estado curdo.

Há décadas, os curdos reivindicam a independência, sem que a ONU ou nenhum outro Estado influente no cenário internacional (Estados Unidos, Rússia, China, Reino Unido, França) se empenhe nessa causa. Isso porque a maioria dos países do mundo abriga minorias étnicas ou nacionais que reivindicam autonomia – basta pensar nos catalães e bascos, na Espanha; nos irlandeses e galeses no Reino Unido; nos chechenos e outros povos na Rússia, etc. Esses países não querem apoiar a causa curda para não incentivar outros movimentos separatistas em seus territórios.

Texto e ação

1 › Alguns especialistas argumentam que a melhor solução para o Iraque seria dividir o país em três Estados independentes: o curdo, o xiita e o sunita. Na sua opinião, por que essa medida não foi adotada?

2 › Explique a situação do povo curdo, a maior nação sem Estado do mundo.

Turquia

A Turquia, localizada entre os mares Negro e Mediterrâneo, é o ponto de contato do Oriente Médio com a Europa, onde faz fronteira com a Grécia e a Bulgária. Nessa porção europeia se localiza Istambul, antiga Constantinopla, maior cidade do país, com mais de 13 milhões de habitantes. Na Ásia, onde se situam cerca de 90% de seu território, a Turquia faz fronteira a sudeste com a Síria, o Iraque e o Irã, e a nordeste, com a Armênia e a Geórgia. Sua população contava 80,75 milhões de habitantes, em 2017.

A maioria da população turca concentra-se na parte asiática, onde se localiza a capital do país, Ancara, com quase 5 milhões de habitantes. A Turquia ocupa também cerca de um terço da pequena ilha de Chipre, pequeno país cuja maioria da população tem origem grega. Na verdade, trata-se de uma ocupação indireta, pois formalmente essa parte da ilha é independente. Por sinal, essa disputa entre gregos e turcos pela ilha de Chipre é outro obstáculo à aceitação da Turquia como integrante da União Europeia. Em 2004, o Chipre foi aceito na União Europeia e, desde 2008 integra a Zona do Euro. O Chipre almeja unificar a ilha, hoje dividida em República do Chipre (de maioria grega), na parte sul, e República Turca do Chipre, que ocupa uma porção um pouco menor da ilha, ao norte.

Turquia (2016)

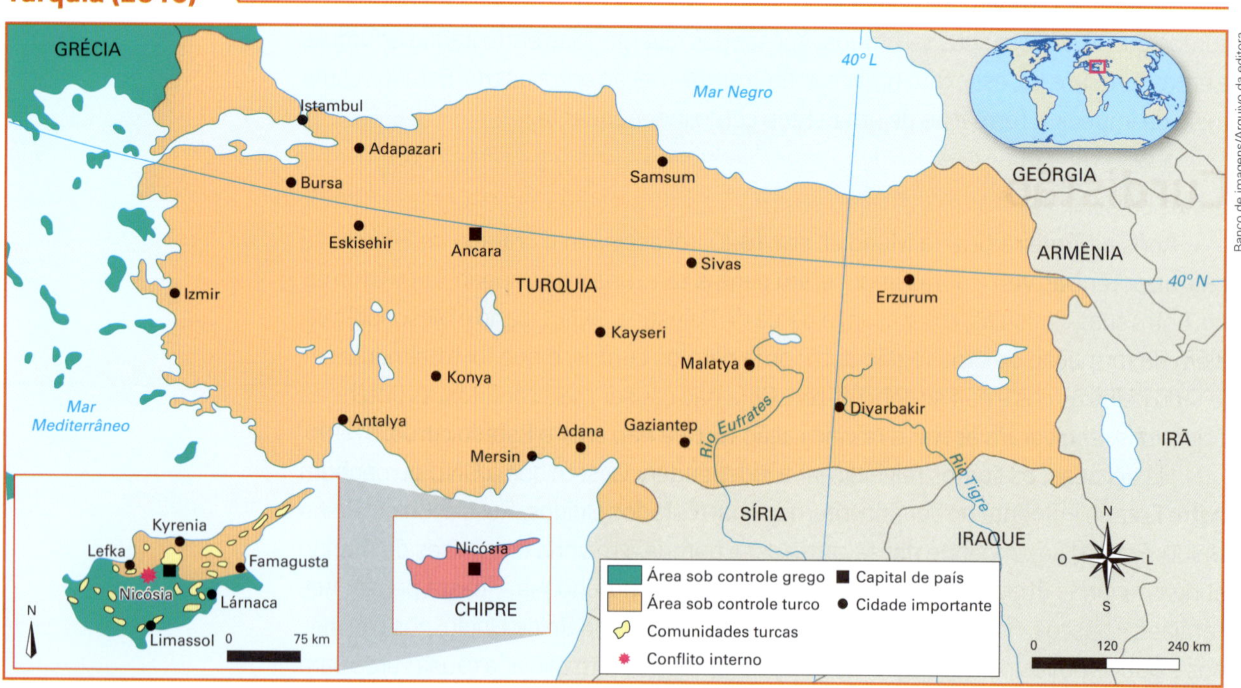

Fonte: elaborado com base em QUID 2007. Paris: Robert Laffont, 2006.

Alamy/Fotoarena

Balões sobrevoam a Capadócia, importante ponto turístico da Turquia. Foto de 2018.

Ao contrário do antigo rico e poderoso Império Turco Otomano, a atual Turquia é apenas um país emergente: seu PIB de aproximadamente 852 bilhões de dólares, em 2017, é o 17º do mundo, mas sua renda *per capita* é de cerca de 11 mil dólares, um valor razoável e muito abaixo da renda de seus vizinhos europeus e também da renda de seus vizinhos exportadores de petróleo do Oriente Médio.

No país, destacam-se indústrias automobilísticas, petroquímicas e eletrônicas, além da agricultura, que produz e exporta figo, amêndoa, avelã, damasco, tomate, pimentão, berinjela, lentilha, etc. Além disso, os milhões de turcos que residem e trabalham no exterior, principalmente na Alemanha, enviam bilhões de dólares por ano a seus parentes na Turquia. Outro setor econômico de destaque na Turquia é o turismo, pois o país abriga importantes cidades históricas – como Istambul, plena de museus e belíssimas igrejas e mesquitas construídas há séculos –, áreas que pertenceram aos gregos ou aos romanos na Antiguidade, além de balneários nos mares Egeu e Mediterrâneo.

A grande aspiração geopolítica da Turquia é ingressar na União Europeia, mas sua candidatura foi recusada várias vezes por diversos motivos. Um deles é o regime político pouco democrático: embora a Turquia tenha procurado mudar muitos de seus costumes e de suas leis na tentativa de agradar aos europeus, até pouco tempo atrás as mulheres não tinham muitos direitos, havia arbitrariedade policial (prisões sem mandato, por exemplo, além da prática de tortura de prisioneiros), muita corrupção no governo, além da aplicação de pena de morte no país. Outro motivo são os massacres de curdos, que pleiteiam sua independência.

Após um período de gradual liberalização, a Turquia voltou a praticar o extremo autoritarismo a partir de 2016, ocasião em que, aproveitando o pretexto de um fracassado golpe de Estado, o presidente eleito por um partido islâmico, Recep Erdogan, passou a prender e destituir do cargo parlamentares, juízes, militares, jornalistas e professores, além de impor uma forte censura à mídia e à internet no país, fato que tem produzido nos últimos anos milhares de denúncias de violação dos direitos humanos por parte da ONG Transparência Internacional e pelo Tribunal Europeu dos Direitos Humanos.

Aris Messinis/Agência France-Presse

Manifestantes apoiam o presidente Erdogan e repudiam a tentativa de golpe de estado. Istambul, Turquia, 2016.

Há também questões diplomáticas com a Grécia, por causa da ilha de Chipre. A Turquia perpetrou dois genocídios na primeira metade do século XX: o primeiro foi o massacre dos armênios; o segundo, o dos gregos. Em 1915, quando a Armênia era parte do Império Turco Otomano, os armênios foram acusados pelos turcos de aliar-se aos russos, contra os quais lutavam na Primeira Guerra Mundial. Cerca de 1,5 milhão de armênios foram mortos nesse primeiro genocídio. No segundo, ocorrido entre 1921 e 1922, tropas gregas invadiram o litoral oeste da Turquia, ocupando terras que na Antiguidade eram gregas, e foram violentamente repelidas pelos turcos, que massacraram 1 milhão de pessoas.

Contudo, o principal obstáculo para a aceitação da Turquia no bloco europeu é algo que os europeus não admitem abertamente: sua população majoritariamente islâmica. Essa característica contraria os hábitos liberais dos europeus, em sua maioria cristãos não fanáticos, que adotam o regime de governo **laico**, ou seja, que separa a religião (considerada um assunto privado) da vida política ou pública.

A própria população turca divide-se em termos de valores e projetos para o futuro, o que pode levar a um sério conflito interno. Em 2016, ocorreu um frustrado golpe de Estado, em uma tentativa de substituir o governo que vinha retrocedendo na ocidentalização iniciada por Atatürk, o fundador da Turquia moderna, e expandindo ainda mais as tradições islâmicas. Há uma elite econômica, cultural e militar que deseja que o país seja parte do Ocidente, esquecendo o passado islâmico e a rivalidade com a Europa. No entanto, a maioria da população, principalmente aquela que habita a parte asiática do país, segue o Islã e não se identifica com o modo de vida ocidental.

Além disso, a Turquia ainda enfrenta um problema interno: a minoria étnica curda, que ocupa uma área no sudeste da Turquia, reivindica autonomia. Esse movimento separatista já deu origem a muitos conflitos e atentados terroristas organizados por vários grupos curdos, com destaque para o proscrito Partido dos Trabalhadores do Curdistão, o PKK, o mais atuante de todos. Em 2016, várias cidades da Turquia foram objeto de atentados terroristas, alguns dos quais reivindicados pelo TAK, sigla em curdo que designa o grupo político Falcões da Liberdade do Curdistão, ligado diretamente ao PKK, e outros foram reivindicados pelo Estado Islâmico (EI).

Em relação aos demais países do Oriente Médio, situados ao sul e a leste da Turquia, existem algumas divergências:

- tropas turcas já invadiram várias vezes o norte do Iraque por causa dos curdos que vivem nesse território e que teriam organizado atos terroristas na Turquia;
- existe uma disputa entre Turquia, Iraque e Síria pelo uso da água dos rios Tigre e Eufrates;
- a Turquia protesta contra o apoio do Irã aos muçulmanos xiitas turcos;
- a Turquia é acusada por Líbia, Síria e Irã de ser um "fantoche dos Estados Unidos" (é de fato um aliado militar dos Estados Unidos e membro da Otan, além de ser o país do Oriente Médio que mantém as melhores relações diplomáticas e comerciais com Israel, embora essa situação tenha começado a mudar no governo de Erdogan).

Irã

O Irã, com uma área de 1 745 150 km² e população de aproximadamente 81 milhões de habitantes, em 2017, é o mais populoso e tem o segundo maior território do Oriente Médio. A base da economia iraniana é o petróleo. O país é um dos maiores produtores e exportadores mundiais desse recurso energético. As empresas petrolíferas do país, como em praticamente todos os países produtores do Oriente Médio, são estatais.

O regime político teocrático iraniano instalado após a chamada Revolução Islâmica de 1979, é radicalmente religioso e antiliberal. O aiatolá Khomeini foi o principal líder da Revolução Islâmica. Após sua morte, em 1989, o líder religioso e político passou a ser o aiatolá Khamenei. Além do aiatolá, cujo mandato é vitalício, há o chefe do Executivo, o presidente, a segunda autoridade do país e com mandato de quatro anos. O presidente é eleito por sufrágio universal, embora os candidatos à eleição devam, obrigatoriamente, ser homens e xiitas e ter os seus nomes aprovados pelo Conselho dos Guardiões, formado por religiosos. O presidente governa o país, mas é vigiado pelo aiatolá e pode ter seu mandato suspenso por ele.

Aiatolá: título religioso do xiismo, líder supremo da religião e do Estado.

De olho na tela

Persépolis
Direção: Marjane Satrapi e Vicent Paronnaud. França, 2007. Duração: 96 min.
Animação autobiográfica da iraniana Marjane Satrapi, o filme é baseado no livro em quadrinhos de mesmo título e narra o cotidiano de luta e resistência em plena Revolução Islâmica, que lançou o país ao regime xiita.

Reprodução/Coleção particular

Estudantes universitárias iranianas em Teerã, Irã, em 1971. Antes da Revolução Islâmica, de 1979, o Irã era um país liberal, no qual as mulheres eram livres e tinham garantido o direito aos estudos e à vida social.

Um dos maiores problemas geopolíticos do Irã é a oposição da ONU a seu programa nuclear. Essa oposição é liderada pelos Estados Unidos, que são instigados por Israel, que teme o crescimento do poderio militar do Irã, pois o país fornece ajuda financeira a grupos guerrilheiros palestinos. Há também o temor de que o programa nuclear iraniano não seja voltado para a obtenção de energia, mas para a fabricação de armas nucleares, o que é considerado um risco porque o regime do país não é tido como confiável pela comunidade internacional.

Danish Siddiqui/Reuters/Fotoarena

Hassan Rouhani firmou o acordo sobre o programa nuclear, no qual o Irã se comprometeu a utilizar energia nuclear apenas para fins pacíficos. Foto de 2018.

Hassan Rouhani, que assumiu a presidência do Irã em 2013 e foi reeleito em 2017, é bem mais moderado que seu antecessor, Mahmoud Ahmadinejad, um intransigente opositor do Ocidente e defensor de um programa nuclear agressivo. Do ponto de vista da política externa, Rouhani defende o diálogo com a comunidade internacional. Em 2015, ele assinou em Viena (Áustria) com os cinco membros permanentes do Conselho de Segurança da ONU (Estados Unidos, Rússia, China, Reino Unido e França) mais a Alemanha um acordo referente ao programa nuclear do país, comprometendo-se a garantir que esse programa tenha fins unicamente pacíficos, ou seja, apenas para geração de eletricidade, podendo ser monitorado por técnicos escolhidos pela ONU.

O acordo foi assinado em troca do final das sanções internacionais contra o Irã, estabelecidas em 2006 pelo Conselho de Segurança da ONU, devido ao fato de o país, na época, ter se recusado a suspender seu programa de enriquecimento de urânio, material usado para a fabricação de bombas atômicas. Essas sanções – que proibiam as empresas estrangeiras de investir no Irã e limitavam suas exportações de petróleo, principal fonte de recursos financeiros – custaram ao país centenas de bilhões de dólares, o que prejudicou muito sua economia.

Embora as sanções em geral – exceto algumas, impostas principalmente pelos Estados Unidos – tenham sido retiradas, o governo de Donald Trump, iniciado em 2017, passou a impor novas restrições contra indivíduos e bancos iranianos com o argumento de que eles estariam financiando um programa de desenvolvimento de mísseis balísticos. Essa iniciativa estadunidense se deveu a pressões por parte de israelenses e do eleitorado conservador de Trump.

Em dezembro de 2017, o presidente dos Estados Unidos afirmou que desaprovava o acordo internacional assinado em 2015. Apesar de reconhecer que o Irã está cumprindo sua parte, o governo estadunidense alega que o país estaria apoiando o governo autoritário da Síria na guerra contra os opositores, além de fornecer apoio a grupos insurgentes que lutam contra Israel. Os analistas, porém, afirmam que dificilmente será anulada a participação do país no acordo.

Texto e ação

1. Qual é a base econômica do Irã?
2. Comente os fatos políticos que marcaram o Irã no plano internacional.
3. Em que consiste o acordo nuclear com o Irã? Comente, levando em conta a necessidade de pacificação no Oriente Médio e no mundo.

Geolink

Leia o texto a seguir.

Os direitos das mulheres no Irã

Hoang Dinh Nam/Agência France-Presse

Jogadoras da seleção iraniana de futebol em partida classificatória para a Copa da Ásia de Futebol Feminino, em estádio de Hanoi, Vietnã, 2017.

Os direitos das mulheres são severamente restritos no Irã, a ponto de elas serem proibidas de assistir aos esportes masculinos nos estádios, incluindo o esporte mais popular no país, o voleibol. [...].

A proibição das mulheres nos estádios esportivos em jogos masculinos [de qualquer esporte] é emblemática da repressão das mulheres em todo o país. Elas enfrentam graves discriminações em questões como o casamento, o divórcio e a custódia dos filhos. Mulheres foram enviadas à prisão por falarem publicamente em favor da igualdade de direitos dos gêneros. O governo quer que a população iraniana cresça e com isso proibiu qualquer procedimento médico visando evitar que as mulheres engravidem.

A repressão no Irã não atinge apenas as mulheres. Qualquer pessoa que criticar abertamente o governo corre o risco de ser presa. O governo também discrimina comunidades étnicas como os curdos [12% da população] e os *balochs* [outra etnia do país, com idioma próprio e que também se espalha por outros países vizinhos – Afeganistão e Paquistão – e que no Irã abrange 2% da população total], bem como pessoas pertencentes à fé bahá'í [religião monoteísta diferente do islamismo].

Em geral, a situação dos direitos humanos do Irã é terrível. É difícil dizer o que encabeça a lista de abusos, mas existem severas restrições à liberdade de expressão, tanto que o país é um dos líderes mundiais em prisões de jornalistas, blogueiros e ativistas da mídia social, afirma a organização Repórteres sem Fronteiras. Até mesmo uma postagem [crítica] em mídia social pode colocar alguém na prisão. Pessoas vão para a prisão por não concordar com o líder supremo, com o presidente ou com outros funcionários do governo – algo que nunca deveria ser um crime.

O atual presidente do Irã, bem mais liberal que seu antecessor, afirma que gostaria de reformas no país, com mais direitos para as mulheres. Mas o poder de fato reside no aiatolá Ali Khamenei, líder supremo do Irã. O escritório de Khamenei supervisiona as forças armadas, os tribunais e a mídia do país. Um jornal conservador ligado ao aiatolá afirmou que a noção de "igualdade de gênero é inaceitável para a República Islâmica". As mulheres no Irã são forçadas a usar o *hijab* [um lenço de cabeça] em público, e isso se aplica até mesmo às meninas que ainda estão frequentando a escola primária. Além disso, as mulheres casadas não podem obter um passaporte sem a permissão do marido – que foi o que aconteceu em setembro de 2015, por exemplo, quando a capitã da equipe feminina de futebol não pôde participar de um torneio internacional na Malásia porque seu marido a proibiu de viajar. O Irã permite que as mulheres pratiquem esportes, como futebol e vôlei, mas nenhuma mulher tem permissão para fazer algo tão simples quanto assistir os homens jogando voleibol ou futebol, mesmo que seus irmãos, filhos ou maridos estejam jogando. [...]

Fonte: HUMAN Rights Watch. Women's Rights in Iran. Disponível em: <www.hrw.org/news/2015/10/28/womens-rights-iran>. Acesso em: 4 out. 2018. (Traduzido pelos autores.)

Agora responda:

1. Qual é a situação dos direitos democráticos no Irã, em especial para as mulheres?
2. Além das mulheres, que outros grupos são discriminados no Irã?
3. Em duplas, comente o fato de, no atual Irã, as mulheres serem proibidas de assistir a jogos praticados por homens e de os cidadãos não terem permissão para criticar autoridades (presidente, políticos, juízes, etc.). O que vocês pensam a respeito dessas proibições?

Afeganistão

O Afeganistão é o país mais pobre do Oriente Médio, com o menor IDH. A ausência de saída para o mar dificulta o comércio externo. A economia afegã é pouco desenvolvida e o país apresenta a mais baixa renda *per capita* da região – apenas 561 dólares, em 2016, sem levar em conta o custo de vida (PPC), o que aproxima sua renda média dos países mais pobres do mundo. A população é composta de diversos grupos étnicos – pachtuns ou patanes, tajiques, hazaras, uzbeques, aimaks, turcomanos, entre outros, cada qual com seu idioma e suas tradições –, que vivem em constante conflito. Esses povos em geral praticam a religião muçulmana, porém são muito diferentes entre si e em relação aos árabes e turcos, que predominam no Oriente Médio. Até mesmo a localização do país suscita dúvidas, pois alguns o consideram parte do sul da Ásia, e não do Oriente Médio.

Desde os anos 1980, o Afeganistão vem sofrendo perdas humanas e materiais em uma sucessão de guerras: contra a antiga União Soviética (que invadiu o país em 1979), contra movimentos guerrilheiros internos e contra uma coalizão liderada pelos Estados Unidos, que bombardeou e invadiu o território afegão em 2001.

Mohammad Ismail/Reuters/Fotoarena

Foto aérea de Cabul, Afeganistão, 2017.

Após uma fase de intensas disputas pelo poder, em 1995 assumiu o governo do país o grupo guerrilheiro talibã, apoiado pelo Paquistão e pelo grupo terrorista Al-Qaeda e formado por fundamentalistas sunitas da etnia patane – a maior do Afeganistão (42% da população) e do Paquistão (45%). O governo talibã, que durou até dezembro de 2001, pouco contribuiu para reconstruir a economia afegã, pois preocupou-se mais com a imposição de regras morais extremamente rígidas: os canais de televisão e todos os cinemas foram fechados, a música foi proibida, as mulheres foram impedidas de sair sozinhas de casa (além de serem obrigadas a usar burca, traje que cobre todo o corpo), os homens foram proibidos de barbear-se, etc. Durante a vigência do governo talibã, grande parte da população só se alimentou graças à ajuda internacional.

Em 11 de setembro de 2001, ocorreram violentos atentados terroristas contra os Estados Unidos (em Nova York e em Washington), e as autoridades estadunidenses responsabilizaram o grupo terrorista Al-Qaeda por esses atos. O grupo Al-Qaeda, liderado por Osama bin Laden, surgiu a partir da luta afegã (com a colaboração de islâmicos radicais de outros países) contra a invasão soviética iniciada em 1979 e, na ocasião, os grupos que lutavam contra os soviéticos foram auxiliados – com armas e treinamento – pelo governo dos Estados Unidos. Guardadas as devidas diferenças, o fato lembra o auxílio estadunidense ao grupo Hamas, na Palestina, que depois se tornou o principal inimigo de Israel e dos Estados Unidos nessa área. A principal base e os campos de treinamento do grupo Al-Qaeda situavam-se no Afeganistão. Como o governo talibã se recusou a prender os líderes desse grupo terrorista, os Estados Unidos, com o consentimento da ONU e a colaboração de vários outros países, em 2001, bombardearam e invadiram o Afeganistão, além de apoiarem outro grupo guerrilheiro afegão, a Aliança do Norte, que combatia o governo do talibã.

Em dezembro de 2001, com a intermediação da ONU, da Europa Ocidental e dos Estados Unidos, foi instalado um governo de coalizão, ou seja, formado por pessoas de diversos grupos: representantes da Aliança do Norte, do antigo rei (deposto em 1973) e de outros grupos étnicos, inclusive os patanes. Em 2002, foi criado o Estado Islâmico Transitório do Afeganistão. Em 2004, o país tornou-se, oficialmente, a República Islâmica do Afeganistão.

Em 2014, o presidente Ashraf Ghani convidou as lideranças do grupo talibã, assim como de outro grupo islâmico radical, o Hezb-e-Islami, a negociar a paz e, em 2017, a diplomacia estadunidense incentivou o governo afegão, mais uma vez, a negociar com os talibãs e seus aliados. Isso porque, apesar da presença das tropas da coalizão internacional no território afegão, sua população continua a ser alvo de atentados contínuos, que apenas no primeiro semestre de 2017 haviam causado mais de 200 vítimas.

Alguns desses atentados foram praticados pelos talibãs; outros, pelas tropas do Estado Islâmico. O fato de que os talibãs e o Estado Islâmico tendem a se aliar indica que o Afeganistão ainda está longe de alcançar a paz e se recuperar economicamente. Sua frágil economia tem como base a mineração (lápis-lazúli, gás natural, sal, talco) e a agropecuária (trigo, milho, cevada, arroz, criação de carneiros). Há cerca de 2,6 milhões de afegãos no exterior, em geral enfrentando péssimas condições de trabalho; cerca de 1,4 milhão de afegãos desloca-se pelo interior do país na luta pela sobrevivência; as mulheres continuam sofrendo violência; e a insegurança agrava as dificuldades de acesso da população aos serviços básicos, como educação e saúde.

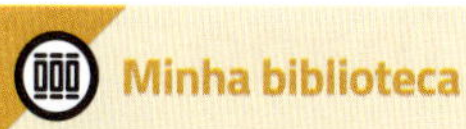

Mohamed: um menino afegão
VAZ, Fernando. São Paulo: FTD, 2002.
Em meio a um contexto de guerra, o menino afegão Mohamed busca o pai desaparecido por um caminho que o leva até Peshawar, no Paquistão. A narrativa de sobrevivência revela os costumes e os valores da cultura islâmica.

Texto e ação

1. Com base no que você aprendeu, observe um mapa-múndi político. O Afeganistão é considerado por alguns um país do Oriente Médio e por outros um país do sul da Ásia. Qual é a sua opinião sobre a localização desse país? Compartilhe com os colegas.
2. Qual é a base da economia afegã?
3. Comente a atual situação econômica e social do Afeganistão.
4. Quais são as dificuldades para estabelecer a paz no país?

Líbano

O Líbano foi o país árabe e do Oriente Médio que mais enviou emigrantes para o Brasil. Esse pequeno país, predominantemente montanhoso, ocupa uma área de 10 450 km² e possui cerca de 6 milhões de habitantes. O Líbano, que já foi um dos países mais prósperos da região – possui solos férteis, climas amenos e excelente posição geográfica para o comércio mundial –, atualmente é um dos mais pobres e enfrenta problemas internos, embora recentemente, tenha se reconstruído.

Alia Haju/Reuters/Fotoarena

Foto aérea da baía Zaitunay em Beirute, Líbano, 2016. A capital libanesa é uma bela cidade cuja arquitetura e cujo urbanismo foram inspirados em Paris.

Após sua independência em relação à França, em 1945, o Líbano, chamado de "Suíça do Oriente Médio", era considerado o país mais estável da região. O turismo gerava muitos recursos. O comércio era intenso, e a agropecuária (criação de cabras, plantações de frutas, tomates, legumes, olivas, uvas, etc.), uma das mais desenvolvidas da região, mas a guerra civil libanesa (1975-1990) arrasou o país, destruindo prédios e plantações, afugentando turistas e diminuindo drasticamente o comércio e as finanças (os depósitos bancários, o mercado de capitais).

A guerra civil no Líbano opôs principalmente os cristãos (que por vezes tiveram o apoio de Israel) e os muçulmanos (que contaram com apoio da Síria). As duas principais causas dessa guerra foram:

- a questão política: a Constituição do país, que data de 1926 (desde a época colonial, portanto), estabelece que os cargos de presidente da República, primeiro-ministro e chefe do Parlamento devem ser ocupados, respectivamente, por um cristão maronita, um muçulmano sunita e um muçulmano xiita. Essa Constituição praticamente foi elaborada pelos colonizadores, que queriam criar um enclave cristão no meio de uma população majoritariamente islâmica. Com o decorrer do tempo, o percentual de cristãos entre a população foi diminuindo, pois a taxa de natalidade é maior entre os islâmicos, e a maioria dos refugiados palestinos que foi para o país desde 1948 é muçulmana. Assim, como a distribuição dos cargos políticos até os dias de hoje depende da proporção de cada grupo religioso, os muçulmanos reivindicavam um novo recenseamento demográfico para que se procedesse a uma redivisão de cargos, algo que a comunidade cristã libanesa rejeita categoricamente;
- o reflexo dos conflitos entre Israel e os palestinos, que também são árabes como os libaneses: milhões de refugiados palestinos passaram a morar no Líbano, principalmente em acampamentos no sul do país, o que levou a frequentes invasões israelenses ao território libanês, para combater os grupos terroristas que se formaram entre os refugiados.

 **De olho na tela**

E agora, para aonde vamos?
Direção: Nadine Labaki. França, Líbano, 2012. Duração: 110 min.
No longa-metragem, mulheres cristãs e muçulmanas de uma aldeia libanesa fazem de tudo para não haver conflitos entre os homens. O filme amplia o entendimento sobre a guerra civil libanesa.

Embora a guerra civil tenha terminado em 1990, ainda existem eventuais conflitos entre os grupos, não apenas entre cristãos e islâmicos, mas frequentemente entre grupos diversos de islâmicos e de cristãos cujos interesses divergem entre si. A Síria enviou tropas, estabelecidas principalmente no norte e no centro do Líbano, para ajudar os muçulmanos libaneses, e boa parte delas continuou no país até 2007, quando a ONU ordenou que a Síria retirasse suas tropas. Mas o país vizinho continuou a intervir no Líbano até recentemente, quando a própria Síria se envolveu em uma guerra civil.

A mesma situação ocorre do lado israelense. Israel já invadiu várias vezes o sul do Líbano, apesar dos protestos internacionais, e chegou a bombardear Beirute. Sempre que algum terrorista do sul do Líbano lança um míssil contra o território de Israel, tropas israelenses invadem o Líbano e disparam contra centenas ou milhares de pessoas, com o pretexto de capturar terroristas. É uma retaliação que ainda prossegue e que provavelmente vai se agravar, pois os grupos terroristas, financiados pela Síria e pelo Irã (que apoiam grupos islâmicos xiitas), estão comprando no mercado negro lança-mísseis cada vez mais modernos e de maior alcance.

Roland Neveu/LightRocket/Getty Images

A cidade de Beirute, capital do Líbano, sob bombardeio do exército israelense, em 1982.

Nos anos 2010, o Líbano tem recebido refugiados sírios por causa da guerra civil que se instalou na Síria em 2011. Essa guerra civil, um movimento que começou a contestar o presidente Bashar Al-Assad e a defender a democratização do país, é um dos desdobramentos da chamada "Primavera Árabe". O Líbano tem aos poucos se recuperado, recebido ajuda financeira e investimentos dos países árabes exportadores de petróleo e reconstruído prédios e vias públicas, principalmente em Beirute.

Texto e ação

- Explique por que o Líbano já foi chamado de "Suíça do Oriente Médio".

Síria

Desde 2011, a Síria enfrenta uma sangrenta guerra civil. A guerra teve início com a repressão do governo de Bashar Al-Assad (formado por alauitas, embora a maioria da população síria seja sunita) contra os manifestantes da "Primavera Árabe", que exigiam mais liberdades e uma economia mais eficiente, pois a taxa de desemprego e a inflação eram extremamente elevadas. Essa repressão deu origem a grupos rebeldes que passaram a combater o regime com armas.

A guerra civil despedaçou o país e arruinou ainda mais a sua economia. Em 2017, após seis anos de guerra civil, a Síria contabilizava mais de 320 mil mortos, dos quais cerca de 97 mil civis, mais de 17 mil crianças. Dos 23 milhões de habitantes em 2010, metade da população foi obrigada a abandonar suas casas, cerca de 4,9 milhões de refugiados espalharam-se pelos países vizinhos, como Turquia, Jordânia e Líbano. Outros países da região, além de países europeus, também receberam refugiados sírios, entre os quais o Iraque e o Egito. Em menor número, o Brasil também recebeu refugiados sírios.

O apoio externo e a intervenção aberta de outros países desempenham um papel importante na guerra civil da Síria. Uma coalizão internacional liderada pelos Estados Unidos bombardeou alvos do Estado Islâmico, que aproveitaram o caos gerado pelo conflito para ocupar uma enorme extensão territorial no país. Os Estados Unidos declararam apoio aos opositores do regime de Assad, mas se envolveram sobretudo para combater o Estado Islâmico – apenas em 2015 lançaram mísseis em uma base da força aérea síria, afirmando que essa base usava armas químicas, que são proibidas por tratados internacionais, contra tropas oposicionistas.

Alauita: corrente islâmica xiita (mas com diferenças em relação ao xiismo do Irã) que existe sobretudo na Síria, onde representa cerca de 11% da população. Os alauitas controlam o governo e os principais cargos estatais. Grande parte dos islâmicos não considera os alauitas muçulmanos, pois, embora aceitem os preceitos da religião, contam com calendários de festas e comemorações que misturam elementos islâmicos e cristãos. Além disso, há diferença nos ritos: os alauitas têm orações secretas que só os iniciados conhecem e que são feitas em suas casas e não nas mesquitas.

Khalil Ashawi/Omar Sanadiki/Reuters/Fotoarena

Grande Mesquita de Aleppo, a maior e a mais antiga da Síria, antes e depois da destruição provocada pela guerra. Aleppo, Síria, 2010 (acima) e 2016 (ao lado).

Khalil Ashawi/Omar Sanadiki/Reuters/Fotoarena

Outros países envolveram-se nesse conflito. Vários Estados árabes, além da Turquia, forneceram armas a grupos rebeldes, que são diversificados: alguns combatem o governo, outros são aliados do Estado Islâmico e alguns outros lutam ao lado do governo. Os Estados de maioria xiita, como Irã e Iraque, apoiam o governo de Assad; grupos financiados pelo Irã, como o Hezbollah (do Líbano), entraram no conflito ao lado do governo, mas os países árabes de maioria sunita apoiam firmemente os rebeldes que lutam contra o governo.

Arábia Saudita e Emirados Árabes enviaram grandes quantidades de armas para esses rebeldes, mas elas acabaram em grande parte nas mãos do Estado Islâmico, que também é sunita, embora extremamente fundamentalista e sem o apoio daqueles países árabes de maioria sunita.

O governo turco também entrou no conflito combatendo as tropas curdas, que são apoiadas pelos Estados Unidos. Essas tropas curdas, na verdade, são o principal aliado estadunidense no país. O governo da Turquia receia que sua grande população curda possa exigir maior autonomia como resultado do aumento do controle curdo no norte da Síria. O governo turco várias vezes criticou os Estados Unidos por armarem combatentes curdos que estão lutando contra o Estado Islâmico e controlando áreas ao norte da Síria, exatamente nas fronteiras com a Turquia. Observe o mapa a seguir, que apresenta as diversas facções que controlam o território sírio.

Guerra na Síria (setembro de 2017)*

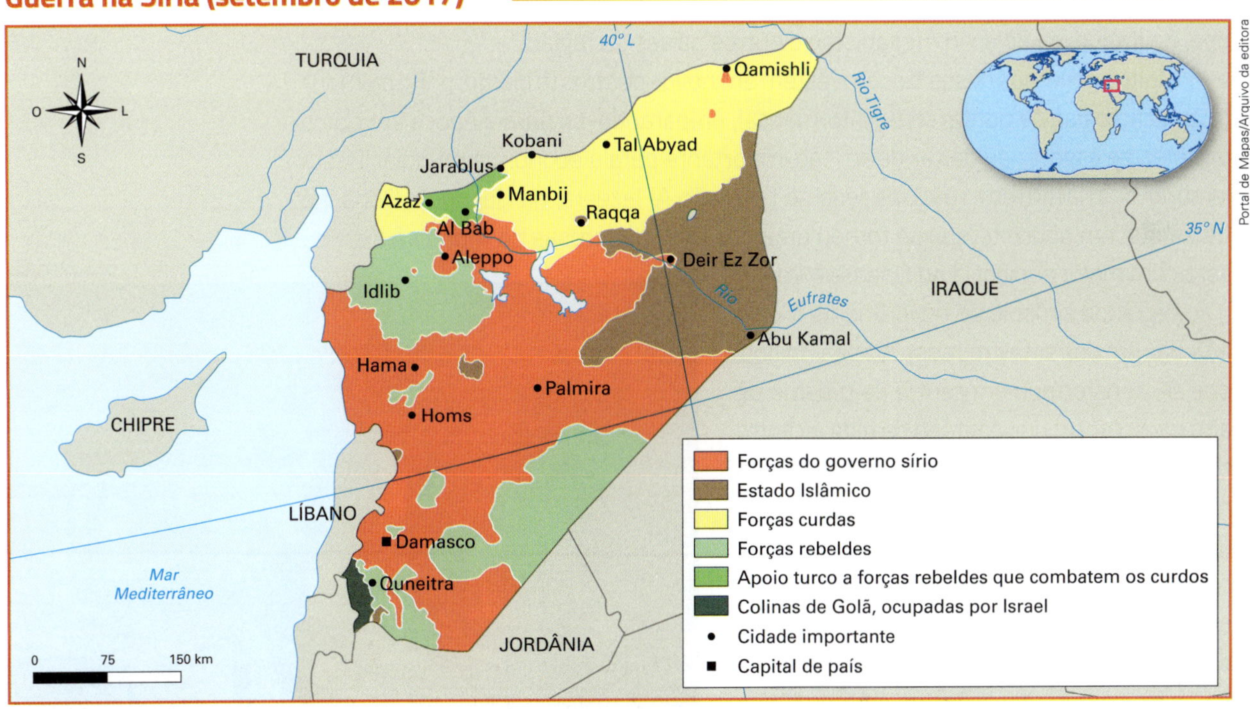

Fonte: elaborado com base em ALJAZEERA News. Disponível em: <www.aljazeera.com/news/2016/05/syria-civil-war-explained-160505084119966.html>. Acesso em: 4 out. 2018.

* Nos últimos anos, o Estado Islâmico vem perdendo parte de seus territórios. Em 2018, concentrava-se nas proximidades da cidade de Abu Kamal.

Israel também se envolveu no conflito, procurando atacar áreas sob o controle do governo sírio. O país realizou ataques aéreos nas cidades de Damasco e Quneitra, ambas ao sul da Síria e próximas às fronteiras com Israel. Síria e Israel estão tecnicamente em guerra desde 1948 – nunca assinaram um tratado de paz após a primeira guerra árabe-israelense –, mas desde 1973 não havia ocorrido nenhum conflito entre os dois países.

Cidades destruídas, economia arrasada e um enorme trabalho de reconstrução futuro, quando a guerra chegar ao fim. Atualmente, estima-se que 80% da população síria que permanece no país vive abaixo da linha internacional da pobreza, com menos de 1,9 dólar ao dia. Muitos analistas afirmam que, devido à grande diversidade étnica e aos conflitos entre essas comunidades, a melhor solução para estabelecer a paz e a estabilidade na região seria uma divisão do país, garantindo aos curdos seu território, além de autonomia para os inúmeros grupos étnicos que habitam o país, o que dificilmente vai ocorrer, devido ao pouco interesse das grandes potências mundiais, que decidirão direta ou indiretamente o mapa político da região.

9 O "novo" Oriente Médio

Alguns autores chamam de "novo Oriente Médio" os países que formam o Conselho de Cooperação do Golfo (CCG), composto por Bahrein, Kuwait, Omã, Catar, Arábia Saudita e Emirados Árabes Unidos. Esse "bloco" de Estados ganhou muito dinheiro com as exportações de petróleo. Calcula-se que, apenas entre 2000 e 2008, esses países arrecadaram mais de 2 trilhões de dólares. Apesar da queda do preço do petróleo no mercado internacional nos últimos anos, esses países continuam a se destacar na exportação mundial desse recurso natural. Grande parte desse imenso montante vem sendo investida na própria região, especialmente ao redor do golfo Pérsico, que fica relativamente distante dos grandes problemas que ocorrem em Israel e na Palestina, no Iraque, na Síria, no Afeganistão e outros países da região.

Muitos governos desse bloco investem em novos setores (turismo, principalmente, e tecnologias de ponta, como informática), preparando-se para a época em que o petróleo se esgotar ou deixar de ser tão importante para a economia mundial. Basta lembrar da criação, em 1996, da rede de televisão Al Jazeera, na cidade de Doha, no Catar, que em pouco tempo se tornou uma das mais poderosas do mundo e a emissora com maior audiência no Oriente Médio.

O grande símbolo do novo Oriente Médio é Dubai, um dos sete Emirados Árabes Unidos, que se transformou em centro de turismo de alto nível, centro universitário de elite e centro midiático, isto é, com o desenvolvimento da mídia, especialmente da televisão. Os recursos dos países desse bloco também se distribuem, com grandes investimentos no Líbano, no Paquistão, no Marrocos e em vários outros países da Ásia e da África. Estão investindo até mesmo na China, comprando ações de empresas que foram ou estão sendo privatizadas.

Alamy/Fotoarena

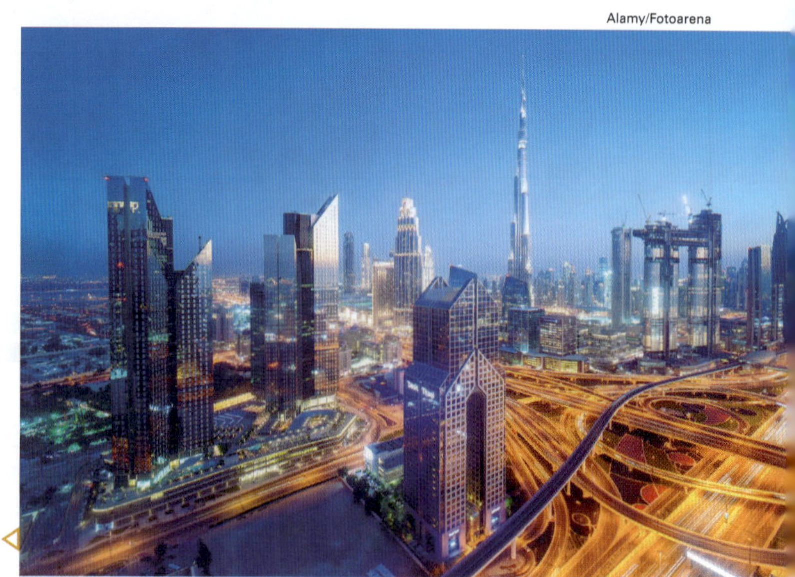

Foto aérea à noite, de Dubai, Emirados Árabes Unidos, em 2018.

Texto e ação

- Qual é a grande vantagem estratégica dos países do golfo Pérsico?

CONEXÕES COM CIÊNCIAS E MATEMÁTICA

1› Leia a notícia abaixo e faça o que se pede.

Esponja suga petróleo do mar

Barata, reciclável e de fácil utilização, uma esponja desenvolvida no Departamento de Química da Faculdade de Filosofia, Ciências e Letras de Ribeirão Preto (FFCLRP), da Universidade de São Paulo (USP), absorve até 85% do petróleo derramado no mar e, segundo seus inventores, pode ser extremamente útil para controlar esse tipo de problema ecológico. Feita de polímeros flexíveis, como o poliuretano ou o PVC, a bucha é dotada de estruturas denominadas cucurbiturilas, que contam com uma cavidade central hidrofóbica capaz de acomodar moléculas de óleos ou produtos químicos que não se misturam à água. O novo material é ideal para ser usado como complemento ao processo de bombeamento, que retira o grosso do petróleo vertido no mar, mas deixa finas camadas de óleo potencialmente prejudiciais ao meio ambiente. Esses resíduos de material poluente podem ser recuperados com o emprego da bucha, passível de ser reutilizada ao menos 10 vezes. A esponja foi patenteada pela Agência USP de Inovação e pode ser licenciada por empresas interessadas na exploração dessa tecnologia.

Fonte: ESPONJA suga petróleo do mar. *Pesquisa Fapesp*. Disponível em: <http://revistapesquisa.fapesp.br/2014/08/21/esponja-suga-petroleo-mar/>. Acesso em: 22 ago. 2018.

Agora responda:

a) Em sua opinião, a invenção de uma esponja para sugar o petróleo derramado no mar é importante? Por quê?

b) Qual é a relação entre a notícia acima e os temas discutidos neste capítulo?

c) Entre os grandes vazamentos de petróleo já registrados na história, alguns deles ocorreram no Oriente Médio. Pesquise algumas ocorrências e os efeitos ecológicos desse tipo de poluição. Traga suas descobertas para a sala de aula.

2› Observe o quadro e faça o que se pede.

Crescimento médio anual de alguns países do Oriente Médio, em porcentagem (2010-2017)

País/Ano	2010	2011	2012	2013	2014	2015	2016	2017	Média anual
Turquia	8,5	11,1	4,8	8,5	5,2	6,1	2,9	2,5	6,2
Iraque	6,4	7,5	13,9	7,6	0,7	4,8	10,1	-3,1	5,98
Arábia Saudita	4,8	10,3	5,4	2,7	3,7	4,1	1,4	0,4	4,1
Israel	5,7	5,1	2,4	4,4	3,2	2,5	4,0	2,9	3,77
Líbano	8,0	0,9	2,8	2,5	2,0	1,0	1,0	2,0	2,5
Irã	6,6	3,8	-6,6	-1,9	4,0	-1,6	6,5	3,3	1,76
Iêmen	7,7	-12,7	2,4	4,8	-0,2	-28,1	-9,8	5,0	-3,86

Fonte: elaborado com base em GLOBAL Finance. Disponível em: <www.gfmag.com/global-data/economic-data/countries-highest-gdp-growth-2017>. Acesso em: 22 ago. 2018.

a) Quais foram os dois países com maior crescimento econômico nesse período e os dois com menor crescimento?

b) Quais são os países que dependem da exportação de petróleo? Procure explicar por que, em geral, o crescimento desses países declinou após 2011.

c) Com base nas informações do capítulo, procure explicar por que o Iêmen teve um crescimento negativo nesse período.

d) A média anual de crescimento da economia brasileira nesse mesmo período foi de 1,4%. Compare a situação do Brasil com esses países do Oriente Médio.

e) Em dupla, elaborem um gráfico de barras ou de setores com os dados do quadro.

ATIVIDADES

+ Ação

1› Explique a eclosão da guerra civil na Síria, em 2011.

2› Alguns autores chamam o conflito na Síria de uma pequena guerra mundial. Explique por quê e diga se você concorda ou não com essa denominação.

3› Explique o projeto de criação de um Estado judaico, que existia desde o século XIX.

4› Leia o texto e responda às questões.

Israel é primeiro país a testar poder de fogo dos caças F-35

Israel tornou-se o primeiro país a testar o poder de fogo dos F-35, os caças "invisíveis", em operações de combate no Oriente Médio, anunciou o comandante da Força Aérea israelense nesta terça-feira (22). Um dos alvos teria sido a instalação militar do Irã na Síria, bombardeada neste mês.

Chamados no país de "Adir" (fortes, em hebraico) os F-35 "estão operacionais e já participam das missões de combate", segundo o general Amikam Norkin.

"Nós realizamos o primeiro ataque no mundo com um F-35", acrescentou. "Nós atacamos duas vezes no Oriente Médio usando o F-35", ressaltou, de acordo com declarações citadas no portal na internet da Força Aérea de Israel, que não forneceu mais detalhes.

Conhecido por ter o Exército mais poderoso da região, Israel recebeu no final de 2016 os primeiros F-35, fabricados pela americana Lockheed Martin, de uma encomenda de 50 aeronaves desse tipo. O objetivo da compra é manter sua superioridade militar na região. [...]

Fonte: ISRAEL é primeiro país a testar poder de fogo dos caças F-35. *Veja*. Disponível em: <https://veja.abril.com.br/mundo/israel-e-primeiro-pais-a-testar-poder-de-fogo-dos-cacas-f-35/>. Acesso em: 23 set. 2018.

a) Na região do Oriente Médio Israel é, do ponto de vista militar, um país forte ou fraco? Qual o papel dos Estados Unidos para essa condição?

b) O que justificaria a relação tão próxima entre Israel e Estados Unidos, sobretudo com relação à manutenção da paz no Oriente Médio?

5› Observe o mapa "O petróleo no mundo (2017)", da página 144, e anote:

a) o nome de quatro países que possuem, juntos, mais de 50% das reservas de petróleo do mundo;

b) o nome de um país que exporta petróleo para o Brasil;

c) reservas (em %) de petróleo no Brasil em relação ao total mundial.

6› O mar Vermelho banha parte das terras do continente africano e de alguns países do Oriente Médio. Você sabe por que o mar Vermelho tem esse nome?

Por que o mar Vermelho tem esse nome?

No século I, quando a expressão mar Vermelho já era antiga, o historiador romano Plínio levantou a possibilidade de que o nome fosse uma homenagem ao rei Éritras, personagem da mitologia persa: na época, o mar também era chamado de Eritreu, e o prefixo "eritro" significa vermelho em grego. "Outra explicação é que o sul da Palestina era conhecido como terra dos edomitas, os vermelhos", afirma Francis Dov Por, da Universidade Hebraica de Jerusalém, em Israel. Uma terceira hipótese se baseia na geografia. No sul da península do Sinai existem montanhas ricas em ferro, minério de cor avermelhada. O vento desgasta o deserto rochoso e arrasta a poeira para o mar, tingindo-o de vermelho.

Fonte: POR QUE o mar Vermelho tem esse nome? *Mundo Estranho*. Disponível em: <http://mundoestranho.abril.com.br/materia/por-que-o-mar-vermelho-tem-esse-nome>. Acesso em: 22 ago. 2018.

a) Com base no mapa político do Oriente Médio, da página 143, descreva a localização geográfica do mar Vermelho.

b) Das hipóteses levantadas para a origem do nome do mar Vermelho, qual você considerou a mais provável? Justifique sua resposta.

Autoavaliação

1. Quais foram as atividades mais fáceis para você? Por quê?
2. Algum ponto deste capítulo não ficou claro? Qual?
3. Você participou das atividades em dupla e em grupo e expressou suas opiniões?
4. Como você avalia sua compreensão dos assuntos tratados neste capítulo?
   - **Excelente**: não tive dificuldade.
   - **Bom**: consegui resolver as dificuldades de forma rápida.
   - **Regular**: tive dificuldade para entender os conceitos e realizar as atividades propostas.

Lendo a imagem

- Em duplas, observem as fotografias de duas cidades do Oriente Médio.

Alamy/Fotoarena

Cabul, no Afeganistão, 2017.

Alamy/Fotoarena

Dubai, Emirados Árabes Unidos, 2016.

a) Comparem as duas imagens. Que diferenças vocês observam?

b) O dinheiro resultante da comercialização de petróleo atinge todos os países da região da mesma forma? Justifiquem com elementos das imagens.

c) Pesquisem outras imagens do Oriente Médio onde o dinheiro do petróleo causou grande mudança na paisagem. Por fim, compartilhem as imagens com os colegas e relatem suas impressões.

CAPÍTULO

8 Japão

Alamy/Fotoarena

Arquitetura tradicional e moderna em Tóquio, capital do Japão, em 2017.

Neste capítulo você estudará o Japão, que se transformou de uma sociedade feudal em potência industrial, cuja economia – a 3ª do mundo em 2018 – foi a que mais cresceu entre a Segunda Guerra Mundial e os anos 1980. Vale lembrar que o Brasil abriga a maior comunidade japonesa fora do Japão. O território brasileiro foi o principal destino dos emigrantes japoneses que deixaram o país na primeira metade do século XX.

Para começar

Converse com o professor e os colegas:

1. Você conhece costumes japoneses que foram incorporados à cultura brasileira? Quais?
2. Atualmente, ao contrário das primeiras décadas do século XX, o movimento de imigrantes japoneses para o Brasil praticamente deixou de existir. Por outro lado, há cerca de 170 mil brasileiros vivendo como imigrantes no Japão. Procure explicar esse fato.

1 Aspectos gerais do Japão

O Japão está localizado no **Extremo Oriente**, a parte mais a leste da Ásia. Seu território é constituído de um arquipélago no **Círculo de Fogo** do oceano Pacífico, área onde há quatro placas tectônicas convergentes, que se chocam (não são divergentes, ou seja, que se afastam uma da outra, como a placa Africana e a Sul-Americana, por exemplo). Essa característica física explica a existência de vários vulcões em atividade no país, bem como a frequente ocorrência de maremotos e terremotos. O terremoto mais intenso ocorreu em 1923 e atingiu a capital japonesa, Tóquio, matando cerca de 140 mil pessoas. Em 2011, a costa nordeste do país foi afetada por um maremoto ainda mais violento, que atingiu 9,2 na escala Richter e foi seguido por um *tsunami*, que provocou a morte de cerca de 20 mil pessoas e um acidente nuclear de grandes proporções na usina de Fukushima.

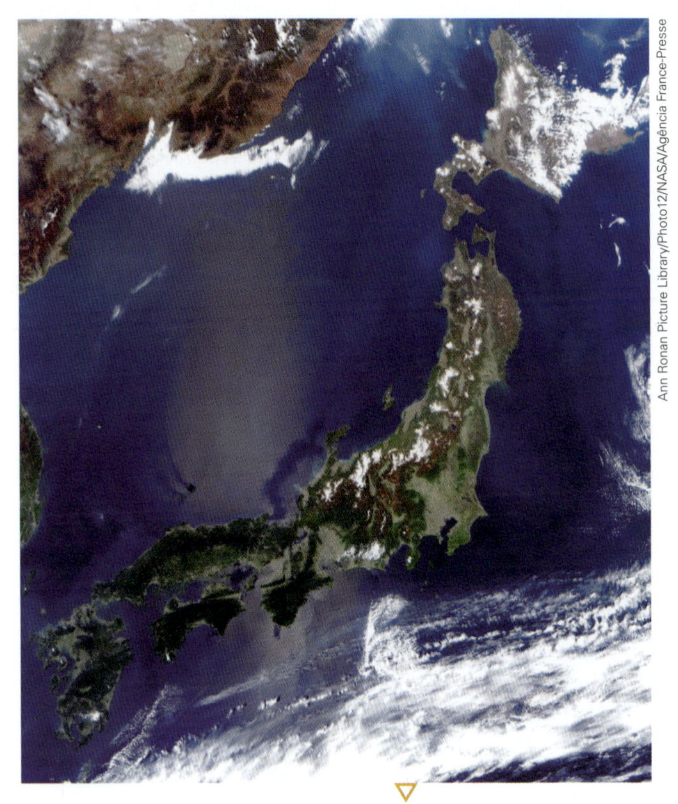
Ann Ronan Picture Library/Photo12/NASA/Agência France-Presse

Imagem de satélite do arquipélago do Japão, em 2016.

Círculo de Fogo do Pacífico (2017)

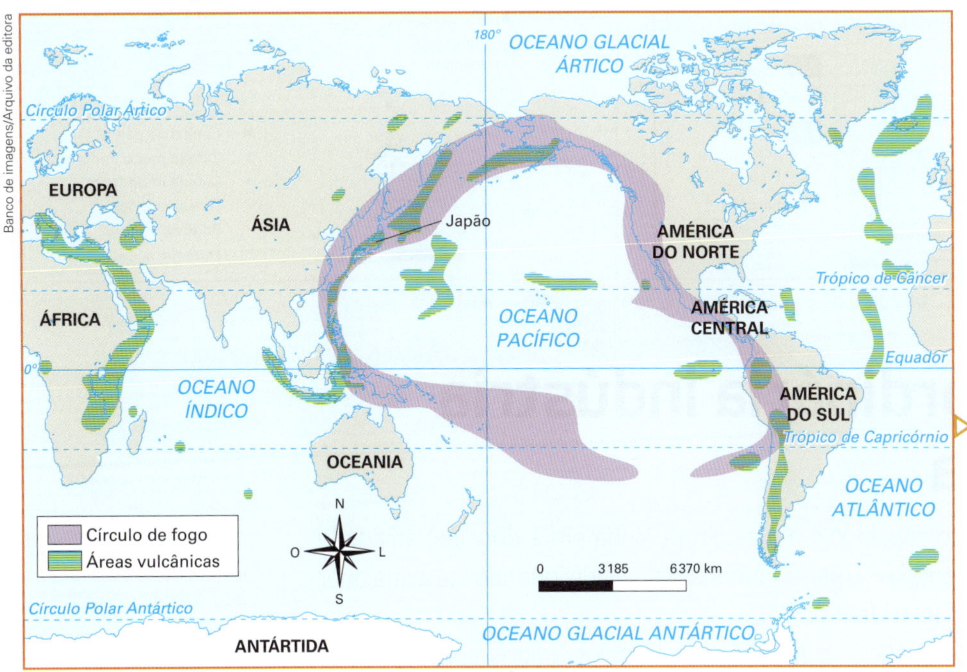

Fonte: elaborado com base em ISTITUTO Geografico De Agostini. *Atlante geografico metodico De Agostini*. Novara: De Agostini, 2017. p. E12-E13.

O Círculo de Fogo margeia o oceano Pacífico, incluindo a cordilheira dos Andes, as montanhas Rochosas e as ilhas do Japão, da Indonésia e das Filipinas. Nessa área, encontram-se 82% dos 535 vulcões ativos existentes no planeta.

Com uma área de aproximadamente 377 947 km², o país é formado por cerca de 4 mil ilhas. As quatro maiores e mais importantes – Hokkaido, Honshu, Shikoku e Kyushu – correspondem a 97% do território japonês.

Esse espaço relativamente reduzido – pouco maior que o estado de São Paulo – e com amplas extensões montanhosas (cerca de 80% da área total) abrigava uma população de 126,7 milhões de habitantes em 2017, o que explica as elevadas densidades demográficas no país.

As principais atividades econômicas concentram-se nas quatro grandes ilhas. Visando encurtar a distância entre elas, o governo japonês construiu túneis e pontes, interligando-as. Um imenso túnel, com 54 quilômetros de extensão, liga Honshu a Hokkaido.

Japão: físico

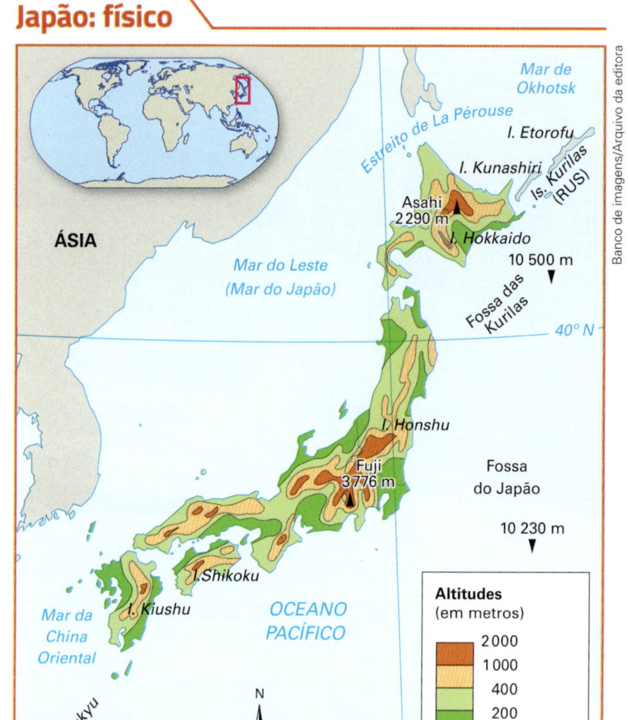

Japão: político (2016)

Fonte: elaborados com base em IBGE. *Atlas geográfico escolar*. 7. ed. Rio de Janeiro, 2016. p. 50-51.

2 A extraordinária indústria japonesa

Na primeira metade do século XIX, a agricultura ainda era a principal atividade econômica do Japão. Politicamente, o país mantinha-se isolado, opondo-se a qualquer aproximação com a civilização ocidental.

Em 1853, Matthew Perry, oficial da Marinha dos Estados Unidos, conseguiu, por meio de um tratado com o governo militar japonês da época, autorização para que navios estadunidenses atracassem em portos japoneses. Esse fato estimulou o comércio entre os dois países e mostrou ao Japão a possibilidade de se abrir para o mundo, o que começou a se tornar realidade em 1868, quando o imperador **Meiji** assumiu o trono e restabeleceu o poder imperial no país.

Desejando acompanhar o desenvolvimento tecnológico do mundo ocidental, o governo japonês passou a investir na implantação de fábricas em todos os setores nos quais o capital privado não tinha condições de atuar. Posteriormente, alguns estabelecimentos industriais foram vendidos a preço baixo a empresários particulares.

A venda de algumas empresas estatais, além da concessão de inúmeras vantagens e privilégios por parte do governo, originou os *zaibatsus*, verdadeiros monopólios que tiveram um grande desenvolvimento no período entreguerras.

Já no fim do século XIX, as empresas de materiais bélicos desfrutavam de certos benefícios, pois a industrialização japonesa até a Segunda Guerra Mundial tinha objetivos militares. Além de ter livrado o país de qualquer dominação por parte de nações ocidentais, a industrialização constituiu uma estratégia de expansão da área territorial japonesa para o Extremo Oriente.

De imperialista a país dominado

Na sua fase **imperialista** ou **expansionista**, o Japão venceu uma guerra contra a China, em 1895, e tomou posse da ilha de Taiwan e de outras menores. Em 1910, invadiu e dominou a Coreia. Na década de 1930, ocupou, no norte da China, algumas províncias e, em 1931, a região da Manchúria.

Durante a Segunda Guerra Mundial, o Japão se aliou à Alemanha e à Itália, formando o **Eixo**. Ele invadiu ou dominou (colocando governos submissos) várias áreas na Ásia: partes do litoral da China, Hong Kong, Macau, Filipinas, Indonésia, Camboja, Vietnã, Cingapura, Brunei e Timor. Em 1941, os japoneses atacaram navios estadunidenses em Pearl Harbor, o que provocou a entrada dos Estados Unidos na guerra. Em 1945, com as cidades de Hiroshima e Nagasaki arrasadas por duas bombas atômicas lançadas pelos Estados Unidos, o Japão se rendeu e teve seu território ocupado por tropas estadunidenses até 1952.

Terminada a Segunda Guerra Mundial, as economias de mercado mais importantes da Europa ocidental estavam parcialmente destruídas. O Japão havia sido arrasado por duas bombas atômicas, cujas consequências eram então pouco conhecidas, pois o emprego da energia nuclear estava apenas começando. Com isso, os Estados Unidos se tornavam a superpotência do mundo capitalista, e o medo do avanço do socialismo na Europa e na Ásia foi um dos motivos que incitaram o país a investir na reconstrução da Europa ocidental e do Japão.

 **De olho na tela**

Corações sujos
Direção de Vicente Amorim. Brasil, 2012. Duração: 155 min.
Filme baseado em acontecimentos reais ocorridos após a rendição do Japão na Segunda Guerra Mundial, em 1945, quando imigrantes japoneses que viviam no interior do estado de São Paulo se dividiram em dois grupos: aqueles que acreditaram na notícia da rendição foram vistos como traidores da pátria e apelidados de "corações sujos"; os demais, que ainda esperavam uma vitória final do Japão na guerra, passaram a perseguir os primeiros.

The Yomiuri Shimbun/Agência France-Presse

Agricultoras trabalham em um arrozal em Osaka, Japão, 2018. A integração entre a agricultura e a indústria tem aumentado no Japão, mas a tradicional rizicultura continua sendo a principal atividade agrícola do país.

A recuperação japonesa

Um dos resultados da intervenção dos Estados Unidos no Japão foi a desmilitarização do país, com o objetivo de impedir que os japoneses voltassem a investir na indústria bélica e no expansionismo. No entanto, desde os anos 1990, o Japão vem se preocupando de forma crescente com a defesa de seu território e com os riscos das tradicionais rivalidades asiáticas, principalmente em relação à China e, mais recentemente, em relação à Coreia do Norte. Em 1991, quando a Guerra Fria terminou, o Japão passou a investir cada vez mais em armamentos, ultrapassando 1% do Produto Nacional Bruto, fato que não ocorria desde a Segunda Guerra Mundial. Com o fim do bloco socialista, não havia mais razão para os Estados Unidos continuarem garantindo a segurança japonesa.

Além da ajuda financeira recebida dos Estados Unidos, dois fatores foram fundamentais para que a economia japonesa voltasse a crescer rapidamente depois de 1945. Um deles foi uma reforma agrária, promovida pelas tropas estadunidenses, que criou milhares de pequenas propriedades produtivas no país; o outro foi o resgate dos valores tradicionais da sociedade japonesa, movimento de cunho nacionalista, que permitiu o pagamento de baixos salários, com elevado número de horas de trabalho semanais e ausência de preocupação com as condições de trabalho nas fábricas, para uma população disciplinada e movida pela ideia de reerguer o país.

Minha biblioteca

Japão
NUNES, João Osvaldo; NUNES, Manira Okimoto. São Paulo: Ática, 2005. (Col. Viagem pela Geografia).

Livro que une ficção e realidade para contar a história dos três netos de um casal de japoneses que veio para o Brasil em 1932 e fazem a jornada inversa, indo morar e trabalhar no Japão. O livro inclui boxes e uma síntese que mostra aspectos físicos e econômicos do Japão.

Yasuo Tomishige/The Asahi Shimbun/Getty Images

Trabalhadores em indústria siderúrgica em Yokohama, Japão, 1952. O rápido crescimento econômico do país no pós-guerra foi resultado do esforço coletivo da população japonesa.

O Japão, então, ampliou sua produtividade industrial, mas, a partir dos anos 1980, os níveis salariais e de consumo subiram significativamente, e o país deixou de ser uma economia voltada apenas para atender ao mercado externo (para exportação) e passou a ser uma importante sociedade de consumo.

Alguns valores japoneses podem ser identificados na política trabalhista, tais como:

- As empresas recrutam os jovens para o trabalho assim que eles concluem seus cursos na universidade ou em outra instituição escolar. Não é raro que, uma vez contratados, os trabalhadores permaneçam na mesma empresa até se aposentar.
- Há casos em que os filhos têm emprego garantido na empresa em que os pais trabalham, antes mesmo de nascerem.

- O aumento de salário depende do tempo de serviço na empresa e da qualificação para o trabalho.
- Cada empresa procura ter seu próprio sindicato, que inclui tanto os trabalhadores como seus diretores.
- Em vez de acirrar os conflitos, lançando as empresas contra os trabalhadores, tal como ocorreu muitas vezes nos Estados Unidos e no Reino Unido, onde o governo incentivou as empresas a se transferir de regiões nas quais os salários eram maiores para outras com nível salarial mais baixo, o "modelo japonês" procura integrá-los com acordos que evitam a eclosão de greves desde que os salários acompanhem, no mínimo, os baixíssimos índices de inflação.

Cabe destacar o papel estratégico do Estado no desenvolvimento industrial do Japão. Ao contrário dos Estados Unidos, cujos governantes, salvo em momentos de crise ou de guerra, quase não intervêm na economia e deixam cada empresa fazer a sua política particular de investimentos e pesquisas, o governo do Japão procura coordenar a política industrial de sua economia. O Estado japonês investe pesadamente na educação pública de ótima qualidade, que garante mão de obra qualificada para as empresas, e na pesquisa tecnológica, além de exercer um papel ativo na conquista de mercados externos, na proteção à indústria nacional, etc.

O Japão apresentou, de 1955 a 1973, um extraordinário crescimento da produção industrial, com níveis acima dos obtidos na Europa ocidental e nos Estados Unidos. Nesse período, sua taxa média de crescimento anual foi superior a 10%. A economia japonesa foi a que mais cresceu no mundo na segunda metade do século XX, especialmente dos anos 1950 até início dos anos 1990. A partir daí, o Japão ingressou em uma estagnação econômica, com crescimento extremamente baixo e às vezes negativo.

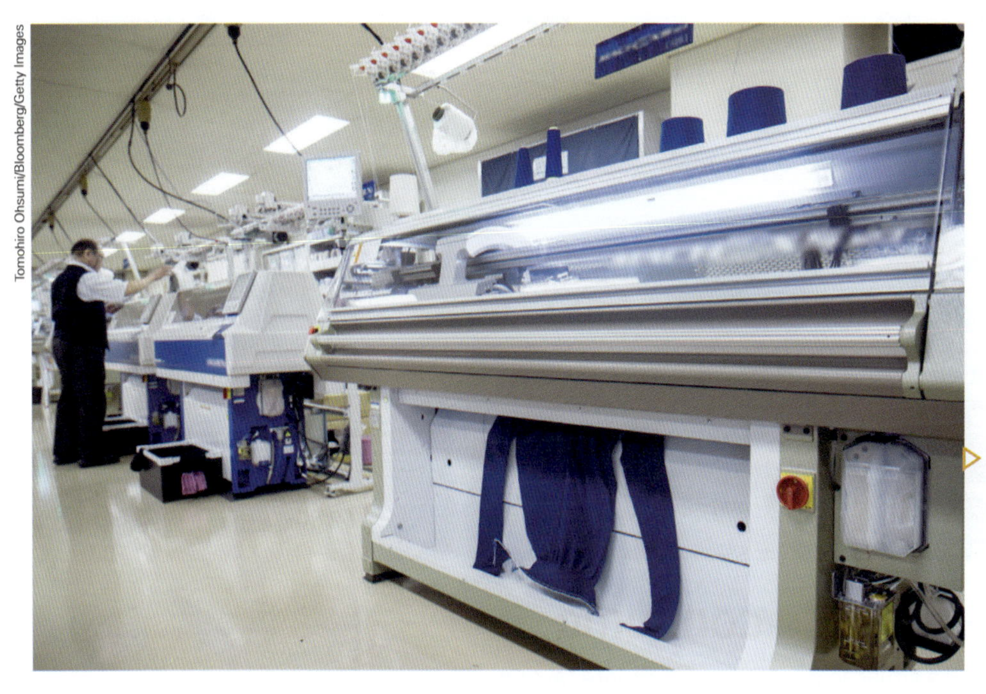
Tomohiro Ohsumi/Bloomberg/Getty Images

Indústria têxtil robotizada em Wakayama, Japão, 2017. Esse tipo de indústria emprega mão de obra altamente qualificada, cuja função é apenas controlar o fluxo de produção e a manutenção das máquinas.

A China substituiu o Japão como o país que mais cresce continuamente no mundo desde os anos 1980, ultrapassando a produção industrial japonesa e a estadunidense em 2010. Em 2018, o Japão era a terceira economia do mundo e, em 2017, o PIB do país foi de aproximadamente 5 trilhões de dólares.

Desenvolvimento e poluição

Um dos traços característicos da industrialização japonesa no período de 1955 a 1973 foi o crescimento das indústrias de base e química, que exigem muito capital e o desenvolvimento de novas tecnologias. A siderurgia e a petroquímica merecem destaque, além da química fina, que recebeu grandes investimentos. Já em 1970 as indústrias de base e química representavam 28,4% das fábricas instaladas no Japão, absorviam 49,6% dos trabalhadores e contribuíam com 62,3% da produção nacional.

Uma consequência negativa desse rápido crescimento industrial foram os **impactos ambientais**. O assunto passou a ser discutido pela sociedade, na busca de soluções.

Japão: economia (2014)

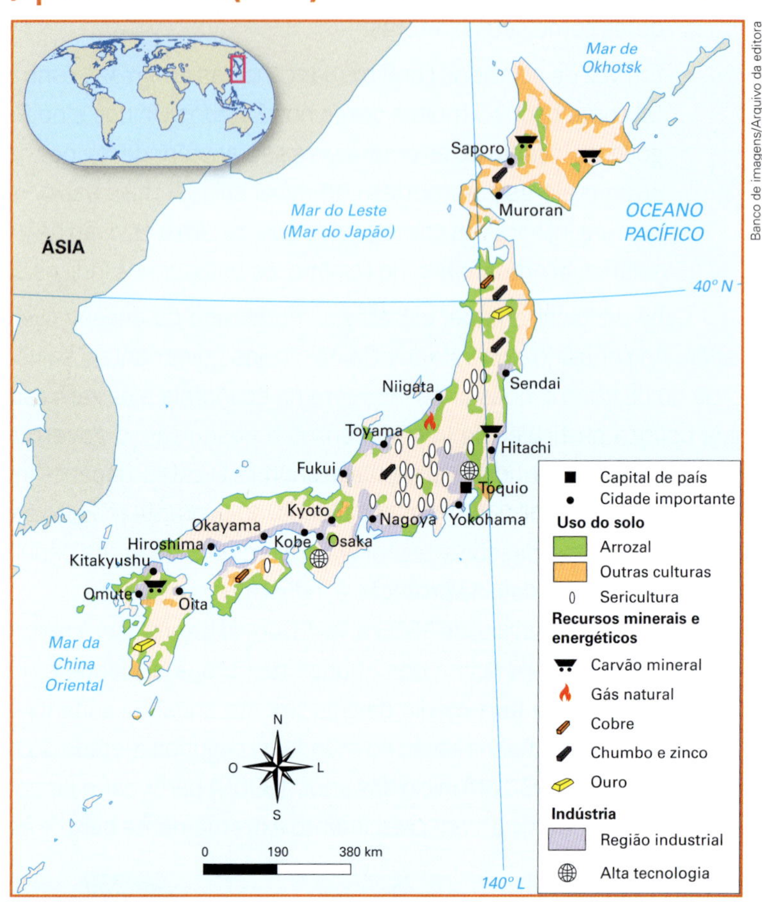

Fonte: elaborado com base em CHARLIER, Jacques (Dir.). *Atlas du 21e siècle*. Groningen: Wolters-Noordhoff/Paris: Nathan, 2014. p. 120.

Nos anos 1960, uma névoa de gases e partículas chegou a obstruir a visão do monte Fuji, em razão da poluição ocasionada pelas indústrias. Atualmente, segundo a Organização Mundial da Saúde (OMS), o Japão é um dos países menos poluídos do mundo. Na foto, monte Fuji e lago Kawaguchi, em 2018.

Tecnologia e bens de consumo

A partir dos anos 1970, a situação econômica altamente favorável do Japão começou a mudar por uma série de razões.

- A desvalorização do dólar, em 1971, e a subida do iene (moeda japonesa) provocaram a alta dos preços das exportações japonesas no mercado externo, fato importante para um país com população bem inferior à dos Estados Unidos e à da União Europeia – isto é, com um menor mercado de consumo interno. O notável crescimento econômico do país dos anos 1950 até a década de 1970 foi fortemente impulsionado pelas exportações.

- O preço do barril de petróleo aumentou muito a partir de 1973, passando a pesar na balança comercial do Japão, que não conta com reservas próprias e importa enormes quantidades dessa fonte de energia.
- Movimentos de contestação começaram a questionar os efeitos sociais e ecológicos do extraordinário crescimento do país: poluição ambiental, degradação da cultura japonesa, congestionamento das cidades e especulação imobiliária, que elevou o preço dos imóveis urbanos e agravou o problema de moradia para os trabalhadores.

Issei Kato/Reuters/Fotoarena

Robôs trabalham ao lado de pessoas em fábrica de peças em Tóquio, Japão, 2015.

Diante dos problemas, o Japão precisou reavaliar sua política de desenvolvimento econômico. No decorrer das décadas de 1970 e 1980, diminuíram os investimentos nas indústrias de base e química e voltou-se a investir mais nas indústrias de bens de consumo. As indústrias de tecnologia de ponta foram priorizadas e o país investiu nas pesquisas necessárias ao desenvolvimento dos setores de eletrônica, informática, robótica, etc. O desenvolvimento da robótica foi tão intenso que até os anos 1990 o Japão sozinho utilizava mais **robôs** do que todo o restante do mundo. Segundo dados de 2017, o país possuía cerca de um terço dos robôs em operação no mundo (34%), seguido pelos Estados Unidos (18,1%) e pela Alemanha (18%).

Os efeitos dessa mudança de rumo não tardaram a aparecer, e desde os anos 1970 o Japão passou a competir com os Estados Unidos de igual para igual (em vários anos com vantagem) em diversos setores da indústria, como o automobilístico, o eletrônico, o da informática e outros.

A partir de 1979, o Japão começou a reorganizar seu espaço industrial. Muitas indústrias de base foram transferidas para outros países, como Coreia do Sul, Taiwan, Cingapura e, mais recentemente, China, Vietnã, Malásia e até mesmo o Brasil (sobretudo na Zona Franca de Manaus), onde a mão de obra é mais barata e muitas vezes também os impostos, o custo dos terrenos, da eletricidade e da telefonia, etc.

Texto e ação

1› Comente a participação do Japão na Segunda Guerra Mundial como aliado da Alemanha e da Itália, formando o Eixo.

2› Justifique a intervenção dos Estados Unidos na economia japonesa após a Segunda Guerra Mundial.

3› Explique qual foi o papel do governo japonês no desenvolvimento industrial do Japão.

4› Cite as principais características da economia japonesa no período de 1955 a 1973.

3 A megalópole mais populosa do mundo

A intensa relação entre Tóquio e Osaka, fruto de um processo de industrialização com forte intervenção do Estado, acabou por centralizar grande parte da atividade econômica nessa porção do território japonês, dando origem a uma megalópole: **Tokaido**, no eixo Tóquio-Nagoya-Kyoto-Osaka. Essa é a maior concentração urbana do mundo contemporâneo, onde vive mais de 60% da população japonesa. Veja o mapa ao lado.

Desde seu início, o desenvolvimento industrial do Japão se concentrou na área ocupada por Tóquio, Nagoya e Osaka, com firme intervenção do Estado até 1945. Após ter se recuperado das consequências da guerra, a partir da década de 1950, o Estado voltou a investir nessa área, que apresentava as melhores condições de infraestrutura para abrigar novas indústrias.

Essa área concentrou, de 1955 a 1973, as principais atividades da economia, levando o Japão a apresentar as maiores taxas de crescimento industrial em todo o mundo. Um dos resultados da intensificação industrial foi a formação da megalópole.

Tóquio reafirmou sua posição privilegiada. A partir da década de 1970, essa metrópole passou a sediar a maior parte das grandes empresas do setor de tecnologia de ponta e seus laboratórios de pesquisa. Por outro lado, ali se concentram os grandes problemas urbanos: poluição de vários tipos, deficiências no transporte coletivo, congestionamentos de trânsito, especulação imobiliária (o preço dos imóveis é considerado o mais elevado do mundo), etc. A chamada grande Tóquio abrigava em 2017 cerca de 38 milhões de pessoas.

Japão: população (2014)

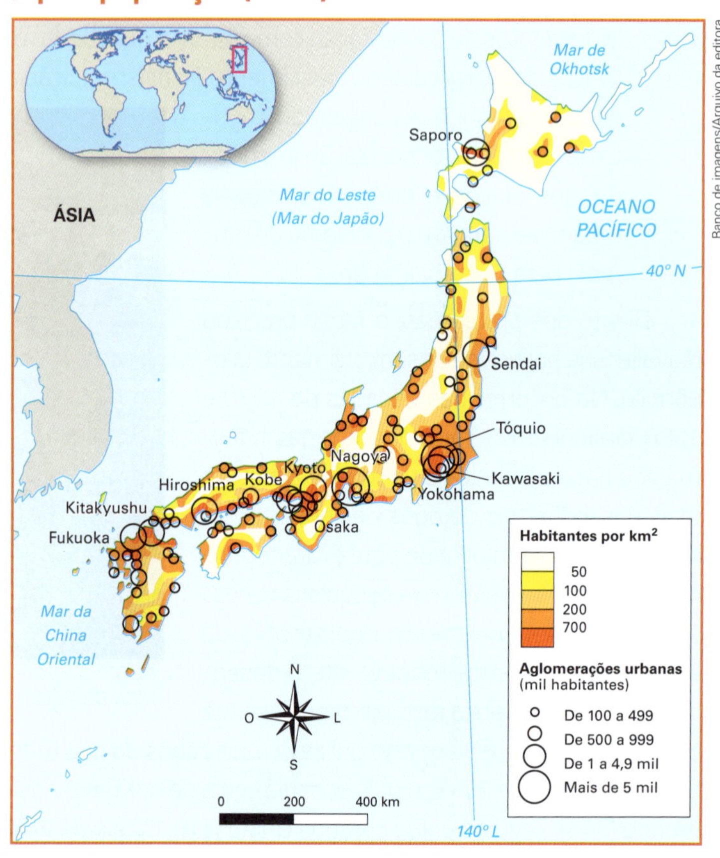

Fonte: elaborado com base em CHARLIER, Jacques (Dir.). *Atlas du 21e siècle*. Groningen: Wolters-Noordhoff; Paris: Nathan, 2014. p. 120.

As intensas relações políticas, econômicas e culturais entre as quatro grandes metrópoles do Japão – Tóquio-Nagoya-Kyoto-Osaka –, fizeram com que se constituísse uma megalópole no território japonês a partir da década de 1950, maior concentração urbana do mundo.

Alamy/Fotoarena

No bairro de Shibuya fica o cruzamento de ruas mais movimentado do mundo. Essa área concentra diversos estabelecimentos comerciais, como lojas, cafés e restaurantes. Tóquio, Japão, 2017.

4 O esgotamento do "modelo japonês"

O "modelo japonês" de desenvolvimento, tão bem-sucedido dos anos 1950 até os anos 1980, parece ter se esgotado. Ele produziu novas tecnologias – como o toyotismo, o *just-in-time* ou a intensa robotização – que passaram a ser reproduzidas em vários outros países. Porém, ele necessita de reformas urgentes para que a economia japonesa volte a crescer. Basicamente, a economia do Japão precisa deixar de ser essencialmente voltada para a exportação e voltar-se para o **mercado interno**.

O grande segredo do intenso desenvolvimento japonês foram as exportações, as maiores do mundo durante várias décadas, que inundaram o mercado mundial com uma série de produtos: automóveis, motocicletas, equipamentos eletrônicos, relógios, etc. Dispondo de menos da metade da população e do mercado consumidor estadunidenses, o Japão chegou a ter a maior indústria automobilística do mundo nos anos 1980. No entanto, a maior parte dessa produção era exportada, sobretudo para os Estados Unidos. Nessa década, de cada dez carros vendidos no território estadunidense, três eram japoneses. Esse fato chegou a provocar a falência e o fechamento de centenas de fábricas automobilísticas nos Estados Unidos, pois os veículos japoneses eram melhores e mais baratos. Esse quadro, porém, começou a mudar desde o fim dos anos 1980, por vários motivos.

Em primeiro lugar, os demais países industrializados modernizaram suas indústrias e começaram a copiar, adaptar e aperfeiçoar certos métodos japoneses de produzir com maior qualidade e menor custo. Com isso, a vantagem japonesa praticamente deixou de existir. Atualmente, os automóveis estadunidenses, por exemplo, têm a mesma qualidade e são vendidos praticamente pelos mesmos preços dos japoneses. Logo, houve um reerguimento da indústria dos Estados Unidos – apesar de boa parte dela ter se transferido para o México – e uma perda relativa do mercado de carros japoneses. O mesmo ocorreu com outros produtos, como os eletrônicos, de alta qualidade, que o Japão conseguia vender a preços inigualáveis. As indústrias de outros países se modernizaram, e hoje a vantagem japonesa praticamente não existe mais.

Segundo, surgiram concorrentes importantes para as exportações japonesas. Inicialmente foram os chamados Tigres Asiáticos – Taiwan, Coreia do Sul, Cingapura e Hong Kong, hoje anexado à China –, que também passaram a exportar grande variedade de produtos de boa qualidade e baratos. A partir dos anos 1990 entrou em cena outro competidor: a imensa China, com força de trabalho barata, disciplinada e com boa qualificação; matérias-primas abundantes e com preço reduzido; baixos impostos; e grande expansão na sua infraestrutura (eletricidade, telefonia, estradas, portos, aeroportos, etc.), que passou a receber enormes investimentos estrangeiros a partir dessa década e começou a se tornar um dos maiores exportadores mundiais de produtos industrializados eletrônicos (além de inúmeros outros produtos) a preços competitivos. A China torna-se o maior produtor e exportador mundial de bens industrializados, incluindo televisores, componentes de computadores, *notebooks* e *smartphones*.

Toyotismo: também conhecido como produção flexível, é um sistema que procura evitar o desperdício e produzir somente o necessário, com grande controle de qualidade e levando em conta as necessidades do consumidor.

***Just-in-time*:** do inglês, "no tempo exato", chamado pelos japoneses de sistema *kanban*, é um traço do toyotismo que consiste em evitar a produção em massa e produzir somente o necessário, evitando a necessidade de estoques.

Outro desafio enfrentado pela economia japonesa foram as reivindicações dos demais países industrializados – especialmente Estados Unidos, que tinham enormes *deficit* comerciais com o Japão – para que o Japão **importasse** mais. Muitos Estados começaram a limitar as importações de produtos oriundos do Japão, pois exigiam uma contrapartida. Para poder continuar exportando automóveis em grande quantidade para os Estados Unidos ou para a Europa, o Japão se viu obrigado a importar carros fabricados nessas regiões.

Taxas de crescimento econômico do Japão (1961 a 2017)

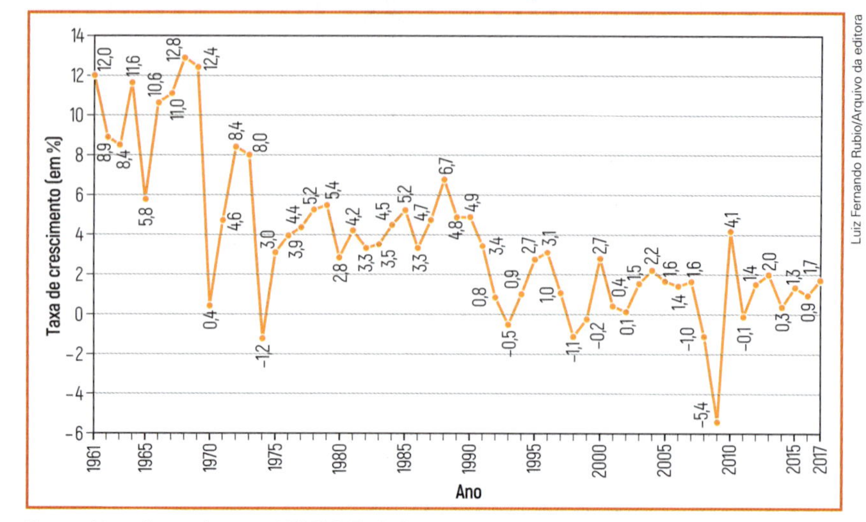

Fonte: elaborado com base em WORLD Bank. Disponível em: <https://data.worldbank.org/indicator/NY.GDP.MKTP.KD.ZG?locations=JP&view=chart>. Acesso em: 5 out. 2018.

Observe no gráfico que a economia japonesa apresenta um crescimento impressionante na década de 1960 (12,8% em 1968), recua bastante (com taxas até negativas) nos anos 1970, se recupera um pouco nos anos 1980 e, no século XXI, entra em uma fase de crescimento irregular, pequeno, em geral. Consequentemente, a renda *per capita* do país caiu de 48,6 mil dólares em 2012 para 38,4 mil dólares em 2017.

5 Questões atuais

Atualmente é possível enumerar pelo menos três questões com as quais o Japão precisa lidar – ou já está lidando – com urgência: defesa nacional, produção de energia (em especial o problema das usinas nucleares), e envelhecimento da população.

Defesa nacional

Desde a Segunda Guerra Mundial – por interferência dos Estados Unidos, que temiam o rearmamento do Japão –, o país deixou de investir na área bélica, o que foi benéfico, pois concentrou seus recursos na modernização industrial.

No entanto, com a notável expansão da vizinha China, tradicional adversária, e com os Estados Unidos já não garantindo mais a defesa do território japonês, o país iniciou com cautela uma política de gastos maiores na área armamentista. A cautela se explica pela forte rejeição da população ao armamentismo. Em 2015, milhares de japoneses saíram às ruas de Tóquio para protestar contra a militarização do país.

Produção de energia nuclear

Outra questão que dividia a população japonesa era a respeito do uso de energia nuclear. Trata-se de uma fonte de energia ainda importante para o Japão em termos de geração de eletricidade, mas que já está sendo praticamente abolida no país. O Japão foi a primeira – e, até o momento, a única – nação a sofrer os efeitos provocados por bombas atômicas, que foram lançadas pelos Estados Unidos em 1945, nas cidades de Hiroshima e Nagasaki. Esse acontecimento criou um profundo temor na população em relação aos perigos da radiação.

Em março de 2011, o país foi atingido por outra catástrofe nuclear, dessa vez causada por um *tsunami*, que provocou um acidente nuclear na usina de Fukushima. Houve vazamento de radioatividade, o que colocou em risco a vida e a saúde das pessoas não só no entorno da usina (situada a nordeste do Japão), mas também a vários quilômetros de distância, dada a disseminação dos elementos radioativos. A radiação também contaminou o solo e os alimentos produzidos em uma vasta área.

Toshifumi Kitamura/Agência France-Presse

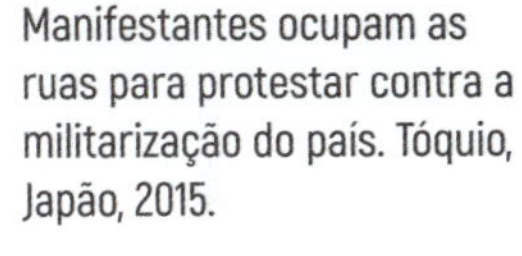
Manifestantes ocupam as ruas para protestar contra a militarização do país. Tóquio, Japão, 2015.

Ko Sasaki/The New York Times/Fotoarena

Após seis anos, sala de escola ainda intacta com os objetos pessoais de estudantes que saíram às pressas após o acidente nuclear de Fukushima. Futaba, Japão, 2017.

Durante décadas argumentou-se que a energia nuclear é uma energia limpa, ou seja, não provoca poluição, tampouco aquecimento global (como ocorre com o carvão e o petróleo), além de fornecer eletricidade a um custo razoável para um país carente de potencial hidráulico, carvão mineral e petróleo.

Embora a usina de Fukushima tenha sido construída levando em conta a ocorrência de um terremoto na área, não se previu a possibilidade de um forte *tsunami*. Esse acidente de 2011 foi classificado como gravíssimo. Por isso, repercutiu mundialmente, levando milhares de pessoas às ruas de Tóquio e de outras cidades importantes do mundo, como Berlim, Paris e Londres, solicitando o fechamento das usinas nucleares e defendendo a utilização de outras fontes de energia, especialmente as consideradas "limpas", como a solar ou a eólica.

O Japão, assim como a Alemanha, sob pressão popular, decidiu que não construiria novas usinas nucleares; a França (o país que mais depende da energia nuclear em todo o mundo), os Estados Unidos e até a Índia mantêm suas usinas e não se opõem à construção de novas. O Brasil deve concluir Angra 3 e construir quatro novas centrais nucleares nos próximos anos. No entanto, o acidente no Japão mostrou como as usinas nucleares são perigosas, pois acontecimentos inesperados como esse sempre podem ocorrer.

O Japão agiu rapidamente: a energia nuclear, que representava cerca de 30% da eletricidade gerada no país em 2010, antes do acidente, passou a representar menos de 2% em 2016, com a desativação da maioria de suas usinas nucleares.

A fonte de energia que substituiu a nuclear no país foi o gás natural liquefeito, importado principalmente da Austrália, que em 2016 representou 38% da geração de eletricidade (o restante vem principalmente de usinas a carvão ou a petróleo, além de usinas hidrelétricas e parques eólicos). O país também passou a investir em fontes renováveis, como a eólica, a solar, a de biomassa e a geotérmica, que juntas já representavam 7,6% da geração de eletricidade, em 2016.

Moment/Getty Images

Turbinas de energia eólica ao longo da costa em Hokkaido, Japão, 2017.

Texto e ação

- Sobre o acidente nuclear ocorrido em 2011 no Japão, converse com os colegas:

  a) Por que ele foi considerado gravíssimo?

  b) Após sofrerem pressão popular, o Japão e a Alemanha decidiram que não construirão mais usinas nucleares – e vão desativar progressivamente as que já existem. Como se posiciona o Brasil sobre a energia nuclear? O que vocês acham disso?

  c) Na opinião de vocês, quais seriam as fontes de energia mais adequadas para o Brasil investir neste século? Justifiquem sua resposta.

Geolink

Leia o texto.

Com fluxo de brasileiros no Japão, português é falado em fábricas e hospitais

O mês ainda é maio [2018], mas a província de Aichi fez neste domingo, 20, uma festa junina, com direito a quadrilha e caldo de cana – importado da Tailândia, é verdade. Na região mais tupiniquim do Japão, com 53 mil brasileiros, o português é o idioma de fábricas e algumas escolas, pode ser ouvido nas ruas e está até no *site* oficial de governos locais. "Abro a janela e vejo brasileiros passando, [...]", diz Thiago Tagawa, de 32 anos, que desde 2017 mora na cidade de Okazaki, em Aichi.

A família de Tagawa dribla as crises com migrações. Em 2000, ele viajou ao Japão para juntar dinheiro, mas voltou ao Brasil em 2009, fugindo da recessão mundial. Oito anos depois, foram os problemas no Brasil que o expulsaram. Além de Tagawa, quatro dos sete irmãos se mudaram recentemente para o país. "E o resto está vindo."

Apesar de já ter morado no Japão, Tagawa fala pouco japonês, mas diz não sentir muita falta. "Nos parques tem placa em português e há tradutor na prefeitura, nos hospitais", conta ele, que trabalha de madrugada em uma fábrica de autopeças com outros conterrâneos.

Edson Nishimura, de 40 anos, está no Japão há um ano. "Ouvia comentários de que a empresa em que trabalhava no Brasil estava em falência", diz. Instalado e empregado, ele elogia a estrutura do país. "Aqui não tem ônibus lotado, as pessoas não atravessam no farol vermelho." A rotina de trabalho de um estrangeiro, porém, é extenuante. "Entro às 19 horas e saio às 7."

Em agosto, ele espera receber a mulher e a filha, de 8 anos, que ficaram no Brasil. A dúvida, conta Nishimura, é se colocarão a pequena, que nunca pisou no Japão, em colégio japonês ou brasileiro. Segundo dados do Consulado Geral do Brasil em Tóquio, 32% das crianças e jovens brasileiras em idade escolar têm dificuldade de aprendizado por causa do domínio insuficiente do idioma.

Para Guida Suzuki, voluntária na Associação Brasileira de Toyohashi (NPO-ABT), a segunda cidade com mais brasileiros no Japão, o volume de informações "mastigadas" em português desestimula o brasileiro a estudar o idioma local. "O que mais queremos é que eles saibam o mínimo da língua para se virarem sozinhos." Na NPO-ABT, uma organização não governamental, são oferecidas aulas de japonês a brasileiros.

Por outro lado, explica Guida, os filhos e netos de imigrantes que estão há muitos anos no país sabem pouco da cultura brasileira. Contra isso, cartazes para promover cursos de alfabetização em língua portuguesa na cidade alertam: "Não permita que seus filhos percam suas raízes". "Estávamos preocupados com a identidade das crianças", diz Guida.

Marcelo Hide/Acervo do fotógrafo

Brasileiros fazem festa junina em Aichi, no Japão, em 2016.

Fonte: MARQUES, Júlia. Com fluxo de brasileiros no Japão, português é falado em fábricas e hospitais. *Estadão*. Disponível em: <www.em.com.br/app/noticia/nacional/2018/05/21/interna_nacional,960259/com-fluxo-de-brasileiros-no-japao-portugues-e-falado-em-fabricas-e-ho.shtml>. Acesso em: 5 out. 2018.

Agora, responda:

1. Por que a província de Aichi preparou uma festa junina?
2. Na sua opinião, por que os brasileiros descendentes de japoneses migram para o Japão?
3. Na sua opinião, como deve ser morar em um país estrangeiro e não dominar a língua? Converse com os colegas.
4. Participar de festas, como a junina, contribui para que os filhos e netos de imigrantes brasileiros no Japão "não percam suas raízes"? Justifique sua resposta.

Envelhecimento da população

Em 2017, a taxa de **natalidade** no Japão era de 0,76% e a de **mortalidade**, de 0,96%. Isso significa um ritmo de -0,19% de crescimento demográfico anual, ou seja, negativo. Há, portanto, uma espécie de estagnação ou até retração demográfica, já que o crescimento ocorre apenas por meio da entrada de imigrantes – que diminuiu bastante nos últimos anos. Em 2017, 27,3% da população tinha 65 anos de idade ou mais.

O envelhecimento decorre das baixas taxas de natalidade e da elevada expectativa de vida: 88,5 anos para mulheres e 81,7 anos para homens. Esse fato tem levado o governo japonês a incentivar a natalidade, por enquanto sem grandes resultados, com o aumento do auxílio financeiro aos casais que têm filhos e a ampliação do acesso às creches.

Por outro lado, como o rendimento do aposentado japonês acompanha a renda dos trabalhadores ativos e existe uma elevada expectativa de vida no país, o consumo desse percentual de idosos não diminui, apenas aumenta em razão dos maiores gastos com saúde. A questão, portanto, é saber até quando o país suportará o enorme número de aposentados à medida que diminui o número de trabalhadores ativos. Uma forma de compensar a retração e o envelhecimento da população seria o incentivo à imigração, mas há alguns problemas. Primeiro, o território japonês é relativamente pequeno e bastante povoado (o que significa pressão sobre os recursos naturais como água potável ou solos agricultáveis, além do elevado preço dos imóveis). Além disso, a imigração só aumenta com a oferta de empregos – o que não vem ocorrendo devido à estagnação da economia japonesa neste século e à intensa robotização e automação de tarefas no país.

As pirâmides etárias mostram que a população do país está diminuindo neste século: era de 82,1 milhões em 1950, 128 milhões em 2010 e, segundo estimativas, será de 107,4 milhões em 2050. A população idosa, com 65 anos ou mais, representava cerca de 5% da população total em 1950, 23% em 2010 e chegará a 40% em 2050. O envelhecimento populacional, portanto, é um sério problema para o Japão.

Japão: pirâmides etárias em 1950, 2010 e 2050*

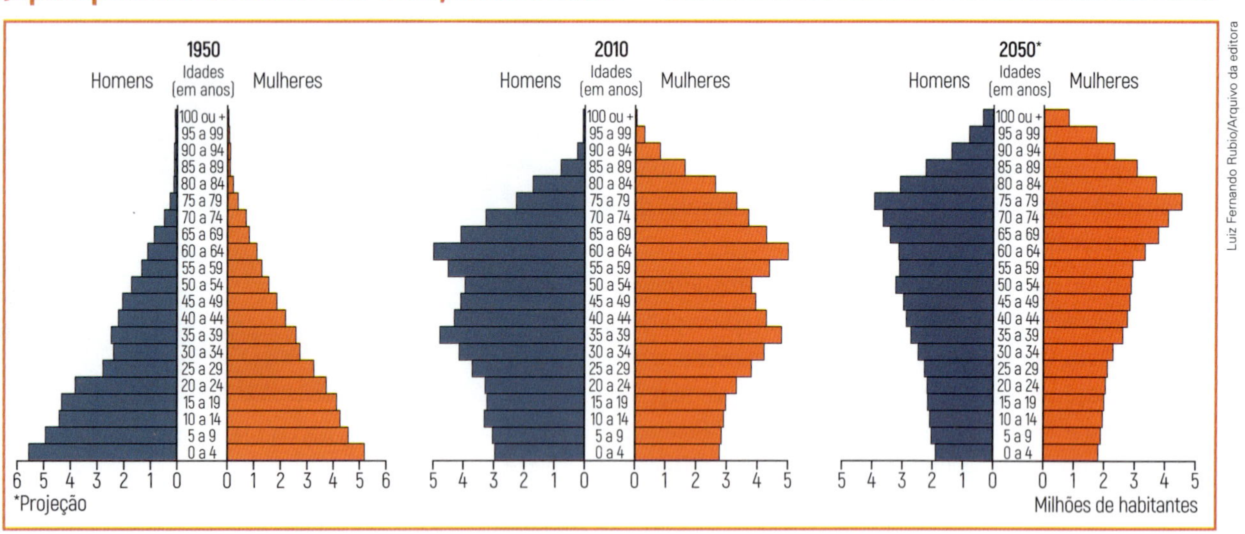

Fonte: elaborado com base em UNITED States Census Bureau. Disponível em:<www.census.gov/data-tools/demo/idb/informationGateway.php>; TRADE Profile: Japan adapts to its aging population. Stratfor. Disponível em: <https://worldview.stratfor.com/article/trade-profile-japan-adapts-its-aging-population>. Acessos em: 9 nov. 2018.

Texto e ação

1› Quais serão as possíveis consequências do envelhecimento da população japonesa?

2› Na sua opinião, qual seria a forma de compensar o envelhecimento e o encolhimento da população japonesa? Quais são as dificuldades para implantar essas medidas?

CONEXÕES COM CIÊNCIAS

- Observe o mapa abaixo e responda às questões.

Placas tectônicas

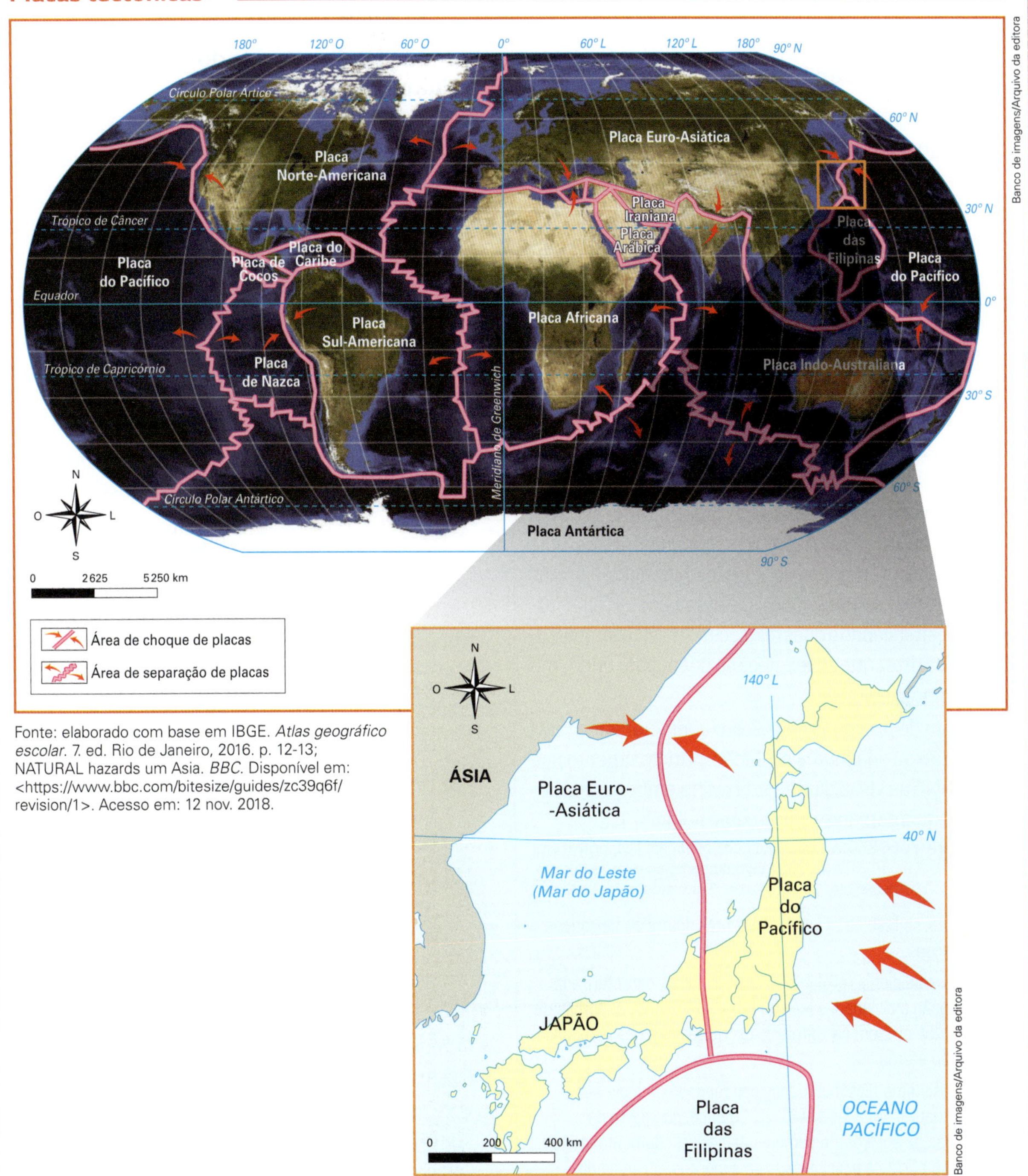

Banco de imagens/Arquivo da editora

Banco de imagens/Arquivo da editora

Fonte: elaborado com base em IBGE. *Atlas geográfico escolar*. 7. ed. Rio de Janeiro, 2016. p. 12-13; NATURAL hazards um Asia. *BBC*. Disponível em: <https://www.bbc.com/bitesize/guides/zc39q6f/revision/1>. Acesso em: 12 nov. 2018.

a) Quais são as quatro placas tectônicas existentes no Japão e nas vizinhanças do território japonês?

b) Essas placas são convergentes ou divergentes? Justifique sua resposta.

c) Cerca de 80% do território do Japão apresenta relevo montanhoso. Qual a relação dessa característica com as informações contidas no mapa?

ATIVIDADES

1› Leia o texto e responda às atividades.

Religiões no Japão

Segundo as Estatísticas Anuais de Religião emitidas pela Agência de Assuntos Culturais do Japão, existem cerca de 106 milhões de xintoístas, cerca de 96 milhões de budistas, cerca de 2 milhões de cristãos e 11 milhões de seguidores de outras religiões. A soma disso resulta em 215 milhões de pessoas, quase o dobro da população total do Japão. Isso ocorre porque muitos japoneses se envolvem em rituais de múltiplas religiões. Em alguns países, as pessoas se tornam um membro de uma religião pelo batismo, enquanto no Japão aqueles que cultuam qualquer deus de uma religião são considerados crentes dessa religião. Portanto, os japoneses que cultuam Buda e os deuses xintoístas pertencem a várias religiões.

Uma vez que o sincretismo do xintoísmo e do budismo tem ocorrido há muito tempo no Japão, não há uma linha divisória clara entre os dois. Por exemplo, muitas famílias têm em casa um altar xintoísta e também um altar budista, pertencendo a duas religiões ao mesmo tempo. [...] pode-se dizer que as religiões se unem para criar uma única noção religiosa.

Além dessas duas religiões, o confucionismo também deixou sua marca no Japão, principalmente nos funerais e na visão da vida e da morte, embora seja menos frequentemente citada como religião. [...]

Fonte: ENCYCLOPEDIA Japan. Religion of Japan. Disponível em: <https://doyouknowjapan.com/religion/>. Acesso em: 25 ago. 2018. (Traduzido pelos autores.)

Sincretismo: síntese ou fusão de diferentes doutrinas filosóficas e/ou religiosas.

Xintoísmo: tradicional religião politeísta do Japão, caracterizada pela adoração a divindades (*kamis*) que representam as forças da natureza. Não existem no xintoísmo escrituras sagradas ou busca da salvação eterna.

Budismo: sistema filosófico e religioso fundado na Índia por Siddharta Gautama (563 a.C.-483 a.C.), o Buda, que parte da constatação do sofrimento como a condição fundamental de toda existência e afirma a possibilidade de superá-lo por meio da obtenção de um estado de bem-aventurança integral, o nirvana (iluminação). Não existem Deus ou deuses no budismo.

Confucionismo: sistema filosófico e ético elaborado na China por Confúcio (551 a.C.-479 a.C.), que apregoa o culto aos antepassados, à família e aos mais velhos e sábios, além de amor à justiça, reverência e sinceridade.

a) Por que os japoneses adotam ao mesmo tempo o xintoísmo, o budismo e o confucionismo?

b) Compare a religiosidade no Japão e no Brasil. Se necessário, pesquise informações a respeito das religiões praticadas nesses dois países em revistas, jornais e *sites*.

2› Leia o texto e resolva as atividades.

Japão lembra 7 anos do desastre de Fukushima

O Japão relembrou neste domingo [11] o aniversário de sete anos do terremoto-*tsunami* que deixou cerca de 18 mil vítimas, entre mortos e desaparecidos, em 11 de março de 2011 e provocou um desastre nuclear em Fukushima. [...]

O terremoto provocou um *tsunami* ao longo da costa da região de Tohoku, com ondas de até 40 metros de altura que danificaram três reatores da usina nuclear de Fukushima, causando o maior desastre do tipo desde o vazamento na central de Chernobyl, na então União Soviética, em 1986.

[...] Segundo o Greenpeace, o nível de radiação ao redor da central de Fukushima está três vezes acima da meta do governo.

Atualmente, apenas três dos 45 reatores nucleares do país estão em funcionamento, mas o gabinete conservador de Abe pretende retomar a produção desse tipo de energia.

Fonte: JAPÃO lembra 7 anos do desastre de Fukushima. *Ansa Brasil*. 11 mar. 2018. Disponível em: <http://ansabrasil.com.br/brasil/noticias/mundo/noticias/2018/03/11/japao-lembra-7-anos-do-desastre-de-fukushima_599f2e0c-1972-4127-9051-30273e0de942.html>. Acesso em: 11 nov. 2018.

a) Quais características físicas do território japonês fazem com que o país sofra com desastres naturais como o mencionado na reportagem?

b) Quais problemas ambientais o vazamento nuclear relatado pode trazer para a população afetada?

Autoavaliação

1. Quais foram as atividades mais fáceis para você? Por quê?
2. Algum ponto deste capítulo não ficou claro? Qual?
3. Você participou das atividades em dupla e em grupo e expressou suas opiniões?
4. Como você avalia sua compreensão dos assuntos tratados neste capítulo?
   - **Excelente**: não tive dificuldade.
   - **Bom**: consegui resolver as dificuldades de forma rápida.
   - **Regular**: tive dificuldade para entender os conceitos e realizar as atividades propostas.

Lendo a imagem

- Em duplas, observem as imagens.

Yoshio Kawamoto/Coleção particular

Prédio da Secretaria de Incentivo à Indústria após a explosão da bomba em Hiroshima, no Japão, em 6 de agosto de 1945.

Issei Kato/Reuters/Fotoarena

O prédio da foto anterior foi reformado e transformado na Cúpula da Bomba Atômica. Foto de 2015.

Agora, respondam:

a) Que elementos da primeira imagem retratam o poder de destruição de armas nucleares?

b) Como o Japão conseguiu promover sua reconstrução de maneira eficiente?

c) Pesquisem a importância da Cúpula da Bomba Atômica para a memória japonesa.

CAPÍTULO

9 China e Índia, novas potências em ascensão

Sam Panthaky/Agência France-Presse

Feira livre em Ahmedabad, Índia, 2017.

China e Índia: quadro comparativo (2014-2017)

	China	Índia
Área	9 596 961 km²	3 287 263 km²
População (2017)	1 409 517 000	1 339 180 000
Crescimento demográfico anual	0,43%	1,13%
PIB em bilhões de dólares (2017)	11 795	2 454
Crescimento médio anual do PIB (2014 a 2017)	6,8%	7,2%
IDH em 2015	0,738 (alto)	0,624 (médio)

Fonte: elaborado com base em GLOBAL Finance. Disponível em: <www.gfmag.com/global-data/economic-data/countries-highest-gdp-growth>; STATISTICS Times. Disponível em: <http://statisticstimes.com/economy/countries-by-projected-gdp-capita.php>. Acessos em: 30 ago. 2018.

Para começar

Observe a foto de abertura de unidade (página 140), a foto e o quadro desta página. Depois, responda às questões.

1. Que semelhanças você nota nas duas fotos?
2. Qual dos dois países é o mais povoado, ou seja, tem maior densidade demográfica?
3. Qual dos dois países deverá ter maior população em 2050? Explique.

Neste capítulo, você vai estudar duas novas potências mundiais em ascensão: a China e a Índia. A China deverá ser, em um futuro próximo, a grande potência econômica do planeta, superando os Estados Unidos. Quanto à Índia, cuja economia atualmente cresce a um ritmo superior ao da China e da maior parte dos demais países, segundo previsões, deverá ser a terceira do mundo em 2050, depois de China e Estados Unidos.

1 China: aspectos gerais

O território chinês apresenta uma grande variedade de paisagens naturais. Há uma extraordinária diversidade de relevo, clima, vegetação, hidrografia e tipos de litoral. Observe as fotos.

He lili/Imaginechina/AP Images/Glow Images

Encontro dos rios Azul, de águas marrons, e Jialing, de águas claras, em Changqing, China, 2018. O sul da China é dominado por colinas e cordilheiras baixas. No centro-leste estão os deltas dos dois maiores rios chineses: o rio Amarelo (Huang-ho) e o rio Azul (Yang-tse).

karenfoleyphotography/Shutterstock

Pessoas andando de camelo no deserto de Takla Makan, em Gansu, China, 2018. Na parte sudoeste há cordilheiras importantes, especialmente o Himalaia, onde se encontram as maiores altitudes da superfície terrestre. No centro e no oeste do país há vastos desertos, como Takla Makan e Gobi.

A parte oeste da China, uma extensão de cerca de dois terços do território, é a menos povoada. O povoamento de fato se dá a leste e ao sul, principalmente nas planícies litorâneas e também, em parte, em algumas planícies fluviais. Veja o mapa abaixo.

China: físico

Portal de Mapas/Arquivo da editora

Fonte: elaborado com base em IBGE. *Atlas geográfico escolar*. 7. ed. Rio de Janeiro, 2016. p. 46-47.

Uma questão ambiental importante na China é a contínua expansão dos desertos, principalmente do deserto de Gobi. Embora as barreiras de árvores, plantadas desde 1970, tenham reduzido a frequência de tempestades de areia e as secas prolongadas, garantindo melhores resultados nas práticas agrícolas, o norte da China ainda é assolado por tempestades de poeira, sobretudo na primavera. Aliados ao avanço da desertificação, há problemas de erosão e, principalmente, de acesso à água potável. O derretimento das geleiras do Himalaia, resultado do aquecimento global, também vem aumentando a escassez de água potável no país.

VCG/Getty Images

Tempestade de poeira cobre a cidade de Beijing, China, em 2018.

A China tem climas variados – temperado, desértico, frio de montanha, subtropical e tropical de monções – em geral marcados por estações secas e monções úmidas, o que leva a diferenças de temperatura no inverno e no verão. No inverno, os ventos do norte, provenientes de áreas de altas latitudes, são frios e secos; no verão, os ventos do sul, de zonas marítimas em baixa latitude, são quentes e úmidos.

Por causa da variação de climas e do relevo, há uma ampla variedade de tipos de vegetação. O nordeste e o noroeste do país possuem montanhas e florestas de coníferas, onde vivem diversas espécies animais, incluindo alces e ursos-negros asiáticos, e inúmeros tipos de aves. As florestas subtropicais, que dominam a região centro-sul, abrigam milhares de espécies de plantas. Florestas tropicais, embora confinadas em Yunnan e na ilha de Hainan, possuem uma grande biodiversidade e um quarto de todas as espécies vegetais e animais encontradas na China.

Alamy/Fotoarena

Cachoeira no parque florestal de Luoping, na província de Yunnan, China, 2017.

2 Índia: aspectos gerais

Na Índia também há grande variedade de paisagens naturais: imensas cordilheiras, ao norte, e montanhas com menores altitudes no centro-oeste do país. Destacam-se as planícies fluviais e litorâneas, nas quais se concentra a maioria da população indiana. A região metropolitana da capital, Nova Délhi, no centro-norte do território, tem mais de 16 milhões de habitantes. Mumbai, a maior cidade indiana, concentra cerca de 22 milhões de habitantes em sua área metropolitana.

Idrees Abbas/SOPA Images/LightRocket/Getty Images

Nas zonas fronteiriças com a China, o Nepal e o Butão, formaram-se imensas cordilheiras, dentre as quais se destaca a do Himalaia. Na foto, trecho dos picos nevados do Himalaia indiano em Gulmarg, Índia, 2018.

Índia: físico

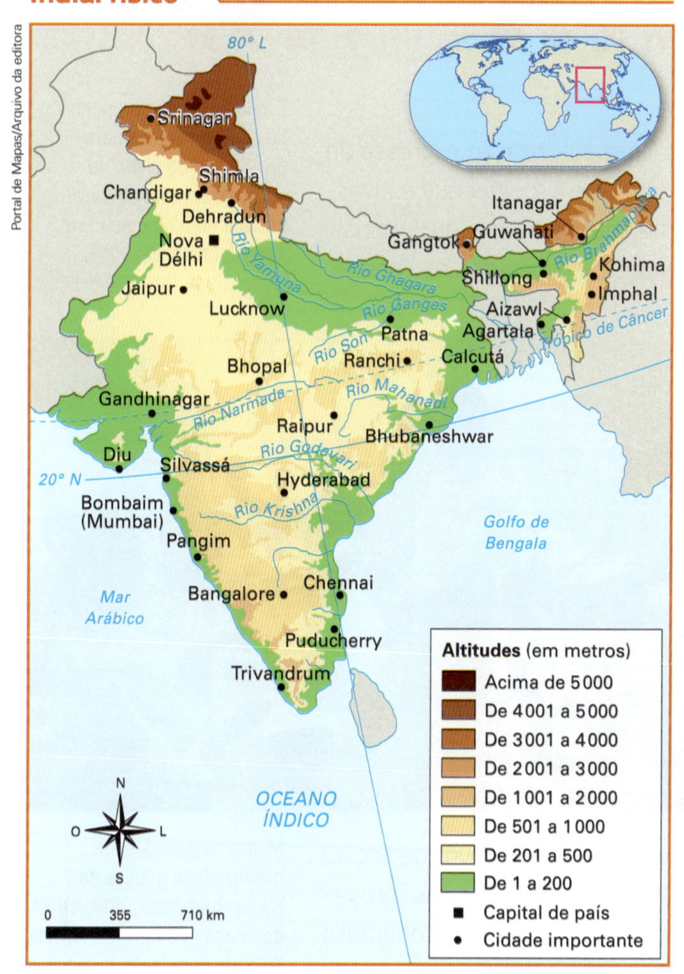

Portal de Mapas/Arquivo da editora

Fonte: elaborado com base em UNIVERSITY of British Columbia, Faculty of Education. Disponível em: <http://bedi.ecps.educ.ubc.ca/may-to-august-2016-dr-bedi-collecting-data-in-india/india-physical-map/>. Acesso em: 6 out. 2018.

Alamy/Fotoarena

A principal planície fluvial é a Indo-gangética, formada pelos rios Indo e Ganges, ao norte, onde se localiza a capital do país, Nova Délhi. Nas inúmeras planícies litorâneas, a oeste, a leste e ao sul do território indiano, localizam-se inúmeras cidades importantes. Na foto, trecho do rio Ganges, em Varanasi, Índia, 2017.

No aspecto climático há um grande contraste no território indiano. Na parte noroeste, vizinha ao Paquistão, há uma área desértica com cerca de 390 mil km² – o deserto de Thar –, com baixíssimo índice anual de pluviosidade. Na maior parte do país, porém, predomina o clima tropical de monções, com elevados índices de pluviosidade e chuvas torrenciais que, com frequência, causam inundações em inúmeras cidades da Índia e de países vizinhos, no sul da Ásia.

3 População e urbanização

Imaginechina/Agência France-Presse

Propaganda da campanha do governo chinês para divulgação do plano de controle de natalidade, a política do filho único, em Xangai, China, em 2008.

Embora a China tenha a maior população do mundo, o crescimento populacional chinês vem declinando nas últimas décadas (0,43% ao ano, atualmente) e é bem inferior ao de alguns campeões mundiais de crescimento populacional, como Sudão do Sul (4,09%), Níger (4,0%) ou Angola (3,3%). A Índia, por sua vez, continua a crescer, mas em um ritmo moderado (1,17%).

Com a redução das taxas de mortalidade de 20 por mil na década de 1940 para 6,5 por mil na década de 1980, a população da China dobrou em 35 anos, mas um rigoroso plano de controle de natalidade foi implantado no país nos anos 1970, determinando que as famílias deveriam ter apenas um filho, no máximo dois (com autorização expressa do governo), com aplicação de penalidades rígidas para o marido e a mulher que estivesse grávida do segundo filho sem permissão. Foram medidas radicais e autoritárias, que, no entanto, produziram resultados no que se refere à redução do crescimento populacional.

Noah Seelam/Agência France-Presse

Mulheres grávidas em maternidade pública de Hyderabad, Índia, 2016. A população da Índia constituía 17,8% da população mundial, de acordo com estimativas de 2016 da ONU.

A Índia também adotou um rígido controle de natalidade a partir dos anos 1970, quando o governo exigiu que os homens casados com 2 ou mais filhos se submetessem à vasectomia, um procedimento de esterilização. Essa medida autoritária recebeu críticas e posteriormente foi abolida, mas o governo indiano continuou promovendo campanhas de esterilização voluntária, pagando uma quantia em dinheiro a homens e mulheres que concordassem em se submeter à operação. Calcula-se que, atualmente, 37% das mulheres indianas em idade fértil estejam esterilizadas. Com os homens, porém, os resultados da campanha não foram muito significativos devido ao trauma ocasionado pela obrigatoriedade dos anos 1970. Em decorrência das campanhas, da modernização e da relativa urbanização da Índia, o crescimento demográfico no país diminuiu sensivelmente, embora ainda seja maior que o da China. Segundo estimativas, por volta de 2024, a população indiana irá ultrapassar a chinesa e a Índia será o país mais populoso do mundo.

A fome e a subnutrição sempre estiveram presentes nessas duas civilizações, que estão entre as mais antigas da humanidade. O acelerado crescimento econômico da China a partir dos anos 1980, depois que o país se abriu ao mercado mundial e aos investimentos estrangeiros, fez com que o rendimento médio das famílias – e seu poder de compra – crescesse a cada ano. Os chineses passaram a consumir mais carnes, verduras e derivados de soja (o país se tornou o maior importador mundial desse produto e de carnes variadas), e a fome e a subnutrição diminuíram sensivelmente nas últimas décadas. A China reduziu a população em situação de fome e subnutrição de 16%, em 2000, para 9%, em 2015. A Índia também conseguiu reduzir essa porcentagem, de 21%, em 2004, para cerca de 14%, em 2015, embora continue a ser o país com maior número de pessoas nessa condição devido ao tamanho de sua população total: 14% representam cerca de 180 milhões de pessoas.

A urbanização vem se expandindo nos dois países, sobretudo na China, cuja população rural passou de 84%, em 1960, para 43%, em 2016, com uma população urbana de 57%. Atualmente, existem no país quarenta centros urbanos com mais de 2,5 milhões de habitantes e mais de 80 cidades com população superior a 1 milhão de habitantes. Na Índia, a urbanização ocorre em um ritmo menos acelerado: sua população rural de 82%, em 1960, caiu para 67%, em 2016, e, embora seja maior do que a urbana, existem imensas áreas metropolitanas no país, com destaque para Mumbai e Nova Délhi.

Na China, Guangzhou, localizada no litoral sul do país, vizinha a Hong Kong, é um aglomerado urbano de recente e rápido crescimento, com quase 45 milhões de habitantes em sua área metropolitana. Xangai, com 34 milhões de habitantes na área metropolitana, é a cidade mais importante do país, por causa de suas atividades portuárias, comerciais e financeiras. Beijing, a capital, tem cerca de 25 milhões de moradores na sua área metropolitana.

A porção leste do território chinês, banhada pelo oceano, é a mais industrializada e a que apresenta as terras mais férteis (planícies litorâneas e/ou fluviais). Há milênios essa área concentra a maior parte da população, registrando elevada densidade demográfica. A parte oeste da China, desértica, possui baixa densidade demográfica, o que vem se acentuando nos últimos anos em decorrência do maior desenvolvimento econômico do leste da China, das faixas litorâneas que se industrializam e atraem grande quantidade de mão de obra do interior.

Alamy/Fotoarena

Guangzhou, uma das maiores aglomerações urbanas do mundo. China, 2018.

Texto e ação

1. Comente o problema da fome e da subnutrição na China e na Índia.
2. Compare o processo de urbanização na China e na Índia.

Geolink 1

Leia o texto.

Urbanização na China, um frenesi destruidor

Após ter transformado radicalmente – e até mesmo desfigurado – suas grandes metrópoles litorâneas, a China pretende, atualmente, remodelar as regiões áridas do oeste do país. O instrumento desta política é uma urbanização de proporções gigantescas, que deve levar à construção de cidades cintilantes de vidro e ferro – "uma fusão de Las Vegas e Veneza", proclamam os cartazes publicitários –, onde antes pequenas vilas subsistiam sobre uma terra pobre devorada pelo deserto.

O resultado é surpreendente: em Lanzhou, capital da província de Gansu, a noroeste do país, máquinas arrasam centenas de colinas de loess [sedimento fértil de coloração amarelada de origem eólica] para criar os espaços planos que poderão acolher novas cidades atravessadas por rodovias. O gigantismo se afirma em todo o oeste do país [...].

O objetivo desse imenso canteiro de obras é duplo: de um lado, transformar a massa de camponeses pobres em consumidores urbanos capazes de impulsionar o crescimento da economia, e, de outro lado, absorver esse oeste de várias etnias e fazê-las desaparecer no modelo único de desenvolvimento "à chinesa", isto é, decidido de cima, executado sem consulta à população e visando, antes de mais nada, consolidar o controle pelo poder estatal.

As ONGs ambientais se preocupam com a degradação dos frágeis recursos naturais. Qual será o impacto desses trabalhos faraônicos sobre um ambiente já terrivelmente degradado – lençóis freáticos extenuados, nuvem permanente de poluição, terras contaminadas por produtos tóxicos?

Sem mencionar uma lógica econômica deficiente: todas as novas cidades criadas por este frenesi de construção poderiam, de acordo com um grupo de pesquisa do governo, acomodar... 3,4 bilhões de habitantes! – mais do dobro da população total da China. Um enorme desperdício econômico e ambiental e um arquipélago de cidades-fantasmas em perspectiva.

Maksym Deliyergiyev/Shutterstock

O setor da construção civil é um dos principais impulsores do crescimento econômico chinês e gerador de empregos. Alguns especialistas, porém, afirmam que a frenética construção de novas cidades – ou a expansão das já existentes – se baseia em projeções irreais de aumento populacional e poderá originar "cidades-fantasmas" no futuro. Na foto, obras de construção de linha de metrô em Lanzhou, China, 2015.

Fonte: GAUTHIER, Ursula. PHOTOS. Urbanisation en Chine: une frénésie destructrice. Disponível em: <http://tempsreel.nouvelobs.com/photo/20170623.OBS1117/photos-urbanisation-en-chine-une-frenesie-destructrice.html>. Acesso em: 30 ago. 2018. (Traduzido pelos autores.)

Agora, responda:

1› Qual é o tema do texto?

2› Quais são os objetivos dessa urbanização no oeste do país?

3› Quais são as críticas a esse projeto?

Etnias e religiões da China

A China apresenta grande diversidade étnica e cultural. No território chinês, várias províncias abrigam povos adversários há milênios. Nas regiões mais povoadas do país – as planícies orientais e meridionais – vive a maioria han (cerca de 92% da população total), que fala predominantemente o mandarim (que muitos chamam de chinês), enquanto em Cantão (Guangzhou) fala-se uma língua própria. A etnia han é a única que se considera verdadeiramente chinesa. A maioria dos demais povos – no total, 55 grupos étnicos – vive sobretudo nas partes oeste e central do país. Os principais são: mongóis, tibetanos, populações de língua turca (turcomanos), tais, manchus e coreanos. Essas minorias étnicas falam idiomas diferentes do chinês. É preciso lembrar que, por causa da enorme população total do país, quando se fala em minoria na China, pode-se ter um grupo expressivo, com milhões de pessoas. Os turcomanos, por exemplo, que vêm se expandindo na parte noroeste do país, já somam mais de 30 milhões de pessoas.

Na China predominam três correntes de pensamento: o confucionismo, o budismo e o taoismo. Essas correntes representam uma mistura de religião e filosofia, modos de encarar a vida e a natureza, e se entrelaçam formando um sistema de valores seguido pela maioria dos chineses. Há minorias (cerca de 8% da população) que praticam o catolicismo e o islamismo. Há também parte dos cidadãos – principalmente os filiados ao Partido Comunista, que proíbe qualquer prática religiosa a seus membros – que se declara sem religião. Em todo o caso, mesmo eles são influenciados pelo confucionismo e pelo taoismo (mais filosofias que religiões), que estão profundamente enraizados nos valores culturais dos chineses.

Minha biblioteca

Três fábulas do Oriente
de Bruno Pacheco.
São Paulo: Galera Record, 2011.
O livro narra três lendas budistas tradicionais, importantes fontes de conhecimento sobre a cultura e a filosofia orientais.

Grupos étnicos na China (2010)

Portal de Mapas/Arquivo da editora

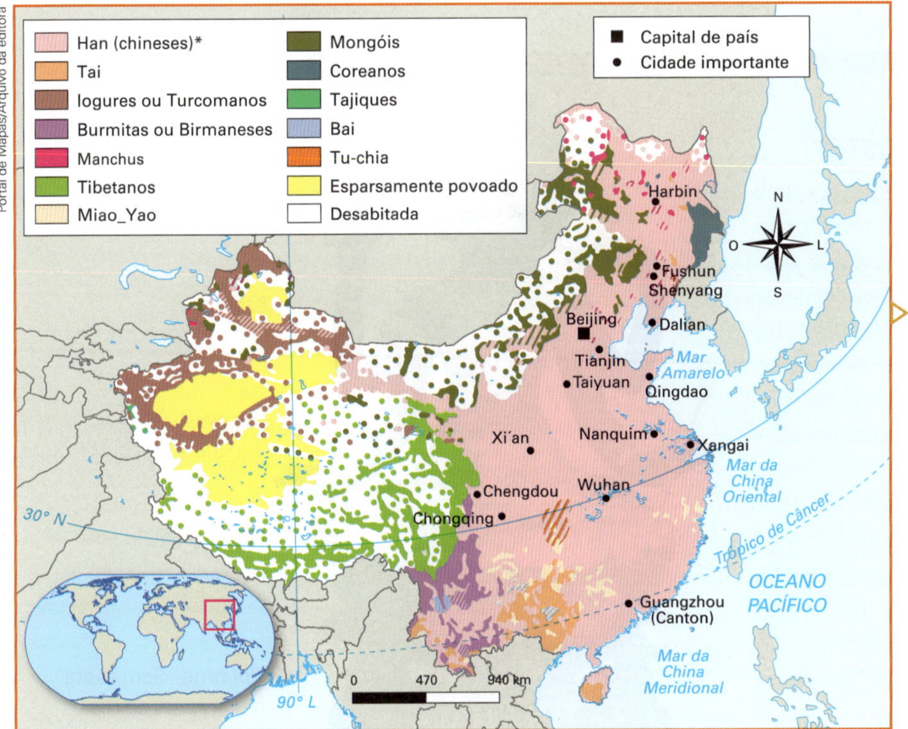

Fonte: elaborado com base em ENCICLOPÉDIA Britannica. Verbete China. Disponível em: <www.britannica.com/place/China/Animal-life#ref70990>. Acesso em: 7 out. 2018.

A maioria dos grupos minoritários vive em áreas fronteiriças relativamente pouco povoadas. Existem na China duas regiões com conflitos separatistas, ambas na parte oeste do país – os tibetanos no Tibete (sudoeste) e os islâmicos turcomanos (iogures) em Xinjiang (noroeste). O governo de Beijing procura povoar essas áreas com a etnia han objetivando tornar essas etnias minorias em suas próprias regiões, o que agrava ainda mais os conflitos, que já resultaram em centenas de mortes.

Diversidade étnica na Índia

Na Índia, a diversidade étnica e linguística é ainda maior que na China. Há diferenças – e às vezes violentos conflitos – em razão das religiões e castas.

O principal idioma oficial do país é o hindi, mas o inglês (herdado da colonização britânica) e outros 21 idiomas nativos também são considerados oficiais. No total, calcula-se que mais de 400 idiomas são falados em diferentes regiões ou cidades da Índia. A religião majoritária é o hinduísmo, que apresenta variações regionais e sustenta o sistema de castas (do latim, *castus* = limpo, puro, linhagem pura). Esse sistema de regras hierárquicas, que divide a população de acordo com a sua origem familiar, está ligado a tradições milenares complexas que abrangem a alimentação, as vestimentas, as profissões tradicionais típicas de algumas castas, entre vários outros aspectos.

Algumas práticas são consideradas impuras. Por exemplo, o ato de comer carne de vaca, animal sagrado para o hinduísmo, é associado apenas a castas inferiores ou a um povo sem casta. Mas a vaca não é um animal sagrado para o islamismo, por isso os proprietários dos poucos matadouros de bovinos do país são muçulmanos.

Algumas profissões são tradicionalmente identificadas com certas castas, como a de sacerdotes, guerreiros, comerciantes, agentes funerários, etc. As sociedades hinduístas – Índia e Nepal – são extremamente hierárquicas. O sistema de castas tem como base a endogamia – isto é, casamentos entre pessoas da mesma casta e quase nunca com pessoas de outras castas. Não há possibilidade de passar de uma casta para outra, nem por casamento nem por qualidades pessoais ou profissionais. No entanto, isso não significa que as desigualdades sociais na Índia sejam exageradas. Elas são bem menores do que no Brasil ou no restante da América Latina – e até menores do que na China.

Embora o sistema de castas tenha sido abolido pela Constituição da Índia, na prática ele ainda vigora, sobretudo no meio rural e nas pequenas cidades.

 **Minha biblioteca**

O nascimento da noite de Jean-Jacques Fdida. Rio de Janeiro: Pallas, 2010.

A obra ilustrada reúne um conjunto de contos tradicionais de Gana, da Índia, da China, da Nigéria, do Japão, da Cabília e das culturas basca e judaica.

Saiba mais

O que é o sistema de castas?

Afirma-se que o sistema de castas, que é milenar, seria originário do corpo de Brahma, o principal deus do hinduísmo. Da sua cabeça surgiram os brâmanes, dos braços os *kshatriyas*, das pernas os agricultores e os comerciantes, dos pés os trabalhadores manuais. Os intocáveis, ou *dalits*, seriam os "sem casta", que, por isso, não poderiam se banhar no rio Ganges (considerado sagrado) e, até a independência do país (em 1947) e a proclamação de sua primeira Constituição, em 1950, não podiam sequer matricular seus filhos nas escolas. As castas não se limitam às quatro principais; cada uma delas se divide em inúmeras outras. O número de subcastas varia muito conforme a região e pode chegar a mais de mil.

Fonte: elaborado com base em WHAT IS India's caste system? *BBC News*. Disponível em: <www.bbc.com/news/world-asia-india-35650616>. Acesso em: 9 nov. 2018.

André Araújo/Arquivo da editora

Há um sistema de cotas para os empregos públicos e para o ingresso em universidades destinado às castas inferiores e, principalmente, aos "sem casta", os *dalits* – também chamados de intocáveis – numa tentativa de corrigir desigualdades sociais.

As leis para cotas – especialmente para os *dalits* ou intocáveis e também, conforme a região, para as diversas subdivisões de *shudras* ou *vaishyas* pobres – vêm amenizando (mas não abolindo) esse sistema de castas, que ainda permanece forte em várias regiões do país, principalmente no meio rural, onde até hoje os casamentos dos filhos são arranjados pelos pais para ocorrerem dentro da mesma casta.

Rishikesh Choudhary/Hindustan Times/Getty Images

Casamento coletivo realizado em Mumbai, na Índia, em 2018. Os noivos devem pertencer a uma mesma casta.

Cerca de 80% do povo indiano pratica o hinduísmo. Entre os 20% restantes – o que equivale a mais de 260 milhões de pessoas –, predominam o islamismo (14% do total e com mais praticantes no nordeste, na região da Caxemira, que faz fronteira com o Paquistão), o cristianismo (2,5%, em especial no sudoeste do país), o sikhismo (1,8%, predominando na região do Punjab, no norte do país), além de outras religiões (budismo e jainismo, por exemplo) e de pessoas sem religião. São frequentes os conflitos entre hinduístas e islâmicos – e, por extensão, entre a Índia e o Paquistão, pois os muçulmanos da Caxemira almejam sua independência e são apoiados pelo Paquistão – e entre os hinduístas e os *sikhs* no Punjab.

Texto e ação

1› Quais são as duas regiões chinesas onde há maiores conflitos entre povos ou etnias? Qual é a política do governo chinês para tentar resolver o problema a longo prazo? Comente-a.

2› Comente a diversidade étnica, linguística e de castas na Índia.

3› O que é endogamia e o que ela tem a ver com o sistema de castas na Índia?

Geolink 2

Leia o texto.

Mesmo com mestrado, *dalit* ainda é limpador de rua na Índia

Sunil Yadav é um *dalit* de 36 anos de idade, da cidade indiana de Mumbai, e um crente fervoroso no poder da educação. Seu grau de estudo inclui um mestrado no prestigiado *Tata Institute of Social Sciences* (TISS). No entanto, de acordo com o seu documento de identidade oficial, Yadav ainda é um *sammarjak*, palavra indiana que define os limpadores manuais. Eles são responsáveis por limpar dejetos humanos e de animais de baldes ou poços. O trabalho é realizado por membros de comunidades de baixa casta – e principalmente por *dalits*, também conhecidos como intocáveis, por ser a categoria mais baixa do sistema de castas. O grau de instrução de Yadav não lhe trouxe uma promoção em seu emprego, na Corporação Municipal da Grande Mumbai.

Ele foi forçado a mover lixo na cidade durante a noite, enquanto estudava durante o dia. Todos os funcionários têm direito a uma licença para estudar, mas Yadav diz que seu último pedido foi recusado. "Um dos funcionários me disse que, se ele me dá uma chance, ele vai ter que dar a todos uma chance. Ele me perguntou o que eu iria estudar. A administração nos trata como escravos", disse Yadav.

O município de Mumbai é o mais rico da Índia. Ele emprega mais de 28 mil trabalhadores de conservação, e cerca de 15 mil trabalhadores contratuais. A limpeza manual está proibida na Índia desde 2013, mas ativistas dizem que dezenas de milhares de pessoas estão envolvidas neste trabalho degradante que os submete a abusos. Em agosto de 2014, um grupo de direitos humanos apelou ao governo "para garantir que as autoridades locais cumpram as leis que proíbem esta prática discriminatória". Os *dalits* são maioria entre os limpadores manuais e geralmente o trabalho é herdado de algum parente próximo. Sunil Yadav herdou a vaga de seu pai.

Punit Paranjpe/Agência France-Presse

Família *dalit* no vilarejo de Ahmednagar, no estado de Maharashtra, Índia, 2014.

Fonte: TERRA Educação. Mesmo com mestrado, *dalit* é limpador de rua na Índia. Disponível em: <https://www.terra.com.br/noticias/educacao/mesmo-com-mestrado-dalit-trabalha-como-limpador-de-rua-na-india,cc08ab480ad64af765c66381cfc14314avrgRCRD.html>. Acesso em: 30 ago. 2018.

Agora, responda:

1. Podemos afirmar que o sistema de castas se mantém mesmo nas grandes cidades indianas? Explique.
2. Em duplas, opinem: O que vocês acham de um documento de identidade que traz a casta e a profissão da pessoa?
3. Você conhece leis contra discriminação que na prática não são cumpridas (ou são cumpridas apenas em parte)? Compartilhe com os colegas.

4 A economia da China

A economia chinesa, tradicionalmente agrícola, atualmente apresenta elevada produção industrial e se tornou a mais industrializada do mundo. Em 2010, a China ultrapassou os Estados Unidos na produção industrial. O país estadunidense destaca-se no setor de serviços (Bolsa de Valores, bancos, assessorias, seguros, filmes e programas para televisão, programas para computadores, etc.), e boa parte de suas fábricas foi transferida para o México, para a China e para outros países (Vietnã, Tailândia e Indonésia, por exemplo). Em algumas décadas, a China se tornou a maior exportadora mundial de bens industrializados: brinquedos, roupas, automóveis, produtos elétricos e eletrônicos, máquinas, produtos ópticos e médicos, computadores, produtos de telefonia, etc.

STR/Agência France-Presse

Trabalhadoras em fábrica de brinquedos em Jiangsu, China, 2016.

Para produzir tudo isso – e para alimentar sua imensa população, cada vez mais urbana – são necessárias matérias-primas, por isso o país se tornou também o maior importador mundial de minérios, algodão, soja, carnes e petróleo. Em compensação, a poluição aumentou muito nas cidades chinesas, que têm em média o ar mais poluído do mundo. Isso porque o número de fábricas e a frota de veículos automotivos aumentou, além de o carvão mineral continuar sendo a principal fonte de energia do país.

O setor secundário (indústrias) emprega 24% da força de trabalho chinesa, segundo dados de 2017. O setor primário (agropecuária e mineração) ocupa 27% da mão de obra e o terciário (comércio e serviços), 49% do total. Os principais produtos cultivados no país são: arroz, milho, trigo, algodão, batata, soja, sorgo e cana-de-açúcar. A China possui cerca de 18,5% da população mundial e apenas 7% dos solos agricultúráveis da superfície terrestre, o que – somado à crescente desertificação, à expansão e à criação de cidades e à erosão dos solos – vem suscitando um grande aumento na importação de alimentos.

De olho na tela

China Blue
Direção: Micha Peled, Países Baixos, 2008.
Duração: 86 min.
As péssimas condições de trabalho das operárias de uma fábrica de *jeans*, a sudoeste da China, são o tema desse filme, que revela como são feitas as roupas baratas e de grife "*made in China*".

A pecuária e a mineração também são muito importantes para a economia chinesa. A China ocupa o primeiro lugar do mundo na criação de aves, gado suíno e equino, e está entre os cinco maiores criadores mundiais de gado bovino e caprino. Em termos de recursos naturais, além de ser um dos maiores produtores mundiais de petróleo e, principalmente, de carvão mineral, a China possui grandes reservas de mercúrio, ferro, tungstênio, manganês, urânio e zinco.

A industrialização chinesa cresceu pouco entre 1949 e 1975, quando o governo adotou uma economia planificada e passou a implantar pequenos núcleos industriais em vários pontos do país, de forma descentralizada. Além disso, o país era muito fechado em relação ao exterior, com pouco comércio externo e quase nenhum turismo. O *boom* econômico e industrial chinês teve início com a implantação das quatro modernizações (indústria, agricultura, ciência e tecnologia e forças armadas) durante o governo de Deng Xiaoping, na segunda metade dos anos 1970. Com a abertura para a economia de mercado e para as relações comerciais com o exterior, a economia passou a crescer. A verdadeira industrialização do país ocorreu a partir dos anos 1980, quando a China deixou de lado a planificação da economia e se abriu para o capitalismo e os investimentos estrangeiros. Veja o gráfico a seguir sobre o crescimento da economia chinesa (o PIB) e o rendimento médio da população (renda *per capita*) desde 1950. Observe que foi a partir dos anos 1980 que esse crescimento, até então pouco expressivo, passou a ser acelerado.

PIB e renda *per capita* PPC* na China (1950 a 2016)

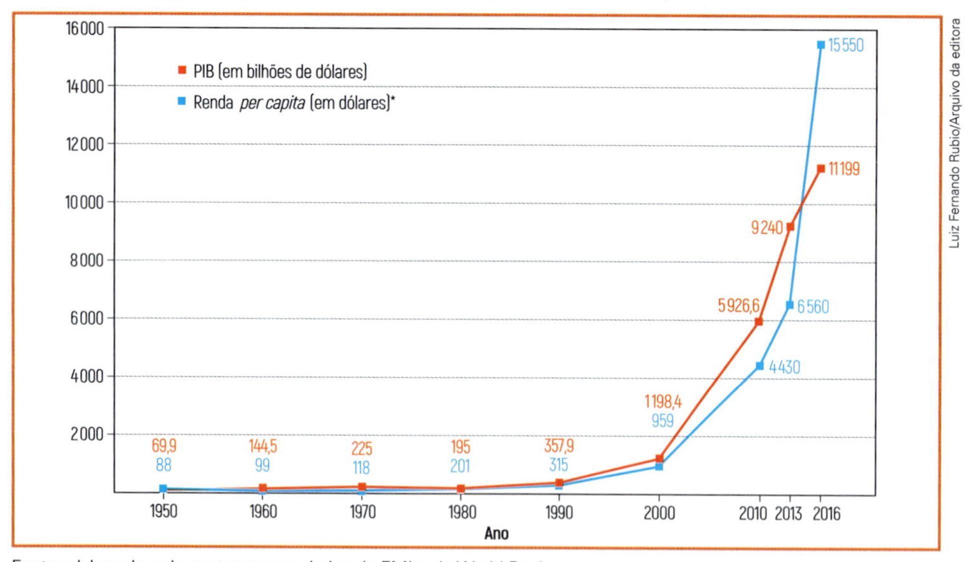

Fonte: elaborado pelos autores com dados do FMI e do World Bank.

* A renda *per capita* foi convertida em paridade de poder de compra (PPC) para eliminar as diferenças de preços nacionais.

Com a abertura da economia, o país passou a incentivar o turismo – hoje a China é um dos principais destinos do turismo internacional, ao lado de França, Espanha, Itália e Estados Unidos – e abriu as portas para o capital estrangeiro. Filiais de empresas multinacionais foram novamente admitidas no país. A Bolsa de Valores de Xangai, que havia sido fechada em 1949, foi reaberta em 1984, o que significa que a propriedade privada dos meios de produção voltou a ser consentida. Além disso, o governo resolveu ampliar o leque salarial, ou seja, aumentar as diferenças entre os maiores e os menores salários, para motivar os trabalhadores a produzir mais.

A abertura econômica da China não foi acompanhada da abertura política. A China passou a ter uma economia cada vez mais capitalista, com base no mercado, nos investimentos estrangeiros e nos fortes investimentos estatais, principalmente na expansão e modernização da infraestrutura, porém manteve uma política autoritária, comandada por um partido único, o Partido Comunista, que não admite críticas ou oposições. Um movimento que reivindicava reformas no país, liderado por estudantes e que chegou a contar com o apoio ou simpatia de milhões de pessoas, foi duramente esmagado em 1989. Esse fato ficou conhecido como "massacre da praça da Paz Celestial", no qual milhares de pessoas foram presas, torturadas e até assassinadas.

Jeff Widener/Associated Press/Glow Images

Manifestante anônimo tenta impedir a rota dos tanques em direção à praça da Paz Celestial, em Beijing, na China, em 5 de julho de 1989. Milhares de pessoas – estudantes, operários e outros manifestantes –, que reivindicavam maiores liberdades democráticas, foram massacradas nesse evento, que consolidou a vitória da facção do Partido Comunista que queria abertura econômica sem abertura política.

O crescimento industrial do país, no entanto, prossegue e apresenta taxas elevadas: de 1980 a 2010, esse crescimento foi de aproximadamente 9% ao ano, em média, sem dúvida um recorde mundial pela sua longa duração. O PIB chinês de 195 bilhões de dólares, em 1980, era apenas o 12º do mundo, atrás de Estados Unidos, Japão, Alemanha, França, Reino Unido, Itália, Canadá, Rússia, Brasil, México e Espanha. Em 2016, a produção econômica anual da China, de 11,7 trilhões de dólares, foi a segunda do mundo, perdendo apenas para a estadunidense.

As exportações da China, que totalizavam apenas 2 bilhões de dólares por ano em 1970, subiram para 27 bilhões em 1985 e saltaram para mais de 1,5 trilhão em 2010, ano em que o país se tornou o maior exportador mundial, superando os Estados Unidos e a Alemanha. Em 2016, essas exportações superaram os 2 trilhões de dólares. Isso significa que o crescimento chinês se deu principalmente em função do mercado externo, embora atualmente o governo procure incentivar cada vez mais o consumo interno.

Outros elementos contribuíram muito para o arranque chinês, como a diminuição dos impostos – qualquer empresa paga apenas 18% de impostos, ao contrário de países como o Brasil, onde são pagos em média 35% de impostos. Desde meados da década de 2001, porém, vem ocorrendo um aumento no valor médio dos salários industriais, que em 2017 já era de 1,3 dólar por hora, ao passo que em 2000 era de apenas 0,43 dólar. Além disso, o país oferece subsídios para as empresas que exportam seus produtos e investe na expansão e modernização de sua infraestrutura – nos portos e aeroportos, nas rodovias e ferrovias, nas redes elétrica e de telefonia, nos metrôs, na expansão da internet de alta velocidade, etc. É por isso que o país já responde por metade da produção mundial de máquinas fotográficas e de brinquedos, por 30% dos aparelhos de ar condicionado e de TV, por mais de 25% das máquinas de lavar e por 20% das geladeiras fabricadas no mundo.

Entretanto, esse intenso crescimento econômico chinês não é generalizado por todo o território, concentrando-se nas partes leste e sul do país, nas porções litorâneas, onde existem as ZEEs – Zonas Econômicas Especiais –, áreas com economias de mercado ou capitalistas e que efetivamente vêm crescendo graças a grandes investimentos de capitais estrangeiros e incentivos às exportações.

As regiões situadas nas porções central e oeste da China permanecem praticamente estagnadas, com economias agrícolas e com pouca abertura para o mercado. A disparidade entre as duas Chinas, a pobre (nas partes oeste e central), e a rica (a leste), aumentou nas últimas décadas. Com o problema ambiental e com o aumento nas desigualdades sociais, essa disparidade espacial ou territorial foi um dos preços a pagar pelo tipo de expansão econômica. Veja o mapa com a renda *per capita* por região, no qual é possível constatar que a parte leste é bem mais rica que a imensa parte oeste do país.

PIB da China por região (2015)

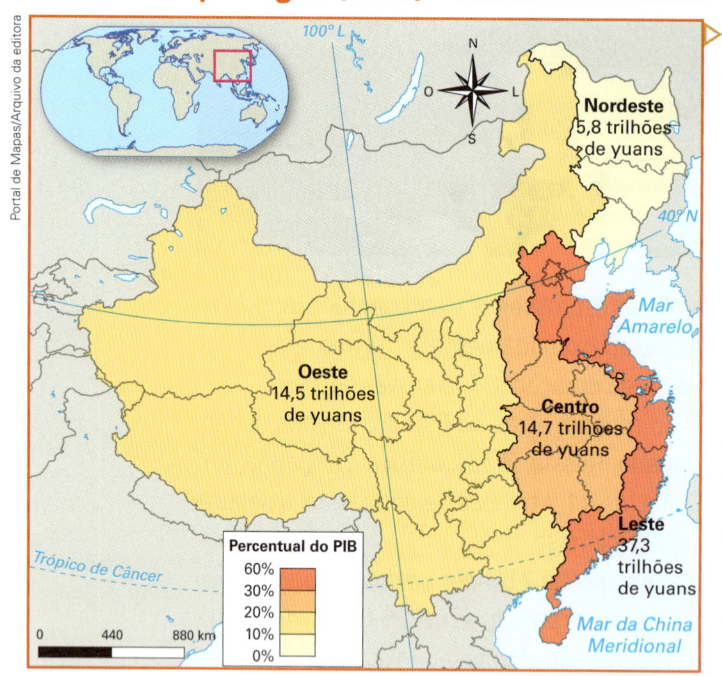

Fonte: elaborado com base em DEPARTAMENTO Nacional de Estatísticas da China, 2015. Disponível em: <www.stats.gov.cn/english/Statisticaldata/AnnualData/>. Acesso em: 8 out. 2018.

O valor total da economia chinesa em 2015 está expresso em yuan e não em dólares. O total do PIB nesse ano foi de 72,3 trilhões de yuans, sendo que a relativamente pequena parte leste do país, como se observa pelo mapa, ficou com 37,2 trilhões ou 51,5% do total. A imensa parte oeste, que abrange mais de dois terços do território chinês, dispõe de apenas 20% do PIB do país, ou 14,5 trilhões de yuans em 2015. Essa concentração espacial da riqueza na China, que já existia anteriormente, vem se agravando com o acelerado crescimento econômico concentrado na parte leste do território.

Texto e ação

1. Qual é a base da economia chinesa nos dias atuais?
2. O crescimento chinês produziu impactos sociais e ambientais positivos e negativos. Faça uma relação de ambos e no final dê a sua opinião sobre qual desses aspectos prevaleceu.

5 A economia da Índia

Nos séculos XIX e XX, a Índia passou a ser considerada, inicialmente, uma colônia (até 1947) e, depois, um país pobre e subdesenvolvido. Todavia, antes da dominação colonial europeia, era uma das regiões mais ricas do mundo (assim como a China). Até os anos 1980, a economia indiana, bastante estatizada e burocratizada, pouco crescia. A partir de 1991, após uma série de reformas liberalizantes, a economia indiana passou a ter um bom desempenho. Essas reformas foram em parte inspiradas pelo exemplo da China – e pelo temor, pois o país vizinho é um tradicional adversário –, que desde os anos 1980 vinha crescendo rapidamente. Veja alguns dados sobre a evolução da Índia no quadro ao lado.

Dados sobre a Índia (1978-2017)

População em 1978 (em milhões)	642
População em 2015 (em milhões)	1279,9
PIB em 1978 (em bilhões de dólares)	115
PIB em 2017 (em bilhões de dólares)	2454
Renda *per capita* em 1978 (em dólares)	180
Renda *per capita* em 2017 (em dólares)	1850*
Exportações totais em 1978 (em bilhões de dólares)	6,6
Exportações totais em 2017 (em bilhões de dólares)	274,7
Crescimento econômico de 2003 a 2017 (média anual)	7,1%

Fonte: elaborado com base em WORLD Bank, World Development Report 1980 e 2017. Disponível em: <https://openknowledge.worldbank.org/handle/10986/2124>. Acesso em: 12 nov. 2018.

*A renda *per capita* aqui não está calculada em PPC (paridade de poder de compra), e sim pela conversão da moeda indiana em dólar pelo câmbio oficial. Como o custo de vida na Índia (calculado em dólar) é baixo, a renda *per capita* PPC em 2017 foi de 7153 dólares.

Nos anos 1970, a média anual de crescimento econômico da Índia era de 1,3% (menor até que o crescimento demográfico do período). A partir dos anos 1990, as taxas de crescimento passaram a ser de 5 a 7% ao ano – média altíssima em termos internacionais. Apesar da forte expansão durante duas décadas, a economia indiana apresentou um desempenho menor do que a chinesa. A renda *per capita* dos indianos é bastante inferior à dos chineses e as exportações da Índia, apesar de terem aumentado substancialmente, são muito inferiores às da China, maior exportador mundial. Mas ela também exporta, nos dias atuais, principalmente produtos manufaturados: derivados de petróleo, automóveis, máquinas, ferro e aço, produtos químicos e farmacêuticos, *softwares*, tapetes, roupas, joias, móveis, entre outros.

As reformas econômicas e políticas implantadas em 1991 resultaram em grande dinamismo para a economia indiana. Destacam-se a abertura comercial (havia muitas restrições às importações e exportações, que foram em grande parte eliminadas); incentivos para os investimentos estrangeiros no país; privatização de empresas estatais que monopolizavam certos mercados; drástica diminuição da burocracia para abertura de negócios, exportação e concessão de empréstimos.

Os investimentos em educação, apesar do ainda elevado índice de analfabetismo, surtiram resultados: atualmente, a Índia tem um terço dos engenheiros voltados para a informática (produção de *softwares*) do mundo; o país é um centro mundial de *call centers* e da indústria cinematográfica; o setor bancário, com o advento dos "bancos populares" (que emprestam com baixos juros para pessoas pobres), se expandiu e virou referência para o resto do mundo. Houve ainda uma grande expansão da classe média, que abrange mais de 300 milhões de pessoas e tornou o país um dos mais importantes mercados consumidores do mundo. Em 2000, o mercado consumidor indiano era o 12º do mundo, atrás de Estados Unidos, Japão, Alemanha, Reino Unido,

De olho na tela

Sob a luz da América
Direção: Roger Christian, Estados Unidos, 2004.
Duração: 98 min.
Comédia sobre o funcionamento de um *call center* na Índia que atende usuários de um cartão de crédito, retratando o choque cultural entre estadunidenses e indianos.

França, China, Itália, Canadá, México, Brasil e Espanha. A partir de 2015, passou a ocupar o quinto lugar, depois de Estados Unidos, China, Japão e Alemanha.

Entretanto, o desempenho da economia indiana ainda não melhorou as condições de vida da maioria da população. A taxa de indivíduos vivendo abaixo da linha internacional da pobreza caiu de 18% em 1985 para 4% em 2015, mas o número absoluto é imenso: 51 milhões de pessoas. A expectativa de vida subiu de 58 anos, em 1985, para 68,3 anos em 2016, porém continua relativamente baixa em termos internacionais. A taxa de mortalidade infantil, de 34,6 por mil em 2016 (em 1985, era de 91 por mil), é bastante elevada e o índice de analfabetismo (pessoas analfabetas com 15 anos de idade ou mais) ainda é alto, embora tenha caído de 70%, nos anos 1980, para 14,6%, e a porcentagem é bem maior entre as mulheres do que entre os homens. O pior índice de subdesenvolvimento na Índia é o de pessoas com fome ou subnutridas: quase 14% da população total em 2016, ou 181 milhões de pessoas, o maior número absoluto em todo o mundo, embora não relativo, ou seja, não a maior proporção (em vários países da África, ou mesmo nos vizinhos Paquistão e Bangladesh, essa percentagem varia de 25% até mais de 50% da população total).

Embora a Índia tenha saltado de 9ª economia do mundo, em 2010, para a 5ª posição, em 2018 – nesse período ela ultrapassou a Itália, o Brasil, a França e o Reino Unido –, ainda existem problemas que, segundo especialistas, são obstáculos para um maior crescimento da economia do país e melhoria do padrão de vida da população (e também da democracia). Um deles é a baixa participação feminina na força de trabalho. As mulheres ainda representam apenas 24% da população economicamente ativa do país, um índice muito baixo (no Brasil e na China, são 43%; no Reino Unido e nos Estados Unidos, 46%; na Noruega e na Finlândia, 48%). Além disso, é um dos poucos países em desenvolvimento no qual as mulheres, em média, têm vários anos a menos de estudo que os homens.

Debajyoti Chakraborty/NurPhoto/Getty Images

Mulheres indianas trabalham em fábrica de tijolos em Bengala Ocidental, Índia, 2018. De acordo com o Fundo Monetário Internacional, a participação feminina no mercado de trabalho está entre as mais baixas dos países emergentes.

Texto e ação

1› Quais são os setores da economia nos quais a Índia se destaca?

2› Comente as condições de vida da maioria da população indiana.

3› Especialistas afirmam que a subutilização da mão de obra feminina, como ocorre na Índia, é um entrave para a economia e para a democracia. Dê a sua opinião sobre essa interpretação.

6 Disputas geopolíticas

A China e a Índia têm conflitos fronteiriços e disputa de hegemonia na região do oceano Índico, no sul da Ásia, tradicional área de influência indiana na qual a China vem cada vez mais se expandindo. Os dois países também têm conflitos com outros vizinhos e com alguns países relativamente distantes. A Índia trava disputas territoriais com China, Paquistão, Mianmar e Nepal, enquanto a China disputa territórios com Índia, Rússia, Vietnã, Japão, Nepal, Butão e Taiwan.

As disputas mais graves ocorrem entre China e Índia e entre Índia e Paquistão. Há frequentes combates isolados nessas regiões de fronteira, com o agravante de os três países – China, Índia e Paquistão – serem detentores de armas nucleares. Cabe lembrar que a Coreia do Norte, vizinha da China, também possui armas nucleares, o que significa que essa região asiática é a mais perigosa do mundo em uma eventual guerra catastrófica.

A principal questão entre Índia e Paquistão é a área fronteiriça que divide a Caxemira em duas: a parte norte, que pertence ao Paquistão, e a parte sul (chamada oficialmente de Jammu e Caxemira), localizada no território indiano, embora a maioria da população seja islâmica (a separação do Paquistão da Índia, em 1947, ocorreu justamente devido às diferenças religiosas entre essas duas partes das ex-Índias britânicas). Na ocasião da separação, foi deflagrada a primeira Guerra da Caxemira (1947), quando a fronteira ficou demarcada. Em 1965, houve a segunda Guerra da Caxemira, após o Paquistão ter apoiado movimentos separatistas na Caxemira indiana. As tensões e os combates eventuais continuam a ocorrer nessa área, bem como os protestos e manifestações separatistas da população muçulmana na Caxemira indiana.

David Bathgate/Corbis/Getty Images

Paisagem na região de Jammu e Caxemira, na fronteira de Índia e Paquistão, em 2014.

Entre a China e a Índia há vários pontos de tensão, como uma área situada a nordeste da Índia, a leste do Butão e ao norte de Mianmar, delimitada pela "linha McMahon", chamada Arunachal Pradesh. Essa área, pertencente à Índia, é reivindicada pela China. Por outro lado, existe ao norte do Paquistão (na região da Caxemira) e no extremo sudoeste da China uma área que pertence à China e é reivindicada pela Índia. Parte dessa área da Caxemira, a oeste, foi cedida à China pelo Paquistão, o que a Índia contesta; outra parte, a leste, foi ocupada por tropas chinesas e é reivindicada pela Índia, que afirma ser parte da Caxemira indiana.

Outra questão importante é a do Tibete. A "linha McMahon", mencionada acima, foi delimitada em 1914 para servir de separação entre o então Império Britânico (Índias britânicas) e o Tibete, um país independente até ser ocupado pela China, que invadiu esse território em 1950, passando a considerá-lo uma província autônoma. Atualmente, a população local sofre com a "colonização" han e as potências mundiais não apoiam a luta pela independência do Tibete para não criar conflitos com a China.

Existe ainda ao norte do Butão uma pequena área da qual a China se apossou recentemente ao dar início à construção de uma rodovia. Trata-se de uma estreita passagem perto de um platô isolado na região do Himalaia, chamada Corredor de Siliguri, ou Doklam. Essa área é o ponto de convergência dos três países: Índia, Butão e China. Essa passagem, que conecta os estados do nordeste da Índia com o resto do país, conhecida como "pescoço de frango", é estratégica para a circulação a nordeste da Índia, que por esse motivo tomou partido de seu aliado, o Butão. Desde 2017, ocorrem choques militares isolados e troca de insultos entre as tropas indianas e chinesas. Observe o mapa a seguir.

Disputas territoriais entre Índia e China (2016)

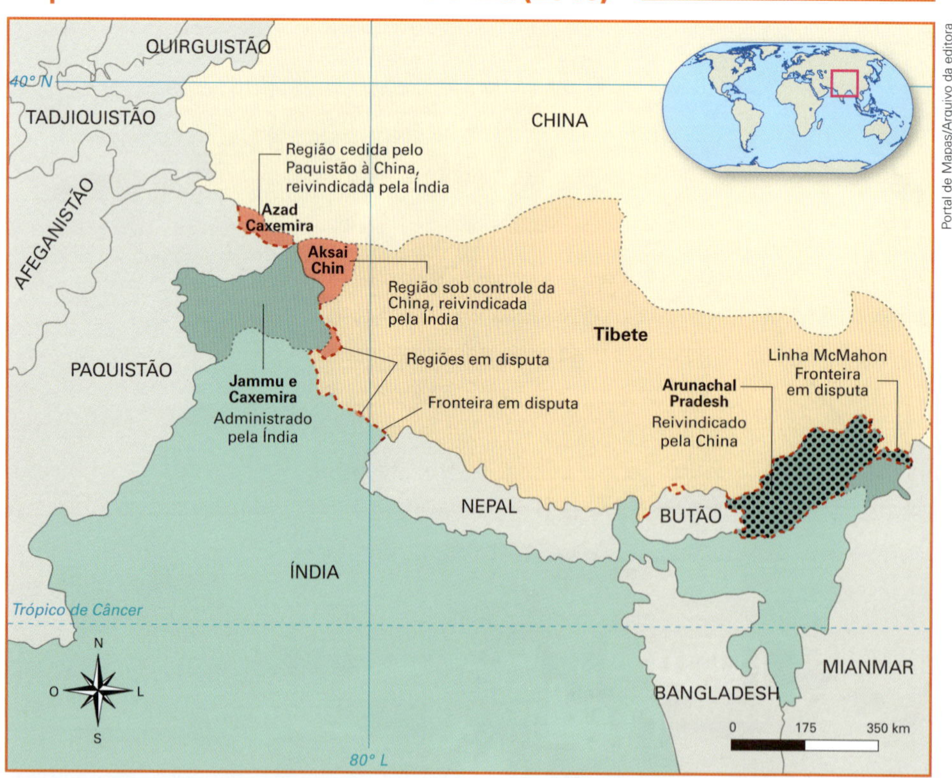

Fonte: elaborado com base em CALDINI, Vera Lúcia de Moraes; ÍSOLA, Leda. *Atlas geográfico Saraiva*. 4. ed. São Paulo: Saraiva, 2013. p. 145; FERREIRA, Graça Maria Lemos. *Moderno atlas geográfico*. São Paulo: Moderna, 2016. p. 67.

China e Índia também têm problemas ligados às águas: o rio conhecido como Brahmaputra na Índia e Yarlung Tsangpo na China – nasce do derretimento de geleiras nas cordilheiras do Tibete e vai para o território indiano, onde deságua no rio Ganges. A China, carente de água para irrigação e em fase de expansão de sua rede elétrica no Tibete, vem construindo uma série de represas nesse rio, diminuindo sua vazão a jusante. Para piorar, anunciou recentemente projetos de desvio de parte das águas desse rio para abastecer centros urbanos na parte oeste do seu território, que é árido. Isso é intolerável para a Índia, pois as águas desse rio representam cerca de 20% do total dos escoamentos fluviais do país, e a Índia também possui represas para usinas hidrelétricas no rio, que serão prejudicadas ou esvaziadas, se os projetos chineses se concretizarem.

Disputas no mar da China Meridional (2016)

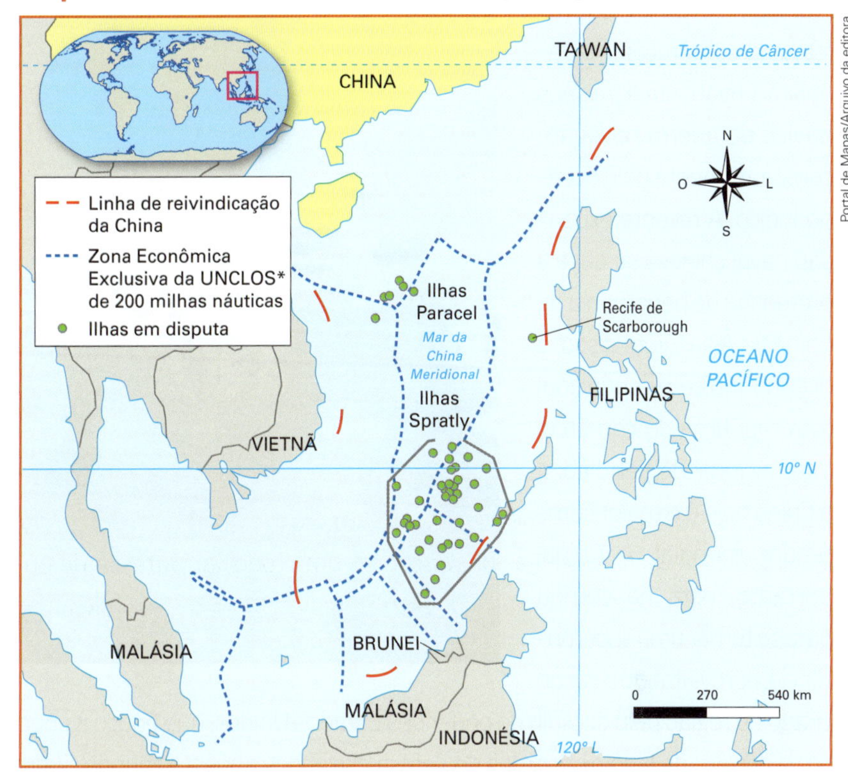

Fonte: elaborado com base em WHY IS the South China Sea Contentious?. *BBC News*. Disponível em: <www.bbc.com/news/world-asia-pacific-13748349>. Acesso em: 7 out. 2018.

Nota-se pelo mapa que as reivindicações da China vão além das 200 milhas e invadem as 200 milhas dos países vizinhos, tanto do Vietnã como das Filipinas e da Malásia. A linha azul representa as 200 milhas em relação ao litoral de cada país, que são internacionalmente consideradas zonas de direito econômico (mas não de navegação) exclusivas para esse país. A linha vermelha representa a reivindicação da China. No centro encontra-se uma série de ilhas disputadas pelos países. Nessas ilhas, chamadas ilhas Spratly, a China já construiu algumas bases de apoio marítimo e aéreo.

*UNCLOS é uma sigla em inglês que significa Convenção das Nações Unidas sobre o Direito do Mar, ou seja, a convenção internacional que estabeleceu 200 milhas náuticas como zona econômica de cada país, onde ele pode explorar os recursos naturais.

Em relação à questão marítima, a China reivindica uma ampla área no encontro dos oceanos Pacífico e Índico, no mar da China Meridional, a leste do Vietnã, a oeste das Filipinas e ao norte da Malásia. A China reivindica uma zona marítima que vai muito além das 200 milhas, que são reconhecidas internacionalmente, alegando que, segundo mapas antigos, toda essa zona, com suas inúmeras ilhas, pertencia ao Império Chinês. Esses mapas antigos, porém, não possuem escala nem coordenadas geográficas (latitude e longitude); além disso, essa reivindicação contraria o direito internacional. A situação piorou quando a Índia, a pedido do Vietnã, começou a fazer prospecções de petróleo nesse mar, próximo ao litoral vietnamita. Embora toda essa área litorânea se situe dentro das 200 milhas territoriais do Vietnã, a China alega que lhe pertence, e há anos vem militarizando esse mar com navios de guerra cada vez mais numerosos, circulando diariamente na tentativa de controlar essa zona marítima. Diante dessa situação, Índia e Estados Unidos – este com a alegação de garantir o direito de navegação para todos – enviaram navios de guerra para a área.

Há ainda uma crescente disputa geopolítica no oceano Índico. A expansão econômica e militar da China, que vem aumentando sua presença econômica e militar nesse oceano, tem preocupado a Índia, que sempre se considerou a potência regional nessa área, ao sul do seu território. A China vem realizando projetos de construção no Paquistão, rival da Índia, e seus navios de guerra navegam constantemente pelo oceano Índico. A recente expansão naval chinesa se deve à pretensão de hegemonia da China na Ásia. Além disso, o oceano Índico é a principal rota marítima do comércio internacional de petróleo, e a China hoje é o maior comprador mundial. A China, portanto, está na corrida para se tornar uma superpotência, aproveitando o vácuo criado na região pelo declínio do poder dos Estados Unidos, que pouco a pouco se retraem e deixam de lado os acordos de defesa assinados após a Segunda Guerra Mundial, como os de garantir a segurança do Japão e das Filipinas.

Imaginechina/AP Photo/Glow Images

Lançamento de navio de dragagem em Jiangsu, China, 2017. Com 140 metros, essa draga é capaz de cavar e transportar trechos do fundo do mar para acumular e formar ilhas artificiais. Com essas ilhas, a China pode reivindicar domínio sobre as águas nas disputas com outros países.

Esse retraimento da presença estadunidense na região impulsionou a expansão chinesa. Em 2013, a China ampliou sua zona marítima de defesa, sobrepondo-a à zona japonesa. Além disso, anunciou novos regulamentos de pesca e a necessidade de autorização chinesa para navios estrangeiros operarem em mais da metade do mar da China, que banha China, Japão, Taiwan e Coreia do Sul. Com os Estados Unidos preocupados com as intermináveis crises no Oriente Médio e, principalmente, com seus problemas internos, potências regionais como Índia, Japão e Austrália (no Pacífico Sul) começam a investir mais no setor militar e a se unir para confrontar a China. Esses três países assinaram pactos de defesa e têm realizado exercícios militares conjuntos. Em dezembro de 2013, pela primeira vez a Marinha japonesa realizou um exercício marítimo no oceano Índico, em conjunto com a Marinha indiana. Esses três países estão se aliando para suprir a possibilidade de os Estados Unidos deixarem de equilibrar o crescente poder da China nessa região do Índico e do Pacífico Sul.

Texto e ação

1. Explique quais são os problemas fronteiriços entre Índia e China e entre Paquistão e Índia e comente a possibilidade de esses problemas darem origem a uma guerra de grandes proporções.
2. Por que a Índia, o Japão e a Austrália estão se aliando cada vez mais e realizando exercícios militares conjuntos?
3. É provável que a China se consolide como a grande superpotência da Ásia, do Índico e do Pacífico? Por quê? Compartilhe a sua opinião com os colegas.

CONEXÕES COM HISTÓRIA

Leia o texto abaixo, de autoria de uma historiadora estadunidense que viveu por anos na Ásia.

Na década de 1980, os líderes do Partido Comunista Chinês sabiam que o comunismo introduzido por Mao Tsé-tung [1883-1976] havia fracassado. [...]

A liderança dividiu-se entre aqueles que defendiam reformas drásticas, incluindo mais liberdade para os cidadãos chineses, e outros que queriam apenas abertura econômica mantendo o forte controle sobre a população. Entre os primeiros destacava-se Hu Yaobang, um reformista que [...] defendeu a reabilitação de pessoas perseguidas durante a Revolução Cultural, mais autonomia para o Tibete, aproximação com o Japão e reforma econômica e social. Mas caiu em desgraça e foi forçado a renunciar, acusado de encorajar (ou pelo menos permitir) protestos de estudantes no final de 1986. [...] Ele morreu em abril de 1989, não muito tempo depois de sua expulsão do Partido. [...] o governo não planejava dar-lhe um funeral oficial. Em reação, estudantes universitários de Beijing marcharam na praça da Paz Celestial, pedindo respeito à reputação de Hu.

Peter Charlesworth/LightRocket/Getty Images

Estátua da "Deusa da Democracia" durante as manifestações na praça da Paz Celestial, em Beijing, 1989. A imagem foi colocada, propositadamente, de frente para a foto de Mao Tsé-tung.

Com essa pressão, o governo decidiu conceder a Hu um funeral do Estado. [...] As cerimônias dedicadas a Hu ocorreram no dia 22 de abril e foram acompanhadas por grandes manifestações de estudantes, totalizando cerca de 100 mil pessoas. O grupo linha-dura dentro do governo estava extremamente incomodado com as manifestações e [...] começou a fazer a falsa afirmação de que os manifestantes pediam o final do Partido Comunista. [...] Essa acusação inflamou mais ainda os ânimos dos manifestantes. Operários e estudantes de outras cidades foram para Beijing para apoiar a manifestação por reformas democráticas. [...] Em 30 de maio, os alunos criaram uma grande escultura chamada "Deusa da Democracia" na praça da Paz Celestial, que se tornou um dos símbolos do protesto.

O governo convocou o exército para retirar à força os manifestantes da praça. Na manhã de 3 de junho de 1989, duas divisões do Exército foram para a praça, a pé e em tanques, disparando gás lacrimogêneo para dispersar os manifestantes. [...] Não só os manifestantes estudantis, mas também dezenas de milhares de trabalhadores e cidadãos comuns de Beijing se juntaram para repelir as tropas. [...] Um jovem com uma camisa branca e calças pretas, com sacolas de compras em cada mão, saiu para a rua e parou os tanques. O tanque de ataque tentou se livrar dele, mas ele pulou na frente do tanque novamente. Todos observaram fascinados e horrorizados, com medo de que o motorista do tanque perdesse paciência e esmagasse o homem. O homem subiu até o tanque e falou com os soldados lá dentro, argumentando: "Por que vocês estão aqui? Vocês não causaram nada além da miséria". Depois de vários minutos, dois homens correram para o tanque e levaram aquele homem. Seu destino é desconhecido. Ninguém sabe quantas pessoas morreram nesse massacre.

Fonte: SZCZEPANSKI, Kallie. O massacre na praça da Paz Celestial, 1989. Disponível em: <www.thoughtco.com/the-tiananmen-square-massacre-195216>. Acesso em: 31 ago. 2018. (Traduzido pelos autores.)

Agora, responda:

1› Que fatos levaram ao massacre na praça da Paz Celestial em 1989?

2› Quais os dois principais grupos, dentro do Partido Comunista, que discutiam o futuro da China nessa época? Qual foi o vencedor no final? Por quê?

3› Por que os estudantes colocaram a estátua de frente para a foto de Mao Tsé-tung? Compartilhe sua opinião com os colegas.

ATIVIDADES

+ Ação

1› Leia o texto sobre áreas agrícolas na China e responda às questões.

Mais de 40% das áreas agrícolas da China estão degradadas

Mais de 40% das terras agricultáveis da China estão em processo de degradação, disse a agência oficial de notícias Xinhua, o que reduz a capacidade de produção de alimentos no país mais populoso do mundo.

O solo escuro e fértil da província de Heilongjiang, no norte do país, que compõe o cinturão de alimentos chinês, está ficando mais fino, enquanto as áreas agrícolas do sul da China sofrem com acidificação, disse a reportagem, citando estatísticas do Ministério da Agricultura.

Terras degradadas tipicamente incluem solo com fertilidade reduzida, erosões, mudança de acidez e efeitos de mudanças climáticas, além de danos causados por poluentes. O governo chinês está cada vez mais preocupado com sua oferta de alimentos, depois de anos de rápida industrialização que resultaram em poluição generalizada de rios e áreas de plantio.

O país, que precisa alimentar quase 1,4 bilhão de pessoas, já traçou planos para enfrentar a poluição do solo, que afeta cerca de 3,3 milhões de hectares. [...]

O Ministério da Agricultura quer criar 53 milhões de hectares de lavouras conectadas até 2020, o que permitiria enfrentar melhor secas e enchentes, disse a agência. Fazendas maiores são mais favoráveis para irrigação e outras práticas de cultivo modernas.

Fonte: PATTON, Dominique. Mais de 40% das áreas agrícolas da China estão degradadas, diz Xinhua. Disponível em: <www.dci.com.br/agronegocios/mais-de-40-das-areas-agricolas-da-china-estao-degradadas,-diz-xinhua-id424694.html>. Acesso em: 31 ago. 2018.

a) Quais os principais problemas ambientais que estão afetando a produção agrícola chinesa e quais as regiões mais afetadas?

b) Em sua opinião, por que é preocupante a degradação das áreas agrícolas na China?

2› Leia o texto sobre a indústria de automóveis na China e responda às questões.

China: fim dos veículos a gasolina e *diesel*, início de uma nova dependência

Em 11 de setembro de 2017, o ministério chinês da Indústria e das Tecnologias de Informação anunciou a interdição da produção e da venda de veículos a gasolina e a *diesel* no território chinês [isso ocorrerá entre 2030 e 2040]. Assim, a China acompanha a decisão da Noruega (que anunciou essa interdição para 2025), da Índia (interdição em 2030) e de quatro países europeus – França, Países Baixos, Alemanha e Reino Unido – que anunciaram interdições similares para 2040.

A partir da saída dos Estados Unidos do Acordo de Paris 21, a China se afirma, novamente, como um dos líderes mundiais da transição energética. O país representa 28 milhões de veículos novos vendidos em 2016, isto é, um quarto das vendas mundiais. A decisão chinesa obriga, portanto, os industriais a se comprometerem na produção do veículo elétrico. A indústria chinesa enfrenta dificuldades para concorrer com os líderes históricos do setor de automóveis há vários anos. O desenvolvimento de motores elétricos permitirá aos fabricantes chineses contornar as barreiras que beneficiam os industriais especializados no motor a combustível. [...]

Essa estratégia industrial indica o surgimento de uma dependência cada vez mais importante em relação aos recursos naturais chineses. Algumas das matérias-primas necessárias à produção dos componentes dos veículos elétricos são, efetivamente, muito presentes na China [...].

Fonte: FAVREAU, Florian. Chine: fin des véhicules essence et diesel, début d'une nouvelle dépendance. Disponível em: <www.lesechos.fr/idees-debats/cercle/cercle-173868-chine-fin-des-vehicules-essence-et-diesel-debut-dune-nouvelle-dependance-2115448.php>. Acesso em: 20 set. 2017. (Traduzido pelos autores.)

a) Qual foi a decisão tomada pelo governo chinês em 11 de setembro de 2017? Dê a sua opinião sobre essa medida já anunciada anteriormente por vários países europeus.

b) Qual foi o motivo que levou o governo chinês a anunciar essa medida?

c) Na sua opinião, o modelo elétrico de automóvel representa o futuro desse setor produtivo? Em dupla, argumentem.

Autoavaliação

1. Quais foram as atividades mais fáceis para você? Por quê?
2. Algum ponto deste capítulo não ficou claro? Qual?
3. Você participou das atividades em dupla e em grupo e expressou suas opiniões?
4. Como você avalia sua compreensão dos assuntos tratados neste capítulo?
   - **Excelente**: não tive dificuldade.
   - **Bom**: consegui resolver as dificuldades de forma rápida.
   - **Regular**: tive dificuldade para entender os conceitos e realizar as atividades propostas.

Lendo a imagem

- Observe a foto do rio Ganges, um dos mais importantes da Índia. Depois, leia o texto e responda às questões.

Sanjay Kanojia/Agência France-Presse

Mulher caminha entre lixo jogado no rio Ganges, em Allahabad, Índia, 2015.

Nas margens do Ganges, um dos sete rios sagrados da Índia, grupos de pessoas lavam roupas, crianças brincam [...], enquanto homens vestindo apenas trapos tomam banho nessas águas consideradas purificadoras pelos hindus.

Dez metros adiante, há pequenos focos de incêndio. A fumaça misturada com a poluição chega a formar uma espessa camada sob o céu de Varanazi, localizada no Estado de Uttar Pradesh, no nordeste do país, e considerada também uma das sete cidades sagradas do hinduísmo [...].

As fogueiras são feitas de cadáveres, em rituais de cremação e purificação. Os restos mortais, jogados como oferenda no mesmo rio em que os moradores da cidade se banham, retiram água para cozinhar ou lavam os dentes, colaboram para aumentar o nível de contaminação bacteriana no rio, que pode ser venerado de várias maneiras, inclusive pela ingestão de água.

De acordo com as últimas medições feitas no local, esse nível já está quase 3000 vezes maior do que o permitido pela OMS (Organização Mundial da Saúde).

Fonte: KREPP, Ana. Fé e rio Ganges são as estrelas da sagrada Varanasi, na Índia. Disponível em: <www1.folha.uol.com.br/turismo/2017/08/1908473-fe-e-rio-ganges-sao-as-estrelas-da-sagrada-varanasi-na-india.shtml>. Acesso em: 7 out. 2018.

a) Em dupla, comentem qual é a relação da cultura indiana com o rio Ganges.

b) No Brasil também há rios, córregos e até mares poluídos em razão da ação humana. A poluição das águas no Brasil se dá pelos mesmos motivos da poluição do rio Ganges, na Índia?

c) Em sua opinião, por que os indianos continuam frequentando o Ganges apesar do nível tão grande de contaminação de suas águas?

CAPÍTULO

10 Sul, Sudeste e Leste da Ásia

Vista de aldeia flutuante na ilha de Koh Rong, no Camboja, em 2016.

Alamy/Fotoarena

Vista noturna de Cingapura, em 2017.

Alamy/Fotoarena

Neste capítulo, vamos estudar o Sul, o Sudeste e o Leste asiático, com destaque para três países – Cingapura, Taiwan e Coreia do Sul –, mais o território de Hong Kong, conhecidos como Tigres Asiáticos. As economias dos países integrantes desse grupo, considerados subdesenvolvidos até os anos 1970, atualmente estão entre as mais dinâmicas do mundo; além disso, esses países tornaram-se importantes áreas produtoras e exportadoras de bens industriais. Esse desenvolvimento foi possível graças aos planos governamentais de longo prazo, com fortes investimentos em educação de qualidade e acessível a todos, combate à corrupção e incentivos à exportação.

Para começar

Observe as imagens e responda:

1. Qual das duas imagens retrata uma área bastante urbanizada?
2. Na sua opinião, qual dos dois países retratados nas imagens tem maior PIB? Justifique.

1 Aspectos gerais

O **Sul da Ásia** ou **Ásia meridional**, também conhecido como subcontinente indiano, é um conjunto regional que abrange o Paquistão, a Índia, o Sri Lanka, as Maldivas, o Nepal, o Butão e Bangladesh. Dois desses países são insulares: o Sri Lanka e as Maldivas. O **Sudeste Asiático** é a parte do continente situada entre o oceano Pacífico (a leste) e o oceano Índico (a oeste), onde se localizam, em sua porção continental, Mianmar (antiga Birmânia), Tailândia, Camboja, Vietnã e Laos; e, na porção insular, Cingapura, Brunei, Filipinas, Indonésia, Malásia e Timor-Leste. O **Extremo Oriente**, ou **Leste da Ásia**, é a parte mais oriental do continente, que se estende da China (a oeste) até o Japão (a leste), incluindo Taiwan, Mongólia, Hong Kong e Macau (cidades ou regiões administrativas chinesas com relativa autonomia), Coreia do Sul e Coreia do Norte.

Essa imensa porção da Ásia – Sul, Sudeste e Leste do continente – ganhou expressiva fatia na distribuição mundial da riqueza: em 1960, participava com 17,8% do PIB mundial; em 2015 aumentou sua participação para 49,8% desse total. Entretanto, nessa porção asiática ainda há países considerados pobres ou com grandes bolsões de pobreza, além de baixas rendas *per capita* PPC, como Bangladesh, Nepal, Paquistão, Coreia do Norte, Mianmar, Butão, Camboja, Laos e até mesmo a Índia – apesar de seu recente crescimento acelerado –, que, aos poucos, vem melhorando os índices de desenvolvimento econômico e social deste país.

Sul, Sudeste e Leste da Ásia: físico

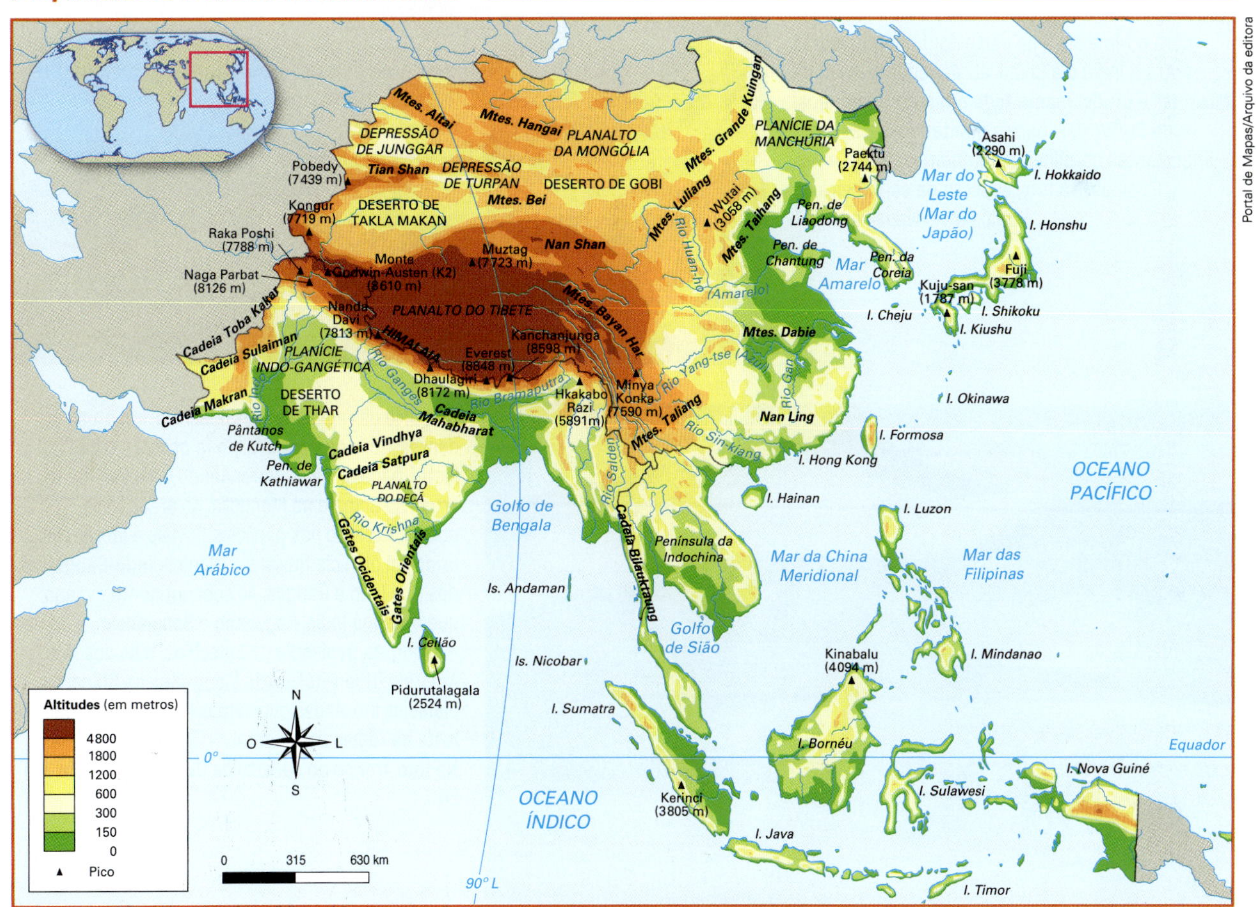

Fonte: elaborado com base em IBGE. *Atlas geográfico escolar*. 7. ed. Rio de Janeiro, 2016. p. 46 e 50.

Quanto aos aspectos **fisiográficos**, podemos observar, no mapa físico da página anterior, que a região é constituída por um grande conjunto de terras com inúmeras ilhas ao sul e a leste e três penínsulas principais.

Alamy/Fotoarena

As três principais penínsulas da Ásia são a do Indostão (no oceano Índico, entre o mar Arábico, a oeste, e o golfo de Bengala, a leste); a da Indochina, onde se localizam Mianmar, Tailândia, Camboja, Laos e Vietnã; e a da Coreia, onde estão localizadas a Coreia do Norte e a Coreia do Sul, entre o mar Amarelo (ao sul) e o mar do Japão (a leste). Na foto, vale na península do Indostão, próximo ao Butão, em 2017.

Alamy/Fotoarena

O relevo dessa área é fortemente marcado pela presença de imensas cordilheiras – com destaque para o Himalaia – na parte continental central, entre a Índia e a China, abrangendo o norte de Mianmar e praticamente todo o território do Nepal e do Butão, dois países montanhosos. Existem importantes cordilheiras também no Japão e nas Filipinas. Na foto, aspecto da cordilheira do Himalaia, no Nepal, em 2017.

Wolfgang Kaehler/LightRocket/Getty Images

No norte da região há dois desertos, em áreas de depressão: o de Takla Makan (a oeste) e o de Gobi (a leste), o maior deles, abrangendo principalmente áreas na China e na Mongólia. As áreas mais povoadas estão nas planícies fluviais e litorâneas. A principal planície fluvial é a **Planície Indo-Gangética**, dos rios Indo e Ganges, no subcontinente indiano, que abrange Índia, Paquistão e Bangladesh; a do rio Mekong, na península da Indochina; e as dos rios Amarelo (Huan-ho) e Azul (Yang-tse), na China. As planícies litorâneas ocorrem em toda a costa sul e leste da região continental e nas costas das ilhas. Na foto, trecho do deserto de Gobi, na Mongólia, em 2017.

O clima apresenta grande diversidade em função do relevo e, principalmente, das latitudes. Essas regiões asiáticas são atravessadas pela linha do equador, ao sul, que corta os territórios de Cingapura e da Indonésia; ao norte, o paralelo 80° N corta o extremo norte da Mongólia e o nordeste da China. Com isso, ocorrem desde climas bastante frios (ao norte e nas elevadas montanhas) até climas subtropical, tropical e equatorial nas baixas latitudes e altitudes da parte sul, além do clima desértico nas depressões ao norte do Himalaia. O clima mais típico dessa imensa área, porém, que abrange grande parte do Sul e do Sudeste da Ásia, é o de monções.

O clima tropical monçônico é considerado o mais úmido do globo, com chuvas abundantes no verão e forte calor tropical. É influenciado pelos ventos de monções, que mudam de sentido durante o ano. No verão, eles vêm do oceano Índico para o Sul e para o Sudeste Asiático, onde a pressão atmosférica é baixa. No inverno, eles sopram no sentido contrário, das áreas continentais para o oceano, ao sul, devido às elevadas pressões atmosféricas que aí prevalecem. As monções de verão, que se dirigem ao continente asiático, são muito úmidas, provocando chuvas abundantes. Não por acaso, na Índia registram-se os maiores índices mundiais de pluviosidade.

Monções de verão

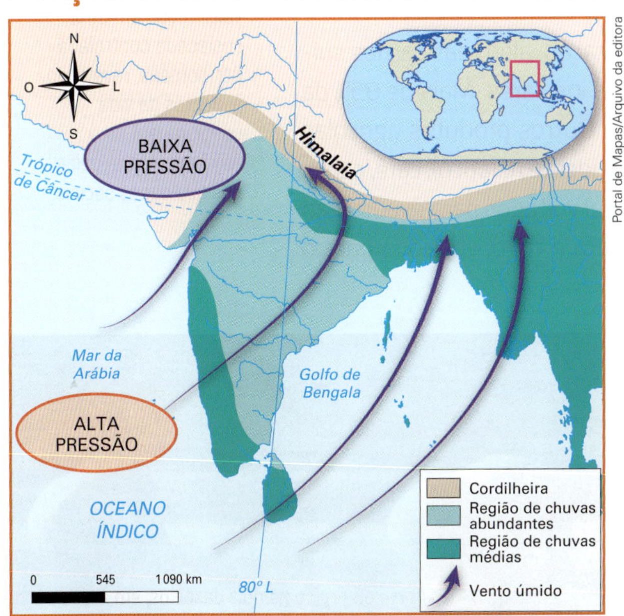

Fonte: elaborado com base em CALDINI, Vera Lúcia de Moraes; ÍSOLA, Leda. *Atlas geográfico Saraiva*. 4. ed. São Paulo: Saraiva, 2013. p. 171.

Monções de inverno

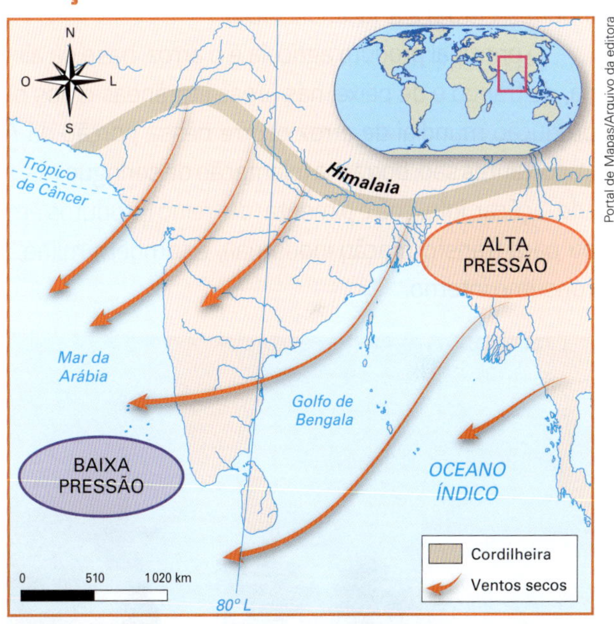

Fonte: elaborado com base em CALDINI, Vera Lúcia de Moraes; ÍSOLA, Leda. *Atlas geográfico Saraiva*. 4. ed. São Paulo: Saraiva, 2013. p. 171.

Texto e ação

1› Liste os países do Sul, Sudeste e Leste da Ásia e classifique-os como continentais ou insulares.

2› Observe o mapa físico dessa região, na página 219, e responda às questões:

a) Qual é o ponto mais elevado do planeta e qual é a sua altitude?

b) Onde se localizam as maiores altitudes dessa área? Que cor as representam no mapa?

c) Quais são os principais rios e as principais planícies dessa região? Explique por que elas são as áreas mais povoadas.

2 Os países, uma síntese

Os países do Sul, Sudeste e Leste da Ásia em geral são densamente povoados e apresentam diversidades étnicas. Nesse bloco regional, a China e a Índia são os dois países mais populosos e, juntos, somam cerca de 37% da população mundial. A Indonésia (265 milhões em 2018), o Paquistão (199 milhões), Bangladesh (165 milhões) e Filipinas (105 milhões) também estão entre os mais populosos do globo.

Embora a urbanização venha se expandindo com o crescimento econômico, a maioria da população desses países ainda vive no meio rural, principalmente nas proximidades do litoral e nas planícies fluviais, onde praticam uma agricultura milenar denominada jardinagem, caracterizada pela utilização de mão de obra numerosa em relação ao espaço cultivado. No Sri Lanka e no Nepal, por exemplo, mais de 80% da população vivia no meio rural em 2016; no Camboja, 79%; na Índia, no Vietnã e no Timor-Leste, 67%; em Mianmar e em Bangladesh, 65%.

Cingapura, com 100% de população urbana, o Japão (apenas 6% de população rural em 2016) e a Coreia do Sul, com apenas 16% de população rural, são os países mais urbanizados. Ocupam posição intermediária a China (43% de população rural), a Indonésia (46%) e a Tailândia (48%).

O principal produto agrícola é o arroz, base da alimentação, além das carnes suína, de frango e de peixe, nas áreas litorâneas e nos países insulares. Mais de 85% da produção mundial de arroz ocorre nessa porção da Ásia. Outros produtos agrícolas importantes são: borracha (plantação de seringueiras, no Sudeste Asiático), café, cana-de-açúcar, juta, chá e pimenta-do-reino (produtos em geral voltados para exportação ou para transformação industrial), e também milho, batata e trigo, voltados para o consumo interno.

Minha biblioteca

Eu sou Malala, de Christina Lamb e Malala Yousafzai.
São Paulo: Companhia das Letras, 2013.

Em 2014, com apenas 17 anos, a ativista paquistanesa Malala Yousafzai foi a mais jovem ganhadora do Prêmio Nobel da Paz. Nesse livro, Malala narra a história de uma família exilada pelo terrorismo e pelo fundamentalismo religioso sob o regime do Talibã instalado no Paquistão. Aborda a luta das mulheres pelo direito à educação e à valorização em uma sociedade controlada por homens, revelando aspectos da vida cotidiana em uma região marcada pelas desigualdades sociais.

Arif Ali/Agência France-Presse

Kham/Reuters/Fotoarena

O arroz é a base da alimentação dos povos asiáticos. Na foto à esquerda, paquistaneses comemoram o Dia Nacional das Trabalhadoras Rurais, em 15 de outubro de 2016, em Lahore, no Paquistão. Na foto à direita, plantação de arroz na província de Ha Tinh, no Vietnã, em 2017.

Quadro-síntese dos países do Sul, Sudeste e Leste da Ásia*

	País	Área (km²)	População em 2017**	PIB em 2017 (em bilhões de dólares)	Renda *per capita* PPC em 2016 (em dólares)	Expectativa de vida em 2017 (em anos)	IDH em 2015
Sul da Ásia	Paquistão	796 100	197 015 955	251	5 245	66,4	0,550 (médio)
	Bangladesh	144 000	164 669 751	248	3 586	71,8	0,579 (médio)
	Nepal	147 180	28 980 000	23	2 482	69,2	0,558 (médio)
	Butão	38 394	807 610	2	8 918	69,8	0,607 (médio)
	Sri Lanka	65 610	20 876 917	84	12 336	74,9	0,766 (alto)
	Maldivas	300	436 330	3	15 755	78,5	0,701 (alto)
Sudeste Asiático	Mianmar	676 578	53 370 609	72	5 732	66,6	0,556 (médio)
	Camboja	181 035	16 005 373	21	3 744	68,7	0,563 (médio)
	Vietnã	331 212	95 540 800	215	6 434	76,0	0,683 (médio)
	Laos	236 800	6 858 160	15	6 196	65,7	0,586 (médio)
	Tailândia	513 120	69 037 513	432	16 946	74,9	0.740 (alto)
	Brunei	5 765	428 697	12	77 570	77,7	0,865 (muito alto)
	Cingapura	716	5 708 844	291	88 003	83,1	0,925 (muito alto)
	Filipinas	343 448	104 918 090	329	7 819	68,5	0,682 (médio)
	Malásia	330 803	31 624 264	309	27 736	75,0	0,789 (alto)
	Indonésia	1 472 639	263 991 379	1 020	11 631	69,1	0,689 (médio)
	Timor-Leste	14 874	1 296 311	2	2 144	68,3	0,605 (médio)
Leste da Ásia	Mongólia	1 564 110	3 075 647	10	12 276	68,8	0,735 (alto)
	Coreia do Norte	120 538	25 490 965	16	1700	s/d	s/d
	Coreia do Sul	100 210	50 982 212	1498	35 750	82,3	0,901 (muito alto)
	Taiwan	36 193	23 626 456	566	49 800	80,5	0,882 em 2013 (muito alto)

Fontes: quadro elaborado com base em dados de várias fontes: WORLD BANK, *Data*, 2017. Disponível em: <https://data.worldbank.org/indicator/NY.GDP.PCAP.PP.CD>; UNDP – Human Development Report, 2016. Disponível em: <http://statisticstimes.com/economy/countries-by-projected-gdp.php>; <http://apps.who.int/iris/bitstream/10665/255336/1/9789241565486-eng.pdf>; <www.worldometers.info/world-population/population-by-country/>. Acesso em: 28 ago. 2018.

*Com exceção do Japão, da China e da Índia, já estudados anteriormente. Hong Kong e Macau não foram incluídos, por serem regiões administrativas da China.

**A população de cada país é uma estimativa baseada no total do último Censo acrescido das taxas de crescimento demográfico nos anos seguintes até 2017.

Texto e ação

- Observe o quadro acima e responda:

a) Os países do Sul, Sudeste e Leste da Ásia apresentam grandes contrastes de área territorial e de população? Justifique.

b) Quais são as três maiores e as três menores economias dessa região?

c) Há relação entre renda *per capita* PPC, expectativa de vida e IDH? Justifique e exemplifique.

d) Compare a Coreia do Norte e a Coreia do Sul no que se refere aos aspectos apresentados no quadro.

Os Tigres Asiáticos

Cingapura, Coreia do Sul, Taiwan e Hong Kong (cidade reincorporada à China em 1997), internacionalmente conhecidos como Tigres Asiáticos, até algum tempo atrás eram considerados países pobres, apresentando indicadores socioeconômicos inferiores aos dos países latino-americanos em geral. Após 1960, cresceram de forma acelerada e atualmente possuem rendas *per capita* PPC e padrões de vida superiores a países como África do Sul, Brasil, México ou Argentina, além de melhor distribuição da renda nacional.

Os Tigres Asiáticos assim foram denominados devido à grande prosperidade econômica – sobretudo industrial – que alcançaram nas últimas décadas, com algumas das mais elevadas taxas de crescimento do mundo dos anos 1960 aos anos 1980.

Os sistemas educacionais desses países são de ótima qualidade e acessíveis a praticamente toda a população. Os níveis salariais são elevados e incentivam o crescimento dessas economias.

Edgar Su/Reuters/Fotoarena

Sung-Jun/Getty Images

Os sistemas educacionais dos Tigres Asiáticos destacam-se pelo alto nível de ensino. Na foto acima, menino monta um modelo de avião durante aula em escola de Cingapura, em 2017. À esquerda, alunos e professor durante aula em escola de Paju, na Coreia do Sul, em 2018.

Outros fatores importantes para o crescimento econômico dos Tigres Asiáticos foram os incentivos ao capital estrangeiro e a localização estratégica entre os oceanos Índico e Pacífico – a meio caminho entre a Europa, o Oriente Médio e o Leste da Ásia –, além do esforço governamental para promover a industrialização por meio de projetos de curto, médio e longo prazos. A modernização da infraestrutura e o controle dos gastos orçamentários, com drástica redução da corrupção e do desperdício de recursos públicos, também colaboraram para o intenso desenvolvimento desses países.

As exportações de bens industrializados dos Tigres se multiplicaram e são absorvidas pelo mercado consumidor da América do Norte e da Europa, mas também pelos demais mercados do mundo. Inicialmente produtores de tecidos, roupas, brinquedos e artefatos eletrônicos, a partir dos anos 1980 passaram a produzir aparelhos de videocassete, relógios digitais, bicicletas, gravadores, aparelhos de televisão em cores, automóveis, microcomputadores e navios.

3 Semelhanças e diferenças entre os Tigres

A **Coreia do Sul**, com 100 210 km² e cerca de 51 milhões de habitantes, é o maior país em área e o mais povoado dos Tigres Asiáticos. **Cingapura**, uma cidade-Estado com apenas 716 km² e 5,7 milhões de habitantes, é o menor e menos povoado dos Tigres, mas o que apresenta a mais elevada renda *per capita* e o melhor nível de qualidade de vida em geral. Seu IDH – o 6º do mundo – é o maior do grupo e de toda a Ásia (incluindo o Japão). **Taiwan** ou **Formosa**, com 36 193 km² e 23,6 milhões de habitantes, fica numa posição intermediária.

A cidade de **Hong Kong**, com apenas 1 104 km² e 7,4 milhões de habitantes, não é um Estado independente, mas, desde 1997, é a primeira Região Administrativa Especial da República Popular da China. Hong Kong tem uma renda *per capita* bem maior e uma qualidade de vida melhor do que a média do restante da China. É uma cidade moderna e ocidentalizada, com vida econômica própria e independente de Beijing. Nas negociações com o Reino Unido para a devolução de Hong Kong, a China se comprometeu a não interferir nessa cidade durante pelo menos 50 anos, ou seja, até 2047.

Os Tigres Asiáticos são territórios que foram agrupados em razão de seu dinamismo e de sua localização no Sudeste e Leste da Ásia, mas não formam um bloco único ou mercado regional, ou seja, não são parceiros preferenciais entre si. Seus principais parceiros comerciais são Estados Unidos, China e Japão. Cingapura é membro da Associação das Nações do Sudeste Asiático (**Asean**) e todos os Tigres participam da Cooperação Econômica para a Ásia e Pacífico (**Apec**), um acordo comercial entre vários países banhados pelo oceano Pacífico.

Tigres Asiáticos (2016)

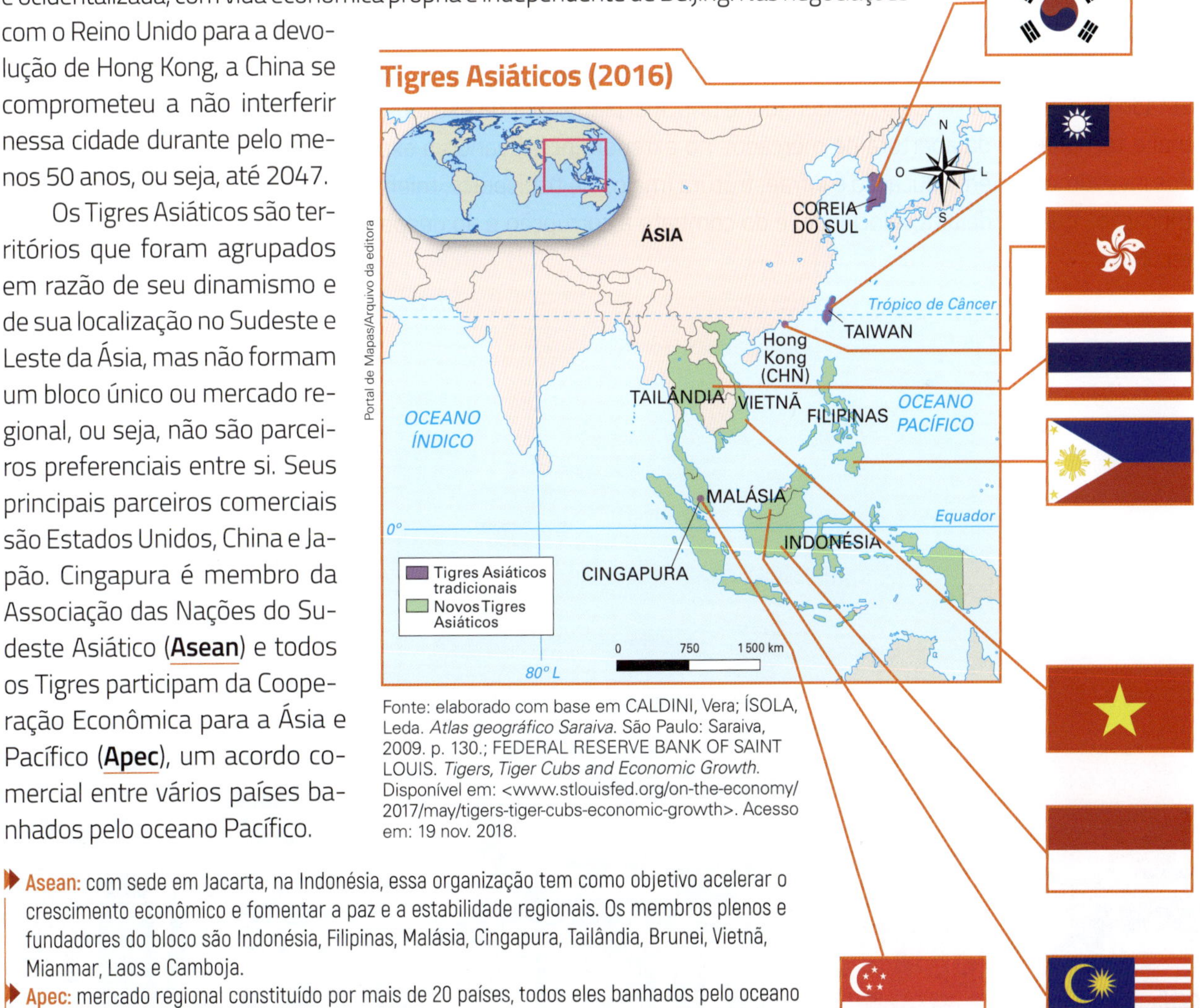

Fonte: elaborado com base em CALDINI, Vera; ÍSOLA, Leda. *Atlas geográfico Saraiva*. São Paulo: Saraiva, 2009. p. 130.; FEDERAL RESERVE BANK OF SAINT LOUIS. *Tigers, Tiger Cubs and Economic Growth*. Disponível em: <www.stlouisfed.org/on-the-economy/2017/may/tigers-tiger-cubs-economic-growth>. Acesso em: 19 nov. 2018.

Asean: com sede em Jacarta, na Indonésia, essa organização tem como objetivo acelerar o crescimento econômico e fomentar a paz e a estabilidade regionais. Os membros plenos e fundadores do bloco são Indonésia, Filipinas, Malásia, Cingapura, Tailândia, Brunei, Vietnã, Mianmar, Laos e Camboja.

Apec: mercado regional constituído por mais de 20 países, todos eles banhados pelo oceano Pacífico: Estados Unidos, México, Canadá, Chile, Japão, Austrália, Cingapura, Coreia do Sul, China e outros. O objetivo da Apec é promover a cooperação e facilitar o comércio entre os países-membros. Em 2015 foi instituído o TPP – Tratado Transpacífico –, ainda em negociação (seu principal membro, os Estados Unidos, saiu em 2017), que em certa medida deverá ser um substituto para a Apec, visando maior integração entre esses países da Ásia e do Pacífico.

Os Tigres apresentam uma economia moderna com elevada industrialização, incluindo setores de ponta (informática, por exemplo), além das rendas *per capita* relativamente elevadas e uma distribuição social de renda não muito concentrada, especialmente na Coreia do Sul, que se assemelha mais à dos países desenvolvidos que à dos países em desenvolvimento. Além disso, os Tigres praticamente não têm populações vivendo abaixo da linha internacional da pobreza, apresentam índices elevados de expectativa de vida e de IDH e baixos índices de analfabetismo e de mortalidade infantil.

Até o final dos anos 1980, os Tigres eram Estados governados por ditaduras, mas, ao contrário de alguns países europeus ocidentais que também tiveram governos ditatoriais (Portugal, Espanha e Grécia), não pertencem a um bloco econômico e político sólido como a União Europeia. Assim, eles dependem do mercado externo – fundamental para suas exportações –, enquanto os países mais pobres da Europa ocidental contam com uma vizinhança muito mais próspera e estável. Esses países europeus ocidentais mais pobres foram beneficiados pela aplicação de recursos da União Europeia, ao contrário dos Tigres, que alavancaram sua economia e melhoraram o padrão de vida da população sem benefício de um bloco econômico.

O papel do Estado no desenvolvimento dos Tigres Asiáticos tem sido decisivo. O Estado foi e continua sendo o coordenador e principal planejador da estratégia industrial e tecnológica, da abertura de mercados no exterior (incentivando a exportação) dos investimentos em educação e infraestrutura (meios de transporte, telefonia, eletrificação, internet de alta velocidade) e do combate à corrupção e ao desperdício de recursos.

Vista de Seul (Coreia do Sul), em 2017.

Alamy/Fotoarena

Questões geopolíticas dos Tigres

Os Tigres Asiáticos, com exceção de Cingapura, enfrentam delicados problemas geopolíticos. Hong Kong tem a questão com a China, cujo modelo político e econômico não é tão liberal e democrático como o seu. A China não pretendeu simplesmente anexar Hong Kong ao seu sistema de governo e à sua economia — o que poderia provocar a fuga de capital e um retrocesso econômico —, mas dar-lhe uma relativa autonomia, principalmente com relação à política econômica. O governo chinês organizou um Conselho Administrativo nessa área, com a participação de representantes locais e autoridades chinesas, para que a mudança administrativa não causasse descontentamento na população – e sobretudo fuga de capital –, já que grande parte da economia de Hong Kong é dependente da confiança dos investidores internacionais.

Fuga de capital: também chamado de "saída de capital", o termo se refere ao fluxo de capital para a economia de outro país.

Em 2017, assim como ocorreu em 2014, a população – principalmente os jovens – foi às ruas para reivindicar a implantação de um regime político democrático em Hong Kong, algo que desagrada a China. Esses protestos indicam que, mais cedo ou mais tarde, podem ocorrer conflitos políticos entre Hong Kong e China.

Dale De La Rey/Agência France-Presse

Manifestação pró-democracia em Hong Kong, em 2017.

A Coreia do Sul também enfrenta um problema geopolítico. Após o final da Guerra da Coreia, em 1953, formaram-se a Coreia do Norte e a Coreia do Sul. Apesar da separação, inúmeros coreanos ainda sonham em reunificá-las, embora haja forte oposição do governo da Coreia do Norte, que é extremamente autoritário. Caso isso se concretizasse, o que no momento é improvável, dar-se-ia origem a uma nova potência no Leste Asiático, pois a Coreia do Sul é um país moderno e industrializado, e a Coreia do Norte, embora atrasada econômica e socialmente, possui forças armadas poderosas e armamentos atômicos. O maior empecilho para uma possível reunificação é o governo ditatorial da Coreia do Norte. Outro impedimento é a vizinha China, que ajuda a manter o regime da Coreia do Norte para evitar a formação de uma nova potência econômica e militar nas suas fronteiras.

Ed Jones/Agência France-Presse

Família anda de bicicleta ao longo de uma cerca de arame farpado que separa a Coreia do Norte e a Coreia do Sul, na Ilha Ganghwa (Coreia do Sul), em 2018.

A Coreia do Sul é mais populosa e possui uma economia muito mais sólida, além de um padrão de vida bem superior ao da Coreia do Norte. Já os gastos militares da Coreia do Norte são proporcionalmente maiores que os da Coreia do Sul: 22% do PIB em 2017 contra apenas 2,7% da Coreia do Sul.

A Coreia do Norte fez testes com suas primeiras bombas atômicas – e procura desenvolver um sistema de mísseis para transportá-las a milhares de quilômetros de distância –, ao contrário da Coreia do Sul, que nunca se aventurou na busca de armamentos nucleares.

Em 2018 foram realizados vários encontros entre o líder norte-coreano Kim Jong-un, o presidente estadunidense Donald Trump e o líder sul-coreano Moon Jae-in com vistas a encerrar oficialmente a Guerra da Coreia. Os Estados Unidos e aliados eliminariam todas as sanções contra a economia norte-coreana, que atravancam seu desenvolvimento, e, em troca, a Coreia do Norte promoveria uma desnuclearização, ou seja, eliminação de suas armas nucleares.

Os primeiros passos foram dados em outubro de 2018, quando as duas Coreias começaram a retirar as minas terrestres que ficam na zona de fronteira entre elas. Outras reuniões para acertar mais detalhes estavam agendadas, mas até o final de 2018 não havia um acordo efetivo e aceito por todos. Também persistiam dúvidas se o governo norte-coreano efetivamente iria se desfazer de suas armas nucleares ou se era apenas mais um blefe ou simulação, como já havia ocorrido no passado, quando algumas sanções foram retiradas e depois se percebeu que a Coreia do Norte continuava a desenvolver novas ogivas nucleares e mísseis cada vez mais aperfeiçoados e capazes de alcançar maiores distâncias.

KCNA/KNS/Agência France-Presse

Kyodo News/Getty Images

O presidente norte-coreano Kim Jong-un faz constantes ameaças aos Estados Unidos, ao Japão e à Coreia do Sul, principalmente com demonstrações de força para garantir sua soberania – pelo temor de ser atacado – e como forma de intimidar a população norte-coreana, buscando unir o país em torno de uma ideologia de segurança nacional. Nas fotos, mísseis norte-coreanos desfilam pelas ruas de Pyongyang (capital da Coreia do Norte), em abril de 2017.

Taiwan, por sua vez, enfrenta uma questão geopolítica com a vizinha China, que até hoje não aceita sua independência. Taiwan, que já fez parte da China, proclamou sua autonomia em 1949, sob o nome de República da China Nacionalista. Nessa ocasião, as tropas de Chiang Kai-shek, que chefiava o governo da China, foram derrotadas pelas forças comunistas de Mao Tse-tung, que chegaram ao poder. Com a derrota, Chiang Kai-shek e seus aliados se refugiaram nessa ilha situada a leste da China, formando aí um novo governo e proclamando a sua independência. A situação ficou mais difícil para Taiwan quando a China saiu de seu isolamento e abriu-se para o capitalismo internacional, por volta de 1976.

Considerando a importância da China, os Estados Unidos, que até então estavam do lado de Taiwan, resolveram restabelecer relações diplomáticas com os chineses e – a pedido da China – esfriar suas relações com Taiwan. Então, quando a China ingressou na ONU, em 1972, Taiwan teve de se retirar da organização, pois os chineses não aceitariam ingressar na ONU junto com o vizinho que não reconhecem como Estado independente.

Nos últimos anos, o governo chinês propôs várias vezes que representantes das duas partes se reunissem, visando chegar a um acordo para a reunificação da ilha com a China. Entretanto, inúmeras pesquisas de opinião pública realizadas nos últimos anos em Taiwan mostraram que a maioria da população não se considera mais chinesa e não quer voltar a fazer parte da China. Aliás, o governo de Taiwan – que, até 1991, era uma ditadura de partido único, o Nacionalista, mas, desde então, passou a ser uma democracia com vários partidos e eleições periódicas – convocou um plebiscito, no qual a maioria da população votou a favor da independência do país em relação à China. Ainda assim, uma minoria da população – e alguns partidos políticos – é favorável à reunificação.

Vista aérea de Taipei, capital de Taiwan, em 2017.

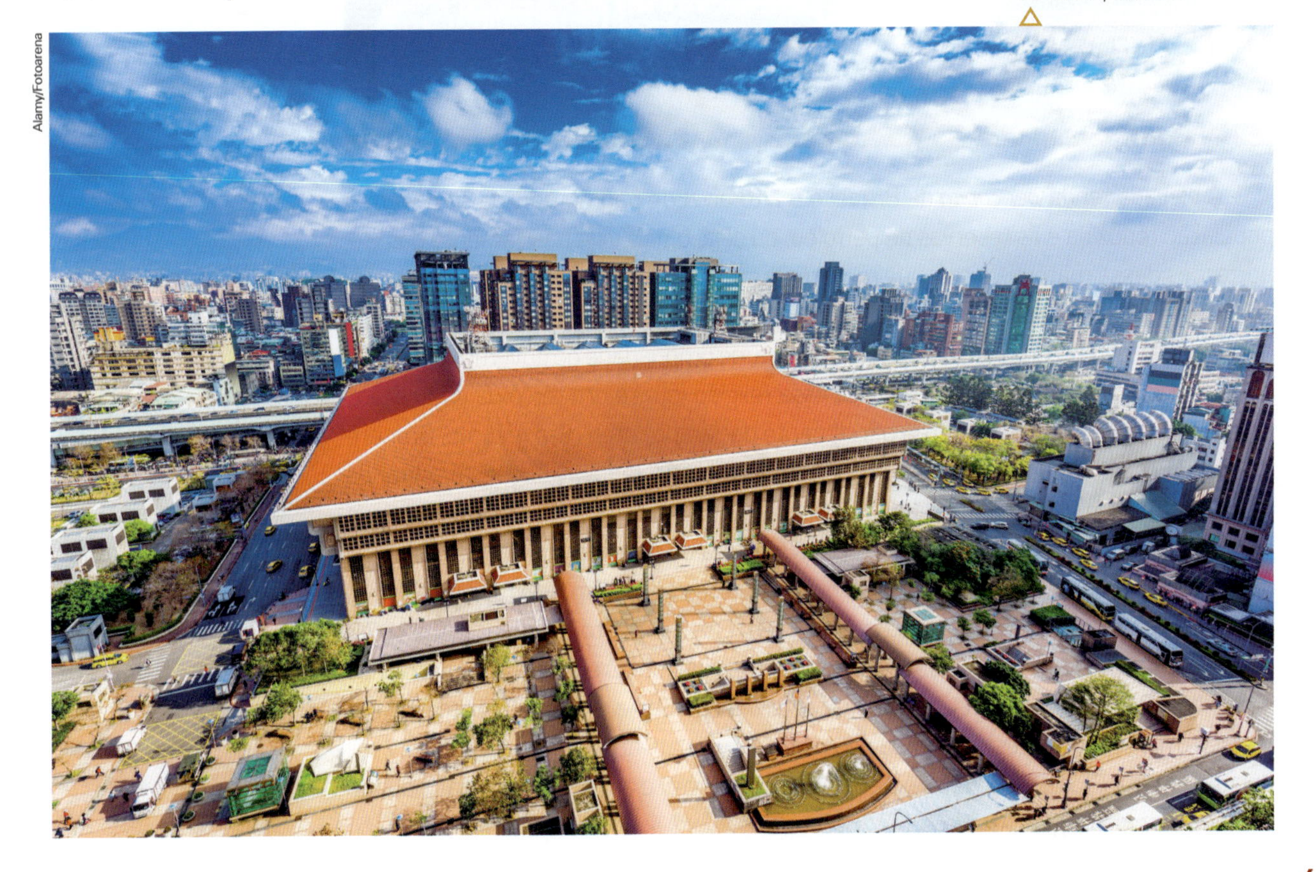

Alamy/Fotoarena

4 Os demais países

Neste século, outros países vêm se destacando no Sul, Sudeste e Leste da Ásia: Brunei e os cinco países apelidados de "novos tigres asiáticos" – Filipinas, Indonésia, Malásia, Tailândia e Vietnã –, devido ao forte crescimento econômico com ênfase nas exportações.

Brunei se destaca pela elevada renda *per capita*: 32 mil dólares em 2017, embora em termos de poder de compra essa renda atinja os 77 mil dólares. O país também tem o 30º IDH do mundo (considerado muito elevado), alta expectativa de vida (79 anos) e praticamente nenhum índice de pobreza ou fome. Entretanto, não é uma economia forte: seu PIB é inexpressivo (cerca de 12 bilhões de dólares em 2017) e não tem uma economia industrializada. Além disso, seu território é minúsculo – 5,7 mil km², uma área menor do que muitos municípios brasileiros – e pouco povoado (menos de 500 mil habitantes).

Alamy/Fotoarena

Vista de lago e de mesquita na cidade de Bandar Seri Begawan, em Brunei. Foto de 2017.

A elevada renda *per capita* de Brunei e o alto nível de padrão de vida se devem à população reduzida e às reservas de petróleo, ou seja, o país vive basicamente das exportações dessa matéria-prima, que representam mais de 90% do seu comércio externo. O regime político do país – um sultanato – não é democrático e concentra poderes nas mãos do sultão. A imprensa é, em sua maioria, de propriedade do governo e a religião oficial é o islamismo – quem não pratica essa religião (quase um terço da população), mesmo sendo budista ou cristão, é oficialmente declarado "ateu". Em resumo, Brunei é um país que se mantém graças a um recurso natural não renovável, que gera grande renda em relação ao tamanho da população, garantindo um bom padrão de vida, em geral, mas, ao mesmo tempo, permitindo um sistema de governo autoritário.

A **Malásia** é um caso à parte, pois muitos autores a incluem no grupo dos Tigres Asiáticos. O país tem uma economia que também cresceu muito desde os anos 1970, com o avanço da industrialização, destacando-se nas indústrias eletrônica, de borrachas e de óleos. Os Estados Unidos – e mais recentemente a China – são seus parceiros comerciais mais importantes. Sua renda *per capita* PPC é relativamente alta (mais de 27 mil dólares em 2017); o IDH, de 0,789, é superior ao do Brasil e ao do México, mas não tão alto quanto o dos Tigres Asiáticos.

O país vem crescendo bastante: até os anos 1970, a Malásia tinha uma economia cuja base era a exportação de recursos naturais brutos, especialmente borracha e estanho, mas desde então diversificou sua economia e hoje exporta principalmente eletrodomésticos, peças e componentes eletrônicos, gás natural liquefeito, petróleo, produtos químicos, máquinas, veículos, equipamentos ópticos, metais, borracha, madeira e produtos de madeira. Em 2016, suas exportações totalizaram cerca de 190 bilhões de dólares, algo impressionante para um país com apenas 31 milhões de habitantes e PIB de 309 bilhões de dólares. A Malásia sofreu com a crise financeira asiática de 1998, mas se recuperou e, de 2001 até 2017, cresceu a uma taxa anual média de 5% ao ano.

Alamy/Fotoarena

O turismo na Malásia cresceu desde os anos 1980 e, atualmente, é uma das principais atividades econômicas do país - a terceira em geração de renda. Na foto, Templo de Batu Caves, que atrai religiosos e turistas, em Kuala Lumpur (Malásia), em 2018.

The Asahi Shimbun/Getty Images

As Maldivas recebem relativamente poucos turistas internacionais em comparação com a Tailândia: 1,25 milhão em 2016 contra 32,5 milhões, respectivamente. Entretanto, essa quantidade representa quase 30% do seu PIB, porque seu PIB e sua população, de cerca de 430 mil habitantes, são menores. Na foto, vista aérea de praia na ilha Maamendhoo, nas Maldivas. Foto de 2018.

Neste século, com exceção da Coreia do Norte, os demais países vêm experienciando uma fase de expansão de suas economias, em parte devido à vizinhança com economias de forte crescimento – como a Índia e, principalmente, a China –, que realizam investimentos nesses países. Também são relevantes os investimentos oriundos do mundo desenvolvido, que transfere fábricas para esses países, com menores custos de produção. O aumento do turismo também contribui para o crescimento econômico de alguns países da região, com destaque para Tailândia, Mianmar, Vietnã e Maldivas.

Geolink

Leia o texto a seguir.

Tailândia planeja ainda mais turistas

A Tailândia previu um aumento de 6% no número de turistas este ano [2018], após um salto de 9% para 35 milhões em 2017 [...]. Receitas turísticas representam cerca de 12% da segunda maior economia do Sudeste Asiático, tornando-se um dos mais importantes impulsionadores do crescimento [...]. As chegadas de turistas internacionais aumentaram 8,8% em 2017 para um recorde de 35,38 milhões, o equivalente a mais da metade da população tailandesa, disse o funcionário do setor de turismo e esportes do governo [...].

O maior fator foi o crescimento de 12% no número de visitantes chineses, cada vez mais evidentes em praias, *shoppings* e templos. A receita do turismo também subiu quase 12%, para mais de 1,8 trilhão de bahts (US$ 56 bilhões), disse o Ministério.

Em 2018, a Tailândia espera que 37,55 milhões de visitantes gastem 2,1 trilhões de bahts. Embora o baht esteja próximo de uma alta frente ao dólar e tenha subido mais de 12% desde o início de 2017, a inflação é inferior a 1%. [...]

THAKRAL, Suphanida; SRIRING, Orathai. Thailand plans for even more tourists as numbers top 35 million. *Reuters Asia*, 16/1/2018. Disponível em: <www.reuters.com/article/thailand-tourism/update-1-thailand-plans-for-even-more-tourists-as-numbers-top-35-million-idUSL3N1PB1XU>. Acesso em: 28 ago. 2018. (Traduzido pelos autores.)

Turismo internacional em países asiáticos – 2016*

País	Chegada de turistas internacionais em 2016 (em milhões)	Receitas geradas pelo turismo internacional em 2016 (em bilhões de dólares)
China	59,2	44,4
Tailândia	32,5	49,8
Japão	24,0	30,6
Malásia	26,7	18,0
Coreia do Sul	17,2	17,2
Índia	14,5	22,4
Cingapura	12,9	18,3
Taiwan	10,6	13,3
Vietnã	10,0	8,2
Indonésia	9,9	11,3
Filipinas	5,9	5,1
Camboja	5,0	3,2

Fonte: elaborado com base em UNWTO - World Tourism Highlights, 2017. Disponível em: <www.e-unwto.org/doi/pdf/10.18111/9789284419029>. Acesso em: 28 ago. 2018.
*Apenas os principais países (os que recebem mais turistas internacionais) dessa parte da Ásia: Sul, Sudeste e Leste. Ou seja, não estão incluídos o Oriente Médio, a Ásia Central e tampouco a Rússia.

1. O que é o baht? E qual é a importância do turismo para a economia da Tailândia?
2. Comparando o tamanho do PIB de cada país com as receitas recebidas pelo turismo internacional em 2016, em que países o turismo é mais importante para o crescimento econômico? Justifique.
3. A partir do quadro, pode-se dizer que há relação direta entre o número de turistas internacionais e o seu peso para a economia de cada país? Por quê?
4. Explique de que forma o turismo incentiva o crescimento da economia.

Alamy/Fotoarena

Turistas passeiam em parque nacional na província de Chiang Mai, na Tailândia. Foto de 2018.

CONEXÕES COM HISTÓRIA

Leia o texto a seguir.

O povo igorot e o cultivo do arroz em degraus nas Filipinas

Há dois mil anos, o povo igorot habita as altas e frias cordilheiras da ilha de Luzon, uma das maiores entre as sete mil que compõem o arquipélago das Filipinas. Nessa região do Sudeste Asiático, entre o mar da China e de Sulu, rica em solos vulcânicos, eles dedicam-se à plantação de arroz em terraços tão inclinados que parecem desafiar a gravidade. A destreza em esculpir com as mãos o barro e a rocha nos despenhadeiros fez com que os arrozais recebessem o título da Unesco de Patrimônio Cultural da Humanidade.

Além da imensa beleza, o árduo trabalho dos igorot nos arrozais acabou por criar um intrincado sistema de trilhas, unindo os vilarejos habitados por diversas etnias. Mesmo com a sanha dos colonizadores, primeiramente os espanhóis no século 16 e, depois, os norte-americanos no século 20 (as Filipinas foram a única colônia dos Estados Unidos), os igorot conseguiram manter viva boa parte de sua herança cultural, como a música, a dança, festas, rituais, seus mercados e trajes coloridos.

PETTA, Eduardo. Na terra dos devoradores de arroz. *Go Outside*. Disponível em: <http://gooutside.com.br/2257-na-terra-dos-devoradores-de-arroz/>. Acesso em: 28 ago. 2018.

erikacarreraph/Shutterstock

Terraços para o cultivo do arroz no sistema de jardinagem produzido pelo povo igorot, em Luzon (Filipinas), em 2016. Esses terraços foram declarados Patrimônio Cultural da Humanidade.

Agora, responda:

a) Qual é o tema do texto?

b) Por que esses terraços foram declarados Patrimônio Cultural da Humanidade pela Unesco?

ATIVIDADES

1› Explique o que é agricultura de jardinagem. Por que ela é praticada na Ásia?

2› Por que a urbanização vem avançando no Sul, Sudeste e Leste da Ásia?

3› Por que alguns autores incluem a Malásia no grupo dos Tigres Asiáticos?

4› Leia o texto e faça o que se pede.

Tradição e budismo: Conheça o Butão, o país da felicidade

Uma das nações mais pobres do globo, de acordo com a ONU (Organização das Nações Unidas), o Butão também figura entre as dez mais felizes, segundo pesquisa da University of Leicester, no Reino Unido. O país tem fome zero, analfabetismo zero, índices de violência insignificantes e nenhum mendigo nas ruas. Não há registro de corrupção administrativa [...]

Felicidade é levada a sério no país – único do mundo a ter Gross National Happiness (Felicidade Interna Bruta, na tradução para o português) como política pública. [...]

O conceito de Gross National Happiness tem quatro pilares – preservação das tradições butanesas e do meio ambiente, crescimento econômico e bom governo. Instituída pelo quarto rei, Jigme Singye Wangchuk, em 1972, a política foi criada para se contrapor à ideia de que PIB (Produto Interno Bruto) – que é baseado em valores materiais – mede a qualidade de vida da população. [...]

O pequeno reino de 38,4 mil quilômetros quadrados é menor do que o Estado do Rio de Janeiro. Tem 72,5% de sua área coberta por florestas, 34 rios e uma biodiversidade de dar inveja a muitos países ricos. Também abriga cerca de 2 000 templos e monastérios budistas, um deles – Kichu Lakhang – construído em 659 d.C., em Paro. [...] Os butaneses são [...] hospitaleiros e muito gentis. Não apresentam os sinais de estresse, pressa e impaciência tão comuns nas culturas ocidentais. A qualquer pergunta do tipo: "posso fazer isso?", eles respondem invariavelmente o mesmo: "se isso te faz feliz, sim".

UOL Viagem. Paro é porta de entrada para o reino do Butão; pequeno país asiático cultua tradição, budismo e felicidade. Disponível em: <https://viagem.uol.com.br/guia/cidade/ult4156u1121.jhtm>. Acesso em: 1º out. 2018.

a) Localize o Butão num mapa-múndi político e comente a localização geográfica desse país no continente asiático e no mundo.

b) Em dupla, troquem ideias: É possível estabelecer um índice para medir o grau de felicidade de cada pessoa e de cada país? Justifique.

5› Leia o texto a seguir e responda às questões.

Com mais de 261 milhões de habitantes (2016), e uma população com idade média de 28,6 anos, a Indonésia possui, ao mesmo tempo, uma elevada capacidade de trabalho e uma população jovem. Por sinal, a urbanização crescente reduz os custos de produção para as empresas estrangeiras que produzem mercadorias na Indonésia e desejam vender seus produtos para a classe média em pleno crescimento no país.

O governo indonésio também compreendeu a importância de desenvolver o setor industrial do país para aumentar o crescimento econômico, para criar empregos, e para reduzir a dependência do arquipélago face à exportação de bens do setor primário (agricultura e mineração). O presidente Joko "Kolowi" Widodo colocou em prática várias medidas na perspectiva de reduzir os custos de produção na Indonésia, de aumentar os investimentos estrangeiros a fim de tornar a economia mais competitiva, e de estimular a industrialização.

Tais condições favoráveis poderiam convencer os investidores a verem a Indonésia como base potencial de produção na Ásia. Entretanto, a Indonésia possui cerca de 13 664 ilhas, e mais de 100 vulcões ativos, o que torna difícil a identificação de sítios ideais para a implantação industrial.

GLICKSTEIN, Samuel. Selecting the optimal location for Indonesian manufacturing. Disponível em: <www.indonesiabriefing.com/news/selecting-optimal-locations-for-manufacturing-in-indonesia#more-260>. Acesso em: 28 ago. 2018. (Traduzido pelos autores.)

a) Quais são os atributos favoráveis da Indonésia para a instalação de empresas transnacionais em seu território?

b) Quais são as características naturais do território indonésio características que dificultam a escolha de sítios ideais para a implantação industrial?

6› Em dupla, escolham um país conhecido como Tigre Asiático e pesquisem fotos, mapas, cartões-postais e notícias atuais. Elaborem um cartaz com o que descobriram sobre o país.

Autoavaliação

1. Quais foram as atividades mais fáceis para você? Por quê?
2. Algum ponto deste capítulo não ficou claro? Qual?
3. Você participou das atividades em dupla e em grupo e expressou suas opiniões?
4. Como você avalia sua compreensão dos assuntos tratados neste capítulo?
   - **Excelente**: não tive dificuldade.
   - **Bom**: consegui resolver as dificuldades de forma rápida.
   - **Regular**: tive dificuldade para entender os conceitos e realizar as atividades propostas.

Lendo a imagem

1› Observe duas paisagens da Ásia:

Wolfgang Kaehler/LightRocket/Getty Images

Deserto de Gobi, ao sul da Mongólia, em 2017.

iStockphoto/Getty Images

Paisagem em Sigiriya, no Sri Lanka, em 2017.

- As duas imagens retratam paisagens da Ásia. Aponte as diferenças ambientais que as duas representam. Justifique sua resposta com elementos das imagens.

2› Observe o quadro e responda:

Renda *per capita* em países selecionados (em dólares)

País	Renda *per capita* (1950)	Renda *per capita* (1980)	Renda *per capita* (2016)
Coreia do Sul	876	1690	27538
Taiwan	922	2363	22585
Cingapura	890	4550	52962
Hong Kong	2600	5695	43681
Argentina	4980	7478	12440
Brasil	1680	2190	8649

Fonte: elaborado com base em WORLD BANK. *World Development Report*, 1955 e 2017; FOCUS ECONOMICS. Disponível em: <www.focus-economics.com/countries/taiwan>. Acesso em: 28 ago. 2018.

a) Qual dos Tigres Asiáticos teve melhor desempenho de 1950 a 2016? Por quê?

b) Comparando o desempenho dos Tigres com o do Brasil e o da Argentina, a que conclusão é possível chegar?

Celebrações tradicionais do Japão

Você conhece alguma celebração tradicional do Japão? Quais são as datas festivas do Japão e o que se costuma comemorar nelas? Será que o ano-novo japonês é comemorado da mesma forma que no Brasil?

E quanto às cerimônias japonesas; o que você sabe sobre elas? Observe as fotos a seguir.

Davor Lovincic/Getty Images

A Cerimônia do Chá é tradicional no Japão. Nessa cerimônia, o chá é preparado de acordo com ritos específicos e minuciosos, que incluem os tipos de chá, a forma de cultivá-los e de servi-los, a vestimenta dos participantes, a decoração do local e até mesmo o tipo de cerâmica utilizada. Na foto, mulheres durante Cerimônia do Chá, em Kyoto, no Japão, em 2016.

The Asahi Shimbun/Getty Images

Os japoneses costumam comemorar o início da primavera, um feriado nacional no Japão, que marca o fim do inverno. Na foto, mulheres vestidas tradicionalmente lideram a Marcha do Dragão, uma das comemorações que celebram a primavera, em Osaka, no Japão, em 2016.

The Yomiuri Shimbun/Agência France-Presse

No dia 3 de março comemora-se o Hinamatsuri, ou "Dia das Bonecas". Nessa festa típica do Japão, meninas comemoram brincando com bonecas. Essa celebração visa desejar bem-estar às meninas japonesas. Na data, casas, ruas e estabelecimentos comerciais do país são enfeitados com bonecas tradicionais artesanais. Na foto, meninas celebram o Hinamatsuri em Shizuoka, no Japão, em 2016.

Yuya Shino/Getty Images

Na celebração japonesa de Tooro Nagashi, as pessoas soltam lanternas de papel em rios para que a luz ilumine os seus antepassados. Geralmente esse evento acontece nos meses de julho e agosto. Na foto, criança segura lanterna de papel em Hiroshima, no Japão, em 2016.

Neste projeto, a turma toda vai se engajar em conhecer as principais cerimônias e comemorações no Japão e, após as pesquisas, vai recriá-las e apresentá-las em classe.

Etapa 1 – O que fazer

Juntem-se em grupos de 5 ou 6 alunos e elaborem uma lista com as cerimônias e datas festivas japonesas que já conhecem. Caso você e seu grupo não conheçam nenhuma ou queiram conhecer outras, façam uma pesquisa na internet.

Após o grupo escolher a cerimônia ou a data festiva sobre a qual querem saber mais, é hora de pesquisar especificamente o tema que escolheram.

A pesquisa deve tentar elencar os seguintes aspectos:

- o nome da cerimônia;
- o significado da cerimônia;
- características da cerimônia;
- a data/o período em que é realizada;
- o objetivo para a realização da cerimônia;
- quem pode participar e se há uma idade mínima.

The Asahi Shimbun/Getty Images

As celebrações do Ano-Novo japonês duram vários dias e são bem diferentes das celebrações ocidentais; não é costume japonês a comemoração com fogos de artifício, por exemplo. Uma das tradicionais formas japonesas de comemorar a chegada de um novo ano é soltar pipas e assistir ao primeiro amanhecer do ano. Outra forma é jogar jogos antigos, como mostra a foto, em que mulheres comemoraram a chegada de 2015 em um jogo coletivo, em Kyoto, no Japão.

O grupo deverá organizar os dados pesquisados, escolher os mais relevantes e preparar um seminário para apresentar para a turma. Para finalizar o seminário, cada grupo vai destacar as características da celebração por meio de uma destas três manifestações artísticas:

- elaborar uma poesia;
- criar um objeto de arte (uma pintura ou ilustração);
- recriar a cerimônia por meio de um esquete.

Etapa 2 – Como fazer

Após organizarem as informações pesquisadas, planejem como será a apresentação do seminário: em que ordem as informações serão apresentadas e que parte caberá a cada integrante do grupo.

O grupo deve entrar em um consenso sobre qual manifestação artística vai representar o que pesquisaram.

- A poesia deve representar, por meio de versos, as características principais da cerimônia japonesa.
- A pintura (ou ilustração) deve transmitir a ideia da cerimônia ou algum aspecto que considerem relevante.
- A esquete deve recriar, por meio de uma cena rápida, a cerimônia ou festividade.

Não se esqueçam de dar um título para a produção.

Etapa 3 – Apresentação

Se todos estiverem de acordo, e se for possível, filmem e fotografem as apresentações dos colegas para postar em um *blog* da turma.

Ilustração representando a globalização nos dias atuais.

Leontura/Getty Images

UNIDADE 4 Globalização e questão ambiental

Você vai estudar nesta unidade a Divisão Internacional do Trabalho (DIT), que formou um mercado mundial que integra todos os países que produzem e exportam matérias-primas, bens industrializados e serviços. Esse é um dos aspectos da globalização, que encurtou a distância entre países de economias, políticas e culturas diferentes.

Por fim, a unidade vai tratar das relações entre seres humanos e natureza e como o conceito de sustentabilidade está diretamente relacionado com os rumos da humanidade na Terra.

Observe a imagem e responda às questões:

1› Leia o título da unidade. Como você acha que a imagem se relaciona com os assuntos que serão tratados nos próximos capítulos? Converse com os colegas.

2› A globalização trouxe muitos benefícios para a integração de países, mas também ampliou a desigualdade social no mundo. Converse com os colegas sobre o significado dessa afirmação.

CAPÍTULO 11

Da Divisão Internacional do Trabalho à globalização

Alamy/Fotoarena

Navio cargueiro entra na baía de Guanabara, no Rio de Janeiro (RJ), trazendo diversos produtos importados para o Brasil. Foto de 2017.

Neste capítulo, você vai estudar a evolução da Divisão Internacional do Trabalho (DIT) e o processo de globalização e como eles ampliaram as desigualdades internacionais e também aquelas existentes dentro dos territórios nacionais. Historicamente, a Divisão Internacional do Trabalho é um processo fortemente relacionado ao comércio mundial, que se caracteriza pelo intercâmbio cada vez maior – não só de produtos, mas também de serviços e dinheiro (investimentos) – na atual fase de globalização do espaço geográfico mundial.

Para começar

Observe a imagem e converse com o professor e os colegas.

1. Você sabe quais são os países que mais exportam produtos industrializados?
2. Em sua opinião, os países são interdependentes atualmente?

1 Divisão Internacional do Trabalho

Divisão Internacional do Trabalho (DIT) é o nome que se dá ao **comércio mundial** no qual cada país produz e exporta determinados tipos de bens ou serviços. No entanto, é preciso diferenciá-la da globalização. A globalização refere-se não somente às relações comerciais entre as nações, mas também a uma integração bem maior entre as economias, isto é, entre os sistemas produtivos. Com a globalização, os investimentos entre as economias nacionais multiplicaram-se, assim como o comércio e o turismo internacionais. Graças a ela, é possível que, em quase todo o mundo, pessoas assistam ao mesmo tempo aos mesmos filmes ou às mesmas séries de televisão, por exemplo.

Ao longo da História, a DIT teve algumas particularidades, mas, tradicionalmente, é marcada pela existência de dois principais grupos de países:

- os exportadores de produtos industrializados e serviços com elevada tecnologia, que representam uma minoria;
- os exportadores de matérias-primas (minérios e produtos agropecuários) e produtos industrializados com pouca tecnologia, que compõem a maioria.

Os primeiros importam as matérias-primas e eventualmente produtos industrializados (em geral com pouca tecnologia) dos segundos, que, por sua vez, compram os produtos industrializados e serviços com elevada tecnologia dos países do primeiro grupo.

A origem da DIT remete às Grandes Navegações, no século XVI, quando algumas nações da Europa ocidental estabeleceram colônias no continente americano e impuseram a elas restrições comerciais. O pacto comercial estabelecia que as colônias só podiam comercializar com suas respectivas metrópoles. Assim, as colônias forneciam matérias-primas para as metrópoles, que, por sua vez, remetiam para as suas colônias produtos manufaturados.

Bridgeman Images/Glow Images/Museu de Antiguidades de Rouen, França

Comércio de madeira do Brasil, gravura em carvalho entalhado da Escola Francesa, século XVI (dimensões: 52 cm × 221 cm). A gravura mostra a exportação de matéria-prima (madeira) de uma colônia no continente americano (Brasil) para as metrópoles da Europa.

Em meados do século XVIII, a **Primeira Revolução Industrial** deu início à fase do capitalismo industrial e consolidou a Divisão Internacional do Trabalho. Nessa época, a Inglaterra, pioneira na industrialização, dominava o mercado internacional com seus produtos praticamente exclusivos e acabou impondo aos demais países uma Divisão do Trabalho que a beneficiava: comprava matérias-primas de menor valor e vendia produtos industrializados de maior valor.

O valor dos bens industrializados é em geral mais alto em razão da maior incorporação de trabalho e de outros recursos, como tecnologias – o chamado valor agregado. O preço de um produto industrializado costuma se valorizar mais com o tempo, se comparado com o valor de matérias-primas, salvo algumas exceções, como o petróleo ou alguns minérios ou produtos agrícolas nos períodos em que há pouca oferta em relação à procura. Via de regra, se hoje um país vende uma tonelada de minério de ferro por 60 dólares e com esse dinheiro importa 100 gramas de medicamentos avançados, daqui a 10 anos provavelmente esse minério estará custando praticamente o mesmo valor – ou terá um aumento mínimo –, ao passo que o medicamento normalmente aumentará pelo menos 50% por incorporar mais tecnologia (algum produto novo, um novo nome para o medicamento, etc.). O mesmo acontece com os computadores em relação ao café, com os adubos químicos em relação ao açúcar, etc.

A produção industrial teve origem na Inglaterra por diversos motivos, entre eles a invenção de teares mecânicos, da máquina a vapor e de outras máquinas, além da abundante reserva de carvão mineral, principal fonte de energia no período. Com isso, o país passou a exportar produtos industrializados, principalmente tecidos, para o restante do mundo.

Teares mecânicos, com os quais a Inglaterra iniciou a Revolução Industrial no século XVIII. Gravura extraída de *História das invenções maravilhosas*, de 1849.

Science Photo Library/Fotoarena/Biblioteca Pública de Nova York, EUA

No século XIX, Alemanha, França, Itália, Rússia e outros países da Europa ocidental, além dos Estados Unidos e do Japão, seguiram o exemplo da Inglaterra e se industrializaram, passando também a vender produtos industrializados no mercado mundial.

Interfoto/Superstock/Glow Images

A fábrica Harkort em Burg Wetter, óleo sobre tela de Alfred Rethel, de 1834 (dimensões: 43,5 cm × 57,5 cm). A Alemanha, assim como outros países, passou a competir no mercado mundial com produtos industrializados a partir do século XIX.

A África, na verdade, já participava desse mercado mundial desde o século XVI, apesar de ainda não ser ocupada e dividida em colônias, como ocorreu no século XIX. No século XVI, inúmeros povos africanos recebiam das potências europeias algodão, rum, armas e joias de pouco valor, fornecendo-lhes, em troca, marfim, madeiras e principalmente nativos escravizados. Contudo, foi com a Revolução Industrial que a clássica Divisão Internacional do Trabalho se consolidou e se expandiu.

Na época da colonização do continente americano, do século XVI até o início do século XIX, esse mercado mundial era pouco generalizado, pois as colônias só podiam comercializar com as respectivas metrópoles. A partir do final do século XVIII ocorreu uma progressiva independência das colônias europeias na América: Estados Unidos, em 1776; Haiti, em 1804; Venezuela, em 1810; Paraguai, em 1811; Argentina, em 1816; Chile, em 1818; Brasil, em 1822. Com essas novas nações independentes, a Divisão Internacional do Trabalho se generalizou, pois as antigas colônias passaram a comercializar com qualquer país, e não apenas com as metrópoles.

Bojan Brecelj/Corbis/Getty Images

Pesagem de marfim em Mombasa, Quênia, em 1907. Desde meados do século XX, muitos países vêm proibindo o comércio de marfim, por estar diretamente relacionado com a extinção de animais, como elefantes e rinocerontes. O Brasil tornou o comércio de marfim ilegal em 2017.

Contudo, esses novos países independentes, com exceção dos Estados Unidos, prosseguiram com uma economia do tipo colonial, isto é, produtora de matérias-primas (algodão, açúcar, café, madeiras, minérios e produtos agrícolas diversos) para o mercado mundial.

A antiga e a nova DIT

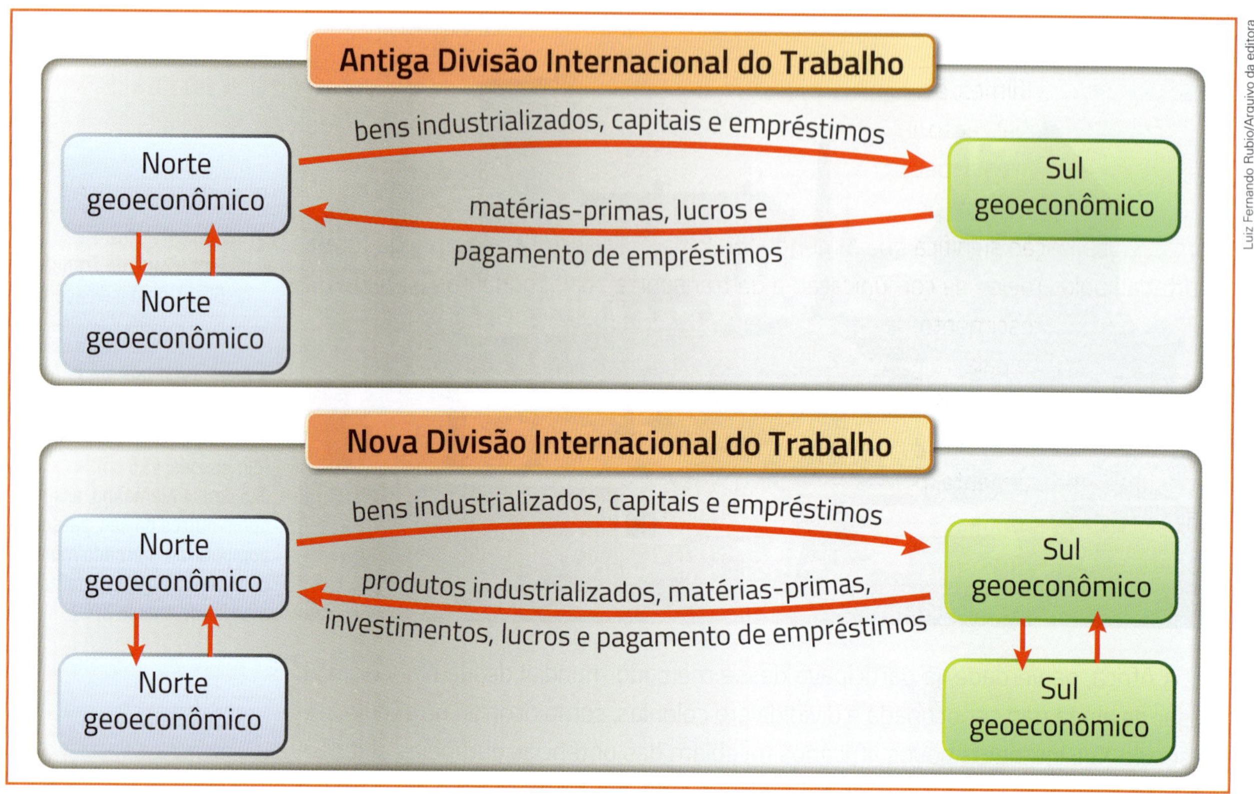

Elaborado pelos autores.

△
O esquema mostra as mudanças na DIT a partir dos anos 1970, que serão detalhadas mais adiante.

Dessa forma, pode-se dizer que a DIT consolidou as desigualdades internacionais iniciadas com o sistema colonial. Contudo, nas últimas décadas a DIT se tornou mais complexa e diversificada, com um número cada vez maior de países em desenvolvimento se industrializando e passando também a exportar bens manufaturados e com um grande aumento no comércio entre os países em desenvolvimento, algo que quase não existia até os anos 1970.

Texto e ação

1› No que consiste a Divisão Internacional do Trabalho?

2› Explique como a Inglaterra conquistou o monopólio do desenvolvimento tecnológico no século XVIII.

3› Pode-se afirmar que a DIT começou a se definir a partir do início da colonização do continente americano, no século XVI? Justifique.

4› Em dupla, comentem se vocês concordam ou não concordam com a afirmação: As economias que só produzem matérias-primas tendem a ficar cada vez mais atrasadas em relação às economias industrializadas.

2 Globalização

A globalização consiste na **interdependência** de todos os países do mundo. Esse termo teve origem na década de 1980, quando os estudiosos perceberam que as economias nacionais estavam cada vez mais interligadas, não apenas no que se refere à expansão do comércio mundial, mas também em vista do enorme volume de investimentos entre países, do turismo internacional crescente e da internacionalização de aspectos culturais (filmes, séries de TV, roupas, etc., que se difundiram pelo mundo).

A noção de globalização, inicialmente entendida mais como integração econômica, passou a incluir outros aspectos comuns à humanidade, como mudanças climáticas globais e a cultura comum propagada por internet, televisão, filmes, jornais e revistas. Enfim, a globalização significa que o mundo "encolheu", isto é, que as distâncias foram encurtadas pelos meios de comunicação e de transporte, mais modernos e rápidos, e por um enorme crescimento de comércio, investimentos e turismo entre as nações. Todavia, apesar de a palavra **globalização** ser recente, o processo de união ou interdependência de todas as nações ou povos do planeta não é novo. Essa integração foi iniciada com as Grandes Navegações dos séculos XV e XVI, a partir das quais todos os continentes, gradualmente, passaram a ser interligados e a participar de um sistema mundial de comércio.

Cinefrance.com.br - Globalização, globalizações
Disponível em: <www.cinefrance.com.br/acervo/colecoes/globalizacao-globalizacoes>. Acesso em: 8 out. 2018.
Site do serviço audiovisual da Embaixada da França no Brasil, com indicação de documentários que abordam diferentes aspectos da globalização.

Miguel Riopa/Agência France-Presse

Show no Rock in Rio Lisboa, Portugal, 2018. O Rock in Rio Lisboa é a edição portuguesa do festival de *rock* que se originou na cidade brasileira do Rio de Janeiro (RJ). A cultura também passa por uma integração mundial, a globalização cultural, na qual a população de quase todos os países assiste a programas semelhantes na televisão e aos mesmos filmes, ouve as mesmas músicas, etc.

Entretanto, a partir dos anos 1980, essa integração mundial conheceu um novo impulso com a expansão da Terceira Revolução Industrial ou Revolução Técnico-científica, que teve um enorme impacto na expansão da informática e das telecomunicações, que foi acelerada com a ligação dos computadores em redes (internet) e as novas tecnologias na produção industrial (robotização). Os antigos países socialistas passaram a integrar o mercado mundial. Antes, até o final da década de 1980, eles eram relativamente autossuficientes e, após a crise de suas economias planificadas, passaram a se abrir para o comércio mundial, a exportar e a importar mais bens e serviços e a se abrir para os investimentos estrangeiros e o turismo internacional.

Autossuficiente: capaz de atender às próprias necessidades; no texto, país que procura produzir quase tudo no seu território, pouco recorrendo ao comércio externo.

Outro aspecto da globalização é a uniformização de hábitos: em qualquer região do planeta, há uma expansão de *shopping centers* e cadeias de *fast-food*, além de marcas globais de roupas.

Dois importantes símbolos da globalização são a **internet** e o **sistema financeiro internacional** – basta pensar nos cartões de crédito internacionais, que hoje em dia são aceitos em praticamente todo o mundo, facilitando bastante o turismo e o comércio internacionais.

- Em 1865, a notícia do assassinato do presidente dos Estados Unidos, Abraham Lincoln, levou 13 dias para chegar à Europa. Hoje, bastam alguns segundos para uma notícia cruzar o planeta pela internet, por redes de televisão ou por telefone.
- Em 1950, apenas 25 milhões de pessoas no mundo faziam turismo internacional; em 2017, esse número foi de 1,322 bilhão, segundo dados da Organização Mundial do Turismo (OMT).
- Em 1955, o valor total das exportações e importações de todos os países somava 160 bilhões de dólares; em 2017, esse total atingiu 47,3 trilhões de dólares, segundo dados do Banco Mundial.
- Em 1960, foram feitas cerca de 2 milhões de ligações telefônicas entre os Estados Unidos e a Europa; com a internet, essas ligações ultrapassam a cifra de centenas de bilhões por ano.

THE
NATION'S MARTYR!
BORN Feb. 12, 1808.
MURDERED April 14, 1865.

But if this country cannot be saved without giving up that principle, I was about to say I would rather be ASSASSINATED upon this spot than to surrender it.
A. LINCOLN.
Feb. 22d. 1861.

Archive Photos/Getty Images

A notícia do assassinato de Abraham Lincoln foi espalhada por folhetos em 1865.

Boris Roessler/picture alliance/Getty Images

Milhares de passageiros aguardam voos no aeroporto internacional de Frankfurt, Alemanha, 2018.

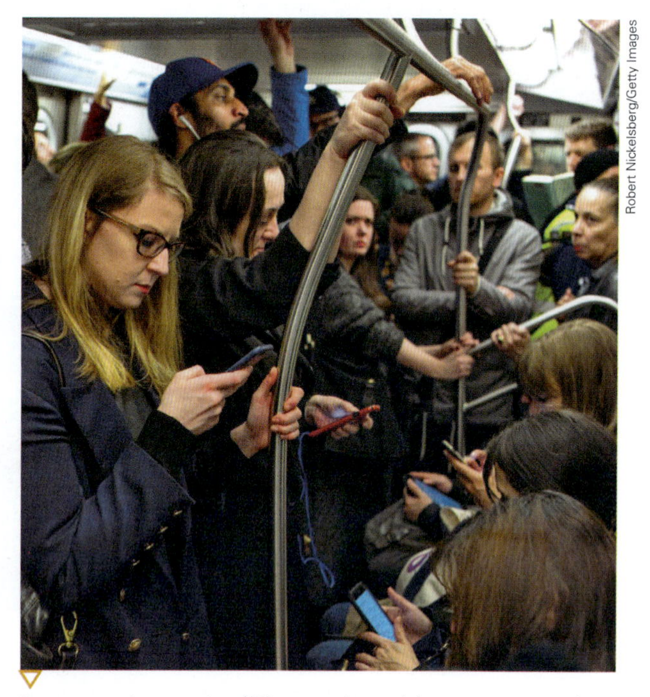
Robert Nickelsberg/Getty Images

Pessoas em transporte público usando o celular para se comunicar. Nova York, Estados Unidos, 2017.

Texto e ação

- Converse com os colegas: É possível afirmar que, com a globalização, o mundo "encolheu"? Por quê?

Geolink 1

Leia o texto abaixo.

Para além da economia

A globalização não é um processo universal que atua da mesma forma em todos os campos da atividade humana. Ainda que se possa dizer que há uma tendência histórica natural para a globalização nas áreas de tecnologia, comunicações e economia, isso certamente não vale para a política [...].

Não acho que seja possível identificar a globalização apenas com a criação de uma economia global, embora este seja o seu ponto focal e sua característica mais óbvia. Precisamos olhar para além da economia. Antes de tudo, a globalização depende da eliminação de obstáculos técnicos, não da eliminação de obstáculos econômicos. Ela resulta da abolição da distância e do tempo. Por exemplo, teria sido impossível considerar o mundo como uma unidade antes de ele ter sido circum-navegado no início do século XVI. Do mesmo modo, creio que os revolucionários avanços tecnológicos nos transportes e nas comunicações desde o final da Segunda Guerra Mundial foram responsáveis pelas condições para que a economia alcançasse os níveis atuais de globalização.

Fonte: HOBSBAWM, Eric. *O novo século*: entrevista a Antonio Polito. São Paulo: Companhia das Letras, 2000. p. 70.

Peter Parks/Agência France-Presse

Pessoa checa informações com seu *laptop* em rua de Sydney, Austrália, em 2018.

Alamy/Fotoarena

Avião sendo carregado no aeroporto de Melbourne, Austrália, em 2017. Os avanços tecnológicos nas áreas de comunicações e transportes foram fundamentais para a transformação do mundo globalizado.

Agora, responda:

1› Segundo o autor, a globalização é um fenômeno homogêneo?

2› Por que o autor afirma que a globalização não é apenas um fenômeno econômico?

3› Qual é o papel da tecnologia na globalização?

Expansão das multinacionais

Outro aspecto importante da globalização é a expansão das empresas multinacionais ou transnacionais, ou seja, indústrias, bancos, empresas de transportes ou de comunicações, entre outras, que possuem estabelecimentos em inúmeros países, muitas vezes em todos os continentes.

Nas décadas de 1950 e 1960 havia apenas algumas centenas de empresas multinacionais, principalmente estadunidenses. Nos anos 1970, o número dessas empresas aumentou para alguns milhares, com destaque para multinacionais europeias e japonesas. Atualmente, calcula-se que mais de 60 mil empresas podem ser consideradas multinacionais, e elas controlam uma crescente fatia da economia mundial. Além disso, muitas dessas empresas multinacionais possuem sedes e capitais originários de países do Sul geoeconômico, como China, Coreia do Sul, Índia, Malásia, Cingapura, Taiwan, México, Brasil e outros países em desenvolvimento. A globalização, com a aceleração do ritmo de produção e as novas tecnologias, ocasionou uma rápida expansão de algumas economias que antes eram consideradas pobres ou subdesenvolvidas, e que nos dias de hoje disputam em condições de igualdade com os países do Norte geoeconômico. Veja o mapa abaixo.

Mundo: distribuição das filiais de empresas estrangeiras pelas maiores economias (2017)

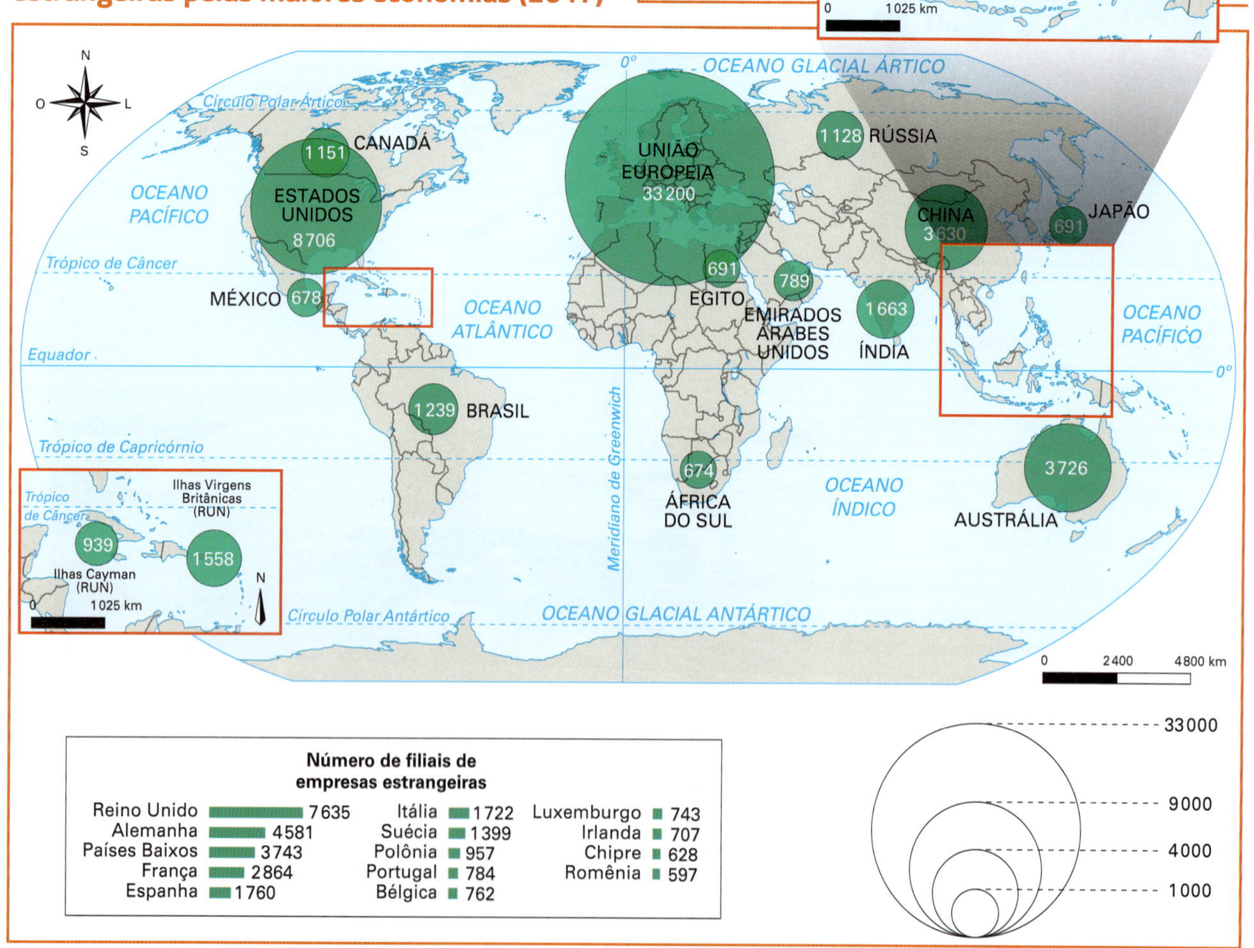

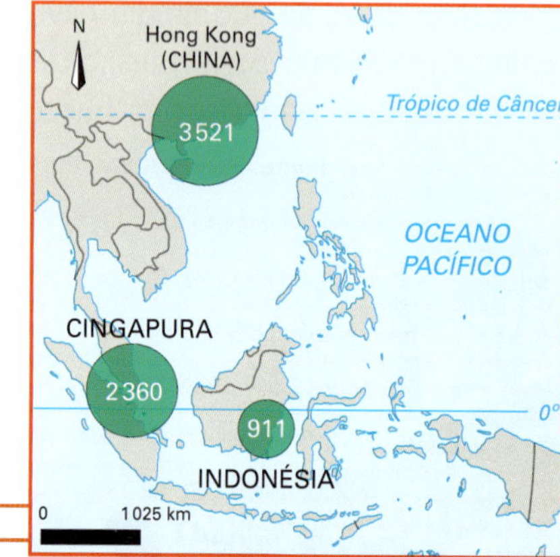

Fonte: elaborado com base em UNCTAD – Conferência das Nações Unidas sobre Comércio e Desenvolvimento. *Investment and the Digital Economy.* Disponível em: <https://unctad.org/en/PublicationsLibrary/wir2017_en.pdf>. Acesso em: 8 out. 2018.

A nova Divisão Internacional do Trabalho

Outra mudança suscitada pela globalização foi a nova Divisão Internacional do Trabalho, bem mais complexa do que a anterior. Essa maior complexidade se explica pelo fato de inúmeros países que antes eram apenas exportadores de matérias-primas terem se tornado grandes exportadores de produtos industrializados. O maior exemplo é a China, que exportava principalmente produtos primários e se tornou o maior exportador de produtos industrializados do mundo, ultrapassando a Alemanha, o Japão e até os Estados Unidos.

Em 1970, o comércio externo da China – que exportava principalmente arroz, petróleo, açúcar e carnes – era extremamente pequeno, somando cerca de 5 bilhões de dólares. Em 2017, pouco mais de quarenta anos depois, o comércio exterior chinês atingiu a cifra de 4,3 trilhões de dólares, e a China atualmente exporta quase exclusivamente bens industrializados.

Não foi apenas a China que mudou radicalmente sua posição na Divisão Internacional do Trabalho. Vários outros países que eram exportadores de matérias-primas estão vendendo produtos industrializados em grande quantidade atualmente: Coreia do Sul, Taiwan, Cingapura, Malásia, Indonésia, Turquia, Brasil e México, entre outros. O número de países exportadores de bens industrializados cresceu muito com a expansão da atividade industrial pelo mundo, mas há uma quantidade enorme de países com fraca industrialização, especialmente na África, no sul e sudeste da Ásia, na Oceania e na América Latina, que ainda exporta predominantemente matérias-primas.

Outra importante mudança na DIT é o fato de os países do Sul geoeconômico estarem comercializando – e investindo capitais – cada vez mais entre si. Até por volta dos anos 1970, os principais parceiros comerciais do Brasil e de vários outros países da América do Sul, África, Oriente Médio e sul da Ásia, eram Estados Unidos e alguns países europeus ocidentais. Hoje, em muitos casos, a China constitui o principal parceiro.

Também os investimentos no exterior já não são mais somente oriundos dos países desenvolvidos, pois China e Índia, principalmente, além de vários outros países em desenvolvimento, investem em empresas ou obras de infraestrutura (estradas, modernização de portos, usinas de eletricidade) em nações menos desenvolvidas da África, Ásia e América Latina.

Federico Parra/Agência France-Presse

Construção de linha de metrô em Caracas, Venezuela, empreendimento de uma empresa brasileira. Foto de 2017.

Desigualdades internacionais

A globalização fez com que as desigualdades aumentassem para um grupo de países e diminuíssem para outro. Alguns países se modernizaram rapidamente, ampliaram suas rendas médias e aumentaram sensivelmente os Índices de Desenvolvimento Humano (IDH), como China, Índia, Indonésia, Turquia, Malásia, México e Chile, entre outros.

Um fator determinante, porém, foi a instalação nesses países de empresas estrangeiras em busca de mão de obra barata e qualificada ou de facilidades concedidas pelos governos locais, como baixos impostos – ou isenção, em alguns casos –; terrenos, edifícios ou aluguéis com preços bem abaixo dos valores praticados nos países desenvolvidos; facilidades para exportar; interesses no potencial do mercado consumidor local de nações populosas, como China, Índia, Brasil ou Indonésia.

Alamy/Fotoarena

Pessoas caminham no centro de Jacarta, na Indonésia, em 2017. Com quase 270 milhões de pessoas em 2018, o mercado consumidor da Indonésia atrai investidores estrangeiros para o país.

Contudo, há países que, embora tenham feito alguns avanços, não se modernizaram no ritmo dos demais e ainda apresentam renda *per capita* e IDH bastante baixos: República Democrática do Congo, Bangladesh, Paquistão, Sudão, Sudão do Sul, Nigéria, Gana, Camarões, Tanzânia, Angola, Costa do Marfim, Níger, entre outros. Em geral, são países onde ocorreram – ou ainda ocorrem – guerras civis ou conflitos com países vizinhos ou onde grupos de guerrilheiros combatem o governo e provocam destruição e grande mortandade. É comum também que os governos de alguns desses países com baixo crescimento sejam corruptos e autoritários e que não invistam em educação, saúde e infraestrutura.

Prós e contras da globalização

A globalização é um processo que provoca controvérsias. Enquanto alguns a condenam, afirmando que ela amplia as desigualdades, gerando extrema riqueza de um lado e miséria de outro, outros a defendem, argumentando que ela tira milhões de pessoas da pobreza absoluta e promove o desenvolvimento de inúmeros países extremamente populosos, como a China e a Índia, entre outros. Quem tem razão?

É provável que as duas interpretações tenham algum fundo de verdade. O fato é que a globalização acentuou as desigualdades entre os países e as desigualdades sociais dentro de vários países, ainda que em outros elas tenham diminuído. Ao mesmo tempo, produziu uma sensível modernização em inúmeros países, como China, Índia, Indonésia, Filipinas, Turquia e outros, nos quais a renda média vem crescendo a cada ano e, com isso, reduzindo a fome e tirando da pobreza extrema milhões de pessoas.

Alamy/Fotoarena

Paisagem de Manila, capital das Filipinas, em 2018.

As desigualdades internacionais continuam a se ampliar em algumas regiões do globo. A renda *per capita* nos Estados Unidos, por exemplo, que era de 13450 dólares em 1980, em 2016 já superava os 57 mil dólares, ao passo que em Moçambique a renda *per capita* era de 298 dólares em 1980 e de apenas 390 dólares em 2016. Isso significa que a renda média dos estadunidenses era 45 vezes superior à da população de Moçambique em 1980 e 146 vezes maior em 2016. Por outro lado, se fizermos essa mesma comparação com países como China, Índia, Indonésia, México, Chile, Turquia, Colômbia e Brasil (apesar da crise iniciada em 2014 e que provocou durante alguns anos a redução da renda média e aumento da pobreza), nota-se que ocorreu o oposto, ou seja, que as diferenças diminuíram consideravelmente.

O mesmo ocorre com a pobreza e com a fome. Se observar apenas o grupo de países mais pobres, especialmente alguns da África subsaariana e do sul da Ásia, é possível concluir que a desigualdade internacional em relação à pobreza e à fome aumentou. No entanto, se observar a situação de outros países nos quais esses fatores eram fortemente presentes até os anos 1980, como China, Índia e mesmo Brasil e grande parte da América Latina, é possível constatar que, embora ainda exista uma significativa quantidade de pessoas vivendo em situação de pobreza absoluta, houve uma diminuição absoluta, ou seja, do número total da população, e também uma diminuição relativa, em porcentagem de pessoas nessas condições. De acordo com o Banco Mundial, instituição que pertence à Organização das Nações Unidas (ONU), o número de pessoas vivendo com até 1,25 dólar por dia era de 1,9 bilhão em 1990 (37,1% da população mundial) e, em 2015, o número de pessoas que viviam com até 1,90 dólar por dia era de 702 milhões (9,6% da população mundial). Lembrando que essa diferença de cálculo se deve ao fato de que em 1991 a pobreza absoluta era medida internacionalmente pelo mínimo de 1,25 dólar ao dia, ao passo que em 2015 esse valor tinha subido para 1,90 dólar.

De olho na tela

Globalização: violência ou diálogo?
Direção de Patrice Barrat, França, 2002.
Duração: 52 min.
Documentário que aborda as polêmicas sobre a globalização, mostrando os violentos protestos dos grupos antiglobalização por ocasião de reuniões de organizações internacionais e também a ideologia do "Bem contra o Mal" presente em confrontos entre diferentes culturas e religiões no mundo de hoje.

Texto e ação

- De acordo com o que foi exposto, na sua opinião, a globalização é positiva, negativa ou possui prós e contras? Compartilhe sua resposta com os colegas.

Geolink 2

Leia o texto abaixo.

Quando a globalização começou?

Globalização se tornou uma palavra na moda nas últimas décadas. O súbito aumento nas trocas de conhecimento, comércio e capital em todo o mundo, alavancado pela inovação tecnológica, a partir da internet e pelo comércio internacional, deram um destaque a esse termo.

Alguns veem a globalização como uma coisa boa. Segundo Amartya Sen, economista ganhador do prêmio Nobel, a globalização "enriqueceu o mundo científica e culturalmente, e beneficiou muitos povos do ponto de vista econômico".

A ONU chegou a prever que as forças da globalização poderiam erradicar a pobreza no século XXI. Outros discordam. A globalização tem sido atacada por aqueles que argumentam que ela aumentou as desigualdades no mundo. O Fundo Monetário Internacional admitiu em 2007 que as desigualdades internacionais podem ter aumentado pela introdução de novas tecnologias e os volumosos investimentos internacionais em alguns países e não em outros.

Até nos países desenvolvidos a globalização é vista com desconfiança. Alguns temem que aumentem os índices de desemprego se as empresas forem transferidas para países onde o custo de produção seja mais barato. Na França, a globalização é uma palavra vista de forma depreciativa. [...] Uma pesquisa de 2012 feita pelo Ifop, um instituto de pesquisas, constatou que apenas 22% dos franceses pensavam que a globalização é algo bom para o seu país. [...]

Os historiadores econômicos, no entanto, pensam que é complexo avaliar as vantagens e as desvantagens da globalização. [...] Alguns argumentam que a globalização começou com a descoberta das Américas em 1492. Outros, que ela só passou a existir no século XIX, com a Revolução Industrial. Outros ainda que é um processo recente e ligado à nova Revolução Industrial [Revolução Técnico-científica].

Fonte: WHEN did globalisation start? *The Economist*. Disponível em: <www.economist.com/free-exchange/2013/09/23/when-did-globalisation-start>. Acesso em: 4 set. 2018. (Traduzido pelos autores.)

Eric Lafforgue/Art In All Of Us/Corbis/Getty Images

Luanda, capital de Angola, em 2018. Apesar do crescimento econômico verificado nos últimos 15 anos graças à exportação de petróleo (o país é o segundo maior produtor no continente africano), Angola ainda apresenta desafios para reduzir a pobreza e aumentar os níveis de desenvolvimento humano.

Agora responda:

1. Quais são as principais controvérsias sobre a globalização?
2. A globalização aumentou as desigualdades internacionais? Explique.
3. A globalização beneficiou muitos países que eram considerados subdesenvolvidos? Em caso afirmativo, cite exemplos.

CONEXÕES COM MATEMÁTICA

- Observe o quadro e responda às questões.

Países selecionados: exportações em milhões de dólares (1993 e 2016)

		Brasil	Estados Unidos	China	Alemanha	Coreia do Sul	Japão
1993	**Total**	31600	428100	71900	530200	72000	314300
	Alta tecnologia*	900	105184	5 247	42605	15453	85020
2016	**Total**	185279	1505000	2080161	1339646	495426	644933
	Alta tecnologia*	8848	153526	554278	185586	126541	94405

Elaborado com base em THE WORLD Bank. Disponível em: <http://data.worldbank.org/indicator>. Acesso em: 14 set. 2018.
* Exportação de bens como aviões, computadores, produtos farmacêuticos, instrumentos científicos ou máquinas.

Alamy/Fotoarena

Foto noturna de Shangai, China, 2018.

a) No quadro, estão representados três países desenvolvidos, que há mais de um século ocupam posição privilegiada na Divisão Internacional do Trabalho. Há também outros três países que durante quase todo o século XX foram considerados subdesenvolvidos e atualmente são chamados de emergentes. Esses últimos vêm alterando sua posição na DIT. Quais são esses dois grupos de países?

b) Qual é o país que apresentou mudança mais notável nesses 23 anos? Explique.

c) Calcule o aumento percentual de exportação de cada país do quadro e responda:
- Qual foi o país que teve maior crescimento nas suas exportações totais de 1993 a 2016?
- Qual é o percentual de crescimento das exportações nesse período?
- Qual país teve o menor crescimento?

d) Qual foi o país que mais expandiu as exportações de alta tecnologia?

e) Qual era a porcentagem de produtos com alta tecnologia nas exportações do Brasil em 1993 e em 2016?

f) Ao analisar os dados do quadro, você conclui que as desigualdades internacionais entre esses três países desenvolvidos e os três que eram tidos como subdesenvolvidos aumentaram ou diminuíram? Por quê?

ATIVIDADES

+ Ação

1. Num mundo globalizado, podemos falar em uniformização de hábitos? Cite exemplos.
2. O que são empresas multinacionais? Na sua opinião, elas desempenham um papel positivo ou negativo na economia dos países onde se instalam? Por quê?
3. A globalização, com a Terceira Revolução Industrial, permitiu a modernização em grande parte dos países subdesenvolvidos ou em desenvolvimento. Explique o papel da política interna nesse processo.
4. Os principais responsáveis pela nova Divisão Internacional do Trabalho são os países em desenvolvimento, que se industrializaram. Comente o caso da China.
5. Leia o texto e faça o que se pede.

Globalização e seus impactos ambientais

A globalização tem promovido um imenso crescimento do comércio e dos investimentos internacionais. Ela fez os países trabalharem mais estreitamente uns com os outros e permitiu várias inovações em ciência e tecnologia. No entanto, tem contribuído para a degradação ambiental. [...]

A ampliação no consumo de produtos significa um crescimento na produção que, por sua vez, coloca maior pressão sobre os recursos naturais. A globalização também levou a um aumento no transporte de produtos diversos e de pessoas de um lugar para outro, o que aumenta a produção de combustíveis. Antes, as pessoas costumavam consumir alimentos cultivados localmente, mas hoje, cada vez mais, consomem alimentos importados, muitas vezes trazidos de países distantes. [...]

O transporte também colocou uma pressão sobre as fontes de energia não renováveis, como o petróleo.

A globalização também ampliou outros problemas ambientais, como a poluição sonora e as alterações nas paisagens. As viagens de avião aumentaram enormemente, e os gases que são emitidos pelas aeronaves contribuem para a intensificação do efeito estufa. O lixo industrial que é gerado na produção tem sido carregado em navios e despejado nos oceanos. [...]

Em várias partes do mundo, as montanhas estão sendo cortadas para dar lugar a túneis, pontes ou estradas. Vastas terras foram invadidas para abrir caminho para novos edifícios. Ocorreu um grande aumento no consumo do plástico como embalagem, e sabemos que o plástico é um dos principais poluentes do meio ambiente, sendo um produto não biodegradável.

Fonte: HELP Save Nature. Facts about globalization and its alarming impact on the environment. Disponível em: <https://helpsavenature.com/globalization-its-impact-on-environment>. Acesso em: 4 out. 2018. (Traduzido pelos autores.)

Claudio Reyes/Agência France-Presse

Cartaz do governo chileno para o Dia Mundial do Ambiente, em 2018, que diz: "Em 2050, haverá mais plástico do que peixes no oceano".

a) Do que trata o texto?

b) Qual é o problema ocasionado pelo aumento das viagens de avião?

c) O aumento do consumo gera aumento da produção de lixo, que é poluente. Que medidas poderiam ser tomadas para resolver esse problema?

d) Cite um exemplo de alteração nas paisagens mencionado no texto.

Autoavaliação

1. Quais foram as atividades mais fáceis para você? Por quê?
2. Algum ponto deste capítulo não ficou claro? Qual?
3. Você participou das atividades em dupla e em grupo e expressou suas opiniões?
4. Como você avalia sua compreensão dos assuntos tratados neste capítulo?
   - **Excelente**: não tive dificuldade.
   - **Bom**: consegui resolver as dificuldades de forma rápida.
   - **Regular**: tive dificuldade para entender os conceitos e realizar as atividades propostas.

Lendo a imagem

1› Em duplas, observem a charge ao lado.

Agora respondam:

a) Qual é a ironia contida na charge?

b) Na sua opinião, como a questão do trabalho infantil deveria ser tratada num mundo globalizado?

Ivan Cabral/Acervo do cartunista

Charge de Ivan Cabral, de 2010.

2› O crescimento do turismo e do comércio internacionais atestam a expansão da globalização. Observe o mapa e responda às questões.

a) O que o mapa representa?

Os 30 países que mais recebem turistas internacionais (2000 e 2016)

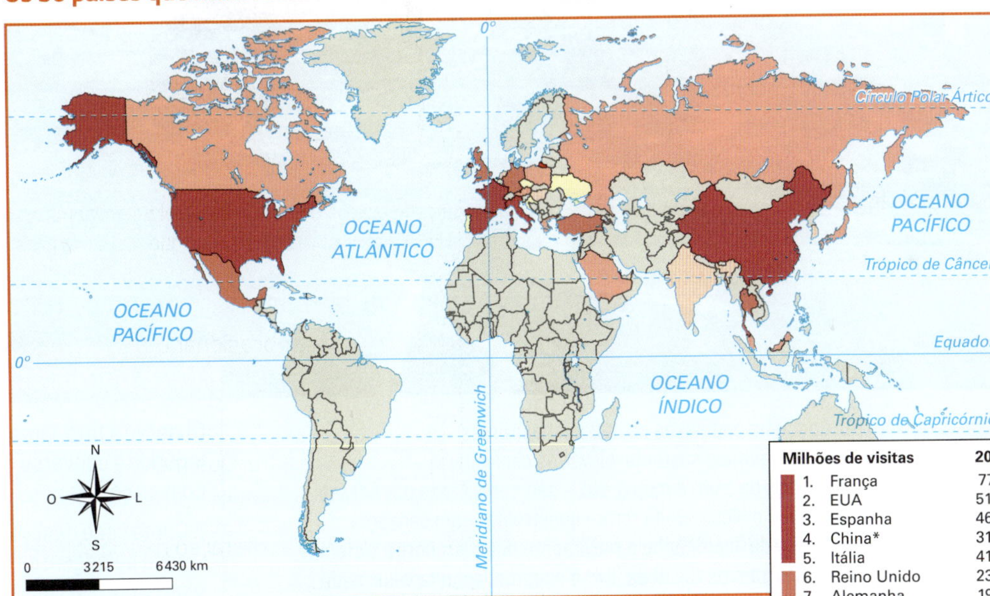

Portal de Mapas/Arquivo da editora

Milhões de visitas	2000	2016	Crescimento
1. França	77,2	82,6	+7%
2. EUA	51,2	75,6	+48%
3. Espanha	46,4	75,6	+63%
4. China*	31,2	59,3	+90%
5. Itália	41,2	52,4	+27%
6. Reino Unido	23,2	35,8	+54%
7. Alemanha	19,0	35,6	+87%
8. México	20,6	35,0	+70%
9. Tailândia	9,6	32,6	+240%
10. Turquia	9,6	31,3	+226%
11. Áustria	18,0	28,1	+56%
12. Malásia	10,2	26,8	+163%
13. Hong Kong (China)	8,8	26,6	+202%
14. Grécia	13,1	24,8	+89%
15. Rússia	21,2	24,6	+16%
16. Japão	4,8	24,0	+400%
17. Canadá	19,6	20,0	+2%
18. Arábia Saudita	6,6	18,0	+173%
19. Polônia	17,4	17,5	+1%
20. Coreia do Sul	5,3	17,2	+224%
21. Países Baixos	10,0	15,8	+ 58%
22. Macau (China)	5,2	15,7	+202%
23. Hungria	3,0	15,3	+410%
24. Emirados Árabes	3,1	14,9	+381%
25. Índia	2,6	14,6	+462%
26. Croácia	5,3	13,8	+160%
27. Ucrânia	6,4	13,3	+108%
28. Cingapura	6,1	12,9	+112%
29. República Tcheca	4,8	11,9	+148%
30. Portugal	5,7	11,4	+100%

*Não foi considerado neste registro o turismo nas cidades de Macau e Hong Kong.

Fonte: elaborado com base em ORGANIZAÇÃO Mundial de Turismo. Disponível em: <http://factsmaps.com/top-30-most-visited-countries-by-international-tourist-arrivals/>. Acesso em: 8 out. 2018.

b) Quais foram os cinco países que mais receberam turistas internacionais em 2016? Quais tiveram maior crescimento nesse período?

c) De todos esses 30 principais países receptores de turistas internacionais, quais tiveram o maior crescimento turístico nesses 16 anos?

d) Qual é o único país latino-americano que aparece no mapa? Na sua opinião, o que explica esse fato?

CAPÍTULO

12 A questão ambiental na atualidade

Cho Minjun/Shutterstock

Foto aérea de Songdo, Coreia do Sul, 2017. Com uma população de 300 mil habitantes, Songdo é um exemplo de cidade planejada, inteligente e sustentável: vários dispositivos – ar-condicionado dos edifícios, luzes, faróis, linhas de trem e metrô, etc. – são conectados por acesso computadorizado. Os sistemas de estradas, água e eletricidade foram construídos com sensores eletrônicos para permitir que o "cérebro" da cidade acompanhe o movimento dos moradores; sistemas automatizados de coleta de lixo a vácuo transportam os resíduos (lixo e esgotos) em alta velocidade através de tubos subterrâneos para uma estação onde o material é separado e reciclado. Todos os aparelhos elétricos e eletrônicos são programados para consumir o mínimo de energia. Além disso, a cidade possui 40% de sua mancha urbana ocupada por áreas verdes, tem 25 km de ciclovias, extensas vias para pedestres e estações de recarga para veículos elétricos espalhadas pela cidade, emitindo apenas um terço da quantidade de carbono em relação a outras cidades do mesmo porte.

Para começar

Observe a foto, leia a legenda e converse com os colegas:

1. Como você descreve essa paisagem?
2. Você identifica algum elemento dessa paisagem no lugar onde você vive? Qual?
3. Pelo texto da legenda, você conclui que a construção da cidade de Songdo foi planejada para ser sustentável ou não? Justifique.

Neste capítulo, vamos retomar a relação entre a humanidade e a natureza. Você vai estudar a questão ambiental no mundo globalizado e compreender que ela é importante não apenas no presente, mas, principalmente, para o futuro da humanidade. Além disso, você conhecerá a evolução do pensamento ecológico até a atualidade, com ênfase no conceito de desenvolvimento sustentável. Estudará também os esforços da comunidade internacional – através de conferências e tratados – para combater os efeitos da poluição, do esgotamento de recursos naturais e das mudanças climáticas.

1 O uso dos recursos naturais

Recurso natural é tudo aquilo que faz parte da natureza: o ar, a água, o solo, a vegetação e os minérios, e que pode ser aproveitado pelos seres humanos. Alguns desses recursos, como o ar ou a água, são abundantes e indispensáveis para a vida humana. Outros recursos, como as pedras preciosas, são mais raros e dispensáveis, embora considerados de grande valor em algumas sociedades.

Os recursos naturais podem ser renováveis e não renováveis. Os **recursos naturais renováveis** são aqueles que, como o nome diz, se renovam na natureza, ou seja, são explorados pelos seres humanos em um ritmo que permite que a natureza se recomponha. São exemplos desse tipo de recurso o ar, a água e a vegetação.

A noção de recursos naturais renováveis, todavia, é relativa. Por exemplo: em uma área desmatada, é possível replantar a vegetação, mas nunca com toda biodiversidade que existia no bioma original. A água e o ar se renovam naturalmente, mas podem ser degradados ou poluídos a tal ponto que se tornem inadequados para a vida humana.

Os **recursos naturais não renováveis** são aqueles que não são repostos pela natureza e podem se esgotar completamente. Exemplos desse tipo de recurso são os minérios, como o de ferro, a bauxita e o ouro, ou os chamados combustíveis fósseis, como o carvão mineral, o gás natural e o petróleo. Os recursos não renováveis existem em quantidade limitada na superfície terrestre e no subsolo e, se continuarem a ser explorados sem controle, mais cedo ou mais tarde vão se esgotar.

Nenhuma sociedade humana, desde os tempos mais remotos até os dias atuais, deixou de utilizar os recursos naturais, pois eles são fundamentais para a sobrevivência do ser humano. Todos nós dependemos do ar, da água, do solo, da vegetação e dos animais para sobreviver. Algumas sociedades, no entanto, utilizam os recursos naturais numa proporção bem maior do que outras.

Na história da humanidade, há registros de povos que decaíram ou até desapareceram em consequência do uso excessivo e predatório dos recursos da natureza. São sociedades que usaram os recursos naturais de seus territórios de forma não sustentável, o que comprometeu sua existência. Um exemplo foi o povo que habitava a ilha de Páscoa, localizada no oceano Pacífico, muito antes da chegada dos europeus àquele território. Eles construíram gigantescas estátuas de pedra, que até hoje são um patrimônio da humanidade, mas em compensação degradaram quase totalmente os recursos naturais da ilha: o desmatamento das matas nativas levou à extinção de pássaros e de outras espécies animais, à degradação dos solos pela prática de monoculturas e ao colapso de sua civilização.

Alamy/Fotoarena

Estátuas de pedra, conhecidas como moais, na ilha de Páscoa, um arquipélago vulcânico localizado no oceano Pacífico, que pertence ao Chile. As estátuas são vestígios de um povo que já desapareceu. Foto de 2017.

Foi a partir da Revolução Industrial que os impactos ambientais cresceram de forma exponencial. A industrialização, acompanhada pela urbanização e pela aceleração do crescimento populacional, provocou um notável aumento do uso de recursos naturais, com intenso desmatamento e aumento da poluição do ar, das águas e dos solos.

A industrialização e a modernização acarretaram o aumento do consumo *per capita* de energia, produtos agrícolas e inúmeros outros bens que foram sendo criados ao longo do tempo, como eletrodomésticos ou veículos automotivos, por exemplo. Tudo isso gerou grande aumento nos resíduos e nos esgotos, especialmente nas cidades que passaram a crescer em tamanho e em número. No campo, a modernização – com a introdução de máquinas, adubos químicos e pesticidas – fez com que o meio rural também passasse a ser altamente poluidor. Aumentou-se o desmatamento para dar lugar à expansão da atividade agropecuária, às estradas ou à edificação de cidades.

Jason Lee/Reuters/Fotoarena

Pessoas usam máscaras de proteção respiratória após as autoridades chinesas emitirem um alerta para a população sobre os altos índices de poluição do ar em Beijing, na China, em 2016.

2 Consumismo e degradação ambiental

Os processos de industrialização e de urbanização têm um **custo ambiental** extremamente alto: desmatamentos e aterramentos, impermeabilização do solo provocada pela pavimentação, canalização de córregos e rios, entre tantas outras mudanças. Como consequência, ocorre a chamada crise ambiental da atualidade, com destaque para o aquecimento global, a poluição das águas e do ar e a perda da biodiversidade na superfície terrestre.

A crise ambiental indica que a busca pelo conforto e pela produção de riqueza levou empresas, governos em geral e boa parte dos seres humanos a esquecer de respeitar a dinâmica da natureza e pode comprometer de forma irremediável o futuro das novas gerações.

Até por volta dos anos 1970, o consumo exagerado se concentrava nos países do atual Norte geoeconômico, onde o consumismo passou a ser valorizado e incentivado pela propaganda. Posteriormente, com a aceleração da industrialização e urbanização em grande parte dos países do Sul, o consumismo se disseminou pelo mundo todo, incluindo os países que tinham economias planificadas e onde esse consumismo não era tão importante.

De olho na tela

Ilha das Flores

Direção: Jorge Furtado. Brasil, 1988.
Duração: 13 min.

Documentário curta-metragem sobre a ilha localizada na margem esquerda do rio Guaíba, a poucos quilômetros de Porto Alegre. Para lá é levada grande parte do lixo produzido na capital, que é depositada em um terreno de propriedade de criadores de porcos. Filas de crianças e mulheres do lado de fora da cerca se formam à espera da sobra do lixo, que utilizam para alimentação. O filme procura mostrar o absurdo dessa situação, a pobreza, a exclusão social e o problema ambiental do lixo na sociedade moderna.

A mentalidade consumista dos Estados Unidos, país que liderou o avanço do consumismo mundial no século XX, passou a ser reproduzida em várias partes do mundo, seguindo a lógica econômica de produzir mais e mais, acompanhada da intensa propaganda, além de filmes e programas de televisão que incitam ao consumo. Nos dias de hoje, até mesmo as classes médias em ascensão na Índia e, principalmente, na China, além de outros países que se industrializaram – Coreia do Sul, Taiwan, Cingapura, México, Turquia e Brasil, entre outros –, reproduzem esse padrão de consumo exacerbado, em que é comum as pessoas adquirirem bens além de suas reais necessidades e, quando têm recursos financeiros, descartá-los tão logo surgirem novos produtos similares.

Daí a questão de o descarte de resíduos ser um importante dilema da sociedade moderna, pois o meio ambiente planetário não suporta essa expansão desenfreada do consumo.

Do ponto de vista ambiental, essa tendência não é desejável, tampouco possível, já que muitos recursos naturais são finitos e, por isso, a preservação ambiental é uma necessidade fundamental. Conciliar a necessidade de preservação da natureza com a mentalidade consumista é um desafio para esta e para as futuras gerações.

De olho na tela

Nação fast food

Direção: Richard Linklater. Estados Unidos, 2006.
Duração: 116 min.

O filme conta a história do personagem Don Henderson, que trabalha para uma rede de *fast-food* nos Estados Unidos. Ele é o responsável por criar o sanduíche que se tornou um sucesso de vendas. Certo dia o chefe de Don o avisa que um escândalo está prestes a estourar: a carne de hambúrguer está contaminada. Don resolve investigar o problema.

Jes Aznar/Getty Images

Salvatore Laporta/KONTROLAB /LightRocket/Getty Images

Na foto A, resíduos plásticos em praia de Manila, nas Filipinas. Na foto B, a mesma cena pode ser observada em Nápoles, na Itália. Fotos de 2018. O descarte de plásticos em praias, mares, rios e outros corpos de água é comum no mundo todo e causa problemas para a fauna e para o próprio ser humano.

Texto e ação

1. O que significa dizer que algumas sociedades utilizam os recursos naturais de forma predatória ou abusiva? Exemplifique.

2. Considerando que os processos de industrialização e de urbanização têm um custo ambiental extremamente alto, quais são as principais causas da degradação ambiental no mundo atual e quais seriam as possíveis medidas para se garantir a preservação do ambiente?

Geolink

Leia o texto a seguir.

O impacto dos consumidores no meio ambiente

Há uma consciência geral hoje de que a China e seu setor industrial em massa geram mais emissões de carbono do que qualquer outro país, o que é uma das razões pelas quais cidades chinesas têm que enfrentar alguns problemas sérios com poluição e poluentes atmosféricos .

Mas, de acordo com um novo estudo, se você quiser saber o que realmente está causando o impacto no planeta, você precisa olhar além dos óbvios fatores primários que afetam o meio ambiente – como indústria e agricultura – e perceber se realmente você tem necessidade de todas as coisas que possui ou consome. Desse ponto de vista, pesquisadores dizem que os consumidores domésticos são, de longe, o maior dreno do planeta [...]. Em outras palavras, antes de começar a culpar países inteiros pelo estado do planeta, provavelmente deveríamos estar atentos aos nossos próprios hábitos de consumo. [...]

Em sua análise, publicada no *Journal of Industrial Ecology*, pesquisadores examinaram o impacto ambiental de consumidores em 43 países e cinco regiões do mundo. Medindo os "impactos secundários" – os efeitos ambientais da produção de bens que compramos todos os dias – os pesquisadores dizem que os consumidores são responsáveis por mais de 60% das emissões mundiais de gases de efeito estufa e 80% do consumo global de água. "Todos nós gostamos de colocar a culpa em outra pessoa, no governo ou nas empresas", disse a pesquisadora Diana Ivanova, da Universidade Norueguesa de Ciência e Tecnologia. "Mas entre 60% a 80% dos impactos no planeta vêm do consumo das famílias. Se mudarmos nossos hábitos de consumo, isso também terá um efeito drástico em nossa pegada ecológica" [...].

[...] Os pesquisadores descobriram um padrão: quanto mais rico um país é, mais seus habitantes consomem e maior o impacto de cada pessoa no planeta. A comida é de particular importância aqui. As nações ricas comem mais carne, produtos lácteos e alimentos processados, que têm um enorme impacto na terra e nos recursos hídricos.

Fonte: DOCKRILL, Peter. Consumers have a bigger impact on the environment than anything else, study finds. *Science Alert*, 26 feb. 2016. Disponível em: <www.sciencealert.com/consumers-have-a-bigger-impact-on-the-environment-than-anything-else-study-finds>. Acesso em: 8 out. 2018. (Traduzido pelos autores.)

Pegada ecológica: também chamada pegada ambiental (do inglês *ecological footprint*), é o uso de recursos naturais (água, solos, minérios, combustíveis, emissão de gás carbono na atmosfera, etc.) que uma pessoa ou uma sociedade produz e que serve para medir a sua sustentabilidade.

chingyunsong/Shutterstock

Consumidores em *shopping center* de Bangcok, Tailândia, 2018.

Agora, responda:

a) Quem são, segundo o texto, os grandes responsáveis pelos impactos ambientais negativos no planeta? Por quê?

b) O que se pode fazer para evitar que a pegada ecológica da humanidade cresça de forma exponencial?

c) Em duplas, comentem a frase: "Se mudarmos nossos hábitos de consumo, isso também terá um efeito drástico em nossa pegada ecológica".

3 Problemas ambientais do mundo atual

A degradação ambiental parece ser parte constitutiva do mundo contemporâneo, embora sua intensidade seja maior em alguns países e menor em outros. Os Estados Unidos, um país desenvolvido, e a China, um país em desenvolvimento, são dois dos principais causadores de danos ambientais, pois vêm utilizando recursos naturais não renováveis e poluidores, como o carvão e o petróleo, em grande quantidade.

Tanto no Norte como no Sul geoeconômicos, a degradação do ambiente, principalmente nas cidades, é muito grande e, segundo as previsões, cada vez mais pessoas tendem a viver em cidades.

Alamy/Fotoarena

Estimativas para 2025 indicam que cerca de 70% da população mundial viverá no meio urbano. Daí a urgência de tornar as cidades sustentáveis, mais amigáveis ao meio ambiente. Na foto, pedestres atravessam rua na Cidade do México (México), em 2018, uma das cidades mais populosas da América.

A poluição urbana

As populações das grandes e médias **cidades**, sejam no Norte ou no Sul geoeconômicos, sofrem os efeitos da poluição do ar, das águas ou do solo, além do problema do lixo ou resíduos produzidos. Observe alguns exemplos de poluição ou degradação do meio ambiente característicos do meio urbano:

- a poluição do ar pode provocar problemas respiratórios nas pessoas, principalmente quando ocorre a inversão térmica;
- a carência de áreas verdes – como parques, praças e reservas de vegetação natural – agrava a poluição atmosférica e deixa a população urbana sem áreas de lazer ou recreação;
- a poluição do solo decorre do acúmulo de lixo doméstico e industrial;
- a pavimentação de vias com asfalto e cimento provoca a impermeabilização do solo, o que prejudica a infiltração natural da água das chuvas no solo, agravando as enchentes;
- a poluição das águas é resultante da inadequação da infraestrutura sanitária às necessidades domésticas e à prática das atividades econômicas, ou seja, o esgoto, proveniente dos processos domésticos e industriais, acaba sendo despejado nos rios e mares, muitas vezes sem tratamento;

Inversão térmica: fenômeno que ocorre quando o ar próximo da superfície terrestre fica mais frio do que o ar das camadas atmosféricas elevadas. Quando isso acontece, os poluentes ficam concentrados e não se dispersam. Esse fenômeno é mais frequente nos dias frios, principalmente durante o inverno.

- a enorme quantidade de lixo doméstico e industrial é, em muitos casos, jogada em "lixões" ou depósitos a céu aberto, em vez de ser reciclada ou depositada em aterros sanitários construídos segundo normas apropriadas;
- a poluição visual é fruto da publicidade, ou seja, do interesse em incentivar o consumo ou eventualmente de promover políticos, etc.;
- a poluição sonora – resultante do barulho produzido por veículos, fábricas, construções e reformas de edificações, obras em geral, propagandas de rua que utilizam som em alto volume – gera estresse na população e provoca problemas de saúde, como a diminuição progressiva da audição nas pessoas mais expostas aos ruídos.

A poluição rural

A degradação ambiental também está presente no meio rural. Os principais poluidores do **campo** são:

- o desmatamento da vegetação original, muitas vezes seguido por queimadas que poluem a atmosfera, aumentam a temperatura e diminuem a umidade do ar – esses efeitos podem ser percebidos muitos quilômetros além do lugar onde ocorrem;
- a prática das monoculturas, que degradam os solos e diminuem sua fertilidade natural;
- a utilização de insumos agrícolas, como agrotóxicos e adubos químicos, que contaminam os alimentos, os solos e podem atingir a água subterrânea;
- o assoreamento e a poluição dos rios e de outros corpos de água, provocados pelo desmatamento da mata ciliar e pelos insumos agrícolas.

Alamy/Fotoarena

A prática da monocultura reduz a biodiversidade local, além de degradar o solo. Na foto, monocultura de milho no estado de Minnesota, nos Estados Unidos, em 2017.

O desenvolvimento científico-tecnológico permite resolver vários dos problemas de degradação ambiental apontados, ou ao menos minimizar seus danos; entretanto, muitas vezes os governos e as empresas não têm interesse em adotar medidas ou técnicas sustentáveis porque não são lucrativas. As pressões da sociedade, por meio de protestos dos cidadãos, cobertura nos meios de comunicação, organizações ambientais, etc., têm gerado resultados positivos, conscientizando as pessoas e levando as autoridades a agir a favor do ambiente. Por isso se fala num novo direito democrático: o de um meio ambiente saudável. Essa é a bandeira de muitas pessoas, alguns poucos partidos políticos e vários movimentos ecológicos ou ambientais que atuam em diversas partes do mundo.

O buraco na camada de ozônio

A chamada camada de ozônio se localiza na estratosfera, uma das camadas que formam a atmosfera terrestre. O ozônio (O_3) é uma molécula composta de três átomos de oxigênio e que precisa de energia para se formar e se manter. É por isso que esse gás absorve os raios ultravioleta do Sol.

O lançamento na atmosfera dos gases clorofluorcarbonos (CFCs), utilizados principalmente em aerossóis e nos sistemas de refrigeração, contribuiu para o aumento do buraco na camada de ozônio. Essa camada é muito importante, pois o gás ozônio impede a entrada dos raios ultravioleta na superfície terrestre, protegendo a pele dos seres vivos, já que a exposição da pele a esses raios, sem proteção solar, pode provocar lesões e câncer de pele.

Depois da assinatura do **Protocolo de Montreal**, que passou a vigorar em 1989, o uso desse gás foi praticamente abolido em todo o mundo. A previsão é que a camada de ozônio se recomponha até meados deste século.

Intensificação do efeito estufa e aquecimento global

O crescimento da proporção de gás carbônico na atmosfera vem ocorrendo desde a primeira etapa da Revolução Industrial, já que a grande responsável pela emissão de CO_2 é a queima de combustíveis fósseis – primeiro o carvão mineral e posteriormente o petróleo – oriundos das chaminés das fábricas e dos escapamentos dos veículos. As queimadas florestais, que ocorrem mais frequentemente nas áreas tropicais, e os sistemas de aquecimento de residências, que funcionam durante o inverno nos países de climas frios ou temperados, também poluem o ar.

Há outros gases tóxicos na atmosfera, mas o gás carbônico é um dos principais causadores da intensificação do **efeito estufa**, expressão que vem de estufa, um espaço fechado e envidraçado onde se eleva a temperatura do ar para abrigar certas plantas ou flores que dependem do calor para se desenvolver. É o mesmo que ocorre em um carro fechado e exposto ao Sol, cujo interior vai se tornando cada vez mais quente.

Fernando Bueno/Pulsar Imagens

Cultivo de morangos em Caxias do Sul (RS), em 2016. O vidro das estufas agrícolas tem a função de manter a temperatura do ar constante; por isso o fenômeno do efeito estufa leva esse nome.

O efeito estufa é um fenômeno natural do planeta, pois, quando os raios solares atingem a Terra, uma parte deles é refletida de volta para a atmosfera; outra parte alcança a superfície terrestre, aquecendo-a e irradiando calor. Os gases de efeito estufa, como o dióxido de carbono (CO_2), o monóxido de carbono (CO), os clorofluorcarbonos (CFCs) – formados por carbono, cloro e flúor, provenientes dos aerossóis e do sistema de refrigeração –, o metano (CH_4) e outros contribuem para manter a superfície da Terra em uma temperatura adequada. Isso cria condições ideais para a manutenção da vida na Terra.

O problema é que com a Revolução Industrial começou a se produzir e lançar na atmosfera um excesso desses gases do efeito estufa, passando a ocorrer o chamado **aquecimento global**, ou seja, o aumento da temperatura média da superfície do planeta. Os cientistas avaliam que, de meados do século XVIII até a primeira década do século XXI, a temperatura média da atmosfera aumentou mais de 1 °C, e deverá chegar a 2 °C em poucas décadas se não forem adotadas medidas para conter a emissão dos gases do efeito estufa. Estima-se que esse aumento de 2 °C seria catastrófico para boa parte da humanidade.

A intensificação do efeito estufa é caraterizada pelo aumento da temperatura do ar e pode causar diversas mudanças na dinâmica climática e hídrica do planeta. Entre as grandes consequências desse problema ambiental destaca-se o degelo parcial ou eventualmente total das calotas polares, o que acarretaria uma elevação do nível do mar, a inundação de muitas cidades localizadas nos litorais e até mesmo o desaparecimento de ilhas onde há cidades e campos de cultivo.

A elevação da temperatura prejudica a saúde de idosos e crianças, aumentando a taxa de mortalidade, principalmente durante os verões. Além disso, os incêndios têm se multiplicado nestas primeiras décadas do século XXI, especialmente em algumas partes da Europa (cujo verão é seco), no Brasil, na África, nos Estados Unidos e na Austrália.

As sociedades humanas de todo o mundo têm sido atingidas pelas **mudanças climáticas**, o que para a maioria dos pesquisadores se revelam na elevação da temperatura média do planeta com variações regionais – elevação maior em certas regiões do globo, menor em outras e, eventualmente, diminuição em certas áreas.

A escala e a cor dos elementos representados são fictícias.

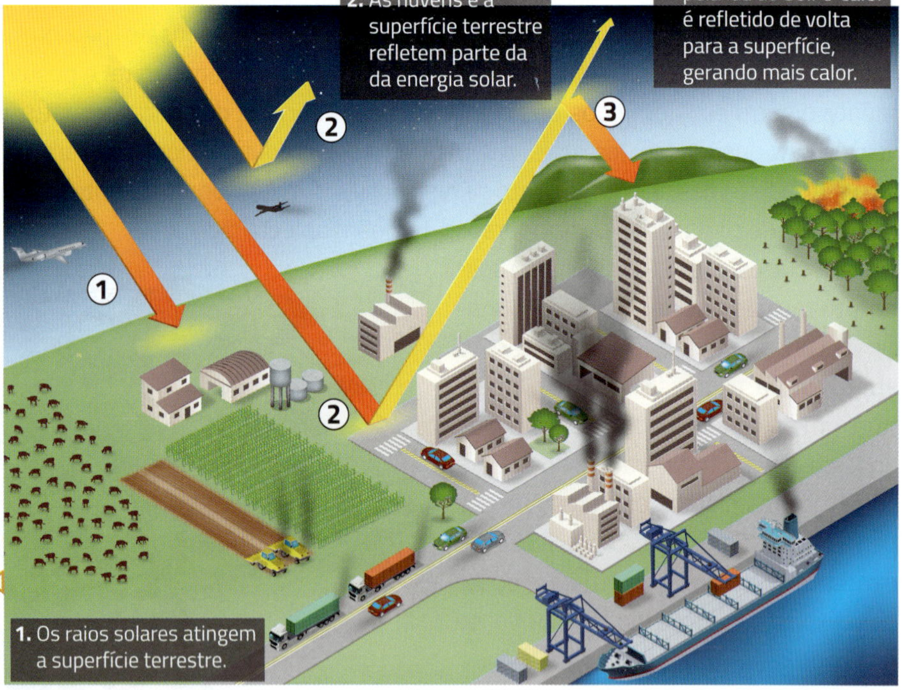

1. Os raios solares atingem a superfície terrestre.
2. As nuvens e a superfície terrestre refletem parte da da energia solar.
3. Os gases de efeito estufa também retêm parte do calor gerado pela luz do Sol. O calor é refletido de volta para a superfície, gerando mais calor.

Alex Argozino/Arquivo da editora

Esquema do efeito estufa.

Fonte: elaborado com base em PRESS, Frank et al. *Para entender a Terra*. Porto Alegre: Bookman, 2006. p. 592.

Texto e ação

1. O que é o efeito estufa e por que ele vem se tornando um sério problema ambiental?
2. Em dupla, citem algumas consequências da intensificação do efeito estufa. Procure citar outros exemplos além dos mencionados no texto. Se necessário, realizem uma pesquisa.
3. Em sua opinião, que atitudes cada pessoa pode tomar, individualmente, em defesa da preservação do meio ambiente?

4 Consciência ambiental

A preservação ambiental é uma questão de extrema importância nos dias atuais. É necessário que as sociedades apliquem esforços no desenvolvimento de uma matriz energética "limpa" ou "verde", o que significa depender menos de combustíveis fósseis e investir no maior aproveitamento da hidreletricidade e, principalmente, de energia solar, eólica e geotérmica, entre outras.

Além disso, há uma série de ações fundamentais, entre elas: dispor de tratamento de esgoto adequado para preservar rios, córregos, mares e matas ciliares; promover a conservação de biomas como os mangues e demais formações vegetais, de modo a garantir a riqueza da biodiversidade; evitar deslizamentos de barreiras; dar manutenção à qualidade do ar; desenvolver veículos automotivos menos poluentes (ou não poluentes) para reduzir a poluição atmosférica, como os movidos a hidrogênio ou a eletricidade; priorizar a mobilidade por meio do uso de bicicletas e do transporte coletivo – trens e ônibus – movido a eletricidade ou hidrogênio; além de manter áreas verdes e ampliá-las.

Andre Dib/Pulsar Imagens

As matas ciliares protegem as margens de rios, proporcionam interação entre ecossistemas aquáticos e terrestres. São consideradas Áreas de Proteção Permanente (APP), de acordo com o Código Florestal Federal. Na foto, vista de mata ciliar no rio Abobral, em Corumbá (MS), em 2018.

Em praticamente todos os países do mundo vem crescendo a consciência ecológica ou ambiental da população e das autoridades, resultado de estudos científicos, de ações promovidas por organizações internacionais (sejam intergovernamentais ou não governamentais) e por movimentos sociais de natureza ambiental.

Pode-se dizer que, desde o final do século XX, a questão ambiental deixou de ser um problema particular, ou seja, de uma sociedade ou de uma região específica, e passou a ser um problema planetário.

Mundo: emissão de CO_2 (2014)

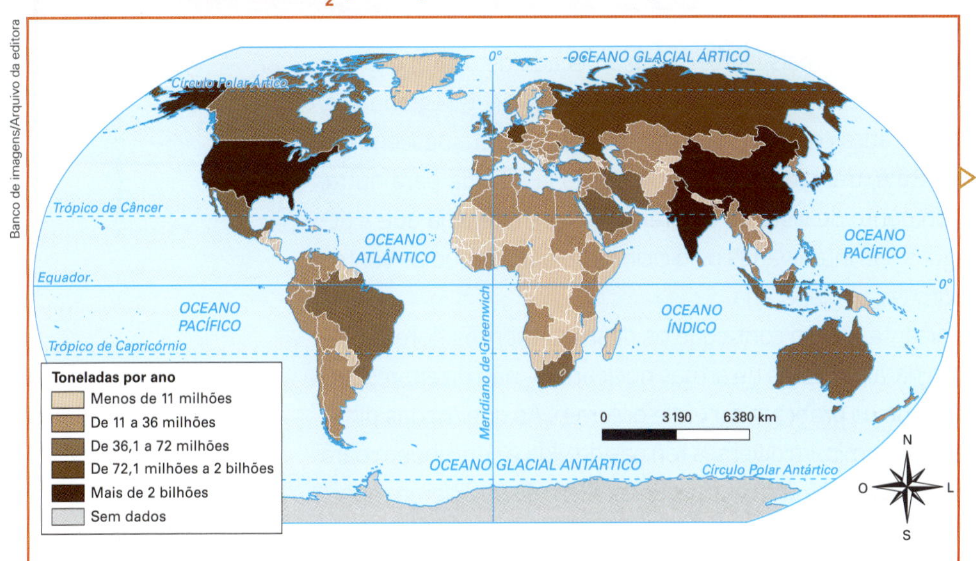

Fonte: elaborado com base em BANCO Mundial. Disponível em: <https://data.worldbank.org/indicator/EN.ATM.CO2E.KT?view=map>. Acesso em: 6 set. 2018.

Numa perspectiva histórica, os países do Norte geoeconômico – os primeiros a se industrializarem – foram os que mais poluíram o planeta. No entanto, essa tendência tem se modificado, como é possível observar no mapa. A China e a Índia, que durante a maior parte do século XX não eram grandes emissores, atualmente estão entre os que mais emitem gases do efeito estufa.

Além da poluição atmosférica, muitos outros problemas ambientais podem ser citados. A contaminação de alimentos por produtos nocivos à saúde humana, como agrotóxicos, adubos químicos, hormônios e medicamentos ministrados ao gado para que ele cresça mais rapidamente ou não contraia doenças; a crescente poluição dos oceanos e mares; o avanço da desertificação em certas áreas; perda de biodiversidade com a extinção de espécies vegetais e animais; o desmatamento acelerado das últimas florestas originais do planeta, como a Floresta Amazônica, a Taiga, a Floresta do Congo, as Florestas Tropicais do Sudeste Asiático, etc.

Oleksandr Yuchynskyi/Shutterstock

O uso de agrotóxicos pode contaminar os alimentos consumidos pelos seres humanos. Na foto, lavoura em Vinnitsa, Ucrânia, em 2018.

Andre Dib/Pulsar Imagens

A extinção de espécies animais e vegetais causa diminuição da biodiversidade e afeta ecossistemas. Na foto, samambaiaçu-imperial em Passos Maia (SC), 2016. Essa espécie de samambaia, que pode chegar a até 5 metros de altura, está em perigo de extinção, segundo o Ibama, em razão de sua extração para uso em decoração e jardinagem.

Um fato que tem ficado cada vez mais claro, desde a década de 1970, é que o problema ambiental, embora possa apresentar diferenças nacionais e regionais, é, antes de tudo, planetário. Uma prática comum nos anos 1970 e 1980 era descentralizar as indústrias poluidoras, isto é, transferi-las de uma região já poluída para outra. Atualmente já se sabe que, do ponto de vista da **biosfera**, nada se altera, já que a atmosfera é uma só, que as águas são interligadas pelo ciclo hidrológico e que os ventos possuem uma dinâmica de circulação planetária.

Por esse motivo, é importante ter em conta que os desmatamentos florestais – assim como já se estabeleceu para os testes de armas nucleares – não dizem respeito exclusivamente aos países que os praticam ou onde ocorrem. As queimadas diminuem a vegetação do planeta, exterminam diversas formas de vida e contribuem para alterar a dinâmica climática e a circulação das massas de ar. Além disso, liberam enormes quantidades de dióxido de carbono na atmosfera, prejudicando toda a biosfera. Assim, eles dizem respeito a toda a humanidade e não apenas à região ou ao país no qual ocorrem.

5 Conferências e tratados ambientais

Durante a Guerra Fria ou ordem mundial bipolar, especialmente até os anos 1970, a questão ambiental era considerada secundária. Havia poucos movimentos ambientalistas e raros cientistas que alertavam a humanidade sobre os riscos de catástrofes ambientais. A grande preocupação dos governos, especialmente das grandes potências mundiais, era a Guerra Fria e a oposição entre o capitalismo e o socialismo. O único grande risco que parecia existir era o da Terceira Guerra Mundial, uma guerra atômica entre as superpotências daquela época.

O fim da bipolaridade e da Guerra Fria, porém, alterou esse quadro. A questão do meio ambiente tornou-se essencial nas discussões internacionais, nas preocupações dos Estados e principalmente dos grandes centros mundiais de poder quanto ao futuro.

Observe alguns momentos em que a comunidade internacional discutiu a questão ambiental e elaborou tratados visando minimizar alguns de seus aspectos.

A Conferência de Estocolmo

O meio científico, já no início dos anos 1970, admitia que as inúmeras possibilidades de catástrofes ambientais, desde os armamentos nucleares até a intensificação do efeito estufa, a ampliação no buraco da camada de ozônio e os enormes desmatamentos não eram apenas alarmes falsos, mas questões que deveriam ser priorizadas pelos governantes e entrar na pauta das discussões internacionais.

Em 1972, em Estocolmo (Suécia), ocorreu a **Primeira Conferência Mundial sobre o Meio Ambiente**, promovida pela ONU. O encontro contou com a participação de dezenas de Estados. Naquele momento, a questão ambiental começava a se tornar um problema oficial e internacional, mesmo que timidamente – pois a maioria dos países, especialmente as superpotências, não enviou autoridades do alto escalão para o evento, mas apenas técnicos sem poder de decisão. A Conferência de Estocolmo é considerada um marco na evolução da consciência ambiental da humanidade.

Yutaka Nagata/UN Photo

Popperfoto/Getty Images

Fotos da Conferência de Estocolmo, Suécia, 1972.

A Eco-92

A **Segunda Conferência Mundial sobre o Meio Ambiente**, a Eco-92 ou Rio-92, foi realizada no Rio de Janeiro (Brasil), em 1992. Esse encontro, ocorrido logo após o final da União Soviética e da Guerra Fria, contou com a participação de 172 Estados-nações, que desta vez enviaram políticos e cientistas de alta expressão em seus países.

Nesse momento, já estavam claras as evidências de que as ameaças de catástrofes ecológicas precisavam ser enfrentadas pelos governos das nações. Foi então que o conceito de sustentabilidade começou a se popularizar. A **sustentabilidade ambiental** se refere à conservação e à manutenção do meio ambiente, o que significa usar racionalmente os recursos naturais de modo a garantir condições de vida adequada para as futuras gerações.

Vários documentos foram assinados na Eco-92, destacando-se a **Declaração sobre as Florestas**, que enfatiza a necessidade de preservar as florestas do planeta; a **Convenção sobre a Diversidade Biológica**, que reconhece a importância das matrizes genéticas, isto é, dos seres vivos, e não apenas da tecnologia para explorar esses recursos; e a **Agenda 21**, que assinala a importância do desenvolvimento sustentável para o século XXI, sugerindo inúmeras ações a serem implementadas.

A Agenda 21 dá ênfase às minorias populacionais – como povos indígenas, populações ribeirinhas ou comunidades locais em áreas a serem preservadas –, aos direitos das mulheres e dos jovens, à preservação dos oceanos e da atmosfera e à maior participação dos moradores nas decisões locais, entre outros pontos. Esse documento foi reforçado em 2002, em Johannesburgo, África do Sul, pelo **Plano de Implementação**. Esse plano foi o principal documento da **Rio+10**, a Cúpula Mundial sobre o Desenvolvimento Sustentável.

Luciana Whitaker/Folhapress

Eco-92 no Rio de Janeiro, Brasil, 1992.

RIO 92

Reprodução/<http://www.brandsoftheworld.com>

Reprodução/ONU

O Protocolo de Kyoto e sua renovação

O Protocolo de Kyoto foi estabelecido em dezembro de 1997 durante a **Conferência das Nações Unidas sobre as Mudanças Climáticas**, realizada na cidade de Kyoto (Japão). Nessa conferência foi produzido o protocolo que estabeleceu a redução das emissões de gases estufa, a começar pelo dióxido de carbono. Entre 2000 e 2012, os países industrializados deveriam reduzir 5,8% do total emitido em 1990. Entretanto, os acordos sofreram diversas mudanças ao longo do tempo, com as decisões e contramarchas das cúpulas sobre o clima (as "COPs").

Alguns países altamente poluidores se recusaram a ratificar o protocolo. A começar pelos Estados Unidos, que na época eram responsáveis por cerca de 23% do total mundial das emissões do dióxido de carbono na atmosfera, os maiores emissores até recentemente, por volta de 2000, quando foram ultrapassados pela China. O problema é que o Protocolo de Kyoto não estabelece nenhuma medida punitiva para os países que não cumprem suas metas de redução de emissão desses gases poluentes.

Outro problema do Protocolo é que ele dividiu o mundo em duas categorias: os países ricos ou desenvolvidos, que têm de reduzir suas emissões de CO_2, mesmo que seja transferindo fábricas para outros países, algo que na prática anula os efeitos benéficos para a atmosfera global de qualquer redução nesses países; e os países considerados pobres ou em desenvolvimento, que não têm essa obrigação. A China e a Índia, dois dos grandes emissores de CO_2, foram classificadas como países pobres, isto é, sem nenhuma obrigação de diminuir as suas emissões, o que provocou diversos protestos dos Estados Unidos e do Japão, principalmente.

Esse protocolo expirou em 2012 e, nesse ano, na ausência de um consenso para um novo acordo, foi prorrogado para 2020.

Sessão plenária da Conferência das Nações Unidas sobre as Mudanças Climáticas, em Kyoto, Japão, 1997.

Toshiyuki Aizawa/Reuters/Fotoarena

Por que a emissão de CO_2 pela China é tão grande?

A charge mostra uma espécie de divisão do trabalho entre os países desenvolvidos (o Ocidente) e a China, que aos poucos vai se tornando a grande fábrica mundial, o país que exporta produtos para praticamente todos os demais. Mas o preço disso tem sido a transferência da poluição para a China.

Chris Madden/CartoonStock

MADDEN, Chris. Disponível em: <www.chrismadden.co.uk/cartoon-gallery/environment-cartoon-why-china-has-a-large-carbon-footprint-it-manufactures-goods-for-the-west/>. Acesso em: 6 set. 2018.

Rio+10

Em 2002, ocorreu em **Johannesburgo** (África do Sul) a **Cúpula Mundial sobre Desenvolvimento Sustentável**, também conhecida como Rio+10. O objetivo dessa conferência era discutir o que foi feito nos dez anos após a Eco-92. O documento final dessa cúpula foi decepcionante, pois se almejava um maior compromisso dos países industrializados no combate às diversas formas de poluição. Entretanto, 191 países concordaram em reduzir à metade, até 2015, a população sem acesso a água potável e foi determinado que os países ricos destinassem 0,7% do seu PIB aos países subdesenvolvidos que pretendam preservar recursos naturais, especialmente a biodiversidade. Todavia, 2015 passou e essas metas foram cumpridas apenas parcialmente. Fez-se também um apelo para que os Estados que ainda não ratificaram o Protocolo de Kyoto o façam o mais rapidamente possível.

Além do Plano de Implementação, foram assinados na Rio+10 outros documentos, entre eles a **Declaração Política da Cúpula Mundial de Desenvolvimento Sustentável**. Essa declaração pede o alívio da dívida externa dos países pobres, pois a pobreza e a má distribuição de renda nesses países, agravadas pela necessidade de pagar parcelas da dívida, tornam inviável o desenvolvimento sustentável.

Rio+10 em Johannesburgo, África do Sul, 2002.

Rio+20

Em 2012, ocorreu a Rio+20, novamente no **Rio de Janeiro**. Seu principal objetivo foi fazer um balanço dos últimos vinte anos em relação ao meio ambiente e ao desenvolvimento sustentável. Outros temas debatidos nessa conferência foram as maneiras de diminuir ou eliminar a pobreza e o significado da **economia verde** (economia sustentável). Todavia, os resultados foram considerados insuficientes. Houve grandes polêmicas e conflitos de interesse e poucas propostas a serem colocadas em prática. Como inúmeros países na época viviam uma situação de crise econômica iniciada em 2008, ninguém quis se comprometer a reduzir o crescimento ou o uso de recursos naturais, ou a diminuir drasticamente suas emissões de CO_2.

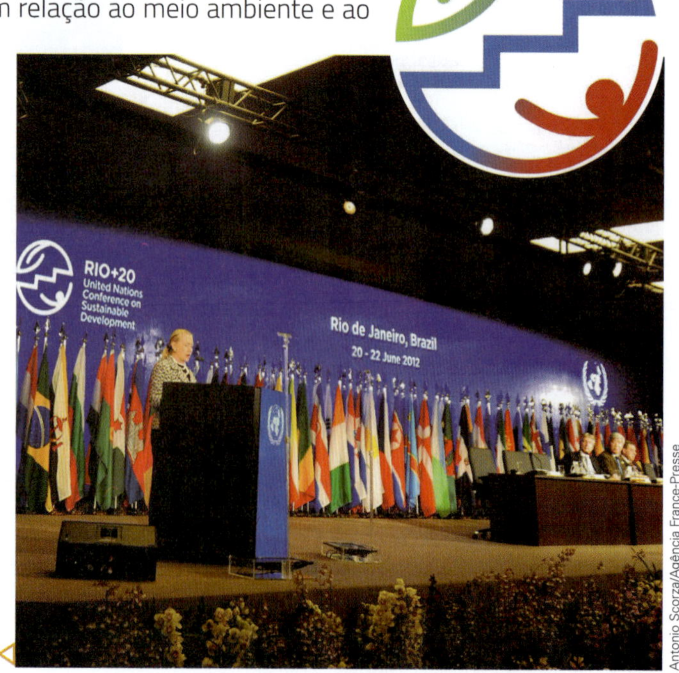

Rio+20 no Rio de Janeiro, Brasil, 2012.

O Acordo de Paris

Em 2015, foi realizada em Paris, na França, a 21ª Conferência das Partes (**COP 21**), da Convenção Quadro das Nações Unidas sobre Mudanças do Clima (UNFCCC, na sigla em inglês). O resultado dessa conferência foi um novo acordo global, ratificado por 195 Estados-membros da ONU sobre mudanças climáticas, em um documento conhecido como **Acordo de Paris**. Esse acordo, que no fundo é uma espécie de continuação do Protocolo de Kyoto, visa reduzir emissões de gases do efeito estufa (GEE), em especial as emissões de CO_2. O compromisso é manter o aumento da temperatura média global em menos de 2 °C acima dos níveis pré-industriais e de promover esforços para limitar o aumento da temperatura a no máximo 1,5 °C acima dos níveis pré-industriais.

Reprodução/UNFCCC

Na ocasião, foi acertado que cada país signatário do Acordo deve elaborar o seu plano de ação nacional – Contribuições Nacionalmente Determinadas (NDC, na sigla em inglês). Por meio das NDC, cabe a cada Estado apresentar a sua contribuição de redução de emissões de acordo com o que considerar viável a partir do cenário social e econômico nacional. Os governos devem comunicar de cinco em cinco anos as suas contribuições.

O principal problema desse acordo é que ele não estabelece uma definição clara do que significa "nível pré-industrial". Em tese, seria a temperatura média da superfície terrestre antes da Revolução Industrial – por volta de 1750 ou por volta de 1850, por exemplo, mas as medições nesses períodos não são precisas. Isso significa que, na prática, fica a cargo de cada governo estabelecer suas metas, de acordo com os seus interesses, sem levar em conta esses índices de "nível pré-industrial".

Outro problema é que o presidente que assumiu o governo dos Estados Unidos em 2017, Donald Trump, resolveu retirar o país do acordo, assinado por seu antecessor, Barak Obama. Essa medida poderá comprometer os objetivos do acordo, tanto do ponto de vista simbólico (os Estados Unidos só perdem para a China na emissão de dióxido de carbono na atmosfera) quanto do ponto de vista financeiro, particularmente no que se refere aos países em desenvolvimento, que precisam de recursos financeiros para colocar em prática seus planos de ação referentes ao clima.

Reprodução/Hiroshi Takatsuki/Japan Cartoonists Association

A frase em inglês diz: "Por quanto tempo essa situação pode ser sustentada?".

HIGH Moon. Disponível em: <www.japanfs.org/en/information/press/press_id033737.html>. Acesso em: 6 set. 2018.

O papel das ONGs

Um dos resultados da consciência ecológica ou ambiental da humanidade foi a multiplicação das organizações não governamentais (ONGs). Essas organizações não se ocupam apenas do meio ambiente, mas também de assuntos variados e principalmente locais. Contudo, foi na área ambiental que elas tiveram grande crescimento e atuação internacional, especialmente a partir dos anos 1970.

Contando com o apoio da opinião pública dos países democráticos e de uma boa parte da mídia, as ONGs vêm pressionando os governos e, algumas vezes, conseguindo colocar em leis ou em tratados internacionais algumas reivindicações, ou pelo menos parte delas.

Lucas Lacaz Ruiz/Futura Press

Alunos de escola de São José dos Campos (SP) participam de ONG estudantil que visa implementar métodos de manejo sustentável de áreas verdes. Foto de 2018.

6 Sustentabilidade ambiental e social

A sustentabilidade ambiental tem como proposta a utilização racional dos recursos naturais de modo a evitar a degradação ambiental e garantir o futuro das próximas gerações. Ela não existe sem a sustentabilidade econômica, ou seja, uma economia que não explore de forma irracional os recursos naturais e que não continue a ter por base a energia poluidora proveniente de fontes fósseis. A sustentabilidade social, por sua vez, está pautada no fortalecimento das propostas de desenvolvimento social por meio do acesso à educação, à cultura e à saúde, como também a igualdade de gêneros.

Contudo, essas propostas têm adversários e alguns questionam como conciliar o crescimento econômico, necessário especialmente nas nações mais pobres do globo, com a preservação ambiental e a justiça social.

O fato é que as ONGs e os demais movimentos ecológicos, assim como parte da mídia, provocaram uma reflexão por parte dos governos e da população em geral sobre a necessidade de preservar o ambiente e de procurar alternativas para solucionar essa questão que já afeta a todos.

A legislação ambiental

A legislação ambiental vem evoluindo. Atualmente, em diversas partes do mundo existem leis ou normas que exigem o emprego de processos industriais menos poluidores: o uso de filtros, em indústrias e automóveis, que diminuam a emissão de gases tóxicos na atmosfera; maior eficiência energética de lâmpadas, aparelhos elétricos e motores automotivos; reciclagem do lixo em várias cidades; recuperação das águas empregadas em processos industriais; transporte adequado, por terra e mar, de substâncias tóxicas, como o petróleo, para evitar vazamentos nos oceanos e nos rios; redução do uso doméstico e industrial de plásticos, que podem provocar câncer e não são biodegradáveis (isto é, não são decompostos pela natureza), acumulando-se no solo e nas águas, principalmente nos oceanos, etc.

Aos poucos, essas medidas vão sendo incorporadas: a expansão do transporte público, como trens e metrôs, e a implantação de ciclovias na tentativa de reduzir a poluição causada pelos veículos automotivos movidos a combustíveis fósseis; a criação ou ampliação das áreas verdes; a coleta seletiva do lixo doméstico; a criação ou ampliação da infraestrutura de esgotos domésticos e industriais para acabar com a poluição de rios e córregos nas cidades, entre outras medidas.

No meio rural, surgem algumas tentativas de uma produção com menor quantidade de agrotóxicos e menor uso da água – a agropecuária é de longe a atividade humana que mais consome água potável – com novas tecnologias, como a agricultura orgânica e o gotejamento (técnica que goteja água nas plantas na quantidade exata para que elas cresçam). Além disso, são criadas áreas de proteção da natureza – parques, reservas florestais, áreas indígenas e outras – em vários países do mundo, inclusive no Brasil.

Delfim Martins/Pulsar Imagens

Delfim Martins/Pulsar Imagens

A técnica de gotejamento evita o desperdício de água. Na foto A, a técnica é usada para irrigar parreira em Petrolina (PE); na foto B, o gotejamento irriga plantação de café no município de Garça (SP). Fotos de 2018.

O Mecanismo de Desenvolvimento Limpo

O Mecanismo de Desenvolvimento Limpo (MDL), que surgiu com o Protocolo de Kyoto, estimula acordos entre países do Norte geoeconômico e os do Sul. As empresas dos países do Norte implantam em algum país do Sul subdesenvolvido uma atividade econômica que reduz a emissão de gases nocivos ou os elimina da atmosfera. A redução assim obtida permite aos países do Sul "vender tal redução", avaliada em toneladas de carbono, a outros países que precisam "fechar a sua conta" na emissão de gases nocivos. A moeda desse negócio é chamada de **crédito de carbono**.

No fundo, a contribuição não é tão eficiente para a diminuição das emissões dos gases do efeito estufa na escala global, pois apenas promove o deslocamento da poluição.

À margem desse mecanismo criado pelo Protocolo de Kyoto surgiu um outro, independente das Nações Unidas, regulado por ONGs, alguns governos e instituições, no qual os cidadãos ou as empresas (públicas ou privadas) tomam a iniciativa de reduzir suas emissões e ganham créditos de carbono chamados de VERs (em inglês, *verified emission reduction*), que são fiscalizados por uma entidade que não pertence à ONU. Esses créditos não valem na meta de redução estipulada pela ONU para os países, mas cresceram muito nos últimos anos, pois aumentam a popularidade e o grau de confiança do público nessas empresas chamadas de *eco-friendly* ou *environmentally friendly* (isto é, amigas do meio ambiente).

MDL

Reprodução/Arquivo da editora

Em resumo, a questão ambiental se agrava em todo o mundo, embora em maior ou menor proporção, de acordo com cada sociedade. O desafio de preservar as condições da biosfera para as futuras gerações depende de outra maneira de enxergar a natureza e de uma mudança na maneira de se relacionar com ela. A natureza não pode ser considerada um objeto a ser explorado pelo ser humano, sem nenhum respeito à sua dinâmica e à finitude de seus recursos. Mudar essa mentalidade não passa apenas pelos governantes de cada país, pela assinatura de tratados internacionais, mas, antes de tudo, por uma tomada de consciência de todos os habitantes do planeta. Depende, pois, da formação de cidadãos que articulem a escala local/regional/nacional com a escala global, na chamada **cidadania planetária**.

Andre Dib/Pulsar Imagens

Biodigestor, que obtém energia por meio do processamento dos gases provenientes do lixo orgânico, em São Francisco (MG), em 2017.

CONEXÕES COM CIÊNCIAS

- Observe as imagens e responda às questões.

Cristina Mittermeier/National Geographic Creative

Urso-polar desnutrido na ilha Cornwallis, no Canadá, 2017.

Sergio Hanquet/Biosphoto/Agência France-Presse

Tartaruga marinha-comum emaranhada em rede de pesca descartada em águas do oceano Atlântico, próximo às Ilhas Canárias, em 2017.

a) Que problemas ambientais as imagens retratam?

b) Como o ser humano tem contribuído para a ocorrência dos problemas expostos nas imagens?

c) Qual é a importância da preservação do *habitat* do urso-polar e da tartaruga marinha?

d) Em dupla, conversem sobre a importância da preservação do meio ambiente e registrem os pontos principais dessa conversa.

ATIVIDADES

+ Ação

1 Cite exemplos de sustentabilidade ambiental e social.

2 Sobre o MDL, responda:

a) Qual é o significado da sigla?

b) Qual é a proposta desse mecanismo?

c) Qual é a moeda utilizada nesse negócio?

3 Leia o texto e responda às questões.

Brasil aparece em 46º em *ranking* de desempenho ambiental

O Índice de *Performance* Ambiental (do original em inglês Environmental Performance Index) de 2016, produzido pela Universidade de Yale, nos EUA, e publicado a cada dois anos, analisou o desempenho de 180 países em políticas de proteção de ecossistemas e da saúde humana. A pesquisa qualificou as nações baseada em nove categorias: impactos na saúde; qualidade do ar; água e saneamento; recursos hídricos; agricultura; florestas; pesca; biodiversidade e hábitat; clima e energia.

O primeiro lugar ficou com a fria Finlândia, com população de 5,5 milhões de habitantes, metade da população da área metropolitana do Rio de Janeiro. Além de conquistar a 1ª posição em 2016, a Finlândia assumiu o compromisso de até 2050 se tornar uma sociedade neutra em emissões de carbono. Os dois maiores gigantes econômicos do mundo não emplacaram os dez melhores: os EUA ficaram com a 26ª posição, e a China com a 109ª.

O desempenho do Brasil, na 46ª, foi superior ao da maioria dos países da América Latina, com as exceções da Argentina (43ª), Costa Rica (42ª) e Cuba (45ª). Na gestão brasileira, segundo o relatório de Yale, o destaque foi para a queda pela metade do desmatamento entre 2003 e 2011, que, entretanto, voltou a subir em 2014. Na última década, o índice mede que o Brasil melhorou 16,94%, seguindo a tendência de outros países em desenvolvimento, como a Índia, que apesar de ainda ocupar a 141ª posição no *ranking* evoluiu 20,87% desde 2006.

Os dez primeiros colocados do *ranking* são todos do continente europeu. Fecham com a Finlândia em ordem: Islândia, Suécia, Dinamarca, Eslovênia, Espanha, Portugal, Estônia, Malta e França. A hegemonia europeia foi conquistada com a queda de Singapura, país asiático que no relatório de 2014 estava na 4ª posição e agora está na 14ª. Os últimos colocados são em geral países africanos e asiáticos. A Somália foi a lanterna da edição de 2016, repetindo o resultado de 2014. O país ficou com a 180ª posição, o que pode ser considerado em boa parte consequência de 25 anos de guerra civil.

Fonte: MENEGASSI, Duda. *Ranking* mostra quais os melhores e piores países no tratamento da Natureza. *O Eco*. Disponível em: <www.oeco.org.br/noticias/ranking-mostra-quais-os-melhores-e-piores-paises-no-tratamento-da-natureza/>. Acesso em: 20 set. 2018.

a) As melhores colocações nesse *ranking* de desempenho ambiental são de países desenvolvidos ou em desenvolvimento? E as piores? Como você explica esse fato?

b) Quais são os critérios nos quais o Brasil apresentou melhor desempenho? Por quê?

c) Um dos itens que influem nesse índice é o saneamento. Explique o que é saneamento básico e faça um comentário sobre a questão do acesso a esse serviço no seu município.

4 Leia a sinopse do filme *Wall-E* (direção: Andrew Stanton. Estados Unidos, 2008). Depois, responda à questão.

Wall-E é um dos robôs deixados na Terra com a função de limpá-la. Os terráqueos se retiraram do planeta e partiram para outro lugar após poluírem a superfície com lixo e a atmosfera com gases tóxicos.

A função do pequeno robô é compactar o lixo, formando torres que mais parecem edifícios. Além disso, ele coleciona objetos curiosos que encontra ao realizar seu trabalho.

Em um dia encontra Eva, uma robô moderna, pela qual se apaixona. Juntos, os robôs vivem muitas aventuras.

- Há relação entre o filme e o que você estudou no capítulo? Justifique sua resposta.

Autoavaliação

1. Quais foram as atividades mais fáceis para você? Por quê?
2. Algum ponto deste capítulo não ficou claro? Qual?
3. Você participou das atividades em dupla e em grupo e expressou suas opiniões?
4. Como você avalia sua compreensão dos assuntos tratados neste capítulo?

» **Excelente**: não tive dificuldade.

» **Bom**: consegui resolver as dificuldades de forma rápida.

» **Regular**: tive dificuldade para entender os conceitos e realizar as atividades propostas.

Lendo a imagem

1 › Observe os gráficos e responda às questões.

Emissões de gases do efeito estufa (2014)

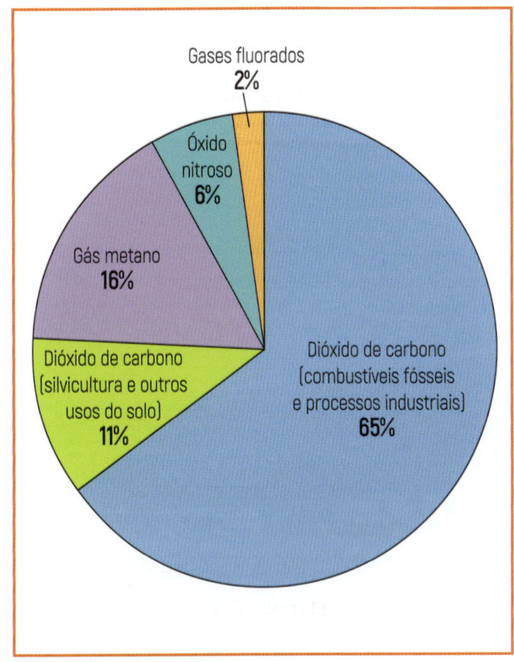

Fonte: elaborado com base em dados da AGÊNCIA de Proteção Ambiental dos Estados Unidos. Disponível em: <www.epa.gov/ghgemissions/global-greenhouse-gas-emissions-data>. Acesso em: 9 out. 2018.

Emissões de gás carbônico pelo uso de combustíveis fósseis (1950 a 2014)

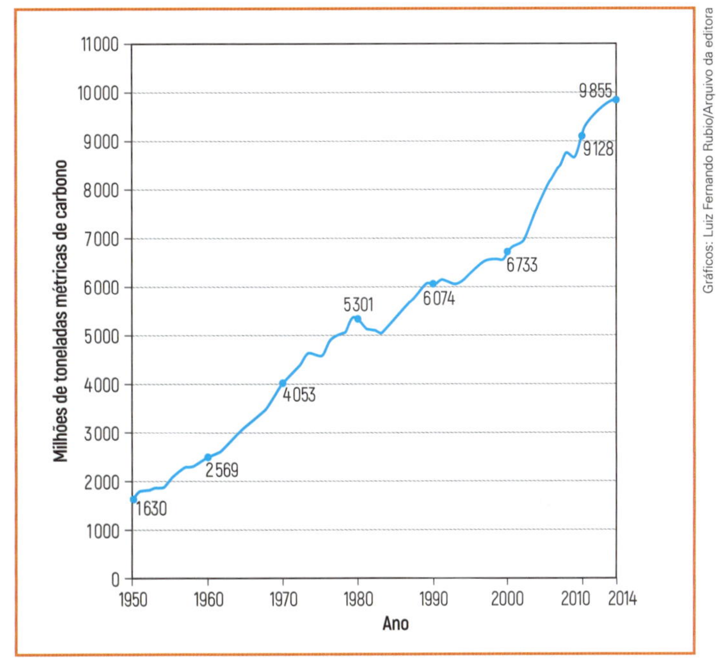

Fonte: elaborado com base em: BODEN, T. A.; MARLAND, G.; ANDRES, R. J. Global, regional, and national fossil-fuel CO_2 emissions. Disponível em: <http://cdiac.ess-dive.lbl.gov/trends/emis/glo_2014.html>. Acesso em: 9 nov. 2018.

Gráficos: Luiz Fernando Rubio/Arquivo da editora

a) Qual é o gás do efeito estufa lançado na atmosfera em maior quantidade? E quais são os setores de atividades humanas que mais lançam esse gás?

b) O que está acontecendo com a emissão desse gás desde 1950? Procure justificar essa tendência.

c) Pesquise sobre o gás metano:

- como ele contribui para o efeito estufa?
- quais são suas fontes de emissão?

2 › A imagem abaixo utiliza os chamados três Rs da educação ambiental. Digam quais são eles, expliquem sua importância para a preservação do meio ambiente planetário e os relacionem com essa imagem e com o texto que a acompanha.

Ao reutilizar folhas de papel, além de usar o verso delas, você está beneficiando o ambiente. Reduza, recicle, reutilize.

Rawpixel.com/Shutterstock

PROJETO

História, Língua Portuguesa e Ciências

Cidades sustentáveis

Para uma cidade ser considerada sustentável, ela deve adotar uma série de práticas eficientes para preservar o ambiente, proporcionar desenvolvimento econômico e melhorar a vida da população.

Ainda não é possível encontrar uma cidade que seja 100% sustentável, mas já existem várias cidades no Brasil e no mundo que traçam planos de desenvolvimento sustentável. Observe a seguir alguns exemplos de ações sustentáveis em algumas cidades pelo mundo.

Alamy/Fotoarena

Em Barcelona, na Espanha, a Lei de Energia Solar Térmica estabelece que casas e edifícios novos ou que passem por reformas implantem sistemas alternativos de energia, como captação de energia solar, um tipo de energia limpa e sustentável. Na foto, placas solares em praia de Barcelona, Espanha, 2016.

Alamy/Fotoarena

A cidade de Copenhague, na Dinamarca, investiu em planejamento urbano para que as pessoas se locomovam pela cidade usando bicicletas de modo seguro. Esse tipo de planejamento, que visa facilitar a mobilidade urbana e reduzir a poluição causada por automóveis, é um exemplo de desenvolvimento sustentável. Na foto, grupo de ciclistas em rua de Copenhague, Dinamarca, 2017.

Ernesto Reghran/Pulsar Imagens

Curitiba tem mais de 64 metros quadrados de área verde por habitante e é considerada uma "cidade verde". As áreas verdes são importantes para a qualidade de vida da população urbana, uma vez que promovem momentos de relaxamento e de lazer. Na foto, pessoas fazendo atividade física no parque Barigui, um dos maiores parques de Curitiba (PR). Foto de 2017.

Neste projeto você vai pesquisar sobre outros exemplos de desenvolvimento sustentável em cidades do Brasil e do mundo.

Para começar, reúnam-se em grupos de quatro ou cinco alunos.

Etapa 1 – O que fazer

O grupo vai pesquisar na internet, em jornais e em revistas ações sustentáveis que cidades do Brasil e do mundo praticam.

Etapa 2 – Como fazer

Antes de iniciar a pesquisa, façam uma lista de ações sustentáveis. Veja alguns exemplos a seguir:

- uso racional de água;
- criação de espaços verdes para o lazer da população;
- monitoramento de desmatamentos;
- reflorestamento;
- destino adequado do lixo;
- adoção de programas eficientes de reciclagem.

Conversem sobre a sustentabilidade, reflitam sobre que ações consideram mais importantes e, então, iniciem a pesquisa. Se preferirem, pesquisem o município em que fica a escola ou algum outro município do estado em que moram.

A pesquisa deve responder às seguintes perguntas:

- Por que a cidade é um exemplo de desenvolvimento sustentável?
- De que forma determinado aspecto da sustentabilidade é observado na cidade?

Organizem as informações que encontraram e, se necessário, continuem a pesquisa para aprofundar o conhecimento de determinada informação. Então, elaborem um cartaz com os dados para apresentar as informações de forma clara. Usem fotos, ilustrações e textos curtos.

Lembrem-se de que é necessário informar os créditos se usarem imagens retiradas da internet, de jornais e de revistas.

Etapa 3 – Apresentação

Cada grupo terá de 15 a 20 minutos para compartilhar com a turma o que aprendeu na pesquisa.

Após a apresentação de todos os grupos, exponham os cartazes na classe para que todos possam conhecer mais sobre a sustentabilidade no Brasil e no mundo.

Bibliografia

ATLAS of Global Development. 5th ed. Washington, D.C.: The World Bank, 2015.

ATLAS of Sustainable Development Goals 2018. Washington, D.C.: World Bank, 2018.

BADIE, B.; VIDAL, D. L'état du monde 2018. En quête d'alternatives. Paris: La Découverte, 2018.

CHANDA, T.; DA LAGE, O. *Aujourd'hui, l'Inde*. Tournai: Casterman, 2013.

CIA. *The World Factbook*, 2017 e 2018. Disponível em: <www.cia.gov/library/publications/the-world-factbook/>. Acesso em: 21 nov. 2018.

COCKBURN, P. *A origem do Estado Islâmico*. São Paulo: Autonomia Literária, 2015.

DASSELLER, P.-H. *Russie, Union Européenne*: des regards sécuritaires différents. Paris: Institut Royal Supérieur de Défense, 2012.

DUBY, G. *Atlas historique*. Paris: Larousse, 2004.

DUMONT, L. *Homo hierarchichus*: o sistema de castas e suas implicações. São Paulo: Edusp, 1996.

FONT, J. N.; RUFI, J. V. *Geopolítica, identidade e globalização*. São Paulo: Annablume, 2006.

GAUCHON, P. (Org.). *Dictionnaire de géopolitique et de géoéconomie*. Paris: PUF, 2011.

GIEC (Dir.). *Changements climatiques 2014* – Incidences, adaptation et vulnérabilité. Genève: Groupe d'Experts Intergovernemental sur l'Évolution du Clima, 2014.

________. *Regards géopolitiques sur la Chine*. In: *Hérodote*. REVUE de Géographie et de Géopolitique, n. 150, 3e trimestre, 2013.

________. Géopolitique de la Turquie. In: *Hérodote*. Revue de Géographie et de Géopolitique, n. 148, 1er trimestre, 2013.

HAESBAERT, R.; PORTO-GONÇALVES, C. W. *A nova desordem mundial*. São Paulo: Ed. da Unesp, 2006.

HIRATA, H. (Org.). *Sobre o modelo japonês*. São Paulo: Edusp, 1993.

ILYIN, M. et al. *Political Atlas of the Modern World*. New Jersey: John Wiley, 2011.

KNOX, P. L.; MARSTON, S. A.; LIVERMAN, D. M. *World Regions in Global Context*. New Jersey: Prentice-Hall, 2002.

LACOSTE, Y. *Atlas géopolitique*. Nouvelle édition remise à jour. Paris: Larousse, 2013.

MARTIN, A.; JAF, I. *União Europeia*. São Paulo: Ática, 2007.

McKNIGHT, T. *Oceania*: the Geography of Australia, New Zealand and the Pacific Islands. Columbus: Prentice-Hall, 1998.

MONIE, F. *Geografia e geopolítica do petróleo*. Rio de Janeiro: Mauad, 2012.

MONTBRIAL, Th. de; DEFARGES, Ph. M. (Dir.). *Ramses 2015*: rapport annuel mondial sur le système économique et les stratégies: le défi des émergents. Paris: Institut Français des Relations Internationales/Dunod, 2014.

PROGRAMA das Nações Unidas para o Desenvolvimento (Pnud). *Relatórios do Desenvolvimento Humano*. 2013 a 2016. Disponível em: <www.br.undp.org/content/brazil/pt/home/idh0/relatorios-de-desenvolvimento-humano/rdhs-globais.html>. Acesso em: 21 nov. 2018.

SAID, E. W. *A questão da Palestina*. São Paulo: Ed. da Unesp, 2012.

SCHELLER, F. *Paquistão, viagem à terra dos puros*: o cotidiano de uma família muçulmana. São Paulo: Globo, 2010.

SHOEMAKER, M. W. *Russia and the Commonwealth of Independent States*. New York: Rowman & Littlefield, 2011.

SMITH, D. *O atlas do Oriente Médio*. São Paulo: Publifolha, 2008.

THUROW, L. *O futuro do capitalismo*. Rio de Janeiro: Rocco, 1997.

UNITED NATIONS. *Conference on Trade and Development. Human Development Indicators 2014*. New York: United Nations, 2014.

________. *Relatório sobre os Objetivos de Desenvolvimento do Milênio*. Nova York: Nações Unidas, 2014.

VENTURI, L. A. *Água no Oriente Médio*. São Paulo: Sarandi, 2016.

WACKERMANN, G. *Géopolitique de l'espace mondial*. Paris: Ellipses, 1997.

WANG, F.; DAVIS, D. *Creating Wealth and Prosperity in Post-socialist China*. Stanford: Stanford University, 2009.

WEIGHTMAN, B. A. *Dragons and tigers*: a geography of South, East and Southeast Asia. Toronto: 2001.

WINTERS, A.; YUSUF, S. (Org.). *Dancing with the Giants*. India, China and the Global Economy. Washington: World Bank, 2010.